只有深度专注，

才能约束飘忽不定的双眼；

只有持续学习，

才能孵化梦之飞鸟。

——羽番

室内设计实战指南

（软装篇）

从零开始，构建软装设计知识体系

羽番 梅娜 朱小斌 著

华中科技大学出版社
http://www.hustp.com
中国·武汉

图书在版编目(CIP)数据

室内设计实战指南. 软装篇 : 从零开始，构建软装设计知识体系 / 羽番, 梅娜, 朱小斌著. -- 武汉 : 华中科技大学出版社,
2021.6
ISBN 978-7-5680-6934-2

Ⅰ.①室… Ⅱ.①羽… ②梅… ③朱… Ⅲ.①室内装饰设计 Ⅳ.①TU238.2

中国版本图书馆CIP数据核字(2021)第108717号

室内设计实战指南（软装篇）：从零开始，构建软装设计知识体系　　　　　　　　　　　　　羽 番 梅 娜 朱小斌 著
Shinei Sheji Shizhan Zhinan（Ruanzhuangpian）：Cong Ling Kaishi，Goujian Ruanzhuang Sheji Zhishi Tixi

策划编辑：周永华　　　　　　　　　　　　　　　　　　　　　　　责任编辑：周永华
装帧设计：武汉东橙品牌策划设计有限公司　　　　　　　　　　　责任监印：朱　玢

出版发行：华中科技大学出版社（中国·武汉）　　　　　　　　　电话：(027)81321913
　　　　　武汉市东湖新技术开发区华工科技园　　　　　　　　　邮编：430223

录　　排：武汉东橙品牌策划设计有限公司
印　　刷：武汉精一佳印刷有限公司
开　　本：889 mm×1194 mm　1/12
印　　张：36.5
字　　数：660千字
版　　次：2021年6月第1版第1次印刷
定　　价：268.00元

你缺的不是碎片化的知识，
而是搭建知识框架的能力

▍ 出版这本书的初衷。

本书是根据设计得到平台上2019年8月上线的超过100万人次阅读的《软装严选·成长营》专栏编写而成的。笔者作为专栏主理人，用专业知识陪伴近10万名软装设计师成长。本书是笔者站在构建知识体系的角度，用将近2年时间对65%以上的专栏内容进行迭代，重新绘制图片、编排内容，并仔细审核和优化后的成果。

▍ 为什么会有出版有关软装知识体系书籍的想法呢？

2017年，笔者因为工作，需要学习大量的专业知识并将其转化成能力，以解决复杂的软装设计及项目落地问题，但笔者找遍了与软装相关的专业书籍，发现大多书籍讲解的是碎片化知识，不成体系，且知识陈旧，与实际情况脱节严重。出于对专业的热爱，笔者查阅了大量专业论文，研读了很多国内外专业书籍，在自我学习的过程中，逐渐萌生了自己编写相关图书的想法。这正应了那句话："你所有的看见，都从头脑中一个已有的概念开始。"

直到遇到设计得到创始人朱小斌先生，他非常鼓励这个想法。在他的支持以及设计得到平台和笔者同事的帮助下，这本书终于从最初的想法变成了一个结果。

▍ 为什么要从知识体系入手呢？

互联网时代信息爆炸，知识获取的成本更低、速度更快。每天大量的信息涌向我们，长期接收的碎片化信息使得我们的思维变得僵硬，对事物的认知停留在表面，难以进行复杂、系统的深度思考。

▍ 碎片化的知识如果不加以管理，就如同一盘散沙。

人们从网络上获取的信息大多是三手甚至四手的碎片化信息，如果不进行归类、整合，这些碎片化信息就无法相互关联。如果没有深度思考及搭建知识架构的能力，碎片化信息看多了，人们会较易产生"奶嘴化"信息获取依赖性，并且这些碎片化信息长时间占据大脑"内存"，让人们无力专心工作及深度思考。

很多人进入软装设计行业，会遇到能力与期待不匹配的问题，在职业生涯中成长缓慢，焦虑无助。一部分跨行转岗的小伙伴，跨专业领域的能力无法迁移及灵活应用，学习时间成本拉高；还有一部分小伙伴半路转行到软装设计行业，被惯性思维禁锢，勉强满足设计要求，舍本逐末。

学习软装设计没有捷径，无法生搬硬套，也没有统一的标准。只有通过学习大量专业知识和刻意练习才能提升自己的能力；唯有积跬步，方能至千里。

纵观自己的成长经历，笔者在从事软装设计的近10年间，在导师的影响下，一直践行用方法论做输出，加强知识体系构建能力及独立思考能力，花了多年时间做了大量脑力思维的刻意练习。在此期间，笔者对教育领域一直抱有热情，除了设计，从读大学起就兼顾教育心理学的研修，申请成为联合国儿童基金会的志愿者，研发儿童美育及游学方面的专题，帮助特殊儿童进行康复训练。看似不经意的兴趣驱动，对笔者有着巨大的帮助，使笔者更加深刻地懂得了面对不同的工作和任务，应该如何高效学习，如何站在不同的视角看待同样的问题。

这种构建知识体系的思维方式是贯穿笔者的整个成长经历的。得益于边工作边学习的习惯，使笔者训练了系统思维能力，搭建了知识体系，并得以通过大量研读专业书籍，学习专业知识，在2年的时间内把工作中的实践方法总结成册，汇编成这本系统的图书。

希望你在阅读本书时，除了把它当成一本工具书，吸收其中深入浅出的专业知识，也能把它当成一本软装设计体系的启蒙书，因为任何碎片化的学习都可以在本书的知识结构树里找到串联点。通常大家不仅需要本书中所涉及的专业知识，更需要一个能够化零为整的结构化知识体系。1年深度学习，胜过10年不深入思考的光阴虚度。

这本书到底讲了什么？

2019年8月，本着让软装设计师学习更简单的初心，我们创办了《软装严选·成长营》专栏，每天分享一个干货小知识，在2年时间里不间断地陪伴了上万名软装设计师成长。在此期间，我们几乎把设计师必须了解的软装基础知识(色彩、灯光、材质、人体工程学、五感六觉、设计资讯)、软装产品体系、设计体系、实施落地与项目管理等领域的专业知识解析了一遍。该专栏的口碑也巩固了"设计得到出品"在业界的声誉。许多读者留言希望我们能将这些内容集结成书。经过近一年的准备工作，重新整理修订出来的内容终于要和大家见面了。

本书共计7章，涵盖四大方向的内容，有近300张研制手绘稿，近百个落地案例解析，并配有上千张实景图片，图文结合，系统全面地解析了软装各个环节的知识点。

本书立足软装行业，从多个角度讲解设计通识、软装设计、深化设计、落地实施、资源建立、项目管理等，展示软装设计知识的庞杂体系，但是这些内容并不是一个个独立的知识点，而是经过梳理、优化，构建而成的知识体系。

在平时的工作中遇到任何不清楚的软装问题，都可以翻开本书寻找相应的解决方案。为大家提供源源不断的灵感，是本书编写的初衷。无论你是软装设计师助理、主案设计师，还是设计总监，本书都是值得一读的软装知识宝典。

本书涉及大量事实性知识，以百科全书的方式扩展大家的知识广度，通过大量的国内案例、拆解手绘图、流程图、表单、思维导图来增加大家的知识深度，辅以深化思维的网络图，构建起知识结构。

比如，关于从视觉心理学角度看五感六觉，本书的讲解不会停留在感官层面，而是从视觉神经系统、嗅觉系统、触觉系统以及生物发展进化论角度去思考，绘制浅显易懂的触觉感受心理传导图、嗅觉的形成过程图等，从事实根源中寻找知识之间的深度关联。软装设计师应走在认知的前端，用更深层次的原理及设计手法来解决问题。

▌本书的几大亮点。

（1）本书立足全球视野，构建软装新认知。

本书配图精美，内容契合实际，精选了近百个全球知名案例，并结合国内知名设计大师的案例进行深入解析，在提高读者审美能力的同时，拓宽设计视野，提升设计素养。

（2）本书从软装设计知识体系的纵、横两个维度拓展设计思维，内容全面且系统。

大部分人之所以学习成长很慢，是因为没有系统学习，学到的知识过度碎片化。本书从纵、横两个维度帮助大家构建属于自己的软装设计知识体系。

①横向维度：四大方向，全面覆盖各个阶段的从业者。

软装专业系统知识：帮助行业新人打好基础，以专业知识系统做铺垫，进行强化输入。

软装设计与技能：帮助设计师打磨核心设计能力，在行业内站住脚。

软装实施与落地：帮助设计主管及设计总监做好设计落地全流程中各个关键节点的把控。

个人及团队管理：融入有关方法论、思维方式的知识点，训练良好的逻辑工作能力。

②纵向维度：八大模块。

三大构成与应用：涉及色彩构成、立体构成、平面构成专业知识，打好基础。

照明设计与应用：从照明专业术语及照明搭配与应用入手，模拟实战项目。

软装视野与拓展：立足全球视野引导大家学习艺术品，并提供全球优质素材的搜集方法等，帮助软装设计师培养创新思维。

软装产品与应用：解读软装产品(家具、灯具、窗帘、布艺、地毯、画品、花品、饰品摆件等)分类、制作工艺、风格属性、品牌、产品渠道，并讲解产品资源库搭建、素材搜集的方法。

软装设计与技能：解析实战项目从开始到汇报的全流程，涉及用户需求分析、现场勘察、概念设计、提案设计、深化设计、软装主题提炼、色彩分析、场景搭配设计、采购清单等内容。

设计流程与管理:系统拆解项目从前期接洽阶段、立项阶段、深化方案阶段、执行设计阶段、摆场阶段直至结案阶段整个过程的实施方法及注意事项。

设计实施与落地：解读项目落地过程中项目进度管理、合同签订、采购成本预控、产品资源整合、摆场现场管理等方面的技能，确保每个环节能够交付落地。

个人成长与软能力：除了专业技能，还要引导大家树立正确的思维方式及工作方法，全面理解各专业知识在实际项目中的应用方法，而不是被动接收碎片化的信息，告别"看完就忘，成长缓慢"的窘境。

（3）设计储备：搭建设计素材库与产品库。

通过大量表单、流程图、案例解析来引导大家了解如何搜集优质的设计素材，如何搭建软装设计产品库、素材库，如何高效了解全球家具品牌，从而为设计做知识储备。

（4）项目落地全过程解析。

本书大部分案例为大朴设计内部落地的真实案例，而且每一个案例都达到了一线设计公司的水准，能和设计师们平时接触的软装需求无缝衔接，避免出现晦涩难懂的知识，致力于解决实际工作中无法学以致用的问题，从而有利于读者更纯粹和透彻地学习软装设计理念。

（5）提供大量的设计工具及图表。

为了把抽象的知识讲解得清晰明了、有趣生动，我们提供了大量的手绘图、示意图、流程图、思维导图、表单、思维导图等，讲解大量实用设计工具的使用方法，帮助大家在工作中快速掌握这些工具的使用方法，加深理解，提高工作效率。

本书编写涉及庞大的知识量及繁杂的绘图工作，笔者带着团队一起，不知熬了多少夜，改了多少次稿，手绘了多少张图，但我们始终专注本书的编写，终于开花结果。在本书出版之际，感谢《软装严选·成长营》的读者对设计得到团队的肯定，感谢小伙伴杨颖在书稿审核、图片绘制方面的全程协助，感谢华中科技大学出版社周永华编辑的耐心及专业指导，感谢设计得到同仁们对此书的宣发及全程协助，感谢大朴设计总监及勿量艺术创始人潘映烁女士的大力支持，同样感谢关注dop设计、设计得到的广大用户长久的陪伴和支持，感谢所有鼓励和帮助过我的朋友！

从平庸到卓越，只需每天进步一点点。希望本书能够陪伴你走过设计生涯里的漫漫长路。

羽番（张玉琴）

于上海

2021年3月16日

目录

第一章

如何正确认识软装设计（室内陈设）行业

从平庸到卓越，每天进步一点点

【导读】

软装已经逐渐成为前景广阔的朝阳产业，目前，中国家居行业产值已突破 10000 亿元，并且每年在以 20% 左右的速度增长。业内人士预计，未来 10 年，软装产值将占到建筑装饰行业总产值的 40% 以上。显而易见，软装行业已经展开触角，逐渐渗透建筑装饰行业的各个角落。

第一讲 软装设计行业的发展趋势

随着我国经济高速发展，人均居住面积增加，消费结构发生变化，国人的生活水平也逐渐和国际接轨，但人们并没有一味地模仿国外的装饰风格，而是逐渐形成了"轻装修，重装饰"的设计理念。从市场现状来看，软装设计与室内空间设计的距离必然会渐渐拉近，并最终合为一体，软装将逐渐成为装饰行业的主流。

我们先从多个角度来分析软装市场的需求情况。

（1）精装房的普及。随着国家大力推进精装住宅的发展，很多房地产公司为了增强市场竞争力，大力发展精装房项目。大量精装房的出现，必将扩大软装市场。这是因为精装房的缺点是装修风格单一，空间设计缺乏自主权，客户无法从装修上满足自己的个性化需求，只能在后期的软装上弥补精装房的缺点。

（2）软装的投入比硬装高许多。从 2007 年起，家装消费者在硬装环节的资金投入明显下降。据调查，某些沿海城市消费者的硬装投入大多为 5 万 ~15 万元，而软装投入为 10 万 ~50 万元。从软装、硬装预算比例上看，软装的投入明显高于硬装。据《人民日报》报道，我国家居饰品产业经济增长速度是国内 GDP 增长速度的 400

倍以上，2006 年国内家居饰品的产值达到 8000 亿。据权威机构调查，全国家居饰品的年消费能力高达 2000 亿 ~ 3000 亿元；一个 10 万人口的小县城，家居市场的年消费能力不低于 1000 万元。

家居产业对软装市场越来越重视。分析人士指出，众多家居卖场正在不断充实卖场中软装产品的数量并提升品质，以提升自身的竞争优势。

在一项关于家居装饰的调查中：81% 的被调查者表示居室耗资巨大的装修不能保值，只能随着时间的推移贬值、落伍、被淘汰，与其守着几十年前的装修，不如通过空间陈设来提高居住质量和生活品质；70% 以上的被调查者表示将会加大自己在居室装饰方面的投入，并且有 74% 的被调查者认为装饰居室要体现个人风格和品位；55% 的被调查者表示，通过居室中装饰品的摆放和点缀可以达到营造家居氛围的目的。

随着软装市场需求的迅速升温，许多以室内设计为主的公司、家居产品销售公司、建筑设计公司等，已经不只是耕耘自己的一亩三分地，而是开始开疆拓土，进入软装行业。这些公司开始进行软装设计专业化经营，成立软装品牌，从空间设计到产品设计，从单体服务到系统化运营，踊跃在市场中的多个

领域，进化出自己的生态护城河。

一、软装设计公司数字化趋势

行业对设计公司及个人的要求很高，传统行业与互联网思维结合，衍生出一批数字化运营的企业。

数字化是指企业的经营管理、产品设计与制造、物料采购与产品销售等各方面采用信息技术，实现信息技术与企业业务的融合，用数字化的方式对设计、生产、经营、管理等活动进行管控。改变目前多层级、复杂严密的组织设计，建立扁平化、去中心、去层级的管理体系，快速反应、精准执行。

那为什么有这样的发展趋势呢？

（1）经营转型的需要。单靠硬装设计公司已经无法满足客户的全部需求，有独立的软装设计能力会大大提升设计的价值以及签单能力。

（2）可以以专业的形式承接软装项目，从住宅设计到商业美陈，市场上衍生出越来越多的软装设计细分领域，产品以及产业链蕴含了巨大市场与商机，从家具、灯具、配饰，到工艺品、布艺、插画，家装市场早已超出硬装范畴，而且未来将有更大的发展空间。

举例来说，dop 创始人朱小斌创立大朴设计，后来创立了大朴软装部、设计得到教育平台，进一步巩固在设计领域的优势，特别是打造特有的"设计得到，建立一所 1000 万设计师的在线大学"标签，设计教育使命更艰巨也更有意义，后来又创立了勿量艺术，为空间设计提供原创的艺术装饰产品，创立材料美学馆，为建筑装饰领域建立材料供应链，更完善了设计标准，推进材料物料系统化建设，为行业创造价值，并踏实履行自己的行业使命。

二、软装行业分布多领域下沉趋势

国内的高级软装设计师与设计机构多分布在北京、上海、广州、深圳等经济相对发达的一线城市。随着软装设计的普及及先进观念的深入与迅速传播，软装行业呈现市场下沉的趋势，逐步浸入准一线以及二三线城市，比如成都、重庆、武汉、杭州等。中国的蓬勃发展正孕育着巨大的软装及家居饰品市场。市场对从业者及专业的设计机构提出了更高、更系统的要求，从业者及专业的设计机构也面临着巨大的挑战，空间陈设将成为下一个被追捧的创业蓝海之一。

三、软装全球供应链整合的趋势

现在全球的生产、设计、物流已经趋于扁平化，产业链已经开放，靠单一的产品供应将不会在价格与单品上独享优势。建立全链条供应体系，包括制造、仓储、物流等体系的建立，从内部整合到产业升级，实现产品量变与服务质变是每个从业者及引领者重塑竞争力的关键。

供应链资源整合有物质资源整合和非物质资源整合，有行业整合和跨行业整合。对人才的吸引与管理也是一种整合能力。

1. 供应链注重流程及结构建设

今后的产业分工会越来越细，流程和结构优化的要求很高，想要发展生产力，只能通过细化分工来完成，分工越细效率越高，而现在面临很多问题，解决这些问题的唯一办法就是借助信息化技术，通过供应链的整合来简化、优化流程。此外，功能的集约涉及商流、物流、信息流、资金流、人文流等方面。

2. 实现供应链数字化

讲到供应链一定会讲到风险，风险怎么控制？比较好的办法就是实现供应链数字化。供应链发展经历了三个阶段：内部整合、外部整合和供应链协同。供应链的发展经历了从链到网，再到生态的多个环节。

3. 标准化个人定制

在规模经济方面，目前标准化、批量化生产更具成本优势，未来的转化方向之一将是产品定制化，客户参与个性化定制，以工业化的效率满足个性化的需求。

4. 主题化原创设计

在硬装去风格化的趋势愈加明显的同时，软装也将逐步进入去风格化的时代，主题化原创设计或将逐步成为新的设计风尚。

随着 90 后、00 后新生代消费群体的崛起，个人消费的趋同性逐步被个性化的消费追求取代。审美需求叠加文化需求，让消费者对软装设计提出了更高的要求，除了装饰性和功能性，同时还希望可以展示自己的生活风格及风格背后独到的价值观念。人们希望提升自己的文化素养和品位，乐于展示自己的价值选择和文化思维。

5. 差异化创新

品牌在产品端、设计端实现差异化的唯一发展道路是服务与创新，而服务与创新都要经历漫长的不断积累的过程，需要经历一个从不成熟走向成熟的蜕变过程。

6. 对从业者的综合素质要求更高

面对快速发展的社会，每个人都享受着全球信息化带来的快捷与便利。同时，信息扁平化也意味着设计行业的迭代更快，每隔 3~5 年就会有一个新的流行趋势。作为设计师，核心竞争力是不被替代的能力，也就是在竞争中别人都竞争不过、替代不了且具备某种独有的能力。要想获得这种核心竞争力，只有刻意练习（图 1-1）。

如何判断自己是否具备核心竞争力呢？可以问自己：是不是一个螺丝钉，随时可以被替换？是不是处于一个可有可无的位置？

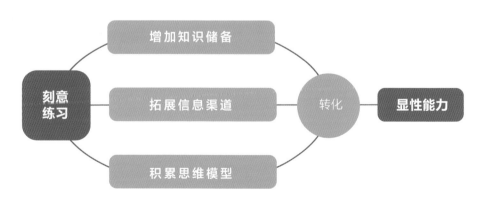

图 1-1 个人能力的刻意练习示意图（图片来源：羽番绘制）

第二讲 软装设计师的职业规划

一、软装设计师的职业现状

1. 软装设计师离普通消费群体还有一定的距离

普通住宅消费者，很少能接触到软装设计，只有少数公装或高端家装公司才会安排室内设计师带客户选购软装配饰。软装设计师的角色主要还是以设计师、经销商和家居厂商的销售型设计师为主。

2. 市场缺乏专业软装设计师

软装消费市场火热起来的时间比较短，专业的软装设计师人才非常缺乏，因此，通常是室内设计师带客户选购软装配饰，市场上也出现了很多室内设计师半路转行做软装的现象。

二、软装设计师的工作领域及职业前景

1. 提供软装陈设设计和后期采购配套服务

作为软装设计师，可以与硬装设计公司或建筑公司合作。有些地产项目因为很多硬装设计师没有多余的时间或者没有更专业的软装知识，需要与软装设计师合作，为整体项目提供软装陈设设计和后期采购配套服务，比如地产售楼部样板间项目。

2. 进行陈设艺术品的研发生产和服务

现在越来越多的人喜欢定制独特的产品，设计师可以与陈设用品生产企业合作，进行陈设艺术品的研发生产和服务，为客户提供个性化定制型的服务。

3. 为艺术、媒体或环境设计提供设计咨询服务

大家对美的追求是无止境的，任何空间都需要通过精心的陈列才可以达到好的效果，因此，软装设计师也可以担任艺术、媒体或环境设计的顾问工作。

4.FF&E 专业设计师

FF&E（furniture，fixtures&equipment，即家具，固件设施和设备）设计是一种专业的针对酒店室内设计和装配的一种体系。设计师负责选配和设计适合室内的家具、饰面和配件等重要设计环节；辅助高级设计师完成所属项目的空间软装方案设计；负责绘制项目软装产品深化设计手稿；负责空间软装方案的图册排版及清单制作；配合高级设计师把控设计质量、效果及时间进度。FF&E 设计目前已被诸多顶级设计公司用来指导其他类型的设计项目。

5. 国际家居时尚买手

国外家居行业发展的多样性，衍生出多种职业类型，如软装家居策划师、家居陈设师、软装设计师……但市场需要一股整合力量。市场的需求、行业的发展催生了新的全能型职业——国际设计型家居买手。他们以前沿的审美眼光、独到的产品开发渠道、满足不同客户群的产品定位、优异的口才、全方位的把控能力著称。

6. 软装领域的新媒体人才

软装领域的新媒体人才主要为家居陈设杂志编辑、设计类公众号专业编辑、短视频的账号运营人员等，他们在各个领域持续输出专业的知识，与大众分享。

7. 软装行业培训讲师

当你拥有丰富的行业经验，并了解软装教育体系后，可以根据自己的职业规划方向及兴趣，成为专业的软装行业培训讲师，让更多人认识软装行业，发现生活中更多的美，帮助更多人成为专业、合格的从业者。

8. 创建自己的软装品牌

如果你有自己的独特想法，喜欢自由的工作环境，也可以结合自己的能力创建属于自己的软装品牌，为有需要的客户提供服务。

9. 家居卖场的设计顾问

家居卖场的设计顾问为卖场提供陈设展示服务。家居卖场陈设设计是一种趋势，是客户需要的。目前行业门槛较低，工作对个人的综合要求较高，很多人未经专业系统学习就进入软装领域，初入职场会很迷茫。专业的软装设计师需要拥有多元化的综合能力，这也意味着在软装行业需要抱着终生学习的态度践行初心。

如图 1-2 所示是设计师职场能力雷达图，通过图片大家对优秀设计师的定义会更加立体。

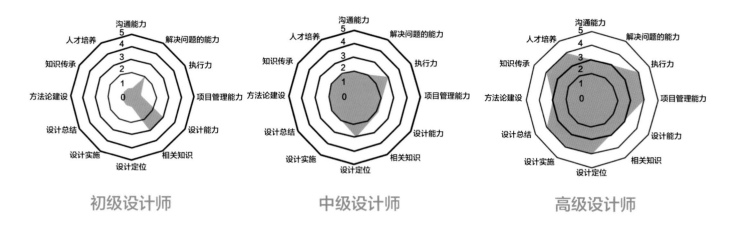

初级设计师　　　　　　　中级设计师　　　　　　　高级设计师

图 1-2 设计师职场能力雷达图（图片来源：羽番绘制）

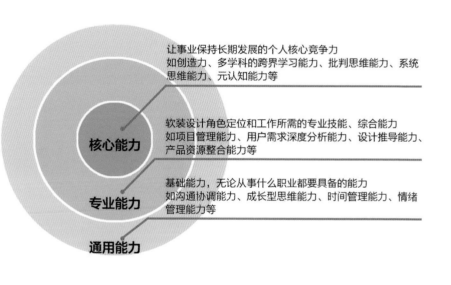

核心能力 —— 让事业保持长期发展的个人核心竞争力
如创造力、多学科的跨界学习能力、批判思维能力、系统思维能力、元认知能力等

专业能力 —— 软装设计角色定位和工作所需的专业技能、综合能力
如项目管理能力、用户需求深度分析能力、设计推导能力、产品资源整合能力等

通用能力 —— 基础能力，无论从事什么职业都要具备的能力
如沟通协调能力、成长型思维能力、时间管理能力、情绪管理能力等

图 1-3 个人职业能力黄金圈（图片来源：羽番绘制）

如图 1-3 所示是个人职业能力黄金圈，显示了个人核心能力、专业能力和通用能力。我们大多数人超过 50% 的核心能力都是在长期与时间赛跑的过程中积累下来的。

在这里，借用梁文道在《悦己》中所说的话来总结：读一些无用的书，做一些无用的事，花一些无用的时间，都是为了在一切已知之外，保留一个超越自己的机会，人生中一些很了不起的变化，就是来自这种时刻。

第二章

软装设计师应该
如何高效学习

从平庸到卓越，每天进步一点点

【导读】

随着国内设计市场的专业分工逐步细化，以及市场经济发展速度趋于平缓，越来越多硬装设计、材料设计、家具设计等领域的人才，逐步跨界转型进入软装设计市场。装饰设计行业的从业者一方面为自己所在的设计市场的规模逐步增大和规范感到欣喜，另一方面对自身的未来规划和能力培养感到焦虑。

第一讲 为什么要构建软装知识体系

本书的作者之一羽番，在从事软装设计的近 10 年时间里，不断地收到身边的设计师朋友有关软装设计和自我规划的疑问，比如：

新人面对软装设计，不知道怎么学，学了不会用，怎么办？

做了几年设计，遇到职业瓶颈，没有自己的核心竞争力，怎么办？

对于软装知道的很多，但只有模糊的印象，不会转化成自己的技能，怎么办？

自己是硬装设计师出身，这几年市场不景气，想转行做软装设计，应该怎么转？

经常参加软装培训、学习线上课程，费用交了一大堆，碰到实际项目还是毫无头绪，怎么办？

……

有些设计师每天很努力地坚持打卡，通过朋友圈九宫格抒发自己对软装美图的领悟，展示自己的学习成果……—通操作下来，除了视觉感官美之外，依然对怎么做软装一知半解，不会学，不会用，看不懂软装背后美的原理。

为什么会这样？

软装设计这件事并不是"一见钟情"，而是掌握核心知识和技能后的"日久生情"。

软装是空间设计中的专业板块，它是由不同领域、各种跨界知识组合而成的庞大系统，设计大师终其一生都在探索实践的路上。

报培训班学习十天半个月，学到的也只是皮毛或者某个技巧的侧重点。唯一的捷径是把知识变成自己的核心竞争力。

没有软装知识体系（图 2-1），努力学习只是低水平的重复！

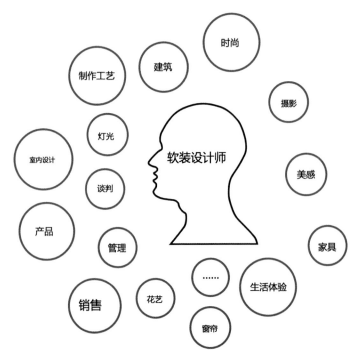

图 2-1 软装知识体系（图片来源：羽番绘制）

为什么买菜、吃饭，我们不需要建立知识体系，而一说学习知识，就总提着要建立知识体系呢？

一般大家自己为家里买家具，款式喜欢、价格合适直接买就可以了。但如果你是个设计师，为客户设计整个家，你必须了解客户需求，产品，色彩、灯光搭配，施工工艺，尺寸比例，可视化方案制作、讲解，采购跟踪等，几十项不同领域的跨界工作同步进行，要解决从沟通到落地过程中的所有问题。唯有知识体系可以帮助你从繁杂凌乱里有序解决这些问题。

之所以要建立知识体系，是因为我们要用这些知识去做一件"大"事！

这件"大"事，涉及你的职业规划，涉及你的价值和梦想。

建立知识体系的本质就是建立核心竞争力，那怎么才能建立知识体系呢？

第二讲 如何构建软装知识体系

一、没有深度思考，你永远困在浅层区里"伪勤奋"

举个身边的例子，朋友小A接待了一个想全屋软装的客户，见面聊完感觉还不错，小A回来就直接做了方案。到汇报方案时，客户说我家里需要那些不需要这些，这里不适合那里不适合……小A很崩溃，心想：怎么不早说呢？辛辛苦苦做的方案，一下子全被否定了，这个客户要求真高……

我听了这件事情的前后过程，耐心帮她分析，并得出了一套解决方法。

（1）这件事情的问题出在沟通的方法上，只进行了感性的表达，没有梳理逻辑，聊完很容易忘记。

（2）设计师是专业人士，当客户对家的风格有想法却不知道怎么准确表达时，要学会引导客户。

那用什么来引导呢？

高效的方式是把客户的问题提前设想好，从基础需求、空间需求、功能需求、设备系统需求等方面进行总结，归纳成表格，提高沟通效率及沟通质量。

我发给她一份客户需求问卷（见本书附录1），用这份问卷可以了解不同客户的需求，并且可以按照其中的思路进行延伸，拓展更多细节。

小A直接就惊呆了：这么清晰详细，我想问客户的问题，几乎都包含了，这样就节省了大量的时间。

所以，遇到问题先不要闷着头去做，深度思考比盲目执行更重要。

二、建立软装知识技能地图，让软装系统可视化

为什么要建立属于自己的软装知识地图呢？

我们学习的大部分知识，没有变成我们的"骨"和"肉"，只剩下"哦，这个我学过"。

很多人花费生命的前1/5时间拼命输入知识，没有经过筛选，最终90%的知识都会被忘记。

身处高速发展的信息网络时代，我们面临更多信息的"轰炸"，如果不加筛选，大脑几乎会被这些信息所填满，知识堆砌在一起，不经过滤，应用方法很快就会被遗忘。

我们必须对大量零散知识点、素材进行分类、归纳、整理，形成体系，通过有方法地日积月累，模糊的分散知识点就会慢慢形成体系（图2-2）。

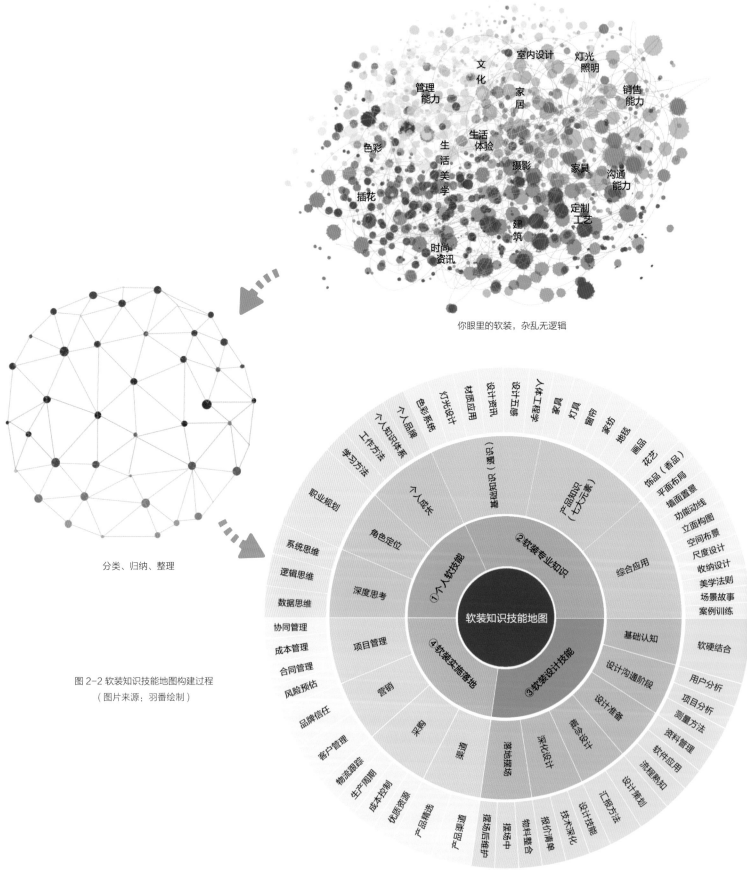

你眼里的软装，杂乱无逻辑

分类、归纳、整理

图 2-2 软装知识技能地图构建过程
（图片来源：羽番绘制）

软装知识技能地图

第三讲 高效学习，助力你的软装职业生涯

高效学习的方法如下。

一、确定目标、分解目标

目标分为长期目标（以月、季、年为单位）和短期目标（以天、周为单位）。

比如你要在 1 个月内学会室内软装设计的色彩运用，在半年内成为专业的软装设计师。行动之前要先明确目标框架，画出能力树。

（1）先将能力分为 4 类，即从能力树的树干（图 2-3）上分出 4 个枝杈：必备知识、通用能力、职业技能、核心竞争力。

（2）分解每个树枝和树叶（图 2-4）。主干（应用目标）有了后，接下来要做的事就是将达成这个应用目标所需的能力按树枝和树叶的形式组织起来。

在画出能力树后，我们还需要整理出一张学习清单（表 2-1），根据自身对各种技能的掌握情况进行排序和计划，以天为单位，每周做复盘和总结，每天学习及应用一个知识点，形成主动学习的习惯。

二、专注力 + 刻意练习 = 有节奏地点亮能力树

专注力：你可能对软装兴趣广泛，新鲜事物也一直层出不穷，但只有尽量缩小目标，专注于当下最重要的一件事，才能获得快速进步，其中的关键词是"一件"。以学习清单为例，先评估自己，确定哪些技能、哪些知识是当下最紧缺的，然后将其放进前期计划，集中精力去学习和练习；确定哪些是非常重要但是需要长时间去学习的，然后做出长期计划，坚持不断学习和练习。

刻意练习：每天、每周刻意练习，去攻破一个知识点，循序渐进，宁精透，勿贪多。

三、持续更新知识体系

整体的知识体系框架构建起来后，应善于在具体的学习、工作实践中应用知识，并及时复盘更正，总结实践经验，以持续迭代更新知识体系，扎牢基础应万变。

软装设计师高效学习要点如图 2-5 所示。

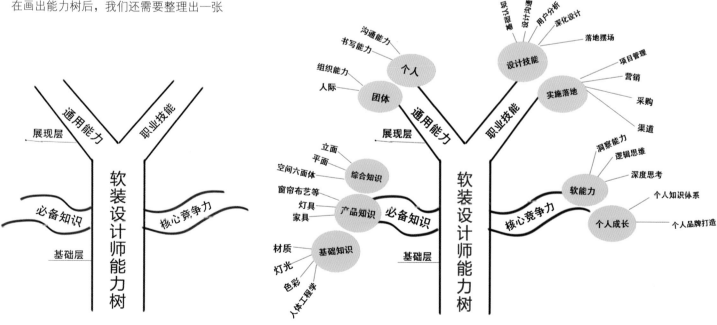

图 2-3 软装设计师能力树主干（图片来源：羽番绘制）　　　　图 2-4 软装设计师能力树示例（图片来源：羽番绘制）

表 2-1 学习清单

一级分类	二级分类	能力项	优先级	提升计划
主干	树枝	树叶	个人评估	落实到天、周
（通识）必备知识	基础知识	色彩	高	落地到每天
		灯光	低	……
		材质	低	……
		人体工程学	低	……
	产品知识	家具	高	……
		灯具	低	……
		窗帘布艺等	高	……
	综合知识	立面	低	……
		平面	中	……
		空间六面体	中	……
核心竞争力	软能力	逻辑思维	—	……
		深度思考	—	……
		洞察能力	低	……
	个人成长	个人知识体系	—	……
		个人品牌打造	低	……
职业技能	设计技能	用户分析	中	……
		设计沟通	低	……
		基础认知	低	……
		深化设计	低	……
		落地摆场	高	……
	实施落地	渠道	低	……
		营销	低	……
		采购	地	……
		项目管理	低	……
通用能力	个人	沟通能力	高	……
		书写能力	低	……
	团体	组织能力	低	……
		人际	低	……

注：/—未知领域；低—薄弱环节；中——一般水平；高—较擅长的。此表仅作参考示例。

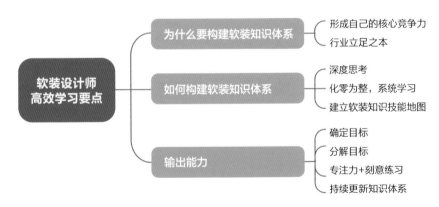

图 2-5 软装设计师高效学习要点（图片来源：羽番绘制）

第三章

成为软装设计师
的必备技能

从平庸到卓越，每天进步一点点

【导读】

关于设计基础知识我们既熟悉又陌生，熟悉的地方在于我们日常的衣食住行都离不开色彩、照明、材质、五感六觉、人体工程学等，陌生的地方在于一到设计色彩时，就分不清楚色彩与空间的关系、色彩的搭配规律等，经常一筹莫展；对于照明设计专业术语及应用、材质应用更是不知从何学起；看到好的项目，无法提炼五感六觉的设计元素；接到项目掌握不了家具与空间的尺度关系……

以下内容将带大家从设计基础知识开始，解决以上设计问题，帮助大家轻松入门软装设计行业。

第一讲 色彩

一、儿童空间配色，居然还要研究脑科学和配色心理

很多设计师和家长在儿童房装修上非常注重材料的环保性，而在儿童房的环境选择上只考虑到美观性或自己的主观喜好。我们应结合婴幼儿的成长过程及心理需求来选择空间色调。

1. 空间色彩配不好，会影响儿童的视觉感知

儿童房的设计常被成人审美所固化，女孩房选粉色系，男孩房选蓝色系，而没有从色彩对儿童视觉感官的影响这一源头去寻找最佳的解决方案。如图 3-1 所示是儿童房配色方面可参考的实例。

先来看一下不同年龄段的孩子每天在家的总时间分布图（图 3-2）。

幼儿、青少年 58.3%~87.5% 的时间是在家中度过的。儿童房是孩子的卧室、起居室、游戏空间和独立成长空间。

人们每天从环境中获得的信息约 80% 是通过视觉来传递的，色彩感知觉（色觉）在每天的视觉活动中发挥着重要的作用。

儿童对空间色彩的认知约 70% 是从周围环境中得来的。大面积的墙面、地面、家具等的颜色是儿童直观感受周围环境色彩的观察对象，我们称此区域的色彩为儿童空间色系。

美国布鲁克林 Mi Casita 学前教育中心的空间色彩如图 3-3、图 3-4 所示，这种配色对于儿童空间配色设计具有很强的指导性。

图 3-1 儿童房
（图片来源：白金海岸样板间，大朴设计）

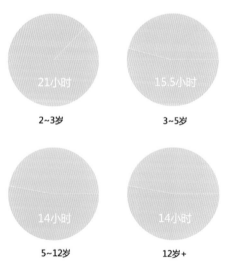

21小时 — 2~3岁
15.5小时 — 3~5岁
14小时 — 5~12岁
14小时 — 12岁+

图 3-2 不同年龄段的孩子每天在家的总时间分布图
（图片来源：羽番绘制）

图 3-3 美国布鲁克林 Mi Casita 学前教育
中心的空间色彩 1

图 3-4 美国布鲁克林 Mi Casita 学前
教育中心的空间色彩 2

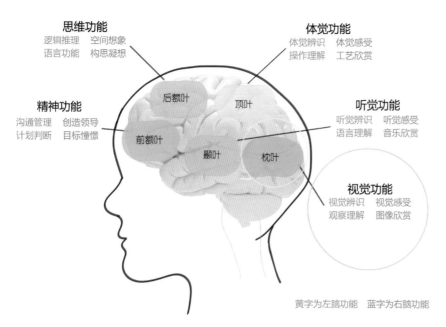

图 3-5 大脑各功能分布图（图片来源. 羽蜜绘制）

那么，问题来了，作为设计师的你，是否思考过为什么这些配色让人感觉身心更舒适、精神更放松呢？

许多设计师只知其一，却不知背后的根源，接下来让我们一起探索儿童空间色彩之谜。

2. 色彩为什么对儿童的健康这么重要

（1）从人脑结构角度解析色彩的影响。

设计师可能会有疑问：学习色彩只关注色彩搭配就可以了，为什么还要学习人脑结构？

看见色彩，不是由眼睛决定的，而是由人脑的视觉功能来管控的。枕叶区管控视觉功能，负责视觉辨识、视觉感受、观察理解、图像欣赏等（图 3-5）。我们看见物体颜色的过程是：物体表面反射不同波长的光，人眼观察后再由大脑中的视觉编码进行视觉辨识。也就是说色彩感受是由各种负责视觉辨识的细胞和神经来完成的。

（2）色彩搭配不好，会造成视觉疲劳？影响情绪发展？影响专注力？

①德国生理学家和物理学家赫尔姆霍茨通过研究发现，人眼视网膜上的锥状细胞具

有红、绿、蓝三色感受器，分别对红色、绿色、蓝色敏感。符合色彩规律的、和谐漂亮的色彩给人以美的视觉享受，混沌纷乱、无秩序的杂乱色彩常造成人的视觉疲劳，影响人的情绪。儿童长期生活在会引起视觉疲劳的色彩环境之中，身心健康会受到严重影响。

②过于浓烈的色彩（纯度高、明度高的颜色）会刺激婴幼儿的视神经，对视力造成不良影响。鲜艳的色彩，易产生巨大的色彩冲击力，导致儿童焦躁不安、注意力分散，产生不良情绪。

我们结合图例来解析视觉功能是如何感知色彩的。

人脑中的视觉细胞是有分工的。若颜色饱和度（纯度）高，图像复杂，且不断变化或移动，负责处理这部分信息的细胞不停地反馈信息，处理信息量大，容易产生疲

图 3-6 高饱和度、高明度的颜色

劳，长时间会引起视觉感知的不适应。

采用高饱和度、补色对比、高明度的颜色可以营造极具视觉张力的环境（图 3-6），很抓人眼球，但是长时间处于这种环境中很容易产生视觉疲劳。低饱和度、灰色调、低明度的颜色给人的视觉感受反而会比较舒适。

为什么莫兰迪色系让人感觉更舒服、更减压？因为大脑视觉功能区中的各类细胞不会同时处理很多信息，分辨色彩的压力小，视觉不易疲劳，较为放松舒适。这也是浅色调和对比度较弱的色彩让人感觉更舒服的原因（图 3-7~ 图 3-9）。

（3）色彩不仅影响心理感受，还影响智力发展？

曾有心理学家花了 3 年时间研究色彩对儿童智力的影响，把儿童放在不同颜色的环境中玩耍、游戏和学习。结果发现，在那些颜色"好看"（如淡蓝色、黄色、黄绿色和橙色）的房间里，孩子们的智商比平时高出 12% 之多，孩子们变得机敏和富有创造性；而在颜色"难看"（如黑色、褐色）的房间里，孩子们的智商却比平时低，人也显得迟钝。

（4）是不是给孩子大量的色彩，就有利于孩子的视觉健康？

答案是否定的。五彩缤纷的夸张色、具象的卡通图案，让孩子过早接触太多刺激的色彩和图案，孩子对美的认识就容易遭受破坏。让孩子生活在色彩不被污染的环境里，在色彩环境中更多地留白，孩子的内心才会对色彩有更多的想象空间。

图 3-7 位于西班牙巴达霍斯省葡萄种植小镇 Tierra de Barros 主广场上的 La Hermandad de Villalba 宾馆

图 3-8 La Hermandad de Villalba 宾馆的露天泳池

图 3-9 La Hermandad de Villalba 宾馆中的复古拱形天花板

3. 儿童空间配色，怎么才能更科学、更专业

父母在装修儿童房时都是为世界上最重要的人精心规划，孩子们在自己的空间领域里有很多事情要做，如发展自己、探索世界、学习独立等。运用科学结合成长关怀的配色，为孩子们创造满足每个成长阶段需求的环境是设计师的使命。

（1）总结规律，让配色事半功倍。

作为专业的软装设计师，我们只需总结视觉感知色彩的规律，就可以少走很多弯路。如找到大脑处理压力低的图像，就能找到儿童房的科学配色，有以下技巧可供借鉴。

①色彩布局应有规律：减少具象元素，位置分布有规律。

②应选用纯度低、明度低的色系，减少过多大面积的高纯度色系。

（2）不懂儿童，你只会越配越焦虑。

拆解儿童在每个成长阶段对色彩的需求。孩子从出生开始就已经具备了视觉中枢功能，在成长过程中不断接受刺激，不断发育，直至6岁发育基本成熟，达到正常成人的水平。

在儿童色彩领域，儿童心理学专家给出了适合0~2岁、3~5岁、6岁以上三个不同成长阶段儿童的色彩搭配建议。

① 0~2岁儿童。

配色要点：空间色 = 低纯度、低明度的色系（含无彩色）+ 空间大量留白（这里的留白指的不是白色，是指给空间想象力留白）。

婴儿房的空间色调是给宝宝的第一抹颜色，这个年龄段的婴幼儿，不仅对噪声敏感，刺眼的颜色也属于一种"噪声"。颜色过于艳丽会让婴幼儿过度兴奋，色彩感知失衡，为了让他们的睡眠质量更好，房间的色调应该以浅色系为主，应装饰成一个安静、舒适、安全的地方。

② 3~5岁的学龄前儿童。

配色要点：空间色 = 大面积同类色 + 抽象图案 + 几何样式 + 对比色点缀。

这个年龄段的孩子精力旺盛，求知欲很强。他们通过颜色、样式等来感知世界，艳丽的色彩、奇幻的样式会让他们格外好奇。可使用对比色和让孩子充满想象空间的样式（图3-10）装扮，以激发孩子的想象力和求知欲，促进大脑更好地发育。

③ 6岁以上儿童。

配色要点：空间色 = 冷色调（收缩色）+ 暖色调调和 + 对比色点缀。

冷暖色环如图3-11所示。

针对6岁以上的儿童，配色有一定规律。

图 3-10 瑞典 3D 画家 Owe Ragnar Martirez 的作品

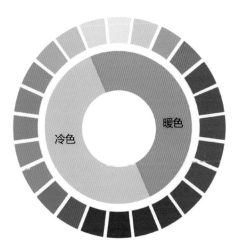

图 3-11 冷暖色环（图片来源：羽番绘制）

红色、黄色、橙色等颜色能使人产生暖的感受，是暖色（图 3-12、图 3-13）。暖色有振奋精神的作用，使人思维活跃、反应敏捷、活力增加。这就是一些早教机构教室里面的布置以暖色为主的原因。德国有学者研究表明，如果房间内搭配有橙色，可以让孩子们友好地相处。

粉红色具有安抚情绪的效果。有实验研究显示：一群小学生在内壁为粉红色的教室里，心率和血压有下降的趋势。还有研究报告指出：在粉红色的环境中小睡一会儿，能使人感到肌肉软弱无力，而在蓝色的环境中停留几秒，即可恢复。有人提出粉红色影响心理和生理的作用机制是：粉红色光刺激通过眼睛—大脑皮层—下丘脑—松果体和脑垂体—肾上腺，使肾上腺髓质分泌的肾上腺素减少，肌肉放松。

绿色、蓝色、青色等颜色能产生冷的感觉，是冷色（图 3-14、图 3-15）。冷色具有安定情绪、平心静气的特殊作用。

蓝绿色系颜色能消除疲劳。与红色相反，蓝绿色系颜色可以增强人的听觉感受，有利于集中注意力，提高工作效率，消除疲

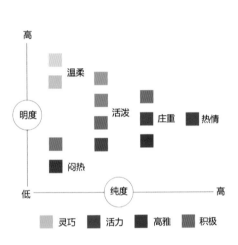

图 3-12 暖色系明度、纯度比例表（图片来源：羽番绘制）

图 3-13 卡洛斯·内达的暖色系配色

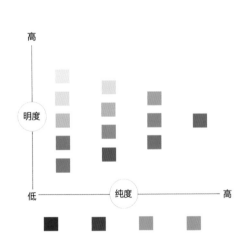

图 3-14 冷色系明度纯度比例表（图片来源：羽番绘制）

图 3-15 蓝绿色静谧空间

劳，还会使人呼吸减慢、血压降低。

了解了配色规律就可以利用色卡进行配色。

4. 辅以色彩对孩子进行正向教育

色彩也有各自的性格。针对性格文静内敛的孩子，房间就不应采用冷色调等让人感觉宁静的色彩，而应使用较为活泼的配色，这会让孩子更为愉悦。

对于性格急躁、活泼的孩子，房间则宜采用淡雅的颜色，另外在装饰墙面时，应避免使用狰狞怪异的形象和阴暗的色调，否则会使孩子产生可怕的联想，不利于身心发育。

将本部分知识脉络梳理出来（图3-16），要点如下。

（1）在住宅设计中，影响儿童健康的因素不只涉及安全、环保等方面，还涉及空间色彩环境。科学的配色有利于儿童产生良好的生理感受和心理感知，对情绪安抚、性格健全、视力健康、智力发育及审美观念都有很重要的影响。

（2）我们所看见的色彩，不是由眼睛决定的，而是由大脑的视觉神经辨别的，饱和度（纯度）低的色系，细胞分辨视觉色彩的压力小，不易产生视觉疲劳，较为放松舒适；对于饱和度高、杂乱无序、明亮刺激的色系，视觉细胞处理信息量大、时间长，易产生视觉疲劳。

（3）设计师应拆解不同年龄段的儿童对色彩感知的不同需求，逐一进行科学的、充满人性关怀的色彩搭配。针对不同性格的儿童，也可以用色彩环境潜移默化地对其进行正向教育，用科学认知＋配色方法＋色彩原理＋人性化的柔性设计打动每一位家长，帮助儿童健康快乐成长。

二、黑、白、灰，低调中高贵，色彩中的百搭色

色彩调和是色彩搭配的常规方法，如果觉得色彩很难驾驭、搭配很困难，可以从黑、白、灰等入手。只要活用了黑、白、灰等无彩色，就可以解决绝大多数色彩问题。

1. 黑色是不灭的经典，更是不退的潮流

黑色是具有不同文化意义的颜色，在不同的国家被赋予不同的寓意。它是色相环里最深的颜色，神秘而具有力量感，有着强大的感染力（图3-17）。

无论是应用于服饰，还是应用于手机、汽车，黑色都会显得高级、稳重。以黑色为主色调的搭配是永远都不会过时的，黑色的存在显示着自身的力量，这也奠定了黑色在整个色系的地位。

2. 白色是设计中的精灵

（1）白色的应用。

白色通常被认为是"无色"的。在绘画中，可以用白色颜料描绘白色，白色也属于无彩色系。白色的明度高，无色相，神秘、单纯、健康、干净，通常被作为光明与和平的象征（图3-18）。人们总是用各种美好的词语来形容白色，它是色彩界的颜值担当。

（2）白色＋多彩色系的应用。

白色＋多彩色系的应用实例中最有名的是马卡龙色系。马卡龙色系得名于由两层色彩缤纷的蛋白杏仁饼夹住甜腻软糯馅料制

图3-16 儿童空间配色要点（图片来源：羽番绘制）

图3-17 爱沙尼亚插画师 Eiko Ojala 作品中黑色的应用

图 3-18 勒·柯布西耶及其设计的朗香教堂

图 3-19 马卡龙

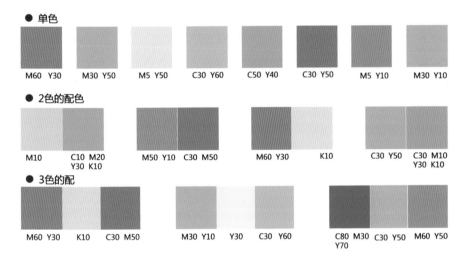

● 单色

| M60 Y30 | M30 Y50 | M5 Y50 | C30 Y60 | C50 Y40 | C30 Y50 | M5 Y10 | M30 Y10 |

● 2色的配色

| M10 | C10 M20 Y30 K10 | M50 Y10 | C30 M50 | M60 Y30 | K10 | C30 Y50 | C30 M10 Y30 K10 |

● 3色的配

| M60 Y30 | K10 | C30 M50 | M30 Y10 | Y30 | C30 Y60 | C80 M30 Y70 | C30 Y50 | M60 Y50 |

图 3-20 乐观的配色表（图片来源：羽番绘制）

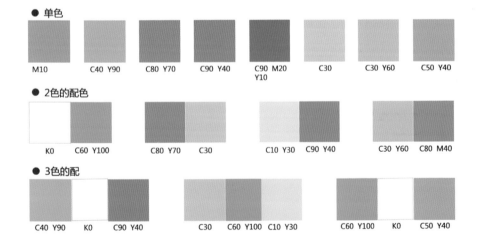

● 单色

| M10 | C40 Y90 | C80 Y70 | C90 Y40 | C90 M20 Y10 | C30 | C30 Y60 | C50 Y40 |

● 2色的配色

| K0 | C60 Y100 | C80 Y70 | C30 | C10 Y30 | C90 Y40 | C30 Y60 | C80 M40 |

● 3色的配

| C40 Y90 | K0 | C90 Y40 | C30 | C60 Y100 | C10 Y30 | C60 Y100 | K0 | C50 Y40 |

图 3-21 新鲜的配色表（图片来源：羽番绘制）

作成的甜点马卡龙（图 3-19）。

马卡龙色系包含各种颜色，浅粉色、浅黄色、浅绿色、浅蓝色、浅橘色是主要色调，可以理解为在有彩色里加入了白颜料，降低了纯度，提高了明度。马卡龙色系柔和、温顺，没有攻击性，能营造出乐观、新鲜、健康的意境（图 3-20~ 图 3-22）。马卡龙色系在家具设计（图 3-23）、室内设计领域应用广泛，也被应用于影视作品中。

2006 年上映的历史传记类电影《绝代艳后》（图 3-24），讲述了风华绝代的法国王后玛丽·安托瓦内特传奇的一生，从王后的衣橱、服饰、鞋子、甜点，居室设计中的手绘壁纸，到墙面的装饰线条，甚至唯美的影片布光，都大量采用马卡龙色系，撑起了绝美的视觉盛宴。2014 年上映的电影《布达佩斯大饭店》中马卡龙色系的应用也让人印象深刻（图 3-25）。

3. 灰色引领着设计界的潮流

灰色很有意思，它出现的时候，往往面积很大，可人们看到其他色彩时，却会忽略它，可没有它，又会觉得色彩有些生硬、不自然。

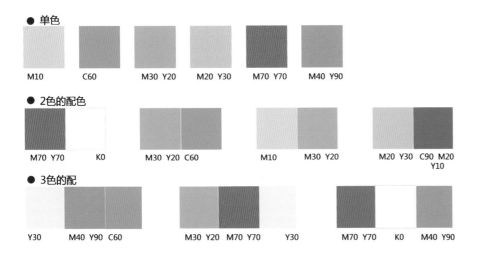

- 单色

M10　C60　M30 Y20　M20 Y30　M70 Y70　M40 Y90

- 2色的配色

M70 Y70　K0　　M30 Y20 C60　　M10　M30 Y20　　M20 Y30 C90 M20 Y10

- 3色的配

Y30 M40 Y90 C60　　M30 Y20 M70 Y70 Y30　　M70 Y70 K0 M40 Y90

图 3-22 健康的配色表（图片来源：羽番绘制）

图 3-23 法国建筑师 Morgane Roux 创作的"等待"（the wait）系列家具作品

灰色与其他各种颜色的搭配性是其他颜色所无法替代的，任何颜色与它搭配，都会熠熠生辉，不用担心被夺去光芒。

灰色可以让作品丰富有质感，高雅有氛围，但又低调不张扬。

一个作品优不优秀，往往看设计师如何运用灰色及灰色调的颜色。在时尚界就衍生出了"高级灰"。阿玛尼的服装设计中更是把灰色运用得炉火纯青（图 3-26、图 3-27）。

（1）灰色派，建筑中的包含主义。

灰色派（The Grays）亦称兼俗主义或包含主义，是 20 世纪 60 年代流行于欧美的一种建筑思潮。而室内空间是建筑设计中的重要对象，室内设计的理念多承袭建筑设计理念。建筑设计中的灰色派思潮也对室内设计产生了深远影响。

（2）灰色如何在空间设计中应用？

灰色是由无彩色中的黑色和白色调和出的颜色，时尚界及设计界的高级灰并不是单一的灰色，而是在有彩色中添加灰色调形

图 3-24 《绝代艳后》中马卡龙色系的运用

图 3-25 《布达佩斯大饭店》中马卡龙色系的运用

成的饱和度低、明度中等的一系列颜色。

灰色调的代表是莫兰迪色系。莫兰迪色系是根据乔治·莫兰迪（Giorgio Morandi，1890—1964，图 3-28）的名字命名的，是近年来室内设计中比较流行的色系。

乔治·莫兰迪生于意大利波洛尼亚，是意大利著名版画家、油画家，也被称为僧侣画家，他过着简朴的生活，淡泊名利，一生都未离开过自己的家乡。他的创作风格非常鲜明，色系简单（图 3-29、图 3-30），他对色彩的运用对后世的设计界乃至整个时尚界都产生了深远的影响。

所谓的莫兰迪色就是在颜色中加入灰色调，降低色彩的明度和纯度，颜色简单却不单调，显得更柔和优雅，画面平和自然，舒缓雅致，有一种静态的和谐美。莫兰迪色深受设计师的喜爱，被广泛应用于家居、家纺及室内设计中。

图 3-26 乔治·阿玛尼 2015 年秋冬女装

图 3-27 安普里奥·阿玛尼 2016 年春季男装

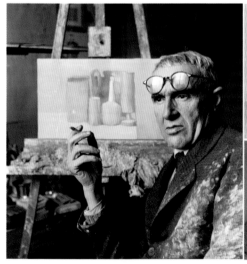

图 3-28 乔治·莫兰迪

图 3-29 乔治·莫兰迪以"静物"命名的作品

图 3-30 莫兰迪色系（图片来源：羽番绘制）

三、如何快速掌握色彩搭配规律与法则

室内软装中最吸引人的是色彩搭配，最难掌握的也是色彩搭配。这里先讲解基础知识，再逐步结合案例讲解。搭建知识体系就如同建房子，学习基础知识就如同打地基，对基础知识的理解越透彻，化零为整形成自己的知识闭环，应用时就越能够灵活地举一反三。

1. 认识色彩

（1）空间色彩的关系。

空间中环境色（背景色）、主题色（搭配色）、点缀色的关系如下。

①环境色，如空间中天花、地面、墙面等处的大面积色彩，起到营造空间主要视觉氛围的作用。

②主题色，是空间中发挥主角作用的色彩，如沙发、窗帘、地毯等的颜色。

③点缀色，在空间中起到画龙点睛的作用，如装饰画、台灯、饰品摆件、抱枕等的颜色。

三者的关系就如同影视剧中服饰、道具与主角、配角的关系。服饰、道具为背景（环境），用于衬托主角和配角，主角的戏份多一些，配角起点缀和辅助作用，为剧情画龙点睛，三者缺一不可。

如图 3-31、图 3-32 所示，环境色为木质家具的板栗色、牛皮的棕色；主题色为沙发的牛仔蓝、书籍深浅变化的牛仔蓝与原木色；点缀色为靠枕的橘红色和贝壳白，花艺的绿色。

（2）空间色彩的比例。

在进行色彩搭配之前，需要了解色彩搭配的黄金法则。可以根据空间及色彩运用的实际情况灵活调整。

①配色比例一：环境色、主题色、点缀色的比例为 7：2.5：0.5。一个空间里的三种色调按照这种比例搭配，配色会十分和谐。

②配色比例二：环境色、主题色、点缀色的比例为 6：3：1（图 3-33）。

（3）色彩的分类（图 3-34）。

无彩色指除了彩色以外的其他颜色，常见的有黑色、白色、灰色、金色、银色。明度为 0~100，而彩度很小，接近 0。

有彩色指由三原色衍生出来的千千万万种

图 3-31 环境色、主题色、点缀色的关系 1

图 3-32 环境色、主题色、点缀色的关系 2

图 3-33 配色比例示意图（图片来源：羽番绘制）

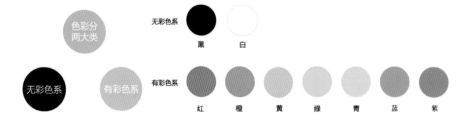

图 3-34 色彩的分类（图片来源：羽番绘制）

色彩，常见的有红色、橙色、黄色、绿色、青色、蓝色、紫色等。

（4）色彩三要素。

想在设计中弄明白如何搭配色彩，就必须要理解色彩三要素，即色调（色相）、饱和度（纯度）和明度。

（5）区分暖色和冷色。

色彩学上根据心理感受，把颜色分为暖色和冷色。暖色（红色、橙色等）为前进色，给人以膨胀、亲近、依偎的感觉。冷色（绿色、蓝色、紫色等）为后退色，给人以凉爽、镇静、收缩、遥远的感觉。

2. 软装色彩搭配

（1）空间配色的原则。

从很多优秀的设计案例中可以看出，往往只用1种颜色过于单调，一般组合采用2种颜色，能获得良好的视觉效果。当然也不排除具有色彩天赋的设计师要挑战高难

度，展示其超强的色彩搭配和管理能力，采用多种色彩搭配组合。

采用2种以上的颜色时，只要保证它们的纯度、明度都近似，基本怎么搭配都不会出错。

（2）简单易懂的配色方法。

①同类色搭配（图3-35）。

色相性质相同但具有深浅之分的颜色为同类色。在色相环中，同类色色相相距0~30°。同类色也可以理解为色相环上紧挨的颜色。

同类色搭配方法有以下3种。

a. 无彩色 + 无彩色。

b. 无彩色 + 有彩色（同类色）。

c. 有彩色（同类色）+ 有彩色（同类色）。

采用无彩色 + 有彩色（同类色）搭配时，方法比较简单，采用不同明度和纯度的同类色 + 不同明度的无彩色搭配即可（图3-36）。第三种同类色搭配方法更有难度，色调（明度、纯度等）的调整相对难掌握一些，这里依据案例进行循序渐进的讲解。

同类色色谱如图3-37所示，每个色相中

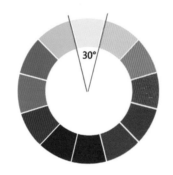

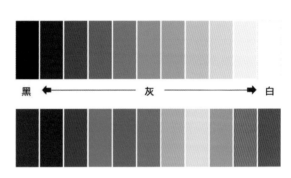

图3-35 同类色示意（图片来源：羽番绘制）   图3-36 无彩色（上）与有彩色（下）示意（图片来源：羽番绘制）

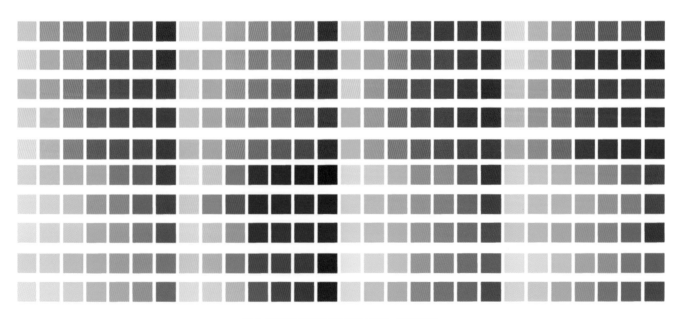

图3-37 同类色色谱示意（图片来源：羽番绘制）

图 3-38 同类色应用案例 1（图片来源：大朴设计）

都包含成百上千种同类色，组合成我们日常见到的丰富的颜色。同类色应用案例如图 3-38、图 3-39 所示。

②邻近色搭配（图 3-40）。

在色相环中夹角为 0°~90° 的颜色为邻近色。可以任选 2 种以上的邻近色以不同的纯度及明度进行有规律的调和搭配。

邻近色搭配方法有以下 2 种。

a. 无彩色 + 有彩色（邻近色）。

b. 有彩色（邻近色）A+ 有彩色（邻近色）B+ 无彩色（不同明度）。

图 3-39 同类色应用案例 2

注：70% 的墙面环境色，25% 的主题色，5% 的点缀色。

如图 3-41 所示，以低纯度的脏粉色为环境色，以灰紫色为主题色，以橙色为点缀色，整体明度和纯度都较低，色彩柔和细腻，效果梦幻唯美。

③对比色（撞色）搭配（图 3-42）。

在色相环中呈 120° 夹角的色彩是对比色，在搭配中统一协调好明度、纯度，玩转对比色，为空间增添灵动的魅力！

以如图 3-43 所示案例为例，明黄色和青色是对比色，大面积环境色的纯度和明度较低，营造的空间氛围清新、灵动、典雅。对比色都保持高纯度和低明度，营造的空间氛围复古、摩登、时尚。

④互补色搭配（图 3-44）。

在色相环中每一个颜色与其对面（呈 180° 夹角）的颜色为互补色，互补色也是对比最强的。把互补色放在一起，会给人强烈的排斥感。若混合在一起，会调出浑浊的颜色。如红与青、蓝与黄、绿与洋红为互补色。互补色应用案例如图 3-45 所示。

将色彩搭配规律方面的知识要点梳理出来，如图 3-46 所示。

四、如何灵活应用不同的色彩搭配方法，赋予空间魅力

1. 色彩搭配的基本原理

（1）色调。

我们对一个空间中颜色的印象往往是由色调决定的（图 3-47）。色调是指色彩的浓淡、强弱程度，由明度和纯度决定（图 3-48）。常见的色调有鲜艳的纯色调、接

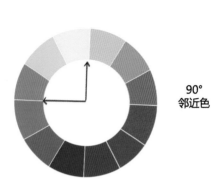

90°
邻近色

图 3-40 邻近色示意（图片来源：羽番绘制）

图 3-41 邻近色应用案例

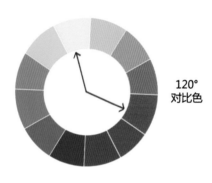

120°
对比色

图 3-42 对比色示意（图片来源：羽番绘制）

图 3-43 对比色应用案例

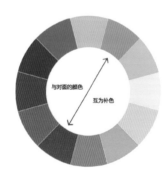

与对面的颜色
互为补色

图 3-44 互补色示意（图片来源：羽番绘制）

图 3-45 互补色应用案例

近白色的淡色调、接近黑色的暗色调等。

如图 3-49 所示，采用了波普花纹的薄红色与波普花纹的水绿色，红色与绿色为互补色，明度、纯度保持一致，空间搭配非常和谐，清新舒适。如果选择对比色、互补色等色相对比强烈的颜色，同样也可以按统一的色调来进行搭配。

（2）空间设计中的常用色调。

空间设计中的常用色调有纯色调、微浊色调、明色调、淡色调、明浊色调、暗浊色调、浊色调、暗色调，再加上黑、白、灰色调来进行调和。

看到这 8 个色调和黑、白、灰色调时，很多人的第一反应是这么多色调，很容易混淆，记不住，跟实际工作有什么关系呢？

①色调的概念。色调不是指颜色的性质，而是对一个空间整体颜色的概括，表述的是空间色彩的基本倾向，比如一个空间里用了很多颜色，但总体是有一种倾向的，偏冷色或偏暖色、偏红色或偏蓝色等。

色调是影响配色效果的重要因素。一个空间中的色彩给人带来的印象与感觉在很多情况下都是由色调决定的（图 3-50）。即使色相不统一，只要色调一致，画面也能展现统一的配色效果。同样色调的颜色组织在一起，能产生和谐统一的视觉效果。

②分辨和应用色调（图 3-51）。

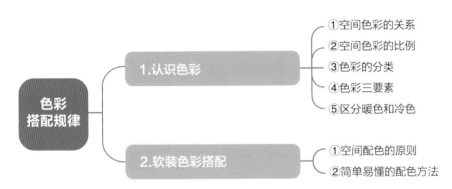

图 3-46 色彩搭配规律（图片来源：羽番绘制）

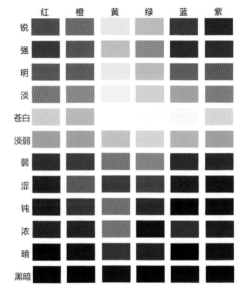

图 3-48 色彩的色调（图片来源：羽番绘制）

图 3-47 样板间色调（图片来源：大朴设计）

图 3-49 单色调的应用案例（图片来源：纽约公寓设计，设计工作室 Reutov Design）

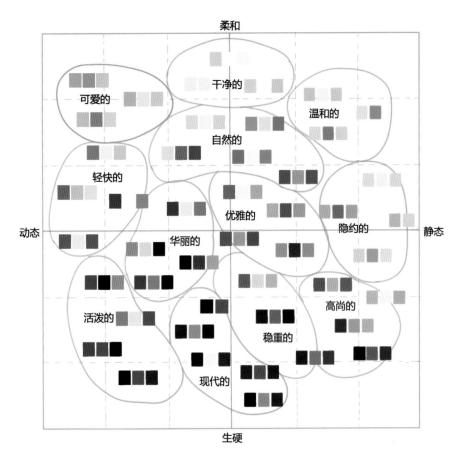

图 3-50 色彩印象（图片来源：羽番绘制）

a. 纯色调（图 3-52）。

组成：可以这样理解色相环上的纯色，不添加任何黑色或白色的颜色都是纯色，也是离无彩色最远的颜色。

优点：散发着健康、积极、开放的视觉效果。

缺点：视觉上过于艳丽、刺激的颜色，对搭配比例要求很严格，搭配不好会拉低档次。

应用范围：由于纯色具有强烈刺激的视觉效果，一般应用于服装界及餐饮、娱乐等休闲空间，在日常家居中多作为点缀色。

b. 微浊色调。

组成：微浊色调是纯色 + 灰色形成的色调，紧挨着纯色，纯度略低，明度和纯度基本相同。

优点：接近纯色的微浊色调，保持了纯色的活力与浊色的自然、素雅。

缺点：有消极、封闭等属性。

如图 3-53 所示，空间中的蓝色系、红色系、紫色系颜色中都加入了少许灰色，明度和纯度都保持一个色调，视觉效果有一定的活力，也具备了素净的空间气质。

纯色其实就是高纯度的颜色，色彩饱和度很高，看起来较为鲜艳

图 3-52 纯色调示意（图片来源：羽番绘制）

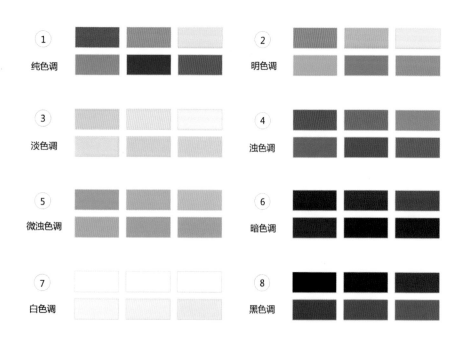

图3-51 色调示意图（图片来源：羽番绘制）

图 3-53 微浊色调应用案例
（图片来源：Supaform 打造的 Non-Existent）

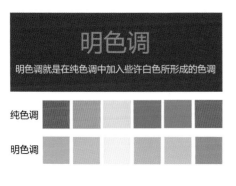

图 3-54 明色调示意（图片来源：羽番绘制）

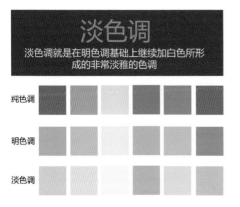

图 3-55 淡色调示意（图片来源：羽番绘制）

c. 明色调（图 3-54）。

组成：明色调由纯色＋些许白色调和而成，相对于纯色而言明度和纯度都降低了一些。

优点：总体感觉爽快、明朗，是广受欢迎的色调，没有太强的个性主张。

缺点：运用不好会给人以没有深度、肤浅的印象。

d. 淡色调（图 3-55）。

组成：淡色调是由纯色＋大量的白色形成的色调，接近没有颜色的白色调，原本纯色的张力被大幅消减，健康和活力感变弱。

优点：适合表现柔和、甜美而浪漫的空间。

缺点：是所有色彩中最缺乏主张的色调。

适用空间：比较适合婴幼儿空间及产品、女性空间、甜品店等应用。

如图 3-56 所示，案例中使用的明度较高的马卡龙色就是典型的淡色调，空间表现

图 3-56 淡色调应用案例（图片来源：纽约公寓设计，设计工作室 Reutov Design）

非常轻柔，毫无视觉攻击力。

e. 明浊色调。

组成：明浊色调是比较淡的颜色＋明度较高的灰色形成的色调，位于淡色调和接近白色的灰色调之间，在浊色中明度较高，与淡色比较接近。

优点：有淡色的轻盈，也有浊色内向型的凝滞感，在很多作品中用于表现城市的倦怠感。

缺点：有软弱、不可靠的属性。

使用空间：高品质、有内涵的空间适合运用此类颜色。

如图 3-57 所示，莫兰迪色明度较高时就是典型的明浊色调。

f. 暗浊色调（图 3-58）。

组成：暗浊色调是纯色＋灰色＋黑色形成的色调，与明度和纯度都很低的暗色接近。

优点：暗色的厚重与浊色的稳定，形成沉稳的厚重感，强调自然与力量感。

缺点：有封锁、保守、内向的属性。

如图 3-59 所示为暗浊色调应用案例，整体的空间色调倾向于暗浊色调，为了避免沉闷，用橘色玻璃装饰画来调亮空间。

g. 浊色调（图 3-60）。

组成部分：浊色调是纯色＋黑色＋灰色形成的色调。

优点：成熟、厚重、大气、不拘一格。

缺点：有严谨的属性。

h. 暗色调。

组成部分：暗色调是纯色＋黑色形成的色调，明度和纯度都很低，色调最弱。

优点：威严、厚重。

缺点：有闭锁、压抑、不活泼的属性。

如图 3-61 所示，案例中所有的有彩色都接近灰色或黑色，调整为统一色调，营造高级感。

如图 3-62 所示，将暗色调或暗浊色调用于衣柜、沙发区域，营造空间的品质感。

图 3-57 明浊色调应用案例

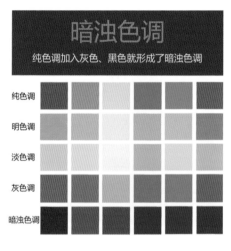

图 3-58 暗浊色调示意（图片来源：羽番绘制）

图 3-59 暗浊色调应用案例

图 3-60 浊色调示意（图片来源：羽番绘制）

图 3-61 暗色调应用案例 1（图片来源：成衣定制项目，大朴设计）

图 3-62 暗色调应用案例 2（图片来源：高定西服店面项目，大朴设计）

图 3-63 黑、白、灰色调应用案例（图片来源：大朴设计）

i. 黑、白、灰色调。

黑、白、灰可以作为所有色彩的调和色，例如，在家居设计中，如果灰色占据的面积较大，灰色越亮越优美，越暗越显素净与稳重。

如图 3-63 所示，案例中采用了中度色调的灰色与咖色，即使在颜色很单一的情况下，也能营造出具有高级感、品质感的视觉氛围。

2. 色调的搭配方法

（1）两种色调搭配。

在一个空间中如果只采用一种色调的色彩，会让人有单调乏味的感觉。单一色调的色彩搭配方式也极大地限制了配色的丰富性，上文所述很多案例的色彩都是多个

图 3-64 色调搭配示意（图片来源：羽番绘制）

图 3-65 组合使用多种色调（图片来源：Villa in Ibiza，设计工作室 Reutov Design）

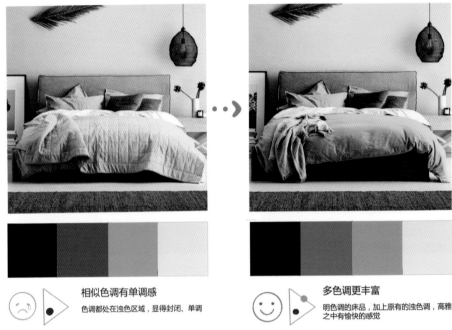

相似色调有单调感
色调都处在浊色区域，显得封闭、单调

多色调更丰富
明色调的床品，加上原有的浊色调，高雅之中有愉快的感觉

图 3-66 多色调应用示意（图片来源：羽番绘制）

色调统一组合而成的。

通常空间中的环境色是某一色调，主题色是另一色调，点缀色则通常采用鲜艳、明亮的纯色调等，以形成非常自然、丰富的空间层次感（图 3-64）。

（2）多种色调组合使用。

如图 3-65 所示，案例组合采用了明色调、明浊色调、淡色调，环境色为淡色调，吧台椅和柱子的颜色为明浊色调，点缀的珊瑚红色为明色调，所有的色调保持在统一的明度范围内，整体氛围协调、柔和。

多种色调组合使用可以表现复杂、微妙的感觉（图 3-66）。如图 3-67 所示，采用暗色调、明色调、明浊色调搭配时，明浊色调和暗色调的加入弱化了暗色调厚重、沉闷的感觉；采用暗色调、明色调、淡色调搭配时，在厚重、浓烈的暗色调中加入淡色调和明色调，丰富了明度层次且消除了沉闷感。

梳理色彩搭配方法的知识脉络，如图 3-68 所示。

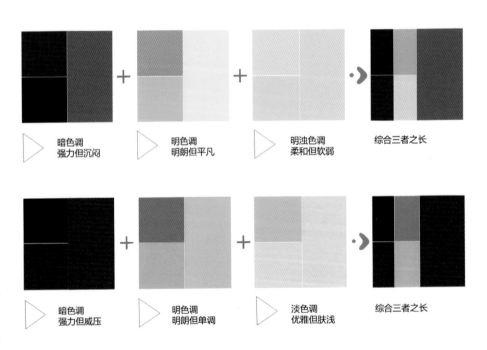

暗色调
强力但沉闷

明色调
明朗但平凡

明浊色调
柔和但软弱

综合三者之长

暗色调
强力但威压

明色调
明朗但单调

淡色调
优雅但肤浅

综合三者之长

图 3-67 多种色调组合使用示意（图片来源：羽番绘制）

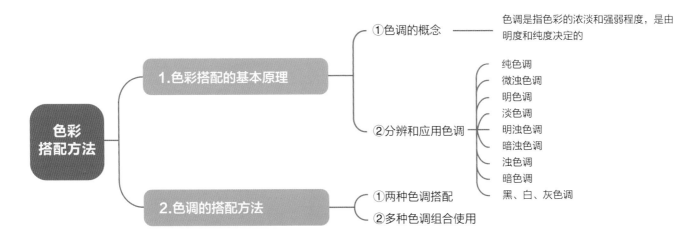

图 3-68 色彩搭配方法（图片来源：羽番绘制）

五、如何系统理解色彩所传递的情感

学习是从输入到输出知行合一的过程，只有将知识通过训练转化为应用技能，才能解决实际问题。前面讲解了色彩是什么、配色比例、配色方法等知识，下面的内容将由浅入深地延伸至空间中的常用色彩。

前面的内容提到过人们每天从环境中获得的信息约 80% 是通过视觉来传递的，在视觉感知中色彩发挥了重要的作用，它已经融入了人们的衣食住行。色彩设计是一种比较经济的设计手段，而且非常容易产生装饰效果，通过合理搭配色彩，能烘托室内气氛，提升人们的生活质量。

人们总是能很容易地理解空间中的色彩传递出的空间情感，因为从出生起，人们就不断从周围环境和大自然中学习理解色彩（图 3-69）。比如，每逢节庆到处都是红色的装饰，人们也会不经意地记住：红色代表喜庆、幸福、吉祥。春天看到绿色是挺自然的事情，正如北方在冬天看见下

图 3-69 大自然的色彩

雪一样平平无奇，在成长过程中，人们会在潜移默化中认为绿色代表大自然，白色代表纯洁、干净、飘零等。

不知道大家发现没有，设计大师运用色彩营造的空间或者产品让人很着迷，它们很美，总能传达一种无法言说的美感，人们觉得好看却说不出缘由，那是因为大家对色彩的理解一直都是零碎的，对色彩的认知比较单薄。假如颜色有一百

种面孔，通常大家也只认识其中几种。很多时候，大家的色彩应用能力及审美能力并没有建立起来，有很多困惑的地方，下面将为大家系统讲解如何认知色彩所传递的情感。

色彩专家 Guild 于 1992 年提出，只有小部分人天生对色彩特别敏感，大部分人对色彩的认识是通过一系列的学习和训练才能获得的，这如同学习其他专业一样。

无论在设计之路上是新手还是老手，都不要忘记在色彩上进行探索，这是作为设计师最基本的素养。

1. 留心观察色彩

要学会从自然中探索色彩原理。

世界上没有不好的色彩，只有不匹配的色彩组合，训练自己对色彩的感知能力，是提高色彩修养的第一步。

通常，大家都以为色彩中的三原色是纯色，其实，纯色是没有调和黑、白、灰等色彩的颜色。

色相环中的所有颜色都可由三原色调和出来。

在大自然中，可以观察到万紫千红的鲜花、色彩斑斓的飞鸟（图3-70）、五颜六色的昆虫（图3-71）及海洋生物，我们用十二色相环、四十八色相环都不足以描绘我们所处的多彩的世界（图3-72）。

2. 认知色彩

了解色相环结构及色彩之间的关系。

（1）色彩的来源。

1666年，物理学家、数学家牛顿利用三棱镜将白色太阳光分解为红、橙、黄、绿、蓝、靛、紫七色光，首次证明了白色光是由单色光组合而成的（图3-73）。

（2）色彩之间的关系。

所有颜色都可由三原色调和出来，三原色也是不能再分解的三种基本颜色。为了便于分辨色彩，人们在不同领域中研发了不

图3-70 色彩斑斓的飞鸟　　　　　图3-71 五颜六色的昆虫

图3-72 多彩的世界

图3-73 牛顿三棱镜色散实验

同的色彩体系，很多人不了解 RGB 色彩模式和 CMYK 色彩模式有什么区别，下面就简要介绍一下。

①颜料三原色与色光三原色。

颜料三原色为洋红、黄、青，主要应用于美术教学，日常所称的三原色，也是指颜料三原色（图 3-74）。

色光三原色运用了加色法原理，人眼能看到不同的色光，归根究底是光的波长不同。人眼的视网膜上有三种感色视锥细胞，感红细胞、感绿细胞、感蓝细胞，这三种细胞分别对红光、绿光、蓝光敏感。不同波长的光线能刺激其中一种或几种感色细胞，从而引起该感色细胞的兴奋，产生对该色彩的感觉（图 3-75）。

②RGB 色彩模式。

RGB 色彩模式是工业界常用的一种颜色标准，由色光三原色红（red，R）、绿（green，G）、蓝（blue，B）衍生的成千上万种色彩组成色彩系统。

这个系统几乎包括了人类视力所能感知的所有颜色，是目前运用较为广泛的颜色系统，目前的显示器大都采用了 RGB 标准。

RGB 常见颜色的配色表见表 3-1。

③CMYK 色彩模式。

CMYK 色彩模式，即印刷四色模式，是彩色印刷时采用的一种套色模式，是专门针对印刷业设定的颜色标准。CMYK 色彩模式是通过颜料三原色青（cyan，C）、洋红（magenta，M，也称品红）、黄（yellow，Y）和黑（black，避免与蓝色混淆，以 K 代替）这四种颜色的变化以及它们相互之间的叠加来得到各种颜色的。

CMYK 色彩模式主要应用于印刷、油漆、绘画等需要体现颜料色感的地方。

RGB 色彩模式和 CMYK 色彩模式配色示意见表 3-2。

④色光呈色原理。

色光呈色原理可用下面的公式表达。

红（R）+ 绿（G）= 黄（Y）

红（R）+ 蓝（B）= 洋红（M）

蓝（B）+ 绿（G）= 青（C）

3. 认识色彩情感

在设计中运用色彩设计手法时，要准确理解色彩所传达的情感。

色彩情感实质上是人们对外界事物的一种审美，是人们依附在色彩上的情感，据此，可以区分出具象色彩与抽象色彩。比如大海、天空的颜色是蓝色，这里说的蓝色是具象的色彩；代表冷静、清凉的颜色也是蓝色，这里说的蓝色是抽象的附加了情感认知的色彩。

了解色彩不仅要从色相上判断，还要从色

表 3-1 RGB 常见颜色的配色表

颜色名称	红色值	绿色值	蓝色值
黑色	0	0	0
蓝色	0	0	255
绿色	0	255	0
青色	0	255	255
红色	255	0	0
洋红色（亮紫色）	255	0	255
黄色	255	255	0
白色	255	255	255

注：以上颜色为常用的基本颜色。

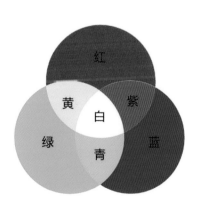

图 3-74 颜料三原色（图片来源：羽番绘制）　　图 3-75 色光三原色（图片来源：羽番绘制）

表 3-2 RGB 色彩模式和 CMYK 色彩模式配色示意

CMYK 配色表　　　　　　　　　　　　　　　　　　　RGB 配色表

No.	C	M	Y	K	R	G	B	16 进制
1	0	100	100	45	139	0	22	8B0016
2	0	100	100	25	178	0	31	B2001F
3	0	100	100	15	197	0	35	C50023
4	0	100	100	0	223	0	41	DF0029
5	0	85	70	0	229	70	70	E54646
6	0	65	50	0	238	124	107	EE7C6B
7	0	45	30	0	245	168	154	F5A89A
8	0	20	10	0	252	218	213	FCDAD5
9	0	90	80	45	142	30	32	8E1E20
10	0	90	80	25	182	41	43	B6292B
11	0	90	80	15	200	46	49	C82E31
12	0	90	80	0	223	53	57	E33539
13	0	70	65	0	235	113	83	EB7153
14	0	55	50	0	241	147	115	F19373
15	0	40	35	0	246	178	151	F6B297
16	0	20	20	0	252	217	196	FCD9C4
17	0	60	100	45	148	83	5	945305
18	0	60	100	25	189	107	9	BD6B09

（资料来源：整理自 http://www.wahart.com.hk/rgb.htm。）

彩依附的载体、色彩的来源、色彩的文化、不同年龄段的人对色彩的偏好、色彩在不同空间中的应用等方面加以理解。

（1）红色（图 3-76）。

红色是一种鲜艳的颜色，在中国传统文化中象征着喜庆。在中国，自古以来，逢年过节、婚嫁喜事，从衣服到装饰，无不用红色来体现喜庆的氛围，不仅表达了对节日的祝贺，也表达了人们内心的喜悦。象征吉祥的红色传递着恒久绵延的喜庆气息。

图 3-76 红色的应用（图片来源：大朴设计）

红色系包含绛红、大红、朱红、嫣红、深红、水红、橘红、杏红、粉红、桃红、玫瑰红、玫瑰茜红、茜素深红、土红、铁锈红、浅珍珠红、壳黄红、橙红、浅粉红、鲑红、猩红、鲜红、枢机红、勃艮第酒红、灰玫红、杜鹃红、枣红、灼红、绯红、殷红、紫红、宝石红、晕红、幽红、银红等色彩。

红色的内涵及正面和负面意向见表 3-3。

表 3-3 红色的内涵及正面和负面意向

红色的内涵	红色的正面意向	红色的负面意向
红色是中国的传统色彩，饱和度较高时常被用作点缀色。有时，红色也被用来代表革命与死亡，各国文化也对红色有不同的理解	积极 有活力 开放 激情 亢奋 喜庆（中国文化） 有力量 生命	成熟 危险 血腥 凝固 理智 死亡

（2）橙色（图3-77）。

橙色是一种充满活力与华丽气息的醒目暖色（图3-78）。它比红色少了些热情和挑衅，但是可以被用于需要吸引注意力的样式和设计中。

橙色是生机勃勃、充满活力的颜色，给人温暖的感觉。身处橙色空间的人们会产生成熟与幸福的体验感，在视觉感知中橙色还会激发食欲，但过多的橙色会令人产生心烦意乱的感觉，因此，应尽量避免在卧室大面积使用橙色，若将橙色与巧克力色或米黄色搭配则能获得意想不到的效果。

在工业安全用色中，橙色明度高、可视度好，常被用作警戒色，如登山服装、背包、救生衣等常用橙色。

橙色的内涵及正面和负面意向见表3-4。

（3）黄色（图3-79）。

黄色给人轻快、充满希望和活力的感觉。

图 3-79 黄色的应用

黄色的互补色是蓝色，但传统上以紫色作为黄色的互补色。黄色是绿色和红色的结合色。

黄色是充满欢快意味的颜色，亦是代表正能量的颜色，有着光辉和希望的属性。在中国，宋朝以后的封建王朝都将明黄色作为皇帝专用颜色，以黄为贵。

黄色的内涵及正面和负面意向见表 3-5。

图 3-77 橙色的应用　　图 3-78 玛丽安·潘顿（Marianne Panton）坐在潘顿椅子上

表 3-4 橙色的内涵及正面和负面意向

橙色的内涵	橙色的正面意向	橙色的负面意向
橙色是家庭的主要用色，具有辅助联想的能力，人类的情感是有连续性的，从家庭可以联想到幸福，从幸福感可以联想到健康，从健康可以联想到欢快，这些都属于橙色的意向范围。与一些颜色大胆搭配，橙色也可以表现得很时尚	阳光 欢快 温暖 记忆 放松 活动 舒适	神秘 幻想 嫉妒 冷静 陈旧

表 3-5 黄色的内涵及正面和负面意向

黄色的内涵	黄色的正面意向	黄色的负面意向
黄色不适合用于安静、沉重、情绪平静的场合，它很活泼有朝气。在中国文化中黄色是皇权的象征，有富丽华贵的属性。黄色还具有警示的意思，所以往往采用高亮度的黄色作为点缀色	阳光 轻松 幽默 开朗 热闹 欢快 开放感 温暖	吵闹 烦躁 不可靠 廉价 软弱 不结实 稚嫩

（4）绿色（图3-80）。

绿色是自然界中常见的颜色，代表着清新、希望、安全、平静、舒适、生命、和平、宁静、自然、环保、成长、生机、青春、放松等。

绿色给人无限的安全感，在人际关系的协调上可扮演重要的角色。在国际上，绿色被用于象征自由、和平。黄绿色给人清新、快乐、有活力的感受。明度较低的草绿、墨绿、橄榄绿则给人沉稳、知性的印象，经常被用在室内装饰或服装设计领域。

绿色的内涵及正面和负面意向见表3-6。

对于绿色，可能国内大多数人不太能接受，在室内设计中应用时要注意。在时尚领域，绿色属于一种比较难掌控的颜色，搭配得好，可以突显高贵典雅的气质（图3-81）；搭配得不好，就会显得俗气。

（5）蓝色（图3-82）。

在色光三原色中，蓝色波长最短。蓝色是永恒的象征，它的种类繁多，每一种蓝色又有着不同的含义。

蓝色的内涵及正面和负面意向见表3-7。

受3D互动和后工业主义的影响，美国艺术家兼设计师Ara Levon Thorose创作了名为"管状套组01"的系列模型，其中的7M蓝色椅子，有着蓝色的深邃与优雅，让人联想到椅子的三维线条图（图3-83）。该线条是通过许多不同的动作制成的。"管状套组01"中每个作品的名称都反映了创建最终形状所需的线条数。最终结果非常优雅地融合了艺术的抽象和功能的实用。

图3-80 绿色的应用1

表3-6 绿色的内涵及正面和负面意向

绿色的内涵	绿色的正面意向	绿色的负面意向
绿色是蓝色和黄色的混合体，如果黄色成分多，就是黄绿色，体现出娇嫩、年轻和柔软的感觉。绿色和相邻颜色组合，给人稳重的感觉。如果和补色组合，就会显得有生机	大自然 生命 安全 新鲜 娇嫩 复古 朴素、田园 和平 野性 春天	土气 过轻 高冷 不时尚

图 3-81 绿色的应用 2

图 3-82 大自然中的蓝色

表 3-7 蓝色的内涵及正面和负面意向

蓝色的内涵	蓝色的正面意向	蓝色的负面意向
蓝色是与理智、成熟相关的颜色，通常偏冷色调。蓝色、紫色都是冷色调，在某个层面是属于成年人的色彩。蓝色还具有浪漫的意味。天蓝色与洋红色是时尚主题常用的搭配	理智 清凉 知性 公正 精密、细致 深邃 严谨 商务 高科技	寂寞感 孤独 阴冷 严格 无趣 悲伤 严酷 公式化

图 3-83 7M 蓝色椅子

（6）紫色。

英语中的"violet"（紫色）一词来源于古代法语中的"violete"，意为"开着紫色花的植物"。

紫色是由温暖的红色和冷静的蓝色叠加而成的，是极佳的刺激色。在东方和西方文化中，紫色有着不同的内涵。

中国古代文化中，紫色代表圣人、帝王之气，如北京故宫旧称紫禁城，也有所谓紫气东来的说法。

在西方，紫色与王权及宗教的渊源很深（图3-84），据说埃及艳后十分迷恋紫色，把帆船和皇宫都装扮成紫色，恺撒大帝来到埃及，迷恋上了埃及艳后，也喜欢上了紫色，下令把紫色改为皇室专用色。

紫色在宗教中通常代表神圣、尊贵、慈爱，很多宗教的服饰都采用紫色。

紫色的内涵及正面和负面意向见表3-8。

如图3-85所示案例，采用轻柔的紫粉色与肉粉色搭配，形成宁静的视觉氛围。

表3-8 紫色的内涵及正面和负面意向

紫色的内涵	紫色的正面意向	紫色的负面意向
紫色很容易获得女性的好感，它是代表成熟女性的颜色，也有一种不实际的距离感、梦幻感 紫色是非常好的抒发情感的颜色，因为它带给人们的感情效果比较集中，有比较明确的标识性，往往可以抓住人的内心	特别 优雅 高贵 昂贵 庄重 神圣 成熟 高级 有深度	无用 不亲切 有距离感 不轻松 神秘 奇幻 冰冷 时尚

图3-84 拜占庭时期的紫色服饰

图3-85 紫色的应用

第二讲 照明设计

一、照明设计就是选灯、装灯？怪不得客户总是不满意

随着生活水平的提高，人们越来越关注饮食安全、居住安全、幸福指数，也越来越关注居住环境中甲醛是否超标、材料是否环保，却经常忽略每天与大家相伴的灯光。

从白天到夜晚，灯光与人们日常生活起居紧密相关（图3-86）。从户外的霓虹灯，到家家户户的照明，人们的生活离不开灯光。

1. 光和灯光

在地球上，因为有了光，所以有了生命，有了世间万物，然后才有了文明。

物理学家说，人能看见物体，是因为有光，没有光，你什么也看不到。

设计师说，白天我们依赖太阳赋予的光明，晚上我们就依赖人造光源。

伟大的现代建筑师路易斯康也说，光为空间神奇的创造者。光是有影无踪的，看得见摸不着，作为专业的设计师，不懂得光的原理，就无法对它进行更好的控制及设计。

2. 进行照明设计需要先了解客户需求

不动脑的设计是在网上搜罗好看的、设计感强的灯具，把灯装上就结束了。这是"以貌取灯"，并不是做设计。

很多人认为照明设计就是选灯、装灯，其实在设计前期要做大量的调查准备工作。

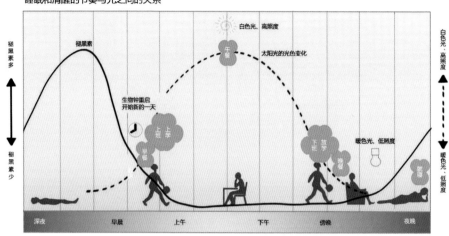

图3-86 灯光与人们生活的关系（图片来源：福多佳子《国际环境设计精品教程：照明设计》）

例如需要向客户了解如下信息。

家中常住人口有多少？是否有老人或儿童？

有没有深夜回家的人？（如果有，则需要给深夜回家的人留灯又同时保证不影响其他人。）

有没有在固定空间阅读或工作的习惯？

……

除了了解客户需求之外，还需要了解在不同的空间及环境下，人的生理和心理需求，光线的色温、亮度，空间的照明需求，光源照射范围、角度，光源照射的方式，以及灯具方面的专业术语等。

3. 如何进行照明设计

居室照明设计常见的误区及解决方案如下。

（1）一室一灯照明。

一个房间只有一盏顶灯用于照明（图3-87），使得房间所有的空间都处于一个照明层次，很寡淡，空间中的所有物品看起来"无精打采"。

现代化的照明设计应走出传统一室一灯照明的设计误区。根据需要分设环境照明、间接照明、重点照明，让空间变得更舒适、更人性化。

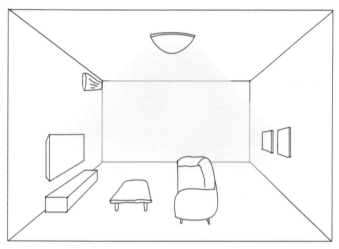
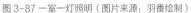

图 3-87 一室一灯照明（图片来源：羽番绘制）

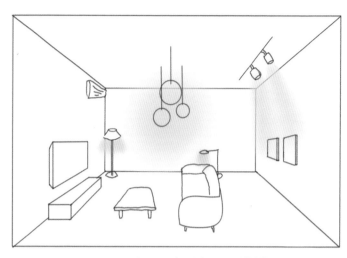

图 3-88 一室多灯照明（图片来源：羽番绘制）

解决方案一：同一空间，多种照明组合。

在同一空间中，可以使用落地灯、台灯、筒灯等，满足不同生活场景、不同功能的照明需求（图 3-88）。

多灯组合搭配照明可以让空间明暗有序，主次分明，形成视觉上的延伸感，同时营造家居的光影氛围，让整个空间看起来更加有层次感，照明氛围更舒适。例如，客厅的灯主要有主灯、灯带（灯槽）、书灯、边几灯（图 3-89）。在北欧极简空间设

计中常利用射灯、格栅射灯（俗称斗胆灯）取代主灯。

解决方案二：无主灯设计（图 3-90）。

无主灯设计的优点：让顶面更加简洁干净，视觉上显得层高更高，光线更加均匀，可以更加有层次地利用光线，还可以配合壁灯、落地灯、台灯、小吊灯等不同的灯来营造不同的照明氛围。无主灯的家居设计在这两年的影视剧场景中很流行，如热播电视剧《我的前半生》《欢乐颂 2》都采用了这种设计。星级酒店也常应用无主灯设计，以人为本，营造简洁柔和的氛围。

（2）灯光过冷或过热。

住宅空间中若选用冷白光或偏蓝的有色光，灯光较弱，会让人感觉过于冰冷，不利于健康。

图 3-89 客厅照明设计

图 3-90 无主灯设计（图片来源：大朴设计）

若想营造温馨的氛围，过度采用暖黄色光的话，人们长期处在这种环境中容易产生烦躁情绪。

解决方案：用色温提升空间颜值。

①色温的概念。

色温是一种照明光学中用于定义光源颜色的物理量，当光源的色品与某一温度下黑体的色品相同时，该黑体的绝对温度即为此光源的色温，计量单位为Kelvin（开尔文），缩写为K。可以通过图3-91大致理解色温与灯光的关系。

②灯光的分类及应用。

暖光：色温在3300 K以下。暖光与白炽灯灯光相近，色温在2000 K左右的灯光则类似烛光，黄光成分较多，能给人以温暖、放松的心理感受，适用于住宅、宿舍、酒店等场所，睡前一段时间将光源调整为暖光较佳，灯光的色温越低越可以维持褪黑素的分泌量。

中性光：色温为3300~5300 K。中性光由于光线柔和，使人放松，适用于商店、医院、饭店、餐厅及候车室等场所。

冷光：色温高于5300K。冷光光源接近自然光，有低沉、严肃、冷峻的感觉，使人精力集中且不易睡着，适用于办公室、会议室、学校、图书馆及实验室等公共场所，在睡前一段时间使用冷色光照明会增加入睡难度，目前流行的白光LED街灯，其实对公众作息健康有一定影响。

在进行室内设计时需要关注不同空间对色温的要求，并据此进行室内照明设计，详见表3-9及表3-10。

图3-91 不同色温的灯光

（3）过度设计，照明无焦点（图3-92）。

有的客户为了彰显豪华，在装修时大量使用光源过亮的灯具，如水晶吊灯或水晶壁灯，墙壁四周还大量装饰射灯、筒灯等，不仅浪费资源，对视力造成很大的刺激，影响视觉神经，还容易引起烦躁情绪。

表3-9 不同空间的色温配置表

区域	特点	色温	效果
客厅	会客功能是客厅最主要的功能	色温应控制在4000~5000 K	既使客厅显得明亮，又营造出了一个宁静高雅的环境
餐厅	餐厅作为家里重要的饮食区域，在灯光选择上最好选择暖色调，因为从心理学上讲，在暖色调的灯光下进食更有食欲	在色温上最好选择3000~4000 K	既不会让食物过于失真，也营造了温馨的用餐氛围
卧室	卧室的灯光要求温馨、私密，以达到睡前放松情绪的目的，所以以暖光源为佳	色温应控制在2700~3000 K	既达到照明条件，也营造了温暖浪漫的气氛
书房	书房是读书写字或工作的地方，需要宁静、沉稳的感觉，人在其中才不会心浮气躁。不能使用过暖的灯光，不利于集中精神	建议色温控制在4000~5500 K	既不过暖也不过冷
厨房	厨房照明要兼顾识别力，厨房的灯光以采用能保持蔬菜、水果、肉类原色的光线为佳	色温应控制在5500~6500 K	使菜肴发挥本原的色彩
卫生间	卫生间是我们使用率特别高的地方，同时因为其特殊的功能性，灯光不能太暗，或者太失真，方便我们观察自己的身体状况	建议色温控制在4000~4500 K	明亮的暖光，可以让人放松下来

注：本表仅作参考。

表 3-10 室内常见的灯光配置表（仅供参考）

区域	灯	功率 /W	色温 /K	面积 /m²
玄关	明装筒灯 1	10	3200	3
中厨	吸顶灯 1	10	6000	4
西厨、餐厅	射灯 3	8	3000	16
	灯带 1	—	3000	
	明装筒灯 1	8	3200	
	吊灯 3	8	3200	
客厅	轨道灯 8	10	3200	22
	格栅射灯 1	14	3200	
	灯带 1	—	3200	
	明装筒灯 2	8	3200	
书房	轨道灯 4	10	3200	10
过道	明装筒灯 2	8	3200	3
主卧、衣帽间	轨道灯 6	10	3200	18
	吊灯 2	8	3200	
	射灯 3	8	3200	
阳台	壁灯 1	8	3200	6
	壁灯 1	10	3500	
客卧	吸顶灯 1	16	3500	9
卫生间	射灯 2	10	3200	6
	嵌入灯 2	10	可调节	

图 3-92 照明无焦点（图片来源：羽番绘制）

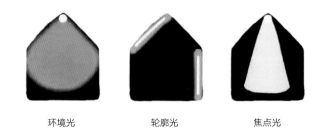

环境光　　　　轮廓光　　　　焦点光

图 3-93 环境光、轮廓光、焦点光示意（图片来源：羽番绘制）

解决方案：改变灯光照明的方式，营造灯光分布艺术感。

灯光照明分为环境光、轮廓光、焦点光（图 3-93）。

环境光：主要用于提供基础照明，比如射灯、吸顶灯的光照。

轮廓光：主要用于强调墙壁、天花板等的轮廓，营造空间的层次感，还可以增添室内的美感。

焦点光：照明范围相对较小，光线集中，主要用来营造局部氛围，比如装饰画及美术馆的灯光照明。

灯光分布的形式不同，展示效果也不同。集中照明提供焦点光，分散照明提供轮廓光，洗墙照明提供环境光，不同的照明方式可以营造不同的灯光氛围（图 3-94）。

艺术馆中雕塑展示的照明设计也充满艺术感，如图 3-95 所示。

总结照明设计基础知识，如图 3-96 所示。

二、软装设计师一定要懂的常用照明术语

在现代室内设计中，灯光不仅能提供良好的照明环境，满足人们的生活功能及生理机能需求，还可以对室内环境进行艺术加工，达到美化室内环境、改善空间效果、烘托气氛的目的。照明设计越来越受人们的重视，缺少照明设计的室内设计方案是残缺的。

1. 照明的功能

照明的功能主要有：满足空间的照明需求，装饰美化空间，营造空间氛围。

人们在看样板间时，发现一款沙发很好看，但当买回家后，却发现平平无奇；在服装店看到模特身上的衣服很美，但买回家后感觉也一般，这是因为样板间（或服装店）的灯光设计为沙发（或衣服）增添了光彩。

商家为了突显产品的优点往往会用灯光烘托产品，而我们平时在家中没有设置那么多打光灯，沙发和衣服看起来自然就失去了光彩。

2. 常用照明术语

作为设计师，营造美是我们的强项。但是有很多设计师在选配灯具、与卖家沟通时，对灯光的照度、亮度、色温等专业术语傻傻分不清楚。如果对灯光效果把握不准，就很难达到想要的空间设计效果。

那怎么才能高效学习照明术语呢？

掌握一定量的基本专业术语是了解照明设计的第一步，这样至少在还没有成为专业的灯光设计师之前，可以轻松自如地搭配自己所参与项目的灯光，用专业素养为客

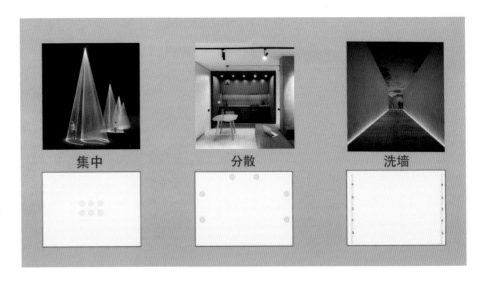

图 3-94 不同照明方式营造不同的灯光氛围（图片来源：羽番绘制）

光的分布

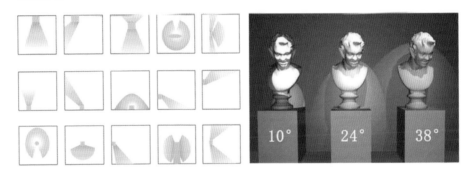

图 3-95 雕塑展示灯光设计（图片来源：羽番绘制）

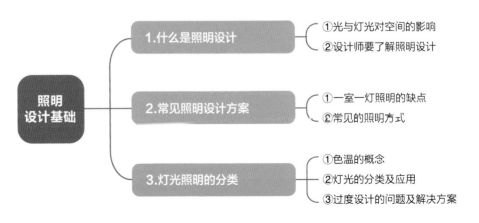

图 3-96 照明设计基础知识（图片来源：羽番绘制）

户服务。专业，让光更科学。

（1）照明术语一：不说功率，看光通量（图3-97）。

一般人买灯具不知道怎么看好不好，往往直接看灯泡的功率。但是现在的家居照明普遍采用 LED 灯，LED 灯与传统白炽灯不同，不能单单用功率衡量亮度，正确的做法是以光通量为判断标准。那什么是光通量呢？

光通量用于衡量光源所发出的光量，单位是流明（lm）。

在家居照明中，除了主灯，一般灯的光通量达到 500 lm 即可。知名品牌厂家生产的 LED 灯的光通量普遍在这个标准之上。无法抉择选购什么灯具时，选购知名品牌的灯具一般不会出错。

（2）照明术语二：灯光不看颜色，看色温。

买灯具的时候很多商家都问你要什么光？暖黄光、暖白光，还是白光？你经常会被问得一头雾水，"有什么区别呀？这个怎么分别呢？不都是照明吗？"那到底这几种光有什么区别呢？主要看色温。

前面的内容对色温进行了简要介绍，不同色温的灯光表现效果有很明显的不同。

冷白光：明亮、清爽、理性，多应用于公共场所。

暖黄光：慵懒、燥热、不通透。

暖白光：温馨、慵懒、感性、温暖。

暖黄光，自然光、暖白光，冷白光色温如图 3-98 所示。

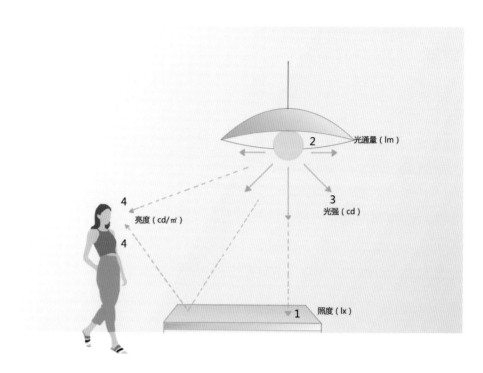

图 3-97 照明、光通量、光强、亮度的意向图（图片来源：羽番绘制）

图 3-98 灯光色温划分

如图 3-99 所示的色温四维图中展示了不同色温及照度的光对人们心理感受的影响。

各厂家生产的灯具的色温参数都会有偏差，即使是同一厂家生产的同一款产品，色温也难以完全一致。大家选配灯具的时候，记住灯光的色温范围即可，建议选用同一品牌的产品，避免买到的灯具色温偏差过大。毕竟家里的灯具色温不统一会使人感觉很杂乱，视觉感受会很不舒服。

设计时需要了解客户的需求，有些人喜欢暖色，有些人喜欢冷色，应依据每个空间不同的功能用途，在具体的家居空间设计中进行恰当应用。

（3）照明术语三：灯光刺不刺眼，看眩光。

我们在选灯具时会发现有些 LED 灯会以无眩光作为卖点，一般人看着好像并无多大的感觉，因为不知道什么是眩光。按非专业人士的理解，眩光的直观感受就是刺眼。

"灯是好灯，就是刺眼了点""有的灯很亮，却很刺眼"，这类评语评价的就是灯具的眩光。

在照明设计中，形容刺眼的专业用语是眩光，用统一眩光值（unified glare rating，UGR）衡量。统一眩光值是度量室内视觉环境中的照明装置发出的光对人眼睛引起不舒适感而导致的主观反应的心理参量。

眩光值（glare rating，GR）也有参考范围，在室内，眩光值控制在 10~22 即可。

（4）照明术语四：灯光好不好看，看显色指数（color rendering index，CRI）。

无论是各大卖场，还是高档服装定制场所，里面陈列的衣服都很好看，颜色很正，把消费者衬托得很有气质；但是买回家穿在身上，在家里灯光的衬托下，好像瞬间掉了一个档次，大家有没有这种感觉？

其实这是受到了灯光显色性的影响。灯光对色彩的还原能力不同，可用显色指数来衡量。显色指数用于评价被测光源下物体的颜色和参照光源下物体颜色的相符程度，是衡量光源显现所照物体真实颜色的参数，通常用 R_a 表示。显色指数是一种得到普遍认可的度量标准，也是目前评价与报告光源显色性的主要指标。

在不同显色指数灯光的照射下，物品颜色的还原度不同，带给人们的心理感受也不同。灯光的显色指数决定物品的颜色亮度，高显色指数的灯光会营造出一种健康良好的气氛，低显色指数的灯光则会使被照物

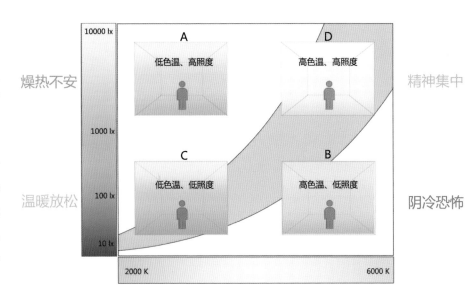

图 3-99 色温四维图（图片来源：羽番绘制）

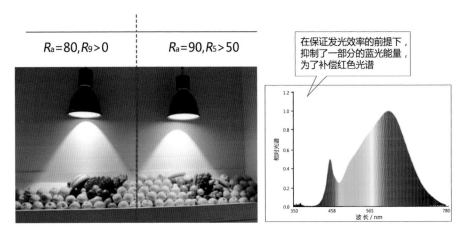

图 3-100 显色指数不同的灯光的照明效果（图片来源：羽番绘制）

看起来比较昏暗，影响心理感受（图 3-100）。

通常认为阳光具有最理想的显色指数，而将阳光的显色指数定为 100。室内常用照明的显色指数在 80 左右就可以了。

灯光的显色指数不同，被照射物体的显色效果不同。例如，超市照明中常采用显示指数高的灯光，美化食材卖相，增加人的食欲，提升销量（图 3-101）。

又如，苹果在不同显色指数的灯光下色彩有很大不同，显色指数大于 80 时，颜色鲜亮，小于 80 时，颜色昏暗失真（图 3-102）。商场中陈列的衣服也是如此，在高显色指数的灯光照射下，面料颜色鲜亮有吸引力，反之则显得色彩黯淡（图 3-103）。

（5）照明术语五：不说耗不耗电，看光效。

什么是光效？光效即光源的发光效能，是光源发出的光通量与所消耗功率的比值，单位为 lm/W。

光效越高，表明灯具将电能转化为光能的能力越强，即在提供同等亮度的情况下，该灯具的节能性越强；在同等功率下，该灯具的照明性越强，即亮度越大。

选配灯具的时候注意：功率≠亮度。

功率越高不代表灯具越亮，只能说明耗电量更大。

光通量才是真正代表灯具亮度的参数，光通量越高，灯具亮度越大。所以在选配灯具时，不要再围于功率而忽略了真正的影响亮度的因素。

（6）照明术语六：不说质量怎么样，看芯片和驱动电源。

我们买灯的时候会习惯性地问灯的质量怎么样，几乎所有卖灯的老板都会说："我家的灯质量是最好的。"想知道灯具质量如何，先要了解清楚到底是什么因素在影响灯具的质量。以 LED 灯为例，第一看芯片，第二看驱动电源。LED 灯是靠低压供电工作的，不能直接接市电，必须使用驱动电源，驱动电源的寿命很关键（图3-104）。如果想买质量好的灯具，又没有办法进行具体检测，最好的办法就是直接选择正规品牌的产品。

图 3-101 超市照明

图 3-102 苹果在不同灯光下的颜色

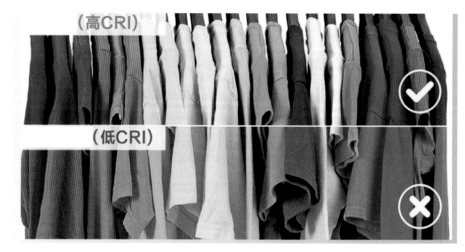

图 3-103 衣服在不同灯光下的颜色

图 3-104 LED 灯芯片与驱动电源

三、空间照明方式及搭配设计方法

对于灯光，很多人认为只要够亮就好了，简单粗暴地采用一室一灯式照明，只能满足基本的照明需求；还有一部分人安装了数量众多甚至五颜六色的灯具，根本不实用，过度设计却适得其反。之所以会这样，是因为不明白照明设计背后的基本规律与逻辑。例如，墙面照明在不同的功能需求等因素的影响下就有不同的设计方式（图3-105）。

1. 空间照明的五大方式

只有了解灯光照明的方式，才能理解灯光照射的区域和范围，更好地控制和应用灯光。灯具按照散光方式可分为以下五大类（图3-106）。

（1）直接照明：直射光，产生定向照明。

直接照明即 90% 以上的光源直接投射到被

空白墙面

均匀照亮

指引性灯带

透明材质的墙面可选择内透光照明

韵律感1

韵律感2

装饰性灯光1

装饰性灯光2

装饰性灯光3

图 3-105 墙面照明方式（图片来源：羽番绘制）

直接照明（台灯式）

应用：适合空间氛围照明
如沙发边看书，使用台灯或书灯

半间接照明

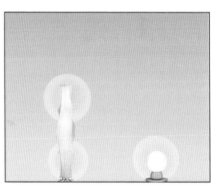
漫射照明
可以营造空间艺术效果

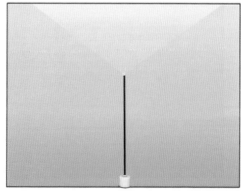
半直接照明
可以达到酒店式的照明效果

间接照明

图 3-106 照明的分类（图片来源：羽番绘制）

图 3-107 直接照明

图 3-108 半直接照明

图 3-109 漫射照明示意 1
（图片来源：翡丽湾项目，大朴设计）

照物体上，特点是亮度大，给人明亮、紧凑的视觉感受（图 3-107）。

（2）半直接照明。

光源的 60%~80% 直接投射到被照物体上，其中 20%~40% 经空间中物体反射后再投射到物体上，亮度依然比较大，但相较于直接照明更加柔和（图 3-108）。

（3）漫射照明：产生漫射灯光。

利用半透明磨砂玻璃罩、乳白灯罩，使光线向四周漫射，其光线柔和，有很强的艺术效果，适用于起居室等场所（图 3-109、图 3-110）。

图 3-110 漫射照明示意 2

图 3-111 间接照明

（4）间接照明。

间接照明是发散式照明，光线向四周扩散，光线柔和，无眩光，无明显的阴影，具有安详、平和的气氛，是比较流行的家居空间照明方式。酒店常用的氛围灯即属于此类型（图 3-111）。

（5）半间接照明。

光源 60% 以上经周围物体反射后照到被照射物体上，只有少量直接照射到被照射物体上。如图 3-112 所示案例，装饰花灯向下照射，向上漫反射，形成氛围光源，起到很强的装饰作用。

图 3-112 半间接照明（图片来源：金苑样板间项目，大朴设计）

2. 灯光配比的黄金定律

家居照明方式一般分为三种，即普通照明、局部照明和重点照明，缺一不可，可以根据空间的实际情况组合运用。

根据不同区域的功能选择合适的照明方式是家居照明设计的重要环节。通常来讲，普通照明、局部照明和重点照明这三种照明方式的亮度分配有一个黄金比例：1：3：5。

照明设计过程为普通照明—集中式照明—辅助照明。根据不同的功能需求，可以选配不同的灯具。

普通照明灯具：吸顶灯、普通吊灯。

集中式照明灯具：阅读灯、工作灯。

辅助照明灯具：装饰花灯（枝形吊灯）、落地灯、台灯、画框照明灯、壁灯等。

（1）普照式光源（普通照明）。

普照式光源可以提供整个房间需要的基本光线。天花板灯就属于普照式光源，通常它为屋内的主灯，也称背景灯，它能给室内带来一定亮度，为整个房间提供相同的光线，所以不会产生明显的影子，光线照到及没有照到之处没有明显的对比。但是由于它必须和其他光源一起运用，因此它不应该很亮，与家中其他光源比较起来，它的亮度最低。

（2）集中式光源（重点照明）。

集中式光源提供亮度高的集中性光线。集中式光源以集中直射的光线照射在某一限定区域内，让人能更清楚地看见正在进行的动作，尤其是在工作、阅读、烹调、用餐时，更需要集中式的光源。由于灯罩的形状和灯的位置决定了光束的大小，所以直射灯通常装有遮盖物或冷却风孔，且灯罩都是不透明的，常见的有聚光灯、轨道灯、工作灯等。

（3）辅助式光源（局部照明）。

辅助式光源是给人柔和感觉的起辅助作用的光源。

主光源的照度很大，眼睛长时间处于这种光照环境下，容易感到疲劳，此时需要辅助式光源，如立灯、书灯等来调和室内的光差，让双眼感到舒适。

辅助式光源的灯光属于扩散性光线，其散播到屋内各个角落的光线都是一样的。一般来说，具有扩散性光线的灯宜和直射灯一起使用。

例如，国内家庭常见的日常休闲或夜间活动是一家人窝在沙发里看电视剧、电影或者打游戏（图3-113），一般电视机的屏幕光很强，如果把主照明灯具关闭，人们长时间聚精会神看屏幕是很损害眼睛健康的，容易视觉疲劳，眼睛干涩、酸疼。在20 m²的客厅里看电视要开一盏灯（最好位于人的背后），这样可以减少因电视亮度的变化对眼睛产生的伤害。

调整灯光的方法还有增加氛围灯，如落地灯、台灯、壁灯等，弱化强光线的刺激，过渡灯影（图3-114）。

3. 如何确定设计照度

根据国家标准《建筑照明设计标准》（GB

图3-113 家庭活动时的照明环境

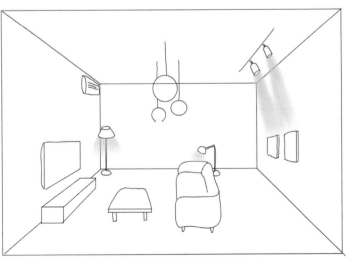

图3-114 灯光调整方法（图片来源：羽番绘制）

50034—2013）规定，照度标准值应按 0.5 lx、1 lx、2 lx、3 lx、5 lx、10 lx、15 lx、20 lx、30 lx、50 lx、75 lx、100 lx、150 lx、200 lx、300 lx、500 lx、750 lx、1000 lx、1500 lx、2000 lx、3000 lx、5000 lx分级 [lx（勒克斯）为照度单位]。

在一般情况下，设计照度与照度标准值相比较，可有 ±10% 的偏差。不同场所的照度标准值也不同，详见表3-11及表3-12。

4. 不同灯具在空间中的搭配方法

（1）吸顶灯的搭配方法。

吸顶灯（图3-115）是一种常见的灯具，安装时底部完全贴在屋顶上，所以称为吸顶灯。目前市场上流行的吸顶灯是 LED 吸顶灯，它是家庭、办公室空间常用的灯具。

吸顶灯一般用于提供普通照明，起到最基础的照明作用，不建议采用一室一灯的布置方式，空间大的客厅及卧室还需搭配局部照明及重点照明（图3-116）。

（2）吊灯的搭配方法。

吊灯是吊装在室内天花板上的装饰灯具，

表 3-11 住宅建筑照度标准值

房间或场所		参考平面及其高度	照度标准值 /lx	R_a
起居室	一般活动	0.75 m 水平面	100	80
	书写、阅读		300*	
卧室	一般活动	0.75 m 水平面	75	80
	床头、阅读		150*	
餐厅		0.75 m 餐桌面	150	80
厨房	一般活动	0.75 m 水平面	100	80
	操作台	台面	150*	
卫生间		0.75 m 水平面	100	80
电梯前厅		地面	75	60
走道、楼梯间		地面	50	60
车库		地面	30	60

注：* 指混合照明照度。

表 3-12 其他居住建筑照度标准值

房间或场所		参考平面及其高度	照度标准值 /lx	R_a
职工宿舍		地面	100	80
老年人卧室	一般活动	0.75 m 水平面	150	80
	床头、阅读		300*	80
老年人起居室	一般活动	0.75 m 水平面	200	80
	书写、阅读		500*	80
酒店式公寓		地面	150	80

注：* 指混合照明照度。

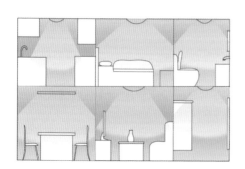

图 3-115 吸顶灯（图片来源：羽番绘制）

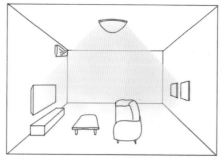 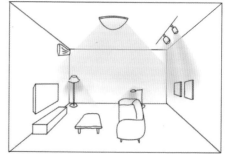

图 3-116 吸顶灯单独使用及与其他灯具搭配使用（图片来源：羽番绘制）

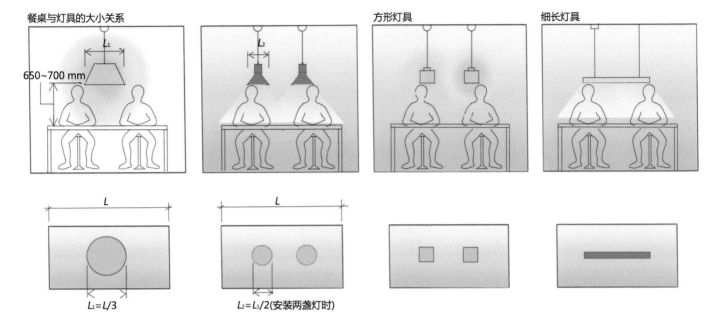

种类繁多，外形简洁，通常餐厅用餐区和空间吊高竖井区较多使用装饰吊灯。

注意：采用如图 3-117 所示的四种在桌面上方安装吊灯的方式时，要保持灯具与桌面的尺度及距离平衡。

灯具大小的选择：若使用单个吊灯，灯具占用空间的直径为餐桌长度的 1/3 左右比较合适，如安装多个灯具，则按照灯具的合计尺度来计算（图 3-118）。

高度：吊灯下吊的高度建议在餐桌上方 650~700 mm，注意不让灯具挡住人脸。

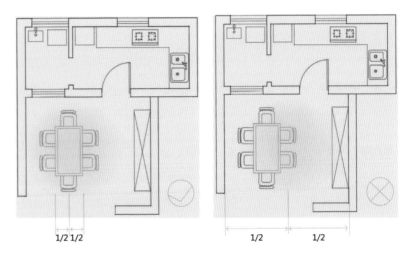

图 3-117 吊灯及适用尺度（图片来源：羽番绘制）

图 3-118 吊灯及其布置示意

灯线长度：固定灯线的长度宜在 1 m 左右，购买灯具时要计算好房间的高度与灯线的长度，如房间太高需定制灯线。

显色指数：灯具一般显色指数不能低于 80，餐厅区域比较理想的显色指数是 90。

装饰花灯（如枝形吊灯）是一种吊于天花板的装饰灯具，有两个或两个以上支持光源的灯臂，通常外形华丽，有几十个灯泡和复杂的玻璃或水晶阵列，通过折射光来照亮房间，提升空间的格调（图 3-119）。

①灯泡向上的枝形吊灯。

灯泡向上的枝形吊灯，能照亮天花板，营造空间明亮的感觉，能满足基本的生活照明需求，但是满足不了阅读及工作照明需求。有阅读及工作照明需求时，应配合采用局部照明（图 3-120）。

②灯泡向下的枝形吊灯。

灯泡向下的枝形吊灯照射范围大，适合用

古典风格枝形吊灯　　　现代风格枝形吊灯

图 3-119 枝形吊灯

于办公、读书、看报等场景，与落地灯、台灯搭配，可以形成很好的照明搭配。

灯泡向下的枝形吊灯在设计时要考虑氛围照明，也要满足人在读书看报时的照明需求，主要考虑人坐在沙发上阅读时的高度，一般为 1.2 m 左右（图 3-121）。

灯泡向下的枝形吊灯通常从天花板上直接吊下，灯具下端离地距离为 2.2~2.4 m（图 3-122）。

枝形吊灯的选择方法和安装要点

关键是配合安装空间的特征，选择合适的灯泡方向和灯具

灯泡向上的设计

灯泡向上设计的枝形吊灯能照亮天花板，获得空间明亮的感觉
但如果要在房间里看书则亮度不够，需要与落地灯配合，保证获得局部的照明

灯泡向上设计的灯具以从天花板下垂的类型居多，天花板距地面的高度至少要有 3 m

下垂的高度要注意人站着的时候不会碰到头，有些灯具的灯线可在法兰内调整长度，有些灯具不能调整长度，事先要考虑加工灯线

图 3-120 灯泡向上的枝形吊灯（图片来源：羽番绘制）

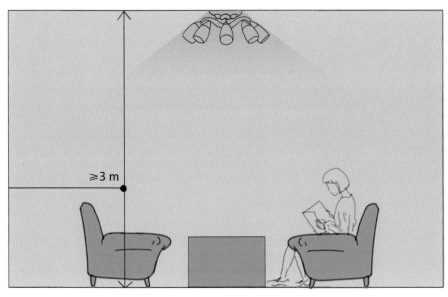

图 3-121 灯泡向下的枝形吊灯（图片来源：羽番绘制）

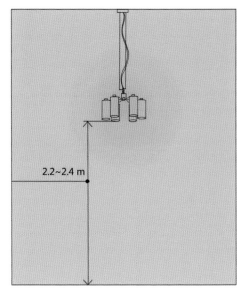

图 3-122 枝形吊灯离地距离（图片来源：羽番绘制）

（3）立式灯的搭配方法。

立式灯分为三种形式：落地灯、放在台面上的台灯、看书学习用的阅读灯（书灯）。立式灯是软装陈设中最能营造氛围及装饰效果的灯具之一。

那如何选择工作、学习时常用的台灯呢？主要从以下几个方面考虑。

①质量：台灯必须是通过国家强制性 3C 认证的产品，且认证应在有效期内。

②色温：应为暖白色光源，色温为 3200~3400 K(不同品牌的灯具稍有不同)，从视觉生理角度看，暖白色光源最符合人眼视觉生理需要。

③光源：灯罩内的直射或折射光线不可照射眼睛，严格消除刺眼光线。简易测试方法为眼睛距桌面的高度为 400 mm、离台灯光源中心的水平距离为 600 mm 时，应看不到台灯灯罩内的直射或折射光线。

④灯罩：灯罩上下透光时，照射范围上下集中，属于分散照明方式。灯罩下方透光时，灯光容易扩散，照射范围大（图 3-123）。

⑤高度：台灯应有一定的高度，这时灯光照射面大、光照均匀，离桌面 400 mm 处的照度不应低于 750 lx；台灯支架也要有一定长度，便于拉伸与收缩，适用于电脑操作、绘图、书法练习、弹钢琴等多种场景。

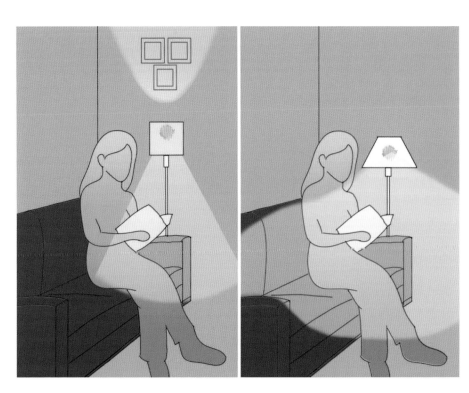

图 3-123 灯罩宽度不同时灯光照射范围也不同（图片来源：羽番绘制）

第三讲 软装材质

一、材质不仅是空间气质的主导者，还影响空间环境的表情

当人们看到一个空间觉得它很美，看起来很舒服时，除了色彩和灯光在发挥作用，还有一个很重要的影响因素就是空间材质。家居装饰材料的种类繁多，不同的材质有不同的美学效果，那如何才能快速认知、灵活掌握并运用这些材质呢？

高效快速的学习方法是先分大类汇总，了解每一种材质本身传达了什么样的情感，再通过实践应用，这样才能更好地理解材质、感知材质、应用材质。

1. 材质与肌理的含义

什么是材质？简单地说就是材料（物体）的质地。材质也可以看成材料和质感的结合。材质的概念通常和触觉相关，质地在人们眼中经常能产生一种真实的感觉，比如物体的凹凸、粗细、糙滑等（图3-124）。

什么是肌理？肌理指物体表面的纹理，肌理又称质感。由于物体的材料不同，表面的组织、排列、构造各不相同，因而产生粗糙感、光滑感、软硬感等。

大到一望无际的天空、海洋、土地，小到肉眼观察不到的微生物，大自然中几乎所有的物体皆有肌理。

自然界充满神奇的肌理，有着各种特征，传达着各种信息。动植物、岩石、森林、海水甚至天空中的云都有其与众不同的肌理，构成丰富多彩的自然世界（图3-125）。自然才是艺术之母，我们现在所做的一切不过是竭力模仿自然，且永不会达到自然

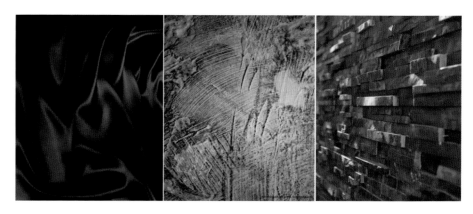

图3-124 光滑、粗糙、凹凸的材质

图3-125 大自然中的肌理

的艺术高度。

回归到室内设计中，对于肌理只需认知其中的两大类即可。

（1）天然材料自身的组织结构形成的肌理。

（2）人工材料因人为组织设计而形成的肌理。

理解肌理时，需要对它和纹理进行区分，纹理更多是视觉上的感受，如物体表面的纹路、线条、图案和形状，而肌理通常是视觉和触觉上的综合感知。

肌理使软装更有表现力，给人带来触觉和视觉层面的丰富感受。肌理是材料的表情，室内软装材质的肌理也是室内环境的表情（图3-126）。如龟裂的树皮在有些人眼里代表

干涸、死亡，而在另一些人眼里却能代表伟大的自然力量；蓬松的皮毛代表柔软；尖锐的荆棘代表疼痛和危险等（图3-127）。

材质是材料本身的质地；肌理是材料表面的纹理。它们是产品设计和空间设计构成的重要元素，具有极强的艺术表现力，材质与肌理就好似空间的皮相，二者的区别如图3-128所示。

2. 材质和肌理的感知途径

在设计中大家很容易凭着主观感觉去选配材质或直接堆砌材质，并没有真正明白材料应用背后的设计含义。那如何感知材质与肌理呢？

感知材质与肌理在空间中传达的信息，一种途径是通过视觉感知，另一种途径是通过触觉感知（图3-129）。色彩和光泽的相关内容在此不展开叙述。

视觉质感：通过眼睛观察肌理与材质，比如材料的图形、纹理、形状等质感元素，这些是手触摸不到的。

触觉质感：触觉质感分为两类，一是用手等肢体触摸所直观感受到的质感，比如天鹅绒的柔软、棉麻的粗糙等；二是人们在长期接触各种物体的过程中积累了感知体验，以至不必触摸，便会在视觉上感到质地的不同，比如看到大理石，即便不去用手触摸它，大理石外显的冰冷、坚硬和光滑也能通过视觉被感知到（图3-130）。

只有了解材质，并理解材质背后的设计含义才能更好地进行设计。

图 3-126 自然地貌与凹凸不平坚硬的家具

图 3-127 龟裂的树皮与仿生态服装艺术

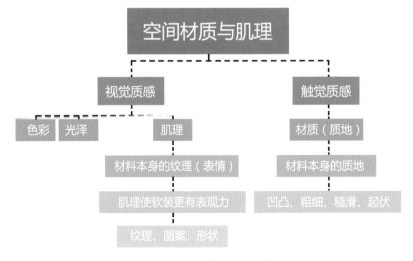

图 3-128 材质与肌理（图片来源：羽番绘制）

3. 木材、藤条、竹材及其设计之美

（1）木材。

从原始时期先祖钻木取火、建造房屋等开始，人类文明发展至今，木材一直与人类的衣食住行、繁衍生息相伴。

随着现代工业的快速发展，人们通常使用的木材已经不再是从大自然中获取的原木，而是加工后的产品，并一直与人们的生活紧密相关（图3-131）。这种既古老又年轻的材料，一直广泛应用在建筑领域（图3-132）、设计领域、艺术品领域。

源于大自然的木材，具有独特的亲和力。它的色泽柔和光润，纹理、触感都有独特的材质之美，也是一种很友好、包容性很强的材料。

木材的材质之美使其被广泛应用于室内空间。使用木制品可以营造出轻巧自然、符合当代审美的空间。木材受许多设计师青睐，常被用于室内设计和软装产品设计中。

①视觉质感：木材在自然形成过程中积淀了或细腻优美或淳朴厚重的纹理。天然木纹符合人眼对光反射的舒适度要求，使人赏心悦目。自然形成的木纹能使人心里产生流畅、井然、轻松自如的感觉。木纹也给人以多变、起伏、运动的感觉，充分体现了造型规律中变化与统一的规律。人们见到木材流畅的木纹时，情绪稳定，注意力集中，这也是学校的书桌、椅子，钢琴演奏厅和图书馆多用木质装饰的原因。

②颜色：木材自带的暖色（偏橘色），在自然光线下变得柔美，具有亲切感和时代感。

图3-129 材质与肌理的感知途径（图片来源：羽番绘制）

图3-130 柔软的材质与坚硬的材质

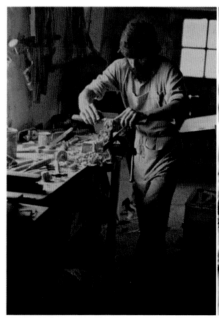

图3-131 木材加工

图 3-132 木材在建筑中的应用

③文化寓意：自然形成的木节能使不同文化背景的人产生不同的审美感受。

④符合人的生理特征：研究木材表面纹理的专家学者认为，在生理学上，木纹沿径向的变化规律暗合人体生物钟节律，这种规律的吻合是自然界中所有生物体都具有的共同特性。变化的木纹恰如其分地表现了人对运动与生命韵律的感知，并且人们通常偏好有自然流畅感的事物。

（2）藤条。

藤制家具流行于 20 世纪六七十年代，其独特的自然气质，大大增强了空间的质感，着实让人着迷。藤编的灯具、地毯、椅子等，与木制桌子完美搭配，看起来温馨惬意。置于寒室不觉其奢，布于华堂不觉其陋，可以用于形容藤制家具。

①视觉质感：色泽光润，细腻优美，朴素清新。

②触觉质感：质地轻巧、坚韧，手感平滑、清爽。

③文化寓意：材质本身的气质符合文人雅士的喜好，藤蔓缠绕编制也寓意盘曲绵长、万代长远。

④应用：质朴的藤本色有助于安神定气，夏天卧室里如果采用藤制家具，对避暑、睡眠都大有益处。藤制家具多应用于优雅恬静的空间，如书房、茶室、阳光房等。

（3）竹材。

赤日炎炎的夏天，当人们走进郁郁葱葱的竹林时（图 3-133），一股清凉的风瞬间沁入心脾，人们的心态也会变得平缓。这是自然本身的特性，总是能让人们平息心中的浮躁，回归自然的质朴。

①视觉质感：造型优美，细腻精致，均匀有质，图案丰富，色泽温和、轻快温馨。

②触觉质感：平滑、轻巧、细腻。

③肌理特性：竹纹理具有吸收紫外线的功能，在视觉感知中色泽高雅、柔和温馨，对视力保健有益。

④材质特性：竹材在通过高温蒸煮、炭化

图 3-133 静谧的竹林

图 3-134 竹制用品

后，可完全破坏蛀虫和细菌的生存条件，不生霉变，可减少过敏症等的发生；竹材具有自动调节及保持温度的特性，冬暖夏凉；竹材本身还具有吸声、隔声的功能。

⑤应用范围：竹材因具有坚韧性、可塑性强的特征，而被用于艺术化的建筑、生活用品、室内装饰中（图 3-134），营造让人冥想、放松、回归本真的空间。

4. 面料及其设计之美

大家对于面料并不陌生，从身上穿的衣服，到家里的床品、沙发、窗帘，甚至墙面壁材等，都能看到面料的存在。在软装中，材质的营造除了应用木质，在视觉空间中占比最大的就是面料。面料质感的选配，很大程度上影响着空间质感。

（1）面料的溯本求源。

面料的发展历经了漫长的历史时期，从最早的树叶遮体，到应用动物毛发等制作衣服，随着人类文明程度的提高，发明了用亚麻、蚕丝等加工而成的各种面料，并广泛应用于生活中（图 3-135）。

图 3-135 中国古代制作苎麻布（夏布）的过程

（2）面料中不同材质的分类。

常用在室内设计中的面料分别是棉质，麻质，丝质，绒、毛材质，皮革材质等。

①棉质（图3-136）。

棉布是各类棉纺织品的总称，因为制作工艺不同，棉成分含量不同，触摸的手感也会不同。

a.触觉质感：手感柔软、细腻、弹性好、韧性好。棉质面料有亲肤的特性，柔软的面料可以触及人们柔软的内心；棉质面料还有使人放松的特质，不会使人感到压力。

b.材质特性：棉布中有对人体有益的纤维素，韧性好、耐热性佳，且不容易褪色。

c.应用：软装中的窗帘、沙发面料、家纺等生活用品都有应用。

②麻质（图3-137）。

在中国能与丝绸媲美的面料就是麻布了。麻布近些年流行于家居用品和服饰领域。麻分为亚麻、苎麻、黄麻、剑麻、蕉麻等。各种麻类植物纤维制成的面料在材质中统称麻质。

a.视觉质感：色泽柔和、纹理凹凸不平、轻盈通透。

b.触觉质感：糙感、略硬。

c.材质特性：麻纤维具有速干的性能，还具有独特的抑菌性，吸湿保温，耐热强度极高，透气性好，耐磨损，防蛀虫。

d.应用：多应用于墙布、窗帘（成品卷帘）、艺术品、饰品摆件等。麻的可塑性很强，

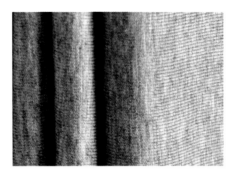

图3-136 棉质布料　　　　　　　　　　　图3-137 麻质布料

真丝衣服落落大方，不那么咄咄逼人，同时又很迷人

图3-138 丝质服饰

采用不同的工艺可以制作成很多软装产品。

③丝质（图3-138）。

丝绸是以蚕丝或人造丝为原料纺织而成的各种丝织物的统称，与棉布一样，它的品种很多，特性各异。人们常说的真丝一般指蚕丝，包括桑蚕丝、柞蚕丝、蓖麻蚕丝、木薯蚕丝等，由其制成的织物称为真丝面料。软装中常用的有仿真丝面料、真丝面料。仿真丝面料是用不是真丝的原料，通过织造、印染等手段，做出风格接近真丝的一种面料，相较于真丝面料，其价格便宜很多。

a.视觉质感：真丝面料有幽雅的珍珠光泽，轻薄、柔软、光滑，色彩绚丽，高贵典雅。

b.触觉质感：轻薄、细腻，凉爽舒适。

c.材质特性：透气、易生褶皱、容易吸身，无静电。

d. 应用：在软装中，家纺、窗帘、抱枕、艺术观赏品等常应用真丝面料。

④绒、毛材质（图3-139）。

软装材质中常见的绒面料有意大利绒、荷兰绒、天鹅绒等，采用立绒、钻绒、直绒等不同工艺及不同材料制成的绒面料有不同的触感。如天鹅绒材质的物品自带高级感，一度成为各类时尚大牌年度热品的常用面料，在时尚界历久不衰。天鹅绒面料有独特的温润光泽和细腻触感，充满古典气息，在家居物品中，也常以时尚典雅的姿态露面。

常见的毛面料材质有人造毛、纯动物毛、羽毛及混合材质等。

a. 视觉质感：绒面丰盈饱满，复古高雅，色泽亮丽，风格别致。

b. 触觉质感：触感轻柔、细腻、温暖。

c. 材质特性：隔热，吸尘，富有弹性，保暖性、吸湿性强。

d. 应用：绒、毛材质常被应用于家具面料、窗帘、地毯（图3-140）、抱枕、搭巾、艺术品摆件等。

如果想让空间在低调中不失奢华气息，可以选择颜色合适的绒面料或毛面料的抱枕、单椅、小座凳作为点缀（图3-141）。

不建议大面积使用玫红色、紫色与橘红色的天鹅绒面料，这需要丰富的配色经验与较高的审美水平。

图 3-139 绒、毛材质

18-19 世纪
黄地印花毡哆罗呢炕毯（产自西欧）

清康熙栽绒黄地双兽戏球地毯
长 785 cm，宽 815 cm，故宫博物院藏

图 3-140 绒、毛材质地毯

图 3-141 绒面料、毛面料在软装中的应用

⑤皮革材质。

皮革是经过鞣制的动物毛皮面料。软装中常用的皮革面料分两类：一是革皮，即经过去毛处理的皮革；二是裘皮，即处理过的连皮带毛的皮革。它的缺点是价格昂贵，贮藏、护理方面要求较高。

a.视觉质感：轻盈保暖、雍容华贵。

b.触觉质感：滑而不腻、细腻柔软。

c.应用：皮革常与铁、木等材质结合应用，用作沙发、椅子、床靠背的接触面（图3-142）。

5. 石材、金属、塑料、玻璃及其设计之美

（1）石材。

室内外装饰设计中使用的石材种类较多（图3-143、图3-144），较有代表性的就是大理石。大理石一直都是气派、高贵的象征，挺拔威严。目前市场上常见的大理石石材主要分为天然大理石和人造大理石。

①视觉质感：坚硬、自然纹理细腻、整洁、肃穆。

②触觉质感：坚硬、冰冷、顺滑。

③材质特性：耐火、耐腐蚀、耐久、耐冻，抗压性好，坚硬，不容易开裂。

④应用：在诸如矮桌、烛台等各式器物上使用大理石可以给空间带来奢华感的点缀。在预算有限的情况下，也可以小范围使用大理石，同样能起到不凡的效果（图3-145）。

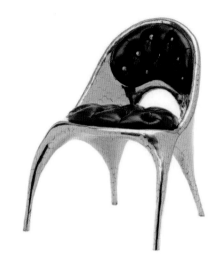

图3-142 皮革材质家具

图3-143 哥特式建筑与古老的教堂

艺术雕塑结晶，坚硬细腻柔滑，让人产生敬畏感

图3-144 大理石材质的雕塑

图 3-145 大理石在室内装饰中的应用

图 3-146 金属材质的运用 1

图 3-147 金属材质的运用 2

（2）金属。

室内设计中常用的金属类材质是不锈钢、铁、黄铜等，熠熠生辉的金属色可以营造出极具时尚感的软装空间（图 3-146、图3-147）。

①视觉质感：具有时尚感，有金属独有的亮度。

②触觉质感：细腻、光滑、冰冷。

③应用：利用黄铜、铁、不锈钢制作置物架、茶几、家具腿部，简约又时尚。例如质地优良的铜灯不仅稳定性好，使用起来赏心悦目，而且具有收藏价值。

（3）塑料。

塑料材质在家居软装中统称为亚克力材质（丙烯酸类塑料），也称为有机玻璃（不是玻璃材质），其制造成本低，可塑性强，满足做成各式各样的艺术造型的要求，常被用于制作后现代风格艺术品。在家居软装方面，也被用于制作倒模成型的家具（图3-148），与金属、布艺等都可以结合使用。

①视觉质感：反射的光线柔和，视觉清晰轻柔，具有水晶般的透明度，透光率在92% 以上。

②触觉质感：细腻、表面光润、有较高的硬度。

③材质特性：阻燃、耐磨、抗腐蚀，可塑性强，耐老化、氧化、耐高温，有很好的着色效果。

④应用：在软装中，有亚克力浴缸、亚克力人造大理石、亚克力树脂艺术品等，在家具、艺术品等设计中较为常见。

图 3-148 亚克力家具

图 3-149 炫彩玻璃

（4）玻璃。

玻璃材质是创意家居中常用的材质，常用于现代轻奢风格、后现代风格的空间设计中。晶莹剔透的镜面可以营造出丰富的明暗变化以及光影层次，让人仿佛置身于立体的奇幻空间中（图 3-149）。玻璃材质，如酸蚀镜面（斑驳感做旧效果）、磨砂镜面等，多与石材、金属结合应用，效果较好。

①视觉质感：折射光线，空间明亮通透，具有时尚感、梦幻感。

②触觉质感：清凉、光滑细腻。

③材质特性：经过处理的镜面耐高温，耐腐蚀性很强。

本部分内容简要介绍了室内软装中的常用材质、特性及其应用，从视觉质感和触觉质感等方面展开讲解，材质在室内设计中很重要，每一种从大自然中获得的有关材质的灵感都是一种语言和表情，传达着某种情感，将材质与肌理部分的相关知识梳理出来，如图 3-150 所示。

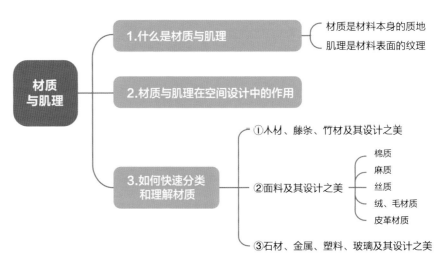

图 3-150 材质与肌理（图片来源：羽番绘制）

二、材质在室内空间中的应用与搭配

一些人对材料的认识与应用仍存在误区：要么片面追求豪华气派，缺少时尚气息；要么卖弄技巧、迎合时尚，漠视设计逻辑。本部分内容笔者将深入解读材料，诠释材质应用及设计之美。

赫尔佐格认为，有些东西不太引人注意却影响着人们的日常生活，住在不同房子里的感受是不同的，材料不只是形成了围合空间的表面，也携带并表达着房屋的思想。显然，材料对于室内空间及环境的塑造影响颇大，并服从于空间整体，不能孤立地游离于整体之外。而空间更离不开材料的形态、质感、色彩和组合搭配，材料的构成语言诠释着空间独特的内在魅力。如绿色在软装中常以绒面主体沙发的形式出现，绿色绒面有一种绿油油的质感，让人一看到就联想到自然（图 3-151）。

1. 空间也是一种物质，材质是这种物质的载体

人通过视觉和触觉感受材质的质地特征，人的视觉和触觉是交织在一起的。触觉质感真实存在，可通过触摸感受，如软硬、冷暖等，而在许多情况下，单凭视觉就可感受物体表面的触觉特征，如凹凸感、光滑度等。

为什么进入不同空间，会不自觉地产生不同的联想？

主要是因为人们基于过去对相似事物、相似材料的回忆而产生联想，如对材料质地的联想。视觉质感有时是客观真实的，有时则可能是视觉感受到的错觉。

触觉方面的感受是对材料表面的光滑程度、孔隙率的大小、组织的密实程度及纹理产生的诸如粗细、软硬、轻重、冷暖、透明等感觉的描述（图 3-152）。

木材、藤材、毛皮、纺织品：材料松弛、组织粗糙，具有亲切、温暖、柔软、含蓄、安静等特点。

抛光石材、玻璃、金属：材料细密、光亮、质地坚实、组织细腻，具有精密、轻快、冷漠等特点。

混凝土、毛石：具有粗犷、刚劲、坚固等特点。

软装运用了各种材料，每种材料都有其不同的质感特征，这些不同的质感有助于表达不同的表情。对比运用不同质感，可丰富空间的视觉感受，质感无变化的空间，往往容易显得单调乏味。

2. 材质与肌理在室内空间中的应用

（1）肌理的分类。

肌理虽然依附于材料而存在，却会丰富其表情，材料表面肌理不同，会给人不同的

图 3-151 绿色绒面沙发在软装中的应用

图 3-152 质感在室内软装中的视觉感受

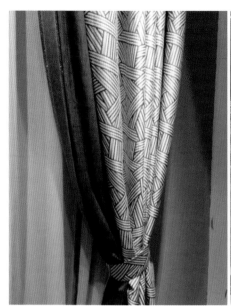

带编织纹的金属感面料，有低调奢华的金属感　　　印染面料，纯色、青蓝色和芥末黄搭配　　　环境色及材质运用大面积素色，用花色抱枕做点缀

图 3-153 材料的肌理

质感印象（图 3-153）。

肌理包括材质本身的固有肌理和通过一定的加工手段获得的二次肌理。

①室内的装饰材料，一般会以材料本身内在特征或由特定生产工艺形成的固有肌理展现，如木纹及织物的编织、砌砖形成的肌理，具有自然、本色的外观。

②在结构层的表面进一步运用如雕刻、印刷、敲打、贯孔、褶皱等手段加工出新的起伏或纹饰，便又会呈现另一种肌理效果，即所谓的二次肌理。

（2）肌理与尺度的关系。

肌埋个但影响被覆物体的反光程度和视觉质感，还会影响被覆物体的尺度、比例、在空间中的位置及声学性质等。

肌理的尺度大小、视距远近和光照等因素，都会影响人们对其所覆表面的感觉判断，如尺度感、空间感、重量感、温度感等。

肌理越大，质地会越粗，被覆物体会产生缩小感。肌理越小，质地越细，被覆物体会产生扩张感。因此，细腻的材料会使空间显得开敞，甚至空旷。粗大肌理会使一个面看上去更近，虽然会减小它的空间距离感，但同时也会加大它在视觉上的重量感。大空间中，肌理的合理运用可改善空间的尺度，并会形成相对亲切的区域，而小空间里使用任何肌理都应有所节制。如图 3-154 所示，绒面肌理与细腻颗粒感乳胶漆墙面、细腻花纹地板搭配，形成了素净、典雅、细腻的视觉效果。

（3）材质与光影的关系。

光影响我们对质地的感受，不同方向以及强弱的光线都会增强或削弱质地特征。如灯光能增强建筑外观金属质地的视觉效果，使建筑看起来如丝绸般细腻。

直射光斜射到有实在质地的凹凸表面时，会形成清楚的光影图案，从而强调、夸张

图 3-154 肌理应用示例

它的视觉质感。正面光线、漫射光线则往往会削弱、模糊物体表面的三维特征，恰当地对比也会夸张肌理的视觉质感，具有方向性的肌理还会强调一个面的长度或宽度。

3. 材质的应用方式

（1）同一材质的单体之美。

整个大的空间连续性地运用一种材质，把单体材质的美感发挥到极致，这种材质应用方式多用在建筑的室内空间中。整体大面积应用一种材质可以彰显视觉的冲击力和材质本身所特有的气质（图3-155、图3-156）。

（2）同类材质或近似材质的组合之美。

同类材质或近似材质的组合应用，以不同的角色、面积、花纹反复出现在同一个空间内，比如木材与藤条、竹材等组合（图3-157），面料中的麻、棉、毛、皮等组合，可以使空间视觉感受充满变化，层次丰富。

（3）不同材质的对比组合之美。

①塑料＋木制品＋铁艺：为生活带来温暖与活力。

塑料（亚克力）与其他材质的组合经常出现在家居用品中。原因很简单，其简约、纯粹、造型多样化，与木制品、铁艺结合不仅能为室内带来温暖感，还更具有设计感（图3-158）。

②木＋金属：冷与暖的相遇。

木＋金属带来浑然天成的工业感，木头显

图3-155 竹屋（图片来源：日本建筑大师隈研吾作品）

图3-156 同一种材质单元连续重复运用形成的单体之美

图3-157 同类材质组合应用

得更加坚固牢靠，冰冷的金属显得柔和亲近，这种组合多用于家居用品（图3-159）。

③陶瓷＋木："慢"材料的治愈。

陶瓷、木是非常亲近自然的两种材料，常用于家居饰品中，简洁有质感（图3-160），两者搭配是对慢生活最好的诠释。

④纺织品＋木：营造温暖阳光的味道。

纺织品＋木在家居设计中是浑然天成的组合，色彩丰富的纺织软材料配上自然清新的木质硬材料，能营造家的温馨感与时代感，通过创意也能搭配出令人惊艳的视觉效果（图3-161）。

⑤玻璃＋金属：科技与品质的融合。

玻璃、金属这两种材质组合应用的普及从某种程度上说是和工业化进程同步的，混

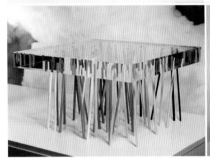

图 3-158 塑料＋木制品＋铁艺组合应用

图 3-159 木＋金属组合应用

图 3-160 陶瓷＋木在厨房设计中的组合应用

合搭配一点也不违和，可以营造出现代科技感和高品质感的视觉体验（图3-162）。

⑥水泥＋布艺＋木制品：探索极简侘寂风。

侘寂是日本美学意识的一个组成部分，一般指的是朴素又安静的事物。这种风格的设计是在老旧物体的外表下，显露出一种充满岁月感的美，是即使外表斑驳或褪色暗淡，都无法遮挡（甚至会加强）的一种震撼的美（图3-163）。

4. 传统材质与现代工艺的结合

（1）多种材质混合应用。

很多设计师都认同多种材料混合并置使用正影响着设计界，材质的混合运用及变化是一种充满惊喜的新体验。

成功的设计并不一定是因为贵重材料的使用，也不在于多种材料的堆砌，而是在理解材料内在构造和材质美的基础上，通过合理的艺术性设计、创造性地使用材料，做到变废为宝，物尽其用（图3-164）。

图 3-161 纺织品＋木组合应用，营造浑然天成的舒适感（图片来源：大朴设计）

图 3-162 玻璃＋金属组合应用（图片来源：Focal Length 项目）

图 3-163 水泥＋布艺＋木制品组合应用

图 3-164 室内陈设中的艺术装置，利用灯光和透明
塑料打造视觉空间

图 3-165 新中式风格设计

（2）新工艺结合传统材料，延续文化脉络。

在传统风格的设计中，如果只局限于应用传统材料，固守传统，那么将失去其在发展着的当今社会的现实意义，即失去了现代实用功能。

如图 3-165 所示的两个案例，同样是新中式风格设计，不过分别应用了传统材料与现代材料。左图所示的新中式风格设计主要运用了红木和传统挂画，总体上显得有些陈旧、沉闷。右图所示的新中式风格设计，利用曲线元素，采用对比手法，并组合使用了玻璃、不锈钢等现代材料，既增强了现代感，整体又不失中式风格。

（3）新旧结合，孵育新的审美形态。

新技术的使用让材料原有的质感、重量等性能产生了变化，使得传统材料的色彩、光泽、纹理更能在现代设计中发挥重要作用。

玻璃材质艺术品

利用新工艺做成的弯曲的木质楼梯扶手

木制的汉堡

图 3-166 新旧材质结合应用

新与旧、古与今结合，既保留了传统材质内在的情感积淀，融合现代审美趣味，又突破了传统材质的局限，两者结合赋予材质新的生命力（图 3-166）。

第四讲 五感六觉

一、设计师学会五感六觉设计法，秒杀 80% 的同行

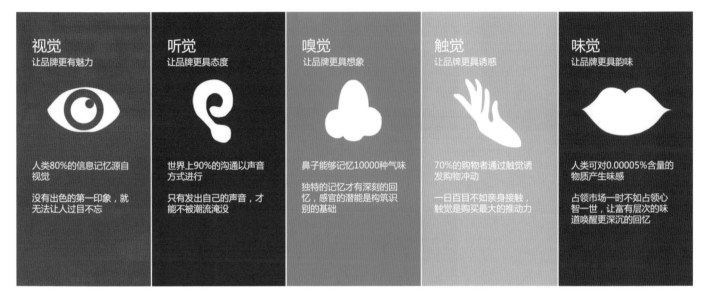

图 3-167 视觉、听觉、嗅觉、触觉、味觉在设计与营销中的应用（图片来源：羽番绘制）

前面的内容从色彩、灯光和材质等方面逐步讲解了设计中的美感来源，本部分内容将探讨一种设计理念。

人们的感和觉看不见摸不着，但人们的一生都离不开它们。五感六觉经常被放在一起讲，把感和觉分开解读，常被应用在设计和营销中（图 3-167）。

1. 什么是五感？有哪些作用

五感是指尊重感、高贵感、安全感、舒适感、愉悦感。这是由美国心理学家马斯洛提出的需求层次理论（图 3-168）衍生出来的。

例如，设计师在设计过程中会接触有各类需求的客户，包括工薪阶层的新婚家庭、四代同堂的大家庭、社会精英人士……在不了解需求层次匹配理论的情况下，做设计方案总是出力不讨好，例如客户关注性

价比，设计选用高端产品，就怎么也签不了单；客户需要空间设计满足精神需求，如果不了解精神需求是什么，在沟通时很可能就因为话不投机丢了客户……

2. 什么是六觉？为什么要学习它

你是否还记得小时候晒完被子有暖暖的阳光的味道？

你是否在很饿的时候，看到肯德基超大汉堡的海报会咽口水，特别想吃？

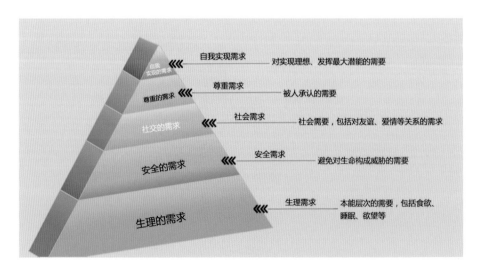

图 3-168 马斯洛需求层次理论模型（图片来源：羽番绘制）

你是否在下班的路上或小区里无意嗅到沁人心脾的桂花香，想到了桂花糕和桂花茶？

相信这些你都记得，甚至在你脑海里会立刻产生相应的画面……

这些都是神秘而又熟悉的人体六觉在发挥作用。

行为心理学家认为，人们对外界的印象有80%都来自非语言因素，大部分都来自感官因素。所谓的六觉就是人体的视觉、听觉、触觉、嗅觉、味觉、知觉（视觉和触觉在有关色彩和材质的内容中已经做了相关讲解）。如图3-169所示，对六觉的内涵、设计要点及应用进行了解析。

我们也可以从以下几个方面深入了解它们。

（1）了解大脑的运转规律。

为什么有些记忆在我们的脑海中一直不会被遗忘，而上学时记得滚瓜烂熟的数学公式或化学方程式却常被忘得一干二净？其背后的真正原因是什么？

其实，这跟人们大脑的记忆规律有关（图3-170）。数字和语言类的广告信息需要靠不断重复才能被记忆（这也是广告泛滥且重复播放的原因之一，目的就是使人产生印象，激发购买欲），而对于感性的信息人们则有着与生俱来的记忆天赋，会去主动感知并不由自主地记住。

（2）与生俱来的感知力。

人的感官具有与生俱来的记忆天赋，会主动地为我们感知这个世界。

远古时期的人类就是借助六觉来判断周

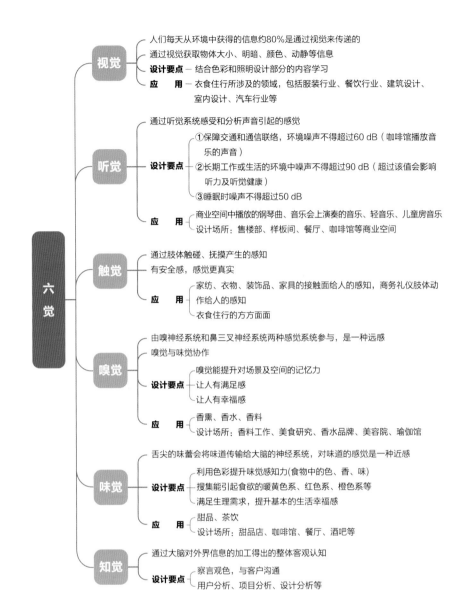

图 3-169 六觉汇总图（图片来源：羽番绘制）

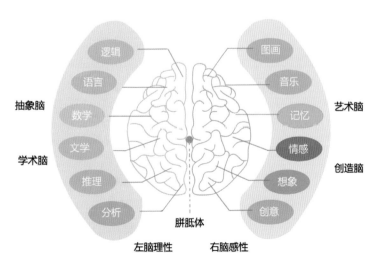

图 3-170 左右脑功能图（图片来源：羽番绘制）

围环境的危险指数的，比如用足底的触觉来感知地面的细微震动，结合视觉和听觉分辨是否有飞禽走兽或自然灾害，用嗅觉和味觉来判断食物是否腐烂、能否食用等（图3-171、图3-172）。有研究表明，儿童在感觉方面比成人敏锐得多，气味、声音等信息是他们判断人和环境安全与否的重要依据，这也是儿童学东西比较快的原因。

二、设计中哪些地方会用到五感六觉，怎么使用它

1. 感官营销

感官需求的满足会让人们认为一件东西物超所值，哪怕贵一点都没关系。例如星巴克就把感官营销做到了极致，顾客走进店内能够闻到浓郁的咖啡香味（嗅觉），除了好喝的咖啡、好吃的甜品（味觉），店内还播放着柔美的轻音乐（听觉），坐在柔软的咖啡椅上，手中拿着不锈钢勺子搅动着刚端上来的那杯咖啡（触觉），看着店内装修雅致、窗明几净的空间环境（视觉），怎能不让人身心陶醉，感觉物超所值呢？

2. 视觉设计

我们通常所说的"色"就是视觉，它在人体五感感知敏锐度中是居于首位的，同时也是品牌营销时最为关注的。人们对美的事物比较敏感，所以往往以"色"识人、以"色"识物。

线上店铺精美的营销海报，线下店面对光线、形状、颜色的得体设计（图3-173），都会给人以超值的感知体验。

3. 照明设计（视觉）

照明设计不仅影响人们的心情，还会影响人们的购买欲。如果设计的是咖啡馆、烘焙店、餐厅，切记勿用冷光灯，要用暖光灯，因为暖光灯会让人心情放松、愉悦，有食欲。平时可以注意观察一些生意好的水果店，看看是不是用的都是暖光灯。

4. 听觉设计

每个人都喜欢听悦耳的声音，不喜欢噪声等难听的声音，为什么呢？原因是我们的听觉直接作用于大脑中负责情感和情绪的区域。设计师要学会利用不同的悦耳的声音来全方位地营造良好的听觉环境。在理发店可以选一些高格调、高品位的流行歌曲播放，让客户更能体验到潮流、时尚感。在咖啡馆或者美容院，那就播放一些节奏缓慢的轻音乐，让消费者听着舒心，放松心情。

图3-171 古人用吼叫恐吓猎物，用工具协作狩猎　　　图3-172 古人的烹饪方式概念示意图

图3-173 橱窗设计

5. 嗅觉设计

气味无处不在，时刻影响着我们大脑的判断，例如，人们对咖啡的记忆，90% 来自嗅觉，10% 来自味觉，在人的六觉之中，嗅觉是较为原始、精细和恒久的。

如果一个浑身异味的人走到你的面前，你会有什么样的反应？相信不捂鼻子也得屏住呼吸吧。

如果一位打扮时髦的女性，长相一般，但身上有一股特殊的香气，她走过，你会有种依依不舍的感觉，这时你的大脑已经对她产生了"好感"。香奈儿 N°5 香水就是这种让女性喜爱的美丽传奇。

为什么会这样呢？因为在我们的大脑中，嗅神经是距离大脑负责决策的区域最近的感觉器官（图 3-174），所以我们在嗅到好闻的东西时，会直接做出决策。

想要在设计中提升用户体验，获得客户的好感，就可以巧妙地运用气味。例如烘焙店、咖啡馆，只需要把后厨里烤面包的香气和现磨咖啡的香气散发到店内和店外，就可以巧妙而直接地引导客户做出购买行动（图 3-175）。

如果是设计 SPA 美容养生店，什么气味合适呢？研究发现类似香草精油（图 3-176）的气味最合适，因为香草气味直接刺激大脑区域，使我们感觉到安心放松，会让整个接受服务的过程更加舒服。

德国心理学家沃勒发现了气味慰藉现象。他调查了 208 名年轻男女，当男友离开或不在时，三分之二的女孩穿过对方的衣服

图 3-174 嗅觉示意图（图片来源：羽番绘制）

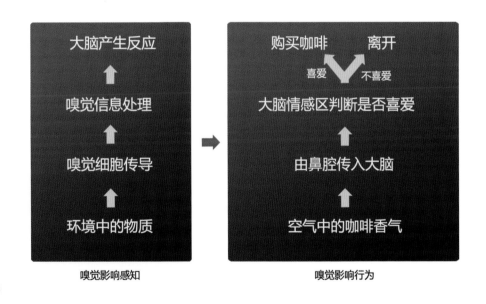

图 3-175 嗅觉影响感知与行为（图片来源·羽番绘制）

睡觉，通过男友衣服的味道来保持男友在身边的感觉。科学家也证实，对于两地分居或已分手多年的恋人，或许很多重要的事情都已经淡忘了，但彼此的味道却会深深地印刻在脑海中。

6. 味觉设计

口腔内感受味道的器官主要是味蕾，每个人大约有 1 万个味蕾，大部分集中在舌头上，世界上有各种味道（图 3-177），每个人对味道的认识也各不相同。

味觉是一种综合性的感官体验，味觉体验的形成除了依靠味蕾捕获刺激，还需要依赖嗅觉和触觉等其他感官刺激，综合各种信息（色、香、味）然后做出判断，比如一盘食物看起来很有食欲，但如果口感不好或味道不佳就会影响味觉感知。

为什么说女性和儿童是食品行业中的消费主力军？

原因是女性的味觉比男性更灵敏，女性拥有的味蕾比男性多，而儿童对味道的敏锐度要比成人高很多。所以，如果自己的小孩看见好吃的吵着要买，请不要发火，要是换作你，估计也抵挡不住诱惑。

对产品的味觉进行设计是很多食品企业的重中之重（图 3-178），当然也是其他行业不容忽视的。

7. 触觉设计

触觉也是人体很重要的一个感官，如果留意就会发现，在选择一件商品时，会不自主地用手摸一摸，来判断它的质量好坏（图 3-179）。

有时重量感也会成为我们选择产品的参考因素之一，买手机时，一部卖五六千的手机，如果拿起来轻飘飘的，人们肯定会认为它不值这个价钱，所以很多品牌手机都是经过重量研究测试后才投入市场的。

在小型的咖啡馆或书店里，养一只小猫，

图 3-176 香草精油

苦味　　　咸味　　　甜味　　　鲜味　　　酸味

图 3-177 味觉感知示意（图片来源：羽番绘制）

图 3-178 味觉设计

可以刺激消费者的情感，尤其是比较感性的女性，会不由自主地去抚摸它，通过抚摸刺激感官情感，从而加深对这家店的印象。

梳理五感六觉设计法的相关知识如图3-180所示。

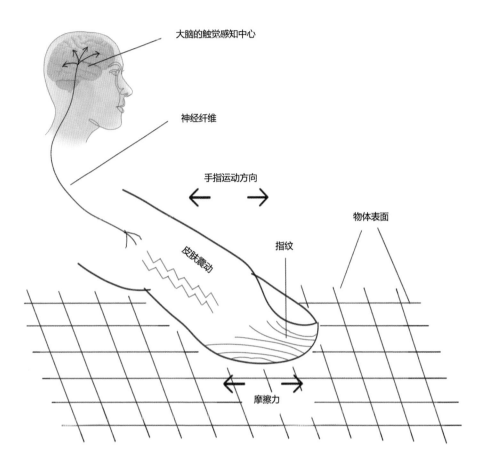

图 3-179 触觉功能反射示意图（图片来源：羽番绘制）

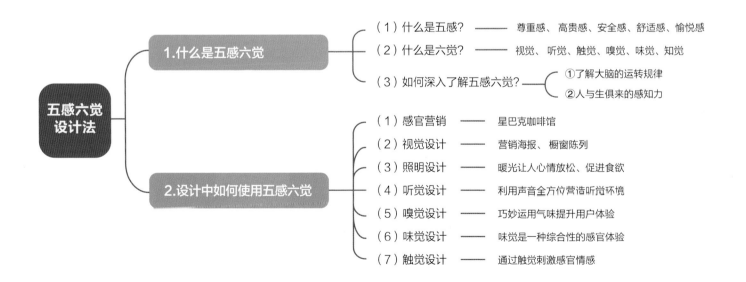

图 3-180 五感六觉设计法（图片来源：羽番绘制）

第五讲 人体工程学

一、软装设计师把握不准空间尺度，是因为不了解人体工程学

设计师在软装设计中遇到的最大的问题之一，是空间尺度的把握问题，尤其是定制的坐具产品，不是沙发座面太高，就是茶几太高，费心费力淘的家具组合在一个空间里，大的大、小的小，总觉得不舒服，也知道是尺度的原因，就是不知道该怎么办。

1. 做设计为什么要先了解人体工程学？有什么价值和作用

室内设计专业是不分硬装和软装的。很多设计师对尺度没有概念，对设计的认识比较感性，觉得自己有天赋、喜欢设计、审美好就可以成为一位很好的设计师，却忽略了设计中的重要标准——人体工程学。人体工程学在室内设计中相当于一把标尺，空间设计是否合理很大程度上取决于标尺应用得是否合理，空间是否符合人体结构尺度，能否满足人的生理和心理需求。

本书是为帮助软装设计师系统学习而编写的，所以本部分内容主要围绕软装中的空间尺度来讲解人体工程学。

2. 什么是人体工程学

人体工程学由六门分支学科组成，即人体测量学、生物力学、劳动生理学、环境生理学、工程心理学、时间与工作研究学。人体工程学诞生于第二次世界大战之后工业蓬勃发展的时期。

人体工程学是探讨环境、物、人三者之间工作效能和合理性的一门学科。要合理而高效地设计室内空间，必须关注人体尺度与设计的关系，无论是学习室内设计还是做全屋定制，人体工程学都是一门重要的学科，大家千万不要忽视。

在室内设计中可以用人体工程学来理解人类在生理、身心健康、功能、审美方面的需求，从使用者的角度来设计与活动有关的空间、家具和器具，把人的疲劳感降低到最低限度，降低危害身心健康的风险，提高生活品质和劳动效率。

3. 人体工程学为什么重要

我们来看如图 3-181 所示的因尺度设计问题造成的"事故现场"，你就明白了。

在实际生活中，我们到处能看到这样的"事故现场"，不仅奇丑无比，还无用，设计尺度一旦影响了使用功能，不仅会削弱使用价值，还会严重影响人们的生活。

有些工作了很多年的设计师也会踩坑，因为各种原因，在工作中也会出现硬装与软装衔接失误的尺度问题。

当然了，造成室内设计中存在尺度问题的原因有很多，例如设计师不专业、施工存在问题、项目跟进中的沟通不到位等。本书会详细讲解软装、硬装的工作流程如何衔接，需要注意哪些事项，以及如何把控定制产品的尺度等内容。

人体工程学在室内设计中的应用有相当的深度和广度，较为常见的应用范围大致如下。

图 3-181 尺度设计问题

（1）确定人们在室内活动时所需的空间。

根据人体工程学中的有关数据，从人的尺度、动作区域、心理空间以及人际交往空间等方面，来确定设计空间范围。

（2）在室内设计中确定家具、设施的形体、尺度及使用范围。

家具、设施为人所使用，因此它们的形体、尺度必须以人体尺度为主要依据。例如机舱、火车卧铺等，空间越小，人体工程学的应用强度就越高。

4. 生活空间中的合理尺度范围

我们在实际设计中，从建筑的室内空间、私人定制家居产品到成品的家居产品，都应严格按照人体工程学设计。下面就依据人在各个不同空间的生活场景来讲解尺度的合理范围。

（1）客厅生活尺度。

①客厅区域的家具及空间尺度。

三人座沙发单个座位宽度一般为710 mm，人就座时占用的空间深度尺寸为1220 mm，详细的尺寸如图3-182所示，不同风格、款式的沙发尺寸略有不同。

躺下的姿势舒适度较高，具有放松及包裹感，男士使用躺椅时空间尺寸不能小于1520 mm，女士使用躺椅时空间尺寸不能小于1370 mm，具体的细节尺寸如图3-183所示。

摆放沙发时，有人坐在沙发上，其余的人从就座人与茶几之间通过时，可通行的尺寸为750~910 mm，具体尺寸可根据实际情况变动，如图3-184所示。

在设计和采购时还要考虑各类坐具的座面

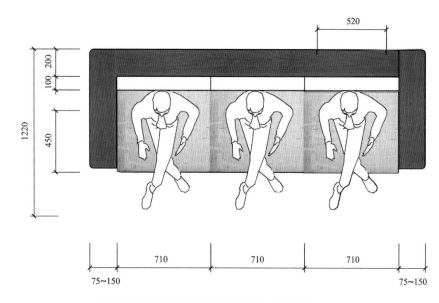

图 3-182 三人座沙发的尺度（图片来源：羽番绘制）

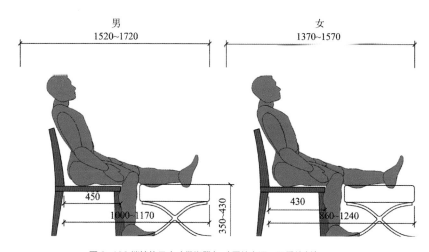

图 3-183 躺椅的尺度（带脚凳）（图片来源：羽番绘制）

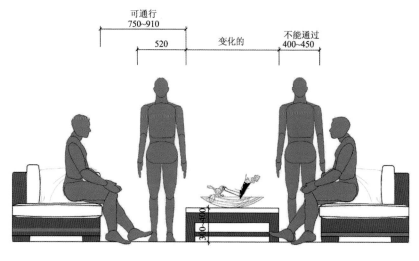

图 3-184 客厅沙发区尺寸（图片来源：羽番绘制）

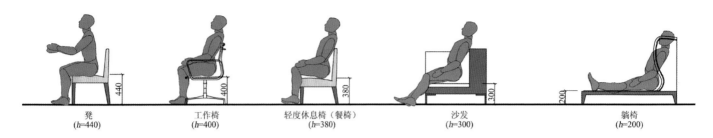

凳
(*h*=440)

工作椅
(*h*=400)

轻度休息椅（餐椅）
(*h*=380)

沙发
(*h*=300)

躺椅
(*h*=200)

图 3-185 座面高度（图片来源：羽番绘制）

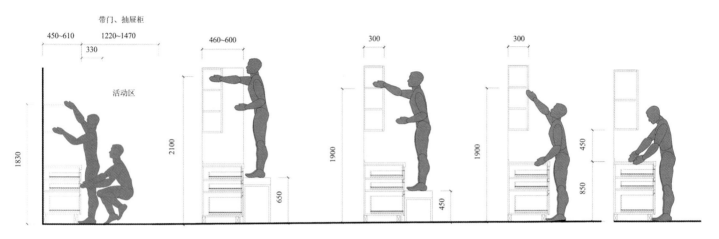

图 3-186 客厅收纳区域的尺寸（图片来源：羽番绘制）

高度，如图 3-185 所示。

客厅收纳区域的尺寸如图 3-186 所示。

②人在空间中的交际距离。

美国人类学家爱德华·霍尔在《隐匿的尺度》一书中提出了四种个人空间交际距离模式。如图 3-187 所示，人们的个体空间距离需求大体上可分为四种，即公众距离、社交距离、个人距离、亲密距离。

a. 公众距离：范围为 360~750 cm，适用于演讲者与听众、彼此极为生疏的交谈及非正式的场合。

b. 社交距离：范围为 120~360 cm，一般在工作环境和社交聚会上，人们都保持这种距离。

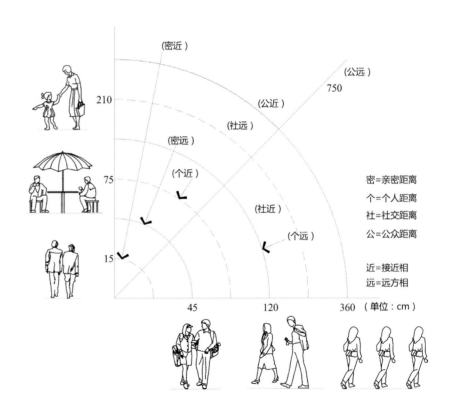

密=亲密距离
个=个人距离
社=社交距离
公=公众距离

近=接近相
远=远方相

图 3-187 霍尔的个人空间交际距离模式图（应用于居家与商业空间）（图片来源：羽番绘制）

c. 个人距离：范围为 45~120 cm，这是在进行非正式的个人交谈时经常保持的距离，与人谈话时，不可站得太近，一般保持在 50 cm 以外为宜。

我们讲解的室内属于居住空间的范围。居住环境拥挤会对人造成压迫，因为家应该是感觉最安全、最亲切、最能控制和最能体现人格特性的地方。家庭也是一个小社会，只有在人与人之间不发生太多干扰，每个成员都有一定控制感的基础上，才能建立起和谐亲密的家庭关系，也才更有利于家庭成员的学习、工作和休息，达到安居乐业的目的。因此，住宅应有起码的可用面积，即"住得下"；此外，还应尽量考虑每个家庭成员的特殊需要，有恰当的分隔，即"住得开"。

d. 亲密距离：亲密距离是人际交往中的最小间隔，有时甚至几无间隔，即我们常说的亲密无间，其近范围在 15 cm 之内，其远范围为 15~45 cm。

③客厅电视的最佳观看尺度。

20 世纪 70—80 年代电视开始普遍应用（图 3-188），走进千家万户，改变了人们的生活，并逐渐成为每个家庭的标配。电视机的普及，拓宽了观众的视野，让大家足不出户就能够了解国内国际大事、走近五彩缤纷的大自然，丰富了观众的精神和文化生活。

随着人们生活水平的提高，休闲娱乐节目也极大丰富，电视节目丰富多彩，看电视对人们的视力影响越来越大，在经常近距离观看电视的情况下，会损伤视力（图 3-189）。视力保护随着电视屏幕变大、观看电视时间的延长，越发引起人们的重视。

可用以下公式计算观看电视的最佳视距：观看电视的最佳视距 = 液晶电视对角线距离 × 3。例如，使用 55 in 的电视时（1 in ≈ 2.54 cm），观看电视的最佳视距 =55×2.54×3=419.1（cm），可得出此时最佳观看视距为 4 m 左右。

不同品牌电视机的最佳视距稍有不同。根据市场上三星电视机的产品数据绘出图 3-190，用于显示其观看距离。

图 3-188 20 世纪的迷你型电视示意

图 3-189 客厅中的电视应用场景示意

应该根据不同尺寸的电视机选配不同大小的电视柜，笔者绘制出了常见的电视机及电视柜尺度示意图，如图 3-191 所示，在设计过程中可以作为参考。

围合式客厅空间区域的尺度示意如图 3-192 所示。

（2）餐厅生活尺度。

桌宽的标准尺寸为 760 mm，再少也不能低于 700 mm，否则两人面对面相坐会因为餐桌太窄而脚碰脚，如图 3-193 所示。

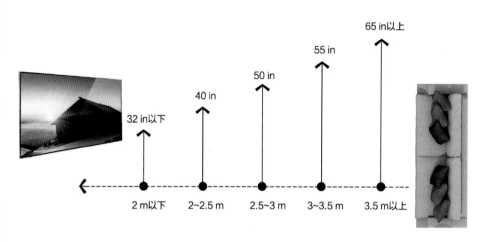

图 3-190 三星各尺寸电视观看距离参考（图片来源：羽番绘制）

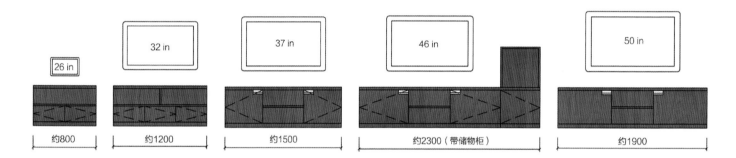

图 3-191 电视柜与电视机的尺度（图片来源：羽番绘制）

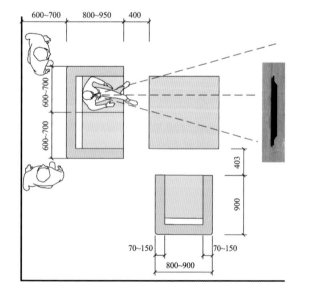

图 3-192 围合式客厅空间区域的尺度示意

（图片来源：羽番绘制）

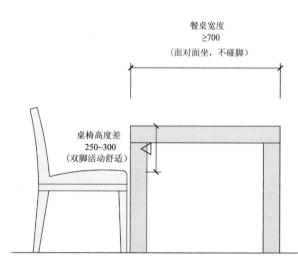

图 3-193 餐桌宽度示意图

（图片来源：羽番绘制）

就餐时的尺度：餐桌两侧的通道宽度以 750~910 mm 为佳，足够一个人上菜时通行。餐桌的高度宜为 730~760 mm，餐厅区域的吊灯距桌面的距离在 680 mm 左右，这时的尺度较为舒适。餐椅的高度宜为 410 mm 左右，靠背高度宜为 400~500 mm，较平直，有 2°~3° 的外倾角度，坐垫厚度宜为 20 mm 左右，如图 3-194、图 3-195 所示。

如图 3-196 所示，三人就餐时，餐桌长度一般在 2280 mm，餐台布置的单侧宽度为 590 mm，公用区的宽度为 460 mm，餐椅区的外径宽度是 760 mm，具体尺寸根据实际情况会有变化。

图 3-197 展示了不同尺寸的正方形桌、圆桌、长方形桌的陈设示意，并展示了不同尺寸的桌子适合配置多少把椅子，在设计中可以作为参考。

（3）厨房的生活尺度。

厨房的空间尺度设计属于硬装设计环节的工作，但是软装设计时也一定要知道哪些空间尺度适合人的操作习惯。如果没有合理设计灶台的高度、宽度以及收纳空间的尺度，就会给生活造成很多不便。

中国人的站姿平均视高为男性 1500 mm 左右，女性 1400 mm 左右，人眼观察事物的角度是有限的，在注视事物时，距视线中心 10° 时，是视力的敏锐区，叫作中心视野，人眼能够分辨清楚；距视线中心 10°~20° 时，人眼注视事物就较模糊。人的水平视野为 100°~120°。

如图 3-198 所示，综合考量多方面因素，展示了厨房收纳空间不同操作台面的设计高

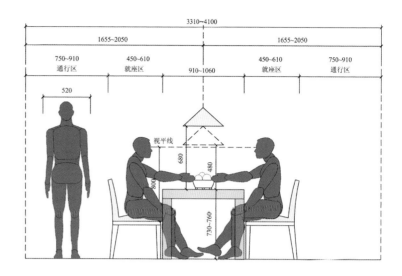

图 3-194 餐厅区域的空间尺度（图片来源：羽番绘制）

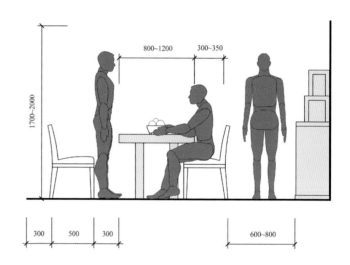

图 3-195 就餐时的尺度 1（图片来源：羽番绘制）

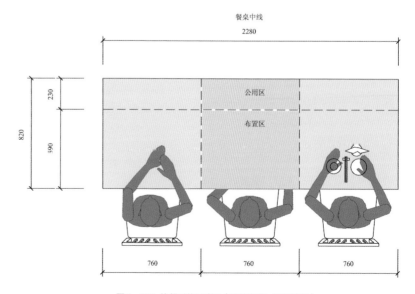

图 3-196 就餐时的尺度 2（图片来源：羽番绘制）

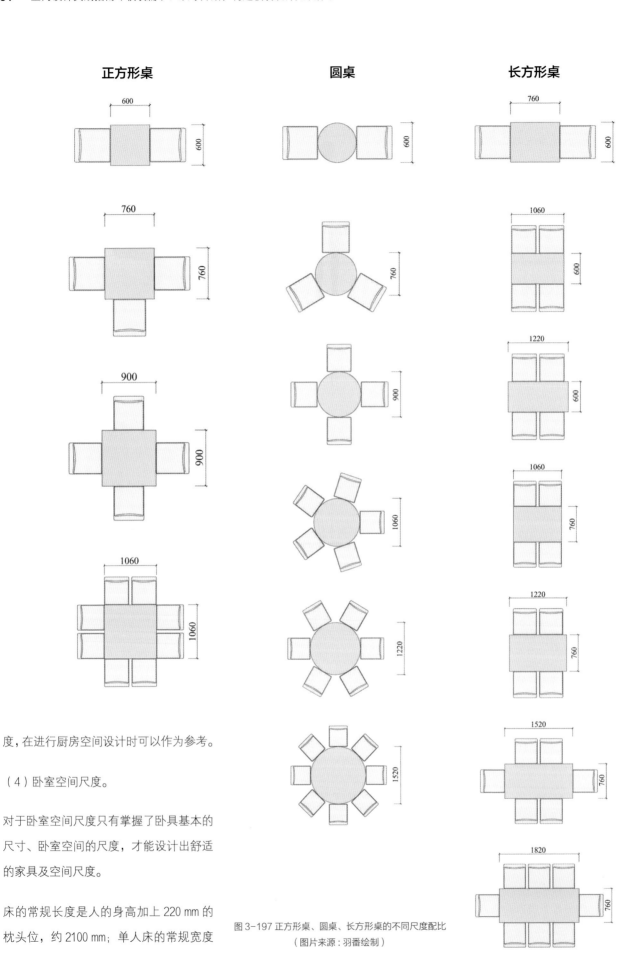

正方形桌　　　**圆桌**　　　**长方形桌**

度，在进行厨房空间设计时可以作为参考。

（4）卧室空间尺度。

对于卧室空间尺度只有掌握了卧具基本的尺寸、卧室空间的尺度，才能设计出舒适的家具及空间尺度。

床的常规长度是人的身高加上 220 mm 的枕头位，约 2100 mm；单人床的常规宽度

图 3-197 正方形桌、圆桌、长方形桌的不同尺度配比
（图片来源：羽番绘制）

为 910 mm、990 mm；双人床的常规宽度为
1200 mm、1370 mm、1500 mm、1800 mm、
2000 mm、2200 mm 等，这个数据是床的
内径尺寸，在定制过程中会有一定浮动，
如图 3-199 所示。

床的高度从垫子表面开始计算，通常
为 450~550 mm。酒店常用床高尺寸为
550 mm，酒店中床的高度一般是一个人的
手臂长度，具体的尺寸根据实际情况可变
化，如图 3-200 所示。

卧室床头两侧及床尾距墙或家具的尺度宜
为 700 mm，具体可以根据房间尺寸确定，
如图 3-201 所示。

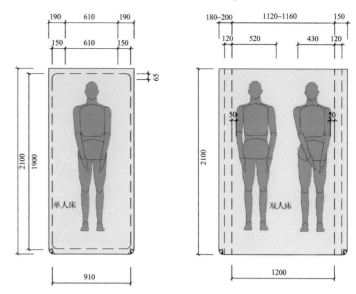

图 3-199 床的常规尺度（图片来源：羽番绘制）

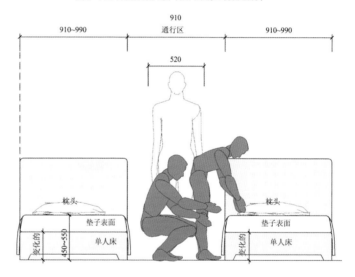

图 3-200 床的高度（图片来源：羽番绘制）

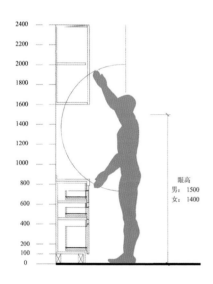

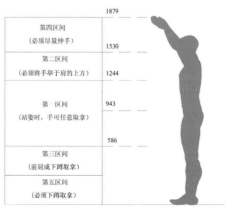

图 3-198 厨房收纳空间不同高度的操作台面
（图片来源：羽番绘制）

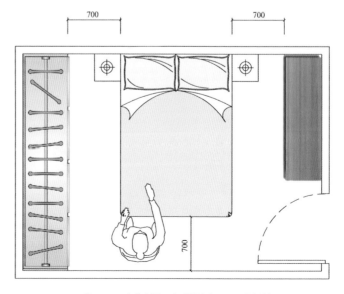

图 3-201 床的布置尺度（图片来源：羽番绘制）

梳妆台高度为 710~800 mm，化妆凳对应高度为 400~450 mm，便于化妆凳放置在梳妆台下方（图 3-202）。

上下铺的尺寸：长度为 1900~2000 mm，宽度为 750~900 mm，扶梯的宽度为 300~400 mm。放置上下铺时空间细节尺寸如图 3-203 所示。

（5）书房的空间尺度。

常规办公打字桌高度为男士 680 mm，女士 650 mm。书写桌高度为男士 740~780 mm，女士 700~740 mm，如图 3-204 所示。

书写桌椅的常见细节尺寸如图 3-205 所示。

（6）卫生间尺度。

小空间的卫生间尺度面宽为 1300~1500 mm，进深为 1700~2000 mm。

人站立在化妆柜前，舒适高度是 80~85 cm（图 3-206），可以减少腰部的负担，洗漱时水不容易流向肘部并滴落，化妆柜空间深度需要达到 60 cm。

二、如何利用人体工程学设计以人为本的居住空间

大家在设计空间功能区域时，也明白人体工程学的重要性，就是不知道该考虑哪些重要的因素，不知道该从哪些方面入手。在结合每个室内空间的功能需求来详细讲解人体工程学的具体运用之前，需要了解有关住宅空间的功能分类以及基础功能空间的划分，具体如图 3-207 及表 3-13 所示。

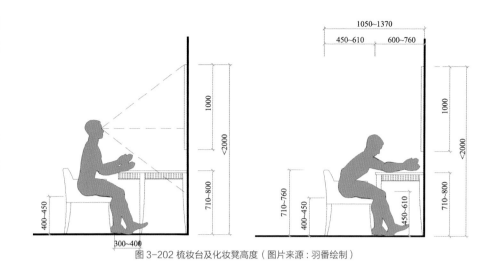

图 3-202 梳妆台及化妆凳高度（图片来源：羽番绘制）

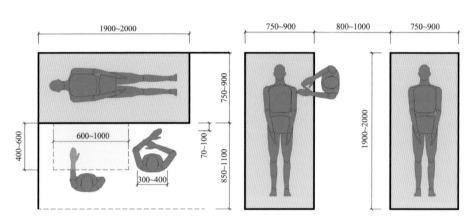

图 3-203 上下铺的尺寸（图片来源：羽番绘制）

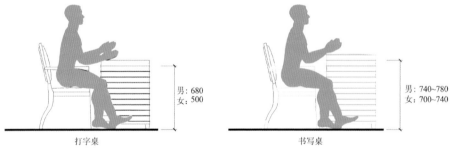

图 3-204 办公桌高度尺寸（图片来源：羽番绘制）

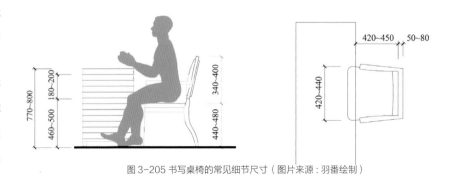

图 3-205 书写桌椅的常见细节尺寸（图片来源：羽番绘制）

1. 确定空间设计尺度需要考虑的要素及需求

（1）起居空间。

①空间需求：居住者会客、娱乐、与亲朋好友团聚，需要开阔的视野和围合向心的空间，设计要适应家具的摆放和变换需求，如把沙发进行多种组合，使沙发与电视柜有多种位置关系。

②起居室基本功能划分见表 3-14。

③起居室与其他基本功能空间的连接关系如图 3-208 所示。

④起居空间的家具布置。

a. 放置沙发处的墙面直线长度应大于3000 mm。

b. 为满足起居空间的功能需求，营造起居生活氛围，沙发布置要注意形成便于交谈的围合向心性空间。

⑤起居空间尺寸确定。

确定起居室大小时，首先要考虑家庭人口的多少、待客活动的频率，其次要结合电视视距和谈话距离考虑沙发、电视柜等家具的合理安排以及多样布置，同时还要兼顾大型盆栽、水族箱、雕塑、落地灯等体现个性的物件的摆放。

起居室常规最大交往空间尺寸为2130~2840 mm，沙发与茶几之间的间距一般为 400~450 mm，沙发的座面宽度为450 mm，人们面对面交流时视线高度为1250~1330 mm（图 3-209）。

起居室根据户型布局方式大致分为三种：

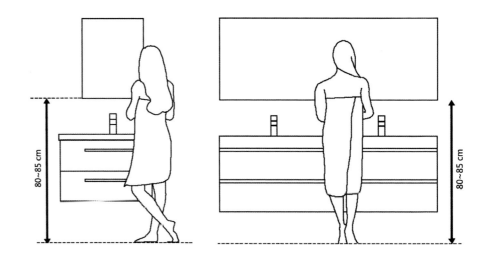

图 3-206 人站立在化妆柜前示意图（图片来源：羽番绘制）

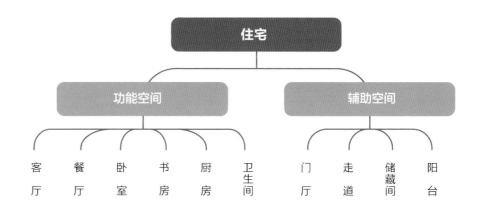

图 3-207 住宅空间的功能分类（图片来源：羽番绘制）

表 3-13 基础功能空间的划分

生活空间		功能空间		储藏空间
居室空间	公共空间	厨房	卫生间	
主卧 次卧 书房 阳台	门厅 起居室（厅） 餐厅 走道 套内楼梯 阳台	台面 灶台 水盆 冰箱 服务阳台	水盆 淋浴 浴缸 坐便器	储藏间 步入式衣帽间 门厅柜
洗衣机位				

独立的起居室、与餐厅合二为一的起居室（图 3-210）及与餐厅半分离的起居室。

在一般的两居室户型、三居室户型中，起居室的面积指标如下。

a. 起居室相对独立时，起居室的使用面积一般在 15 m² 以上。

表 3-14 起居室基本功能划分

家庭活动	休闲健身	家务劳动	家居美化	社交会客
家庭聊天 观看电视 欣赏音乐 打牌、下棋 欣赏钢琴 接打电话 网上漫游	使用健身器材 跳健身操 打太极拳 瑜伽	熨烫 叠衣服	摆放花草 设置鱼缸 侍弄植物 欣赏艺术品	招待亲朋 品茗 促膝长谈 访客留宿 亲子互动

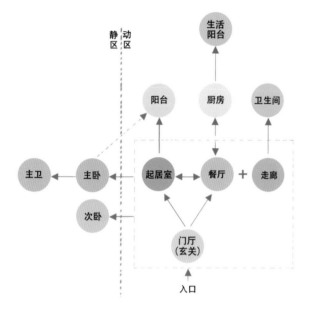

图 3-208 起居室与其他基本功能空间的连接关系（图片来源：羽番绘制）

图 3-209 交往空间尺度示意图（图片来源：羽番绘制）

图 3-210 与餐厅合二为一的起居室

b. 当起居室与餐厅合二为一时，将二者的使用面积控制在 20~25 m²。

c. 当起居室与餐厅由门厅过道分成两边时，由于中间过道面积的并入，使这两个连通空间的使用面积相加后变得较大，二者的面积之和为 30~40 m²（进深大的三居室）。

独立起居空间的面宽与进深比为 5：4~3：2；当餐厅与起居室连通时，两者的面宽与进深比为 3：2~2：1。

（2）餐厅空间。

①空间需求：餐厅空间要能够满足家庭成员进餐及放置餐具柜、饮水机等家居设备的需求，具备备餐、待客等功能，还需要满足居住者在餐厅内展示酒具、器皿之类的工艺品，美化空间的需求。

②餐厅区域的基本功能划分见表 3-15。

如图 3-211 所示，是一桌六椅的空间尺寸示意图，展示了移动椅子、向后拉出椅子、邻座间距、上菜区域的尺寸等。

如图 3-212 所示为开放式餐厅空间示意图，图中展示了餐桌的宽度、餐桌与两侧家具之间的距离等尺寸信息，此方案适合空间不宽敞的餐厅区域。

③空间气氛需求：餐厅空间应重视进餐氛围的营造，如对景设置、照明设计，避免卫生间门开向餐厅，增强空间的亲密性等。

④餐厅空间家具组合：餐厅空间的家具组合要具备灵活性，以满足节假日等特殊时期多人共同就餐或者备餐的需求。可根据家庭人口的数量采用不同的餐桌、餐椅组

表 3-15 餐厅区域的基本功能划分

日常进餐	招待聚会	全家做饭	食品加工	娱乐活动
一日三餐、下午茶、夜宵等	家庭团聚、宴请宾客等	包饺子、团汤圆等	拌凉菜、择蔬菜、削切水果、沏茶倒水等	观看电视、欣赏音乐、读书看报、棋牌游戏、接打电话等

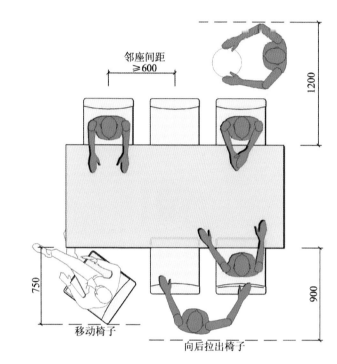

图 3-211 餐厅区域的空间尺度示意图（图片来源：羽番绘制）

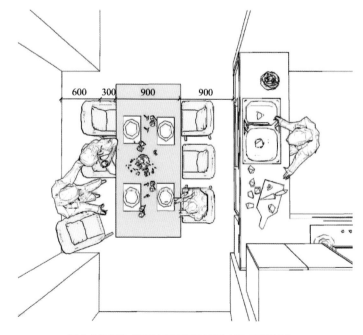

图 3-212 开放式餐厅空间示意图（图片来源：羽番绘制）

合方式。图 3-196、图 3-213 至图 3-216 显示了四人用餐圆桌、四人用餐小方桌、长方形六人用餐桌（西餐）、三人用餐桌等的尺度标准和布置方式，设计时可以参照使用。

图 3-213 展示了直径为 1220 mm 的四人用

餐大圆桌的就座区尺寸、周边通行区尺寸、餐桌与人之间的尺寸关系及与周边空间的尺寸关系等。

图 3-214 显示了直径为 910 mm 的四人用餐小圆桌的适宜尺度，就座区尺寸

为 450~610 mm，餐桌周围通行区尺寸为 750 mm，餐椅向后拉动的常规尺寸为 300 mm，并显示了餐桌与人之间的尺寸关系及与周边空间的尺寸关系等。

当在餐桌、餐椅与墙面或高家具之间留通

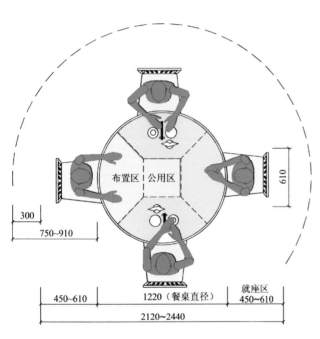

图 3-213 四人用餐大圆桌尺度标准和布置方式（图片来源：羽番绘制）

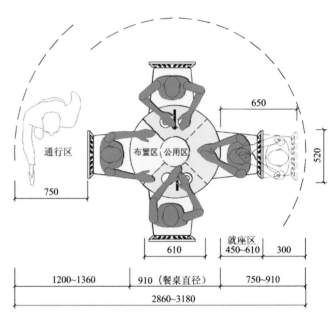

图 3-214 四人用餐小圆桌尺度标准和布置方式（图片来源：羽番绘制）

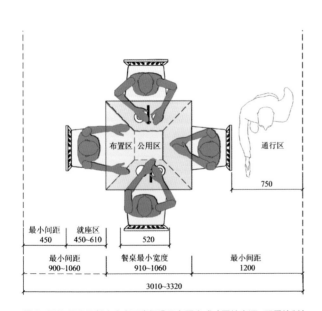

图 3-215 四人用餐小方桌尺度标准和布置方式（图片来源：羽番绘制）

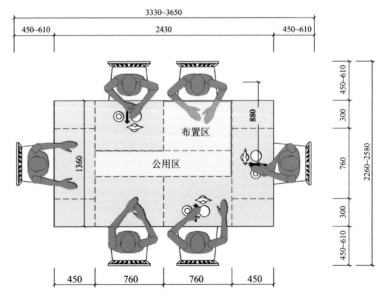

图 3-216 长方形六人用餐桌（西餐）尺度标准和布置方式（图片来源：羽番绘制）

行走道时，通行间距为 750~910 mm。

当餐桌一侧为低家具时，可适当减小通行宽度，但通行宽度不宜小于 650 mm。

如图 3-217 所示，不能通行情况下的最小就座区间距为 750~910 mm。

（3）主卧空间。

①空间需求。

a. 基础空间需求：作为个人活动空间，主卧私密性要求较高，设计时要充分考虑该空间多功能的要求，并设法使其免受其他房间和外界视线、活动的干扰。

b. 个性空间需求：最好有一定的富裕空间用以放置满足住宅不同需求的相应家具，如梳妆台、手工台、婴儿床等，此外，家庭成员结构复杂时，部分居住者希望主卧中有一定空间能够承担起居的作用，供夫妇各自独立使用。设计时需要注意结合居住者的特殊要求及生活习惯（图 3-218）。

②主卧家具布置要点。

a. 床的布置。床作为卧室中最主要的家具，布置时应该满足各项功能需求，双人床应居中布置，满足两人从不同方向上下床及铺设、整理床褥的需要。

注意老人房的床应当考虑布置在白天阳光可以照射到的地方，使其能沐浴阳光午休。

b. 床周边活动尺寸要求。设计时同样需要关注床周边活动尺寸，使设计最大限度地贴近人的舒适需求，双床之间的间距、单床与墙的间距如图 3-200、图 3-219 所示。

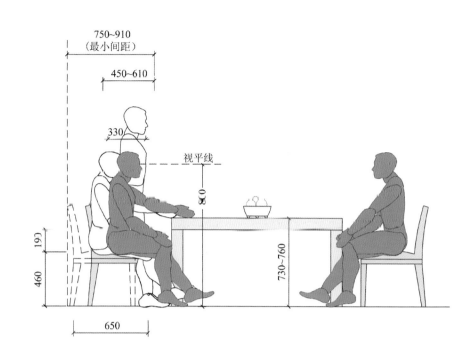

图 3-217 最小就座区间距示意图（图片来源：羽番绘制）

图 3-218 主卧布置示意图（图片来源：人朴设计）

床的边缘与墙或其他家具之间的通行距离不宜小于 520 mm，考虑整理被褥、开拉门取物等动作时，该距离最好不要小于 600 mm，当照顾到穿衣动作（如弯腰、伸臂等）时，其距离应保持在 900 mm 以上。

c. 其他使用要求和生活习惯上的要求。床不要正对着门布置，以免影响私密性；床不宜紧靠窗摆放，以免妨碍开窗和窗帘设置；寒冷地区不要将床头正对窗放置，避免夜间着凉。

d. 其他家具布置。对于兼有工作、学习功能的主卧，需考虑布置工作台、写字台、书架及相应设备，如计算机等。

对于年轻夫妇，还要考虑在某段时期放置婴儿床，同时又不影响家具的正常使用，如妨碍衣柜门的开启或使通道变得过窄而不便通行等。因此，进行户型设计时，应确保主卧有足够的进深。

③主卧空间尺寸注意要点。

a. 面积。双人卧室的使用面积不应小于 12 m²。一般常见的两居室或三居室户型中，主卧使用面积宜控制在 15~20 m²。过大的卧室往往存在空间空旷、缺乏亲切感、私密性差、家具因间距较远而使用不便等问题。

b. 开间。常在主卧床对面放置电视柜，这种布置方式，对主卧开间有较大的制约。主卧面宽设计为 3600~3900 mm 较为合适。当面积紧张时，主卧面宽一般不宜小于 3600 mm。

（4）小型存衣间。

小型存衣间的进深为 1660~2330 mm，入户宽度为 760 mm，两个小型存衣间距离为 860~910 mm（图 3-220）。

（5）书房空间。

①空间需求。

书房是办公、学习、会客的空间，应具备书写、阅读、谈话等功能。

a. 基本空间需求：书房空间要能够满足开展读书、学习、待客、展示等活动及摆放相应家具等的需求。

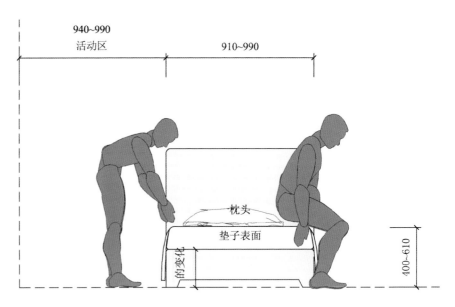

图 3-219 单床间床与墙的间距（图片来源：羽番绘制）

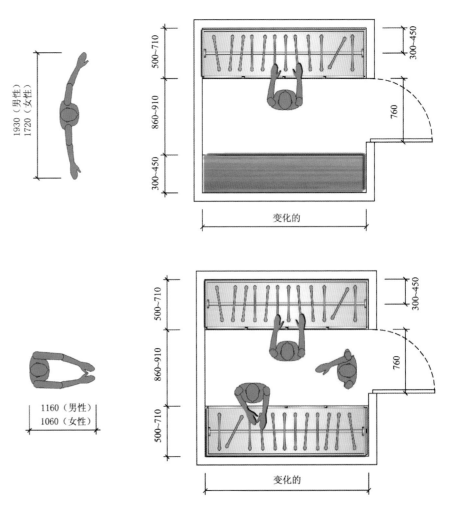

图 3-220 小型存衣间尺度标准和布置方式（图片来源：羽番绘制）

b. 两人共用空间需求：要考虑到夫妇两人或者家庭成员中 2 人或 3 人同时使用书房的情况，要求空间能够摆下一张单人床或沙发床，一来能够提供一个相对独立的空间，避免因读书、工作过晚造成的不规律休息影响到配偶等人的睡眠，二来可以兼作客房，用于招待临时留宿的客人。

②书房的家具布置。

当书房的窗为较低的凸窗时，如将书桌正对窗布置，会造成开窗不便。设计时要预先照顾到书桌的位置。

③书房尺寸确定。

a. 书房面宽：书房面宽一般不会很大，宜在 2600 mm 以上，书房与其他空间（如起居室、餐厅、卧室等）结合，空间自由度会更大。

b. 书房进深：在板式住宅中，书房进深大多为 3000~4000 mm。

（6）次卧空间。

由于家庭结构、生活习惯的不同，人们对次卧的安排也不尽相同，次卧主要作为子女用房，其次作为老人房或客房，也有作为储藏间、家务间、保姆间等使用的情况（图 3-221）。

①次卧的使用需求。

次卧大多安排成子女用房或老人房。次卧活动方面的需求：睡眠休息、休闲娱乐、学习工作等。

a. 基本空间需求：次卧要能够满足睡眠休

图 3-221 次卧布置示例（图片来源：大朴设计）

息及完成上述其他日常活动的空间需求。

b. 储藏空间需求：需要足够的空间用于储存被褥、衣物及老人的物品或孩子的玩具等。

c. 个性化空间需求：希望有一定空余空间时，可以根据居住者的不同需求放置其他家具，如钢琴、画板、按摩椅等；有些老年人希望房间外部设置有阳台，能够满足晒太阳、养花、喂鸟和储藏等需求。

②次卧尺寸确定。

a. 次卧功能具有多样性，设计时要充分考虑多种家具的组合方式和布置形式，一般认为次卧的面宽不宜小于 2700 mm，面积不宜小于 10 m²。

b. 当次卧用作老人房供两位老年人共同居住时，房间面积应适当扩大，面宽不宜小于

3300 mm，面积不宜小于 13 m²。

c.考虑到轮椅使用情况时，次卧面宽不宜小于 3600 mm。

（7）子女用房空间。

家具布置：子女用房的家具布置要注意结合不同年龄段孩子的特征进行设计。

①青少年房间（13~18 岁）。

青少年房间既是卧室也是书房，还充当客厅，用于接待串门的同学、朋友等，家具布置要考虑多种功能需求，尽量划分出睡眠区、学习区、休闲区和储藏区。

②儿童房间（3~12 岁）。

当次卧的主人是儿童时，由于他们年龄较小，与青少年比较，室内设计还要特别考虑以下几个方面的需求。

a.可以设置上下铺，或者两张床，满足两个孩子同住或小朋友串门留宿的需求。

b.宜在书桌旁边多摆一把椅子，方便父母辅导孩子做作业或与孩子交流。

c.在儿童能够触及的较低的地方设置进深较大的架子、橱柜或是空地，用来收纳儿童的玩具等。

（8）老人房空间（重点区域）。

①老年人对于室内阳光的需求。

老年人适合住在阳光充足的房间，这不仅是生理需求也是心理需求，北方地区对阳光的需要更强烈，南方地区则更注重通风（图 3-222）。

②老年人对房间功能的需求。

a.睡眠空间需求：老年人希望睡眠时不被

打扰，一方面是因为较多老年人患神经衰弱，睡觉时较容易受到声音的影响，另一方面是因为如果夜晚频繁翻身、起夜等，会产生声响，可能会影响他人睡眠，所以安静的环境对于老年人来说很重要。

b.重点考虑安全性：为了便于老年人突发疾病时家人及时知晓情况，卧室不必完全封闭，以便空气流通，并随时观察情况。

c.老年人对餐厨空间的普遍需求：老年人在家中停留的时间更长，对于养生与餐饮的标准要求较年轻人高得多，因此他们需要一个较大的餐桌和较为宽敞的用餐空间，每天吃饭也比较隆重。

d.老年人对卫浴空间的安全性和便利性更重视：希望能够增大卫浴空间，从而能够有更加宽敞从容的空间，卫浴空间不要太封闭，首选淋浴。

可以结合卫浴动线进行设计，如图 3-223所示。

e.家具布置需求：家具选择靠墙布置，床两侧预留足够的通行空间，以免起夜磕碰，床高度应在 450 mm 以上，避免起身困难。同时注意老人房尽量不用高箱床，以便床下通风。

图 3-222 老人房布置示意

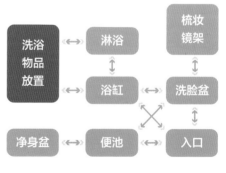

图 3-223 卫浴动线（图片来源：羽番绘制）

2. 空间设计中需要关注的其他尺寸细节汇总

空间尺寸涉及业主的身体尺寸，所有住房空间的标准尺度应根据平均值来计算。以下内容简要介绍了空间设计及布置中需要关注的人体尺寸及与姿势和运动有关的空间要求。

（1）各种姿势的空间尺度要求，如图 3 224 所示。

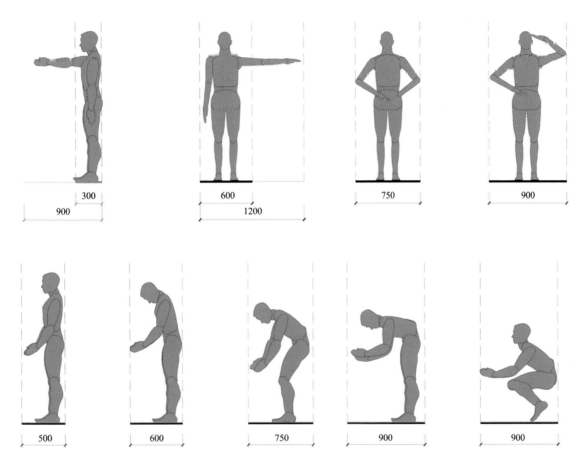

图 3-224 各种姿势的空间尺度要求（图片来源：羽番绘制）

（2）室内过道的尺度要求，如图 3-225 所示。

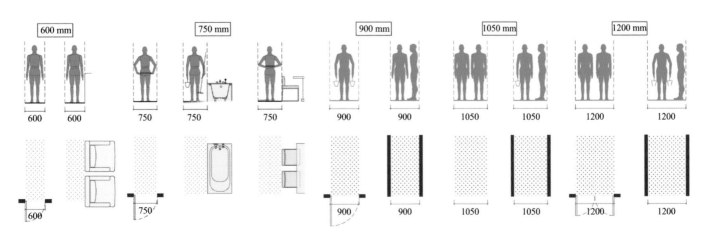

图 3-225 室内过道的尺度要求（图片来源：羽番绘制）

（3）主要家具的空间要求，如图 3-226 所示。

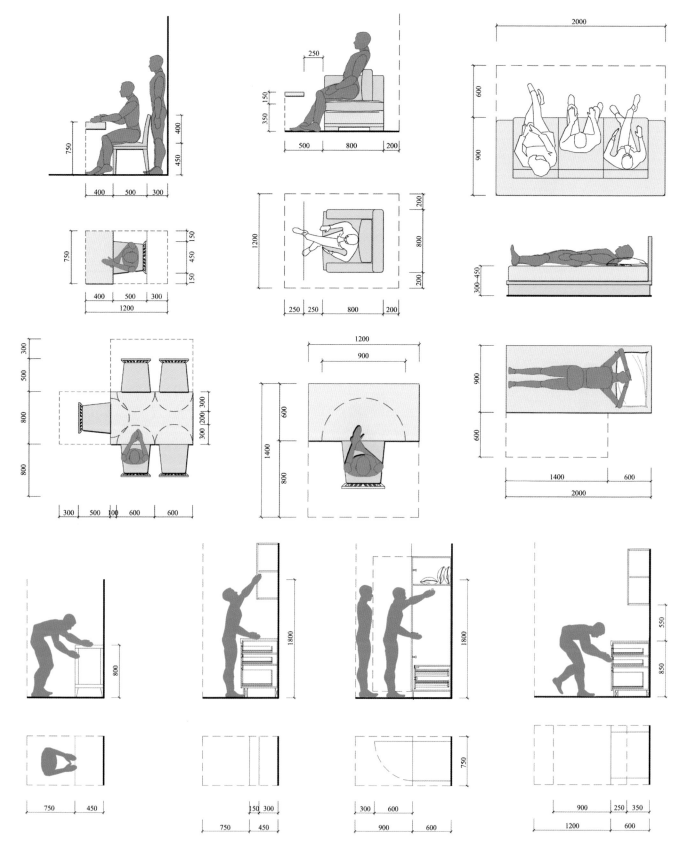

图 3-226 主要家具的空间要求（图片来源：羽番绘制）

（4）卫生间的空间及家具尺度要求，如图 3-227 所示。

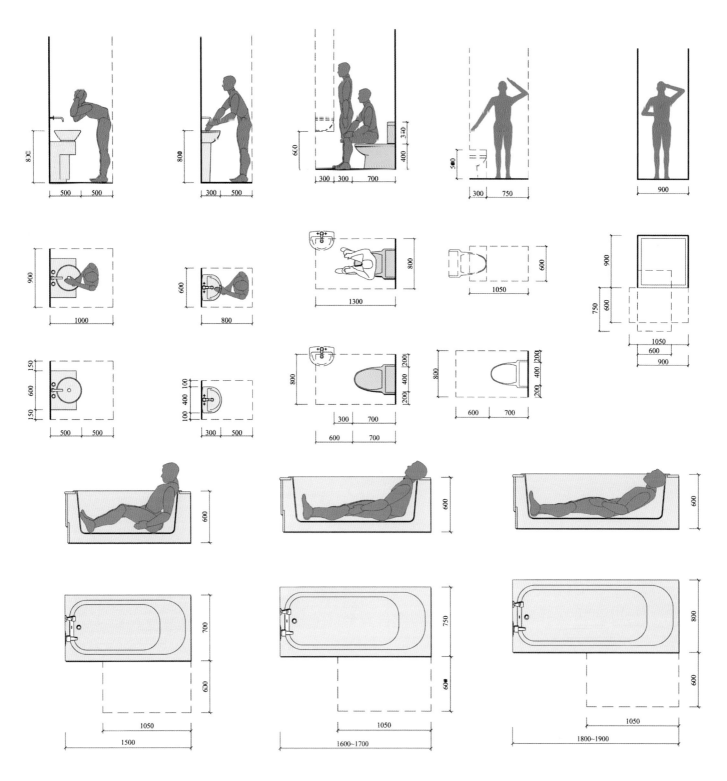

图 3-227 卫生间的空间及家具尺度要求（图片来源：羽番绘制）

（5）客厅家具的空间要求，如图 3-228 所示。

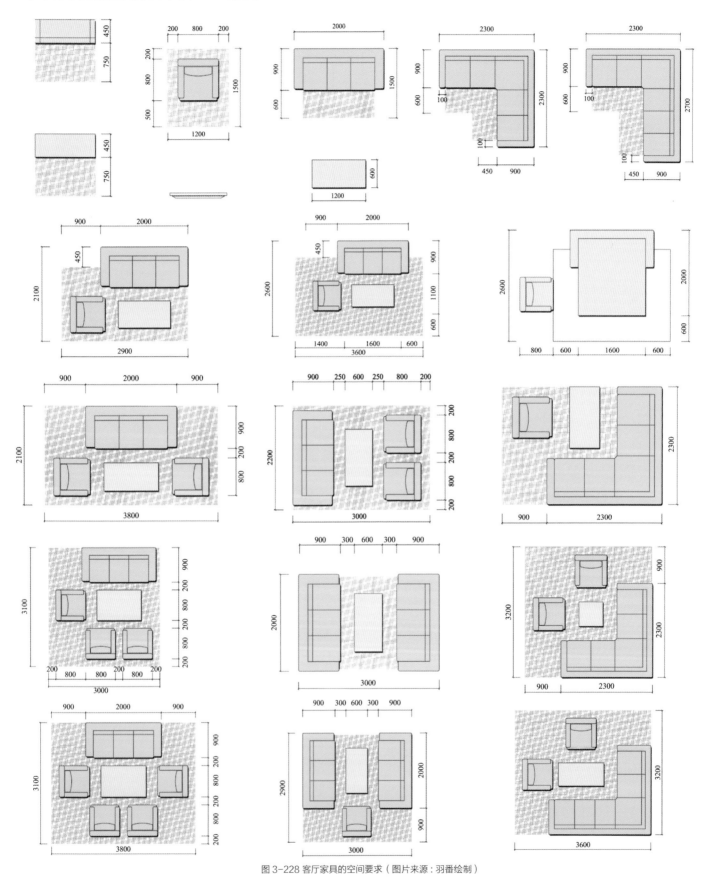

图 3-228 客厅家具的空间要求（图片来源：羽番绘制）

（6）餐厅家具的空间要求，如图 3-229 所示。

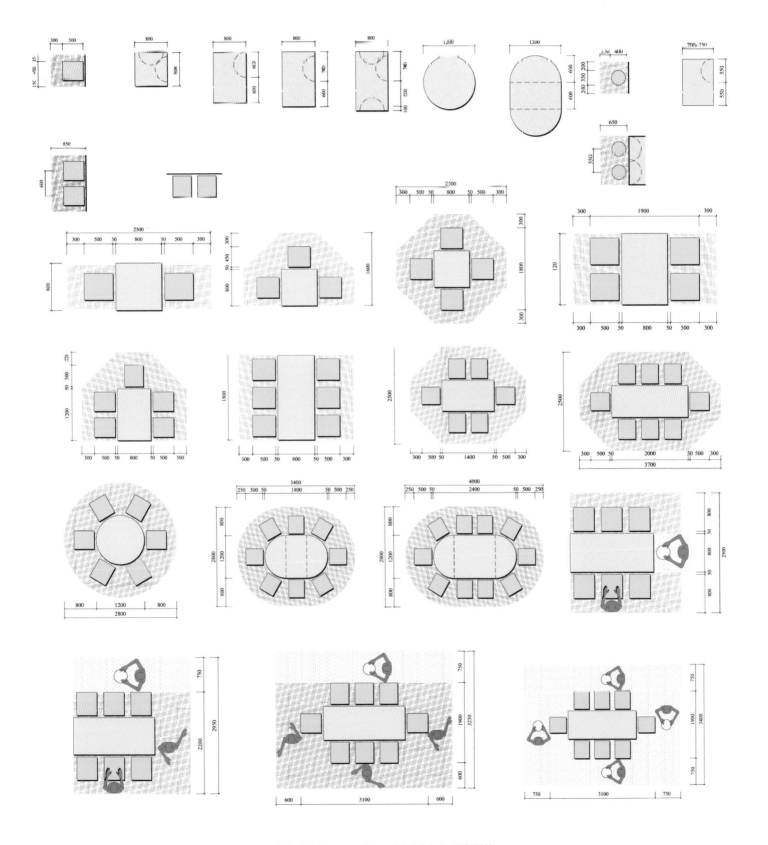

图 3-229 餐厅家具的空间要求（图片来源：羽番绘制）

（7）现代厨房布局的尺度要求，如图 3-230 所示。

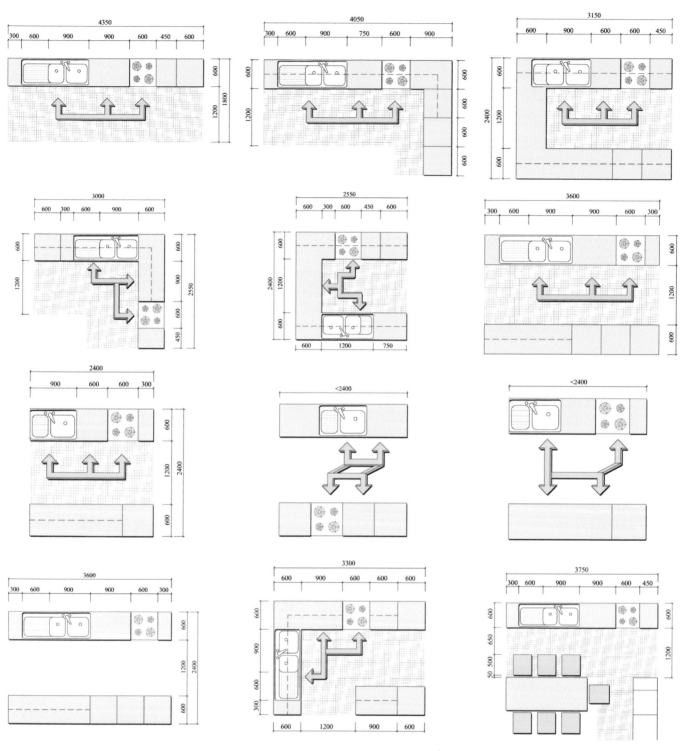

图 3-230 现代厨房布局的尺度要求（图片来源：羽番绘制）

在平时可以结合实际的生活场景和工作场景，任选客厅、卧室、餐厅等住宅空间，手绘客厅平面图并标注家具细节尺寸和空间尺寸，帮助自己强化理解，每天积攒一点点，让自己养成学习设计的习惯。

第六讲 提高审美与软件应用能力

一、设计师怎么才能快速提高审美能力

想象一下，如果没有美，我们生活的意义将变得单薄。一个人不懂审美，可以容忍自己衣着邋遢，房间杂乱不堪……一个社会不懂审美，建筑街道不美观，整个城市也不会有韵味，美盲是可怕的。

1. 什么是审美

我们每一个人都能欣赏美，这是人先天具备的能力。英国艺术批评家、美学家赫伯特·里德曾说，感觉是一种肉体的天赋，是与生俱来的，而审美是可以后天习得的。美的起点是智慧，美是人对神圣事物的感觉上的理解，美让心灵温柔。

美学家蒋勋说过一句话："一个人审美水平的高低，决定了他的竞争力水平。"因为审美不仅代表着整体思维，也代表着细节思维。给孩子最好的礼物，就是培养他的审美力。审美力，其实就是一个人的核心竞争力。

审美是理解世界的一种特殊形式，指人与世界（社会和自然）形成一种无功利的、形象的和感性的关系状态，因此美丑皆无对错，是环境、教育、时代不同形成的审美差异。

那么问题来了，既然美丑皆无对错，那做设计的时候如何去判定审美的标准呢？

虽然软装设计师在职业生涯中经过浸染，审美能力普遍较高，但是也常遇到与客户的审美发生分歧的现象，设计师喜欢，客户欣赏不了。这时不要急着争个美丑、高低，先要分清：设计是商业服务行为，而不是纯粹的自我表达。设计师的审美除了遵从自我艺术修养，还要服务于客户所期望的环境体验、功能需求，帮助客户实现其心中所需的审美。

当然，如果身为设计师，有自己的独特风格和话语权，并有决策权，可以形成自己的独特审美，让客户心甘情愿地买单（图3-231）。

San Francisco Proper 酒店（图3-232）的餐厅是由法国立体主义画家雅克·维隆 [Jacques Villon，艺术家马塞尔·杜尚（Marcel Duchamp）的兄弟] 设计的，并采用了各种欧洲风格的装饰。凯利·沃斯特勒为 San Francisco Proper 酒店设计了复古的欧洲风格的家具。

2. 设计师为什么要具备审美能力

（1）能看懂美的东西，知道如何欣赏美、取舍美，以美来滋润内心。

（2）对新的事物产生兴趣，欣赏的范围也就变大了，能产生更多新认知，开阔眼界，影响自己看待事物的角度和思维。

（3）具备核心的职场竞争力，因为美盲在地球村的时代会被抛弃。

（4）会影响日常生活中的审美决策，拥有更高品质的生活。

图3-231 国际知名的室内设计师、陈设设计师凯利·沃斯特勒（Kelly Wearstler）

图 3-232 San Francisco Proper 酒店

3. 怎么才能快速提高自己的审美能力

话说末代皇帝溥仪去王国维家看古董收藏时道："你这几件都是假的。"王国维听后一惊，自己对古玩颇有研究，这些看上去不像是赝品啊？溥仪却接着说道："错不了的，你这个和我家的不一样。"事后证明果然是假的。

溥仪并没有什么天生的鉴宝能力，只是因为自家的看得多了。所以海量的输入是让自己变得敏感起来最简单有效的方法。那到底怎么才能多看呢？

（1）从视觉层面的"看"中学习审美。

"看"也分四个层级，可以简单测评一下自己在第几级。

第一级：不知道看什么，看了也不懂。

第二级：什么都看，随波逐流，抓不住重点。

第三级：针对自己的不足去看（有选择性地看）。

第四级：懂得取舍地看（看出门道，快速吸收）。

如果处在第一或第二级，也不要灰心，第三、第四级都是从第一、第二级走来的。万事皆有方法，掌握了方法和规律，同样可以弯道超车。

（2）看什么。

大家可以通过看书籍、杂志及新媒体网站、影视、展会等来汲取知识，拓宽眼界。

①书籍。

部分设计师会有这种感觉，现在信息更新太快了，看书太慢，于是就放弃阅读书籍。其实阅读书籍才是最有效的自我提升方法之一，因为时间沉淀的知识是系统和全面的，是经得起推敲的。

推荐设计师阅读的书籍有《设计中的设计》《美的沉思》等。除此之外，如图 3-233 所示的书籍也可供参考，在得到大学、樊登读书会也有相关的设计书籍。

《美的历史》

《写给大家的西方美术史》

《美的沉思》

《美的历程》

《论美》

《文艺心理学》

《艺术的故事》

《红书》

图 3-233 可供参考的书籍

图 3-234 可供参考的杂志

《瑞丽家居设计》RAYLI HOME　《家居廊》ELLE DECORATION　《世界家苑》Home for You　《欧美时尚家居》Metropolitan Home　《时尚家居》TRENDSHOME　《TOP软装饰界》DECO&HOME ACCENTS

《流行色》FASHION COLOR　《青年视觉》VISION　《家居主张》home idea　《新居室》FASHION HOME　《艺术界》LEAP　《安邸》AD

《家居世界》　《三联生活周刊》　《现代装饰》　《domus 国际中文版》　《外滩画报》　VOGUE

②看杂志及新媒体网站。

对设计嗅觉最敏锐的渠道之一就是杂志以及新媒体学习平台了。推荐大家阅读的杂志有《安邸》《家居廊》等（图 3-234）。国内杂志中有很多可供学习的广告或者从海外搬运的二手信息。

推荐大家关注的新媒体平台及网站有设计腕儿、设计得到 +、美国室内设计网、德国室内设计网等。有途径的可看国外的 *Livingetc*、*marie claire* 等。

③看影视。

通过影视中的布景、服饰、配色、构思和氛围，提高审美已经不是什么新鲜事，在这里给大家重点讲一下纪录片，纪录片不仅能提升审美，还可以拓展认知。推荐观看在豆瓣评分很高的《艺术的力量》《三色艺术史》等，也可以学习网易公开课中艺术设计、建筑设计、平面设计等方面的课程。

④看展会。

软装设计师需要亲临环境营造的场景以加深切身感受，有条件的可参观艺术展、家居展（图 3-235）、设计展、样板房、精品店、买手店，旅行等，拓宽自己的设计视野。表 3-16 中列出了部分规模较大的展会信息。

图 3-235 摩登上海时尚家居展的参展品牌

（3）怎么看。

如果只是看，不去分析和吸收，审美能力的提升效率会很低，因为只是看看很快就会忘记。大家对于审美的理解经历了从杂乱无章到归纳整理，从感性、知性到理性的转化过程（图3-236）。

审美认知涉及各种艺术形式，如绘画、雕塑、音乐、舞蹈、影视等，做设计最常接触的还是视知觉，下面就从视知觉的角度来讲解如何高效学习及提升审美能力。

4. 审美思考的三个阶段

（1）第一阶段：感性的氛围。

当人们开始对一个物体进行审美的时候，首先参与进来的是感官系统，先感受。

如欣赏爱德华·蒙克的油画作品《呐喊》（图3-237）时，在不需要解释的情况下，大家都能通过视知觉，直观地感受到画面所传达的惊恐、扭曲和无助。

卢西奥·丰塔纳的作品（图3-238）看起来就像一块亚麻布被从中间切开。这可能

表3-16 展会信息

序号	月份	国内外的家居、家具展会时间
1		国际名家具（东莞）展览会
2	3月	中国（广州）国际家具博览会
3		深圳国际家具展
4	4月	美国高点国际家具展览会（春季）
5		意大利米兰国际家具展
6	5月	青岛国际家具展览会
7		成都国际家具工业展览会
8	6月	苏州家具展览会
9		北京国际家居展暨智能生活节
10	7月	中国（东莞）定制家居展·国际名家具（东莞）展览会
11	8月	北京室内装饰和设计博览会暨智能云栖生活节
12	9月	中国（上海）国际家具博览会
13		摩登上海时尚家居展
14	11月	米兰国际家具（上海）展览会

注：具体时间要看当年展会安排。

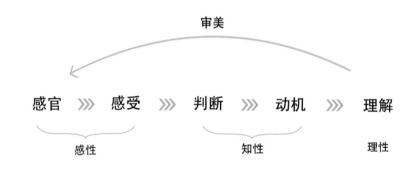

图 3-236 从感性、知性到理性的审美能力提升路径（图片来源：羽番绘制）

图 3-237 爱德华·蒙克的油画作品《呐喊》

图 3-238 卢西奥·丰塔纳的作品

是一幅画，也可能根本没有画。

我们在其中看到的一无所有，不是任何消除过程的结果，而是一片没有施加任何限制的空间，是一种全新形式的虚无。多道缝隙向观者打开，似乎说明形成力量源于内部。丰塔纳在以自己的方式绘制该作品的中心精神，他指出这精神来自画作内部，在那不可见的空间里面。那空间高深莫测，有些东西曾试着脱离其中获得自由，它们撕裂了画布，拼尽全力想来到外部世界，来到我们身边。

艺术家的意图就是激发人的这种本能，产生情感共鸣。而我们常常挂在嘴边的氛围营造的目的就是激发受众感受环境的本能，所以我们需要先锻炼对这种感官氛围的敏锐度。

以近年的流行文化赛博朋克（cyberpunk）为例，如图 3-239 所示的颓废、阴暗、潮湿、虚幻、五光十色的逼仄空间，冷峻中带着压抑，极具冲击性与冲突性。

（2）第二阶段：知性的具象表达。

艺术家在创作艺术作品时，会运用基本的设计元素，这也是设计师在学习审美时"看什么"的重要部分。

①线：描述边缘。

②形状：二维区域封闭的轮廓。

③形态：三维的对象。

④色彩：简化颜色理论，即配色方案。

⑤明暗：与颜色明暗相关联。

⑥质地：物体感觉、触摸的方式或看起来

图 3-239 赛博朋克风格

可能感觉的方式。

⑦空间：物体之间、周围或内部的区域。

设计师观察事物的重点是判断、理解、利用这些元素并转化成自己的东西。

在观察的过程中要尽可能多地抓取创作者的语言（具象表达的元素）。比如《呐喊》狂乱的彩色曲线，画面最前面像骷髅又像幽灵的人的恐惧扑面而来。创作者用扭曲的曲线、恐怖的骷髅、血液的红、幽冥的蓝（创作语言）去极力渲染惊恐的氛围（目标信息）。

审美中构成美的形态的基本规律和构成要素有哪些呢？

视觉的美不拘泥于结构的对称和数量的平均，重点是在形状、色彩、层次、方向等自由多元的配置中达到平衡的视觉愉悦。这就需要我们有很扎实的基本功来分辨，结合前面所讲的色彩、照明、材质、五感六觉、人体工程学，深度挖掘美的构成规律和要求，具体如下。

①重复：形式搭配的基础。

②平衡：室内形式组织的永恒定理。

③密集：使室内装饰繁而不乱。

④余白：关注有无之间与虚室生白。

⑤焦点：室内装饰的视觉核心。

⑥引向：视觉的延伸。

⑦呼应：相互联系的装饰布局。

结合上述内容，以图3-239所示赛博朋克风格案例为例进行分析，分解审美中的具象元素如下。

①灯光：红色、蓝紫色，冷暖强烈对比。

②材质：金属、石头、布艺。

③肌理：反光质感、粗犷。

④元素：霓虹灯、复古汉字、工业矿灯、笼子、重复的线条。

⑤背景颜色：暗色调，深灰色、黑色。

⑥整体颜色：蓝色是基础，代表真理、严肃、永恒，在这里表现的是科技感；紫色与洋红是邻近色，代表诱惑、神秘、诡异，加上科技蓝呈现出神奇的赛博朋克风格。

⑦形态组织方式：重复、密集、焦点、引向、呼应。

（3）第三阶段：理性的抽象表达。

审美上升到哲学的范畴，就不仅仅是视觉上愉悦的美，而是一种思维方式和表达上的美。

我们先看一张图，如图3-240所示。

看这张图是不是觉得，这么简单我也能画

图3-240 抽象的牛的形象（摘自巴勃罗·毕加索的《公牛》版画）

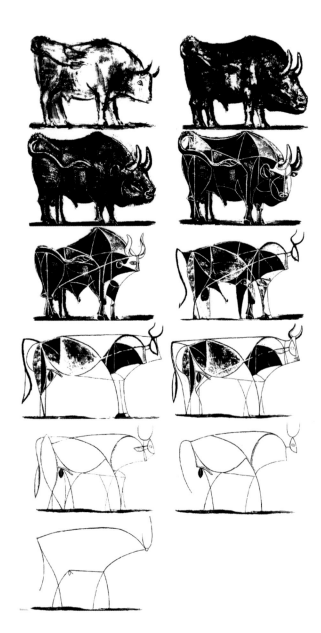

图3-241 从具象到抽象的创作过程（巴勃罗·毕加索的《公牛》版画）

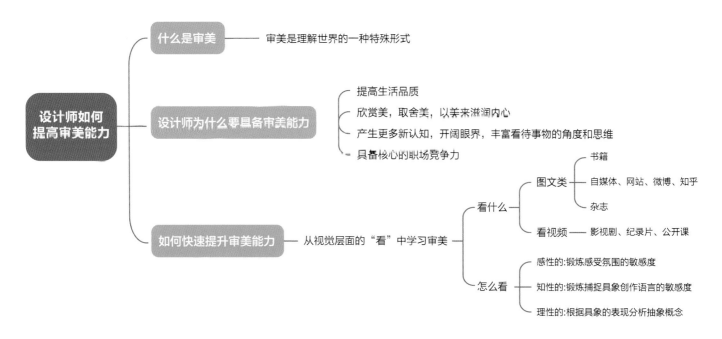

图 3-242 设计师如何提高审美能力（图片来源：羽番绘制）

啊！那么继续看下去，如图 3-241 所示，从具象到抽象的过程就是创作者有意识的简化过程。我们需要挣脱直觉，从中获得理性的抽象能力，以做出直观的判断。

同样的道理，为什么学术性越强的文章，阅读体验越差，这是因为越是专业，越是深入，抽象的概念就越多，对抽象能力、背景知识的要求也越高。

进行审美练习除了看，还要在美的环境中，长期耳濡目染，潜移默化，结合自己平时的爱好，多思多想，不断提高评价美的能力，追求更丰富的精神世界，让审美能力终身相伴。

将本部分知识脉络梳理出来，如图 3-242 所示。

二、如何高效利用搜图工具，一键搞定美图（搜图工具大全）

在信息大爆炸的时代，面对海量的信息，如何进化才能让自己具有强大的搜索能力呢？

在信息化时代，人与人之间除了智力和经验的区别，还有一个重要的区别就是搜索能力的区别。

那什么是搜索能力？为什么设计师没它不行？

1998 年，美国哥伦比亚大学的教授索克（E. L. Thorndike）和美国心理学家霍华德·加德纳（Howard Gardner）提出了速商（speed quotient，SQ）的概念。他们认为速商是个体的重要生存能力，是一种发掘大脑运作效率、让人快速适应变化、影响生活各个层面和人生未来的关键品质因素。

搜索能力也是速商的一部分，是一个人的大脑在单位时间内对外界信息的摄取量和对外界事物变化的应变能力、专注能力，是与智商、情商相并列的人类智力因素之一。

谁能掌握一手的信息，拥有优秀的搜索能力、判断能力、分析能力，谁就可以快速找到有用、准确的信息，避免重复别人的错误，节省时间，提升工作效率。

对于软装设计师而言，想要成为搜索高手，高效利用工具的方法和步骤如下。

1. 以图搜图

假如偶然在某峰会加了一位设计大佬的微信，有一天他在朋友圈发了一张图片，你想向大佬请教问题，如果贸然去问他图在哪里找的，结果可能会被拉黑。如果掌握了以图搜图的方法就可以避免陷入这种尴尬的境地。

（1）百度识图。

①步骤一：搜索"百度识图"，可以找到一个百度的隐藏功能，即以图搜图。

②步骤二：将所需查找的图片上传（图3-243）。

得到的结果如图3-244所示。

a.图片来源：有四个包含图片来源的链接。

b. 相似图片：大量百度认为相似的图片。

③步骤三：点开图片来源中的链接，虽然找到了图，但图片质量都不太高。

（2）Google 以图搜图。

①步骤一：打开 Google 浏览器上的按图片搜索（图3-245）。

②步骤二：将所需查找的图片上传（图3-246）。

可以看到 Google 浏览器找到的包含这个图片的网页很多（图3-247）。

③步骤三：找寻所需信息（图3-248）。

逐个点开链接和图片，找到有效信息，可以看到整套案例图片、设计师等完整的信息。

找到有效信息后，可以对案例图片进行分类、解析、学习或借鉴，也可以去大佬微信评论区评论。

图 3-243 上传图片

图 3-244 搜索结果

图 3-245 Google 以图搜图

图 3-246 上传图片

图 3-247 Google 浏览器搜索结果

图 3-248 找寻所需信息

（3）Pinterest。

通过百度和 Google 浏览器找到资源就完事了吗？不不不,利用常用的 Pinterest（图 3-249），找类似的图片，还可以积累更多素材。

①步骤一：打开你的 Pinterest 账号的个人面板（图 3-250）。

②步骤二：上传所需图片，并找个图板保存一下（图 3-251）。

利用 Pinterest 找类似图片的特性，可以找到大量类似风格的图片（图 3-252）。

还可以看到其他人上传的同一张图的信息，可以看看其他人备注的该图信息，以及找到大图（图 3-253）。

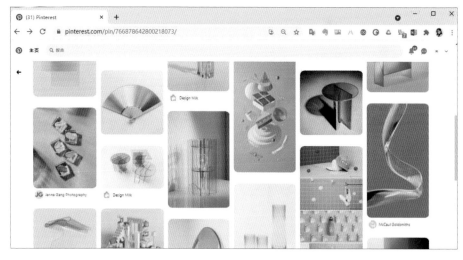

图 3-249 Pinterest 网站

图 3-250 打开 Pinterest 个人账号

根据这些信息，你不但可以跟大佬聊聊当代艺术、设计师，还能搜集大量当代国际设计流行趋势信息、一手案例图片、精准信息，无论是做概念方案，还是进行深化设计，都可以节省大量找素材的时间，并且提升自己的审美能力，关键是能被你的老大夸奖有眼光、有品位，还能发到朋友圈，吸引你的客户群体。这就是高效利用搜图工具带来的无限好处。

图 3-251 保存

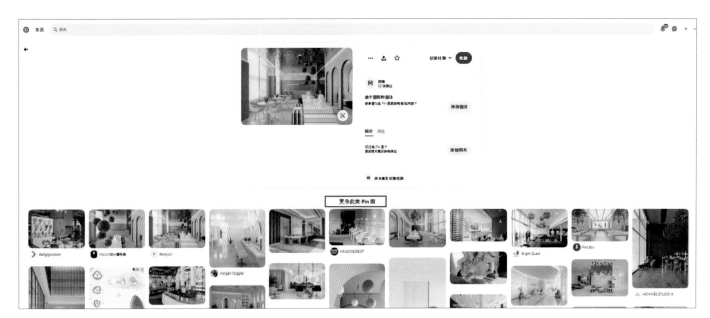

图 3-252 搜索图片

图 3-253 他人备注的信息

2. 从图片局部找产品信息

发完朋友圈，无意间还引出一位老板咨询你，你们在微信上聊得挺愉快，约了后天现场看他那套别墅，第二天老板发了一条信息和一张图片（图3-254）和你说："我看你朋友圈发的这个凳子很有艺术感，可以放在我家吗？"

但是这个凳子你也不知道是哪家品牌的，怎么办呢？赶紧在《软装严选·成长营》上发个帖：这个凳子有人了解吗？在线等，挺急的。

不过在这种非常着急的时候，求人不如求己，可以按照以下方法来找凳子的产品信息。

（1）Pinterest。

这个网站很好用，但是很多人并没有充分利用它。下面就来讲解一下怎么利用它解决99%的搜图问题。

①步骤一：打开图板，可以看见右下角有个搜索框，很多人注意不到（图3-255）。

②步骤二：打开它，拖拽小方框至要搜索的位置。

③步骤三：锁定目标（图3-256），可以看见界面右侧出现了很多类似的产品。

（2）淘宝。

还有一个方法，没错，就是通过淘宝来查找，它也有局部搜索的功能。

PC端的淘宝和Pinterest的使用方法一样，

图3-254 软装方案

图3-255 Pinterest 搜图

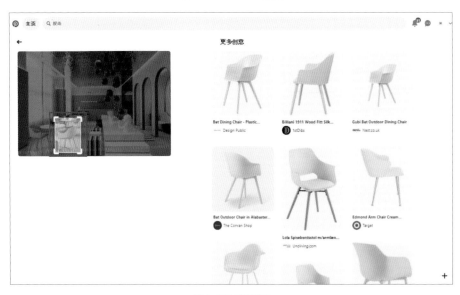

图3-256 搜索凳子

在这里就不展开讲述了（图3-257）。

Pinterest和淘宝都有移动端app，能实现局部搜索，下面以淘宝为例进行讲解。

①步骤一：打开搜索框边上的相机，选中想要搜索的图片（图3-258）。

②步骤二：框选要搜索的位置，如果没选对，点图片上方中间的小圆框重选一次，搜索结果如图3-259所示。

淘宝与Pinterest各自的特点如下。

①淘宝的特点是能找到购买链接，不容易找到原版的真实信息。

②Pinterest的特点是能找到产品的真实信息，无购买链接。

可根据项目情况综合使用多种工具。

3. 批量下载图片

明天就要跟客户去看现场，虽有过初步沟通，但是一般客户很难用语言描述出自己的需求，每个人对美的理解和感受也不同，为了更准确地了解客户喜好，最好带几个案例的资料去现场跟客户当面沟通。

于是你打算去喜欢的公众号里找几套图，但是一张张保存很麻烦。

想要公众号文章里的一整套案例图，应该怎么操作呢？

这里就给大家介绍一下浏览器的扩展工具，浏览器建议大家用Google浏览器或360极速浏览器，性能稳定也可以找到批量下载图片的扩展工具，笔者常用的是Fatkun，也有其他批量下载工具，大家可以自行尝试。

图3-257 淘宝识图

图3-258 搜索图片

图3-259 搜索结果

到应用商店，找到Fatkun，安装添加（图3-260）。

以旋转楼梯为例进行搜索。

①步骤一：用电脑打开公众号文章，点击以浏览器打开（图3-261）。

②步骤二：点击批量下载工具，点击"下载［当前页面］"（图3-362）。

可以看到整个文章中的图片都被扫描出来了（图3-263）。

③步骤三：设定扫描图片的大小，把不必要的广告小图过滤掉，下载图片（图3-264）。

图 3-260 搜索应用程序

图 3-261 公众号文章链接

图 3-262 点击批量下载工具

在默认的下载文件夹可以看到全部的图片（图 3-265）。

注意，利用批量下载工具下载前，一定要先让网页中的图片全部显示出来，否则扫描得到结果是残缺的。

4. 找到网站中隐藏的大图

你在客户面前展示了专业能力，一起看了现场，心里默默算了一下，签下项目合同，能挣不少，难得客户有品位还尊重设计师，这个项目用心做下来，你很有可能获得奖项，成为新锐优秀设计师。

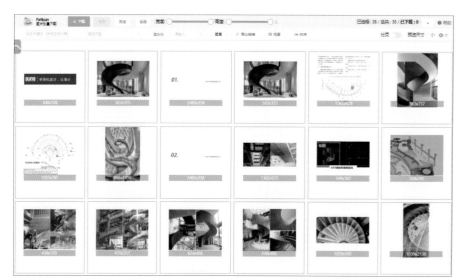

图 3-263 搜索结果

不过在这之前要先出个概念方案，需要做个高品位的 PPT，但是找了半天，心仪的图片都很小，放大后一片马赛克。那么问题来了：要做概念方案，如何通过像素低的小图找到高清大图？

（1）Google。

还记得刚刚用 Google 以图搜图的结果吗？它不但能找到包含所搜索图片的所有网页，还能找到高清大图（图 3-266）。

打开它，能找到高清图，如图 3-267 所示。

图 3-264 下载图片

（2）Pinterest。

你可能常常在 Pinterest 上找素材，但是不知道也可以直接利用 Pinterest 找高清图。比如，在图片上点击右键，找到"通过 Google 搜索图片"（图 3-268）。

同样能得到上面的搜索结果（图 3-269）。

（3）更改网址。

一般网站上原始的图片素材都在网站的服务器里，但是为了让大家打开网页不至于

图 3-265 下载完成的图片

图 3-266 Google 搜索结果

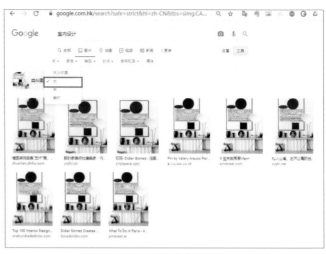

图 3-267 高清图片

图 3-268 通过 Google 搜索图片

图 3-269 找到高清图片

太慢，所以限制了图片在网页上显示的清晰度。我们可以通过改变网址，找到服务器中的原始图片。

①步骤一：点击鼠标右键找到"在新标签页中打开图片"（图 3-270）。

②步骤二：将如图 3-271 所示网址中框出的内容 "564x" 改成 "originals"。

上传的图片大小就是图片的原始尺寸，但是我们可以在相似的图片中通过同一张图来找到大图。换一张图再来一遍，你看，

图 3-270 在新标签页中打开图片

图 3-271 修改网址

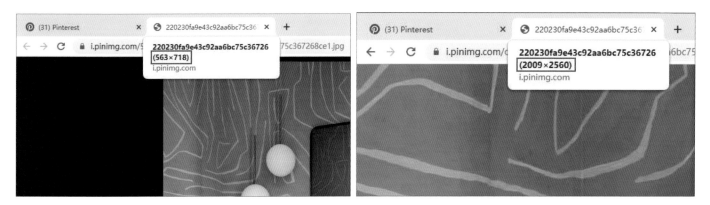

图 3-272 原始图片尺寸 　　　　　　　　　　　　　　　图 3-273 修改网址之后搜索到的图片

打开的尺寸是 563×718（图 3-272）。
改了网址之后，找到的图片的尺寸是
2009×2560（图 3-273）。

（4）Behance。

我们再来看一下 Behance，道理是一样的，
但是每个网站的程序不一样，所以改的内
容也不同。

①步骤一：点击鼠标右键找到"在新标签
页中打开图片"（图 3-274）。

②步骤二：将"modules/"后面的内容
"2800_opt_1"改为"max_3840"（图
3-275），就可以找到高清图片。

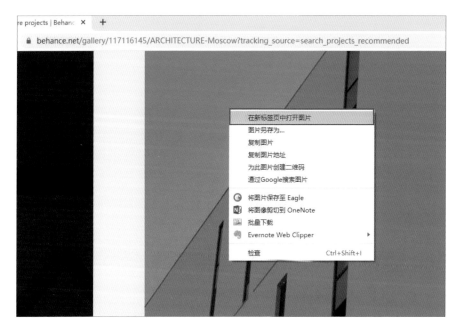

图 3-274 在新标签页中打开图片

图 3-275 修改网址信息

注意，这种方法并不适用于所有的图片，搜索到的图片大小取决于原作者上传的图片大小。

可能你还有疑问：还有哪些素材网站呢？

事实上，多年工作经验累积下来，我发现用得最多的其实也就是 Google 与 Pinterest，充分挖掘这两个网站的使用方式，已经能够帮你解决图片素材方面 99% 以上的问题，其他网站的利用率很低，工具重在利用，而非贪多。

总结各种工具的使用方式，如图 3-276 所示。

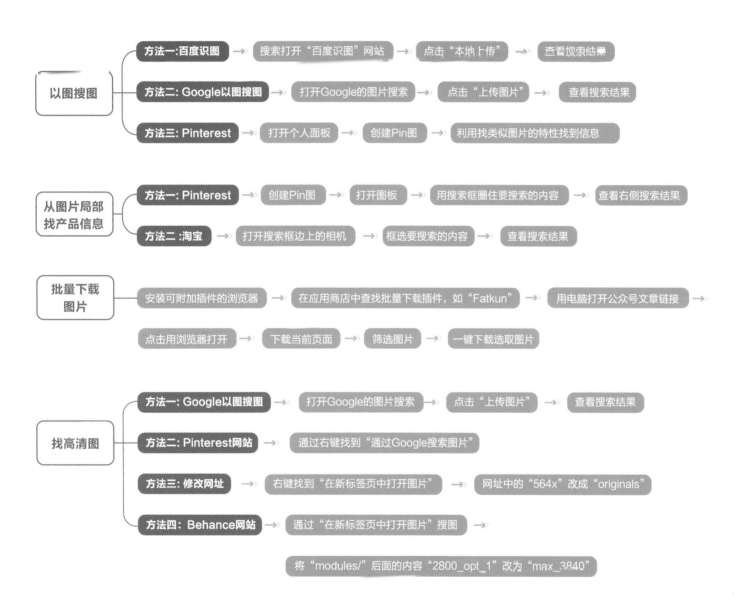

图 3-276 搜图工具使用方法（图片来源：羽番绘制）

第四章

软装产品七大元素
——打磨产品，组合再创新

从平庸到卓越，每天进步一点点

【导读】

居住及商业空间离不开软装产品元素，比如家具、灯具、窗帘布艺、家纺、布草、地毯、画品（艺术品）、饰品摆件、香氛等，它们参与承载居住及商业环境。作为软装设计师，除了学习产品本身传递的功能，还要学习设计风格、设计理念、产品的属性、材质与色彩应用、搭配法则等。

下面将从多个角度分析软装产品，帮助大家全面了解产品搭配及应用方法。

第一讲 家具

一、快速了解软装家具，帮你减少家具搭配中的试错成本

在软装设计中，软装家具占 60%~70%，一个家的舒适度、美感、格调直接受家具的影响（图 4-1~ 图 4-3）。

大部分设计师在做软装项目时，提供的软装产品服务主要分以下三种形式。

①客户自己选购家具，设计师给参考建议。

②客户没有时间，比较信任设计师，全权委托设计师选配家具。

③设计师提供整案设计与产品服务，所有的软装产品全部委托设计方提供采购服务。客户预算充足但时间不足、信任设计师时以及公装项目中多出现这种情况。

软装设计师最期盼的就是接到别墅或地产样板间的项目。做整案设计和配套产品服务，合同金额大，可以做完整、落地的作品，对设计师而言也比较有成就感。有时候好不容易接待一个有整案设计需求的客户，客户可能会问家具是什么材质的、跟其他品牌有什么区别等，这时候就考验设计师的专业水平和服务能力了。

1. 家具的内部构造是什么样的？如何分辨家具质量的好坏

软体家具（图 4-4）是由主体框架、座面结构（图 4-5）、外部面料和填充物构成的（图 4-6）。接下来以沙发为例，对软体家具的内部构造进行讲解。

图 4-1 翡丽苑别墅客厅区域（图片来源：大朴设计）

图 4-2 翡丽苑别墅卧室区域（图片来源：大朴设计）

图 4-3 翡丽苑别墅餐厅区域（图片来源：大朴设计）

（1）软体家具的主体框架。

常见沙发的主体框架材质分为以下三类。

①实木结构：实木结构家具环保性能好，使用寿命长，但因木材资源紧缺、榫卯连接的技术难度高，这类家具较为昂贵。

②板木结构：采用木方做横梁和直立支撑，结合多层复合板以钉接方式制成结构骨架。此种结构材料成本较低，制作工艺简单，成型方便，制造效率高，是目前广泛采用的一种工艺结构。但多层复合板材甲醛含量高，容易造成污染及散发异味。

图 4-4 软体家具示意图

③实木＋板木结合：市面上沙发最常采用的框架类型。

（2）软体家具的座面结构。

分辨沙发的座面质量，主要看弹簧的配置和实木框架。

座面是沙发受力的主要部位，也是决定沙发舒适性和使用寿命的关键部位。沙发的座面结构主要有蛇形钢簧（弹性好、坐感好、使用寿命长，图4-7、图4-8）、橡筋绷带（弹性好但使用寿命短，易出现塌陷）。

木框架家具的结构是由纵向、横向两根方材（实木）围合而成的。纵向的方材一般称为立边，框架两端的横向方材，称为帽头。如果在框架中间加有方材，那么横向的方材称为横挡，纵向的方材称为立挡。沙发的框架支撑着整个沙发。沙发框架结构的牢固性和设计角度的合理性将会影响

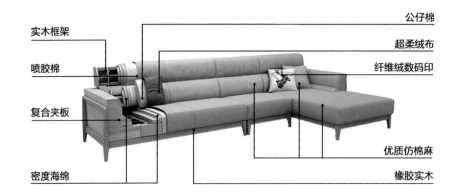

图4-5 沙发座面的内部结构

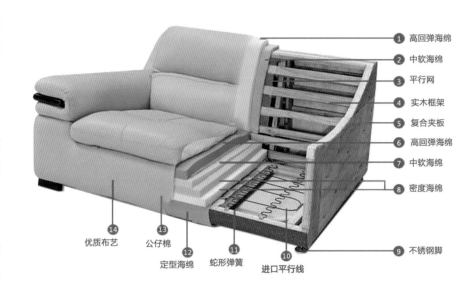

图4-6 顾家某款沙发的结构图

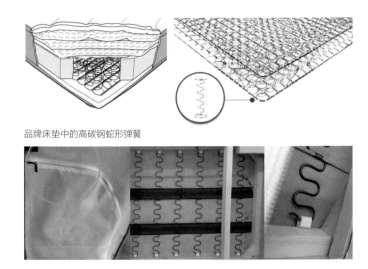

品牌床垫中的高碳钢蛇形弹簧

图4-7 蛇形钢簧座面结构

图4-8 蛇形弹簧的制作标准

沙发的质量和使用功能。

（3）软体家具的外部面料。

沙发的接触面料一般是皮质、棉麻混纺、藤编等，下面以较常使用的皮质家具为例进行讲解。

①接触面皮质面料的分类。

结合之前讲解的材质部分的内容，接触面皮质面料分真皮（图4-9）、超纤皮（带牛皮的人造皮革，也称二层牛皮，是利用真皮的边角料制作而成的，自然超纤皮比普通皮革好）、PU革（人工合成的皮革）等。

②家具中的真皮是什么？

家具中的真皮是指牛、羊、猪、马等动物的原皮，经皮革厂鞣制加工后，制成的特性、强度、手感、色彩、花纹不同的皮质面料（图4-10）。

③如何分辨皮质面料的优劣？

味道：真皮有特殊的皮腥味，人造皮会有一种塑料或皮革的刺激味道。

触摸：用手触摸皮革表面，如有滑爽、柔软、丰满、弹性的感觉就是真皮；手感发涩、死板、柔软性差的是人造皮革。真皮触感很舒服，摸过、坐过的位置很快会恢复原来的样子，人造皮革触感略差，恢复较慢。

手指压：用于辨别头层真皮和人造皮革，当用手指按头层真皮时，手指按的附近会出现细小的纹理，松开后，纹路又会消失；

图4-9 真皮面料

图4-10 真皮面料示意

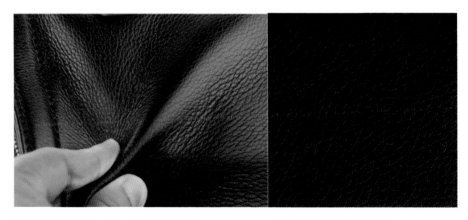

牛皮用手指压会有细小纹理，松开后自动恢复　　　　荔枝纹的皮革，人造纹路清晰

图4-11 牛皮和人造皮革

然而人造皮革按下去不会出现纹理（图4-11）。

（4）软体家具的内部填充物。

①填充物类型。

软体家具的舒适性很大程度上取决于填充物。沙发的填充物主要有三种：海绵、羽绒、人造棉。

a. 海绵（软质聚氨酯泡沫）：座面常用的高密度回弹海绵（图4-12）是一种以活性聚醚和TDI（甲苯二异氰酸酯）为主体生成的海绵，具有优良的机械性能、较好的弹性，压缩负荷大，耐燃性、透气性好。

定型海绵（图4-13）常用于沙发框架和床靠背的软体部位。

b. 羽绒：羽绒是鹅、鸭腹部呈芦花朵状的绒毛，呈片状的称为羽毛。由于羽绒是一种动物性蛋白纤维，用作沙发软体座或靠垫的填充物时（图4-14），使用感舒适、长期使用无变形，缺点是回弹慢、成本高。一般在高端沙发中羽绒与海绵配合使用。

c. 人造棉：人造棉用作沙发填充物，柔软性极好，坐感舒适，市面上有公仔棉、珍珠棉等。

②如何正确选择沙发海绵？

注意选择时要问清填充物的种类，若填充物是海绵，要了解所使用海绵的密度，用按压感受坐垫的回弹效果、坐上感觉坐感的舒适性等。坐垫填充物采用 30 kg/m³ 以上的高密度回弹海绵较为合适。商家吹捧

图 4-12 高密度回弹海绵

图 4-13 定型海绵

图 4-14 羽绒

的纯乳胶沙发是很少见的，一般都是乳胶和海绵结合使用，使得沙发既具有乳胶的柔软度，又保持了海绵的弹性。

（5）软体家具的面料。

①软体家具面料怎么分辨耐不耐用？

分辨软体家具面料耐不耐用主要看耐摩擦系数。

布艺面料的密度关系到沙发长期使用的机械磨损寿命，一般要求沙发面料的耐磨转数（摩擦次数）不得低于 3000 转。国家标准规定沙发面料的密度大于 300 g/m³，且必须确保摩擦 12000 次以上表面不起球。目前我国沙发生产厂商大多使用混纺面料或化纤面料，纯棉面料（缩水性强、耐久性、回弹性不佳）还很难用于沙发表面。

②软体家具面料的安全性如何分辨？

分辨软体家具面料的安全性主要看其阻燃功能。

根据美国加利福尼亚 117 号技能公报的规则，出于对阻燃的要求，一切家用的家具都必须可以在小型明火中有 12 s 以上的阻燃性能。该规范首要针对用于公共场所的产品（包括沙发）进行阻燃功能把关，比如酒店、宾馆、密集空间（KTV、影院）的软体家具，如床垫、布艺家具等。沙发面料还经过了抗静电处理及耐水渍、油渍

处理。

③家具面料掉不掉色怎么判定？

判定家具面料掉不掉色主要看面料的色牢度。

对于面料的色牢度，ISO（国际标准化组织）及 AATCC（美国纺织化学师与印染师协会）的标准进行了分级，1 级最差，7 级最好，在日晒后变色越大级别越低，变色越小级别越高。

选面料不能只关注好不好看，还要关注专业标准，正规的大厂有标准产品标签，显示了耐光度与色牢度的等级。

2. 如何快速了解家具的生产工艺及流程

软装设计师为什么要去了解家具的生产工艺及流程呢？会搭配、审美品位高、会选型不就可以了吗？实际上并不行，如果只会搭配、选型就太初级了。目前在整体软装服务中，私人定制是重要的服务内容之一，如果不懂家具的生产工艺、常用材料，在定制家具时可能都看不懂家具的材料及工艺，又何谈把控家具的整体设计呢？

（1）定制家具的工艺流程简介。

定制家具主要分为以下步骤：放样—选料、开料—木工—选油漆—扪布—安装、包装（打木架）。具体的流程较长，环节较多，图 4-15 展示了板式家具生产流程。定制家具的各个流程都是环环相扣的，只有每个环节的技术工人相互协作，才能生产出一套好家具。

在定制家具生产流程中需要设计师配合的几个关键节点为：选料、选油漆、扪布。

（2）定制实木框架常用的木材有哪些？

定制家具常用的木材有桦木、白蜡木、榉木、橡胶木、胡桃木、水曲柳等（图 4-16）。家具常用木材详见表 4-1。

（3）家具常用的油漆有哪些？

油漆起到保护木材和装饰的作用，在项目实施过程中，软装产品采购清单上会标注家具的材质，都会写明使用了什么样的油漆。

如图 4-17 所示为家具深化图，包含家具正立面图、侧立面图、俯视图。深化图纸要标注产品的详细尺寸、颜色、材质、特殊工艺的说明、产品编号、位置、品名、数量等，确保产品能够按照设计效果交付。

常用油漆有木器漆（也叫家具漆，特指木器、竹器家具表面专用漆）、钢琴漆等。常见品牌有阿克苏油漆、PPG 油漆、华润漆等。

（4）扪布工艺中需要设计师配合的工作有哪些？

这个工艺节点需要设计师配合的工作是选面料、核算所需的面料数量。对接配合方式分两种，一种是设计师直接将选面料的工作交给定制工厂（省事，但无法严控质量），另一种是设计师自己选好、算好面料之后交给工厂（优势是可以把控面料品质）。

3. 常见误区及解决方法

（1）全屋定制 = 定制家具。

全屋定制不代表所有的家具产品都可以定制或都需要定制。

在实际操作过程中，对空间的利用和收纳影响较大的，建议选择定制，例如，橱柜、衣柜、鞋柜、玄关柜、整面墙的书柜等。

对空间不敏感的固定尺寸的家具，建议选择成品家具，例如沙发、椅子、茶几、床、书桌等。

注意，在项目实际操作中，对家具的设计和款式要求极高，要找合适的厂家。不是大体量的定制项目，一般厂商不接单，因为单件家具的设计和定制成本很高。市面上有许多接受来图定制的小厂，需要严格筛选，可选做外贸出口的定制厂商。

（2）全部交给定制厂商，自己不管不问。

这是几乎所有问题产生的根源。设计师在定制家具时，认为用几张立面图、平面图就可以搞定一切，这种想法是错误的。设计师是做精细化设计服务的，在定制家具中起到协调沟通的作用，不仅要清楚设计前的工作流程，制定物料清单，明确材料和生产工艺，还要提前规避和预控风险。

应该由设计方与定制厂家、客户三方充分沟通，制定详细的客户需求表、家具深化图纸、修改建议书、物料确认单、项目跟踪流程、定制期间的跟踪对接节点，以确保设计与需求对等。

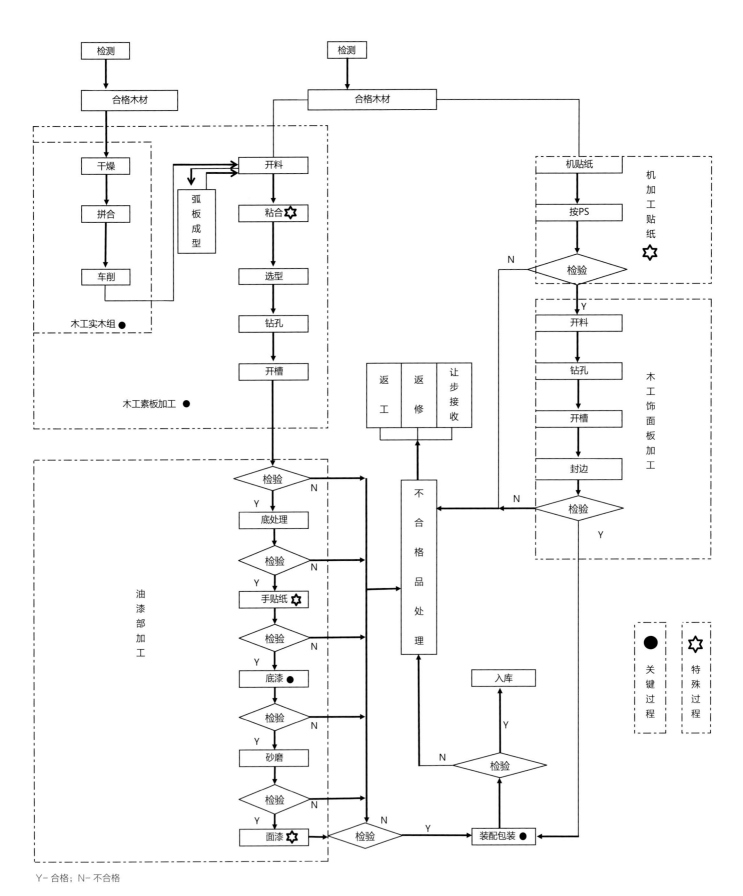

Y-合格; N-不合格

图4-15 板式家具生产流程（图片来源：羽番绘制）

表4-1 家具常用木材

品名	性能	信息汇总			小样（有色差，以实物为准）
桦木	颜色	桦木的心材、边材分界线明显，心材为浅褐色，边材为奶油色到乳白色			
	木纹	肌理细腻，光泽柔和			
	特性	硬度普通，易加工，缺点是纤维抗剪力差，容易断。干燥时易开裂翘曲，不耐磨			
	产地	国内有产，美国东部和北部、日本也有产			
橡木	分类	家具上用红橡木较多。红橡木质地坚硬，加工性能很好，可以做复杂造型和雕花，适合做欧式家具；白橡木价格较贵，可与金属、玻璃等结合，突显其时尚、前卫的感觉			
	颜色	心材为浅黄褐色，边材为黄白色			
	木纹	橡木木纹明显，肌理略粗糙			
	加工性	与涂料融合性好，容易上色，但加工难度大			
	采买注意	市场上会有以橡胶木代替橡木的情况，还有以杂木（如柞木）冒充的，买的时候一定要问清楚			红橡木　白橡木
	产地	北美和欧洲			
白蜡木	颜色	白蜡木边材为白色，心材为灰褐色到浅褐色。木材加工、上油、抛光性能好，有很强的耐腐蚀性，用于高档家具			
	木纹	木纹通直，肌理较为粗糙，木质重硬，且韧性好，抗冲击性强，力学承受力非常好			
	用途	是美式高档家具主要用材			
	产地	主要产自北美、欧洲			
橡胶木	特性	橡胶木韧性、耐磨性好，不易开裂，但不容易干燥，容易弯曲变形，有异味，含糖多，防腐和防蛀性差，易变色			
松木	颜色	松木色泽天然，心材为浅黄褐色，边材为黄白色。节疤明显，日久变成麦芽糖色			
	木纹	木纹清晰且通直			
	性能	重量小，但强度较好，干燥不完全时，会有油脂渗出。弹性和透气性强，导热性能好且保养简单。松木的性价比很高，常用作结构材料、地板材料，许多原木家具和儿童家具都采用松木			
	用途	常用于儿童家具			
	产地	北美、欧洲、中国			
榉木	颜色	心材为黄褐色到褐色，边材为黄白色到灰褐色	加工性	肌理细腻，饰面效果极佳	
	木纹	年轮粗大明显，纹理各种各样	涂装性	无漆打磨完成的情况也很多	
	干燥	费时且困难，容易出现裂纹和变形	适用场所	室内外皆可	
	获取难易度	一般	主要用途	结构材料、地板材料、家具材料、门窗材料	
	特性	耐久性好，南榉北榆	产地	分布很广，日本、朝鲜半岛、中国等	
枫木	颜色	略带灰调的黄褐色，边材为浅灰白色	加工性	一般，木质重硬，富有弹性，适合切削	
	木纹	波浪状木纹，种类繁多	涂装性	可打蜡保护面层	
	干燥	时间较久，干燥过后质地稳定	适用场所	不防虫蛀，不适合用于室外	
	获取难易度	一般	主要用途	装饰合成实木皮、地板材料、家具材料、门窗材料	
	特性	细密的肌理与装饰性的纹理	产地	广泛分布在北半球，加拿大和北美东部产硬枫木	
水曲柳木	颜色	心材为淡淡的茶褐色，边材为淡淡的黄白色	加工性	变形较少，切削加工容易	
	木纹	通直，根部周围有缩纹和圈纹	涂装性	疤节部分吸收开孔漆不佳	
	干燥	良好，干燥速度快，需注意断面处易发生开裂	适用场所	结构或基层处理等室内工程	
	获取难易度	一般	主要用途	结构材料、室内木工材料、家具材料、复合板材	
	特性	发挥木质重硬特点，用作结构材料	产地	中国、日本、俄罗斯、北美等地	
黑胡桃木	颜色	心材为略带紫色的浅褐色到深褐色，边材为乳白色	加工性	木质重硬，富有弹性，容易切削	
	木纹	木纹通直，肌理稍粗，有深色条纹图案	涂装性	从油漆到聚酯涂料都易吸收	
	干燥	一般，少有尺寸偏离变形	适用场所	不太适合室外使用	
	获取难易度	流通量大，长尺寸的较少见	主要用途	结构材料、地板材料、家具材料、装饰合成实木皮	
	特性	涂料亲和性好，饰面效果佳，常见的有北美黑胡桃木	产地	北美东部到中部	
柚木	颜色	心材为黄褐色，边材为黄白色	加工性	容易，通过切削加工可获得完美饰面	
	木纹	心材有深褐色的条纹	涂装性	与涂漆、涂料融合性好	
	干燥	比较费时，干燥后状态稳定	适用场所	具有憎水性，适合用于室外	
	获取难易度	天然木材很难获得	主要用途	内装修材料、地板材料、家具材料、乐器材料	
	特性	以油性质感为特点	产地	印度尼西亚、泰国、缅甸	
樱桃木	颜色	心材为红褐色，边材为黄白色到乳白色	加工性	切削加工容易，黏结性好	
	木纹	心材和边材都有褐色到黄褐色的柔和木纹	涂装性	即便刷抗紫外线涂料，颜色变化依然很大	
	干燥	速度快，收缩率略微偏高	适用场所	边材耐蛀性稍差，适合用于室内	
	获取难易度	一般，北美产量大	主要用途	装饰合成实木皮、地板材料、家具材料、门窗材料	
	特性	柔和的深色木纹颇受欢迎	产地	北美东部地区	

图 4-16 木材及木制品加工

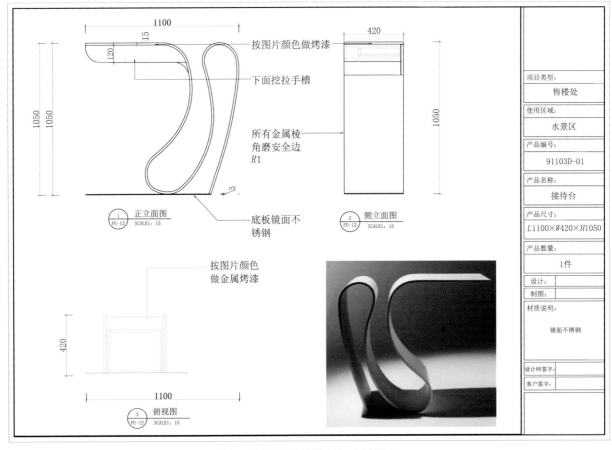

图 4-17 家具深化图（图片来源：大朴设计）

二、家具品牌不是只有宜家，这些家具的品牌你是否了解

做软装方案时，特别是在搜集软装家具素材时，面对海量的家具品牌不知道如何分类，除了各个大型家具卖场的家具，对其他品牌的家具很陌生，不知道该如何获取家具的有效信息为己所用，该怎么办？下面的内容将为大家答疑。

1. 家具从古至今是如何演变的

（1）世界家具简史及特征。

家具是日常生活中必不可少的器具，作为室内陈设的主体，环顾人类文明发展历史，家具的形成已有数千年之久。在世界家具史上，中国是最早使用和形成家具体系的国家之一。如果把中国家具最早的形态——席也算在其中的话，中国家具的起源则可追溯到五千年之前，从夏、商到明、清，各个时期的家具风格各异。同时期，国外家具也在蓬勃发展。由于受不同时期文化的影响，国外家具的风格也在变化，具体见表4-2。

18世纪末，在工业革命的推动下，各种新技术、新工艺、新材料层出不穷，结构、使用场合、使用功能日益多样化，也导致了现代家具类型的多样化和造型风格的多元化，所以，很难用一种方法对现代家具进行分类。我们可以从多种角度对现代家具进行分类，以便对现代家具系统形成一个完整的概念，作为我们认识现代家具设计与制造的基础知识。

（2）家具的分类。

①按基本功能分类。根据基本功能以及使用场景进行细分，家具可分为如表4-3

表4-2 国外家具发展简史

时期	家具风格	特征
古代家具	包括古埃及家具、古希腊家具、罗马家具及仿罗马家具、哥特式家具、文艺复兴时期的家具等	
	古埃及家具	家具的起源可追溯至古埃及第三王朝时期（公元前2686—前2613年）。在古埃及第十八王朝图坦阿蒙法老（公元前1358—前1348年）的陵墓中，已有了十分精致的床、椅和宝石箱等家具。其造型严谨工整，脚部采用模仿牛蹄、狮爪等兽腿形式的雕刻装饰，家具表面经过油漆和彩绘
	古希腊家具	公元前5世纪以后，古希腊家具出现了新的形式。典型的是被称为"克里斯莫斯"的希腊椅子，采用优美的曲线形椅背和椅腿，结构简单、轻巧舒适
	罗马家具及仿罗马家具	罗马的家具常用名贵的木材或金属做贴面和镶嵌装饰。同时罗马的金属和大理石家具也取得了很高的成就
	哥特式家具	14世纪后，哥特式建筑的装饰纹样开始被应用于家具，哥特式家具的主要特征在于层次丰富和精巧细致的雕刻装饰，最常见的有火焰形、尖拱、三叶形等装饰图案。常用的木材是橡木
	文艺复兴时期的家具	意大利最早将希腊、罗马古典建筑的外形应用到家具造型上。主要特征是外形厚重，线条简洁，立面比例和谐，采用古典建筑装饰等。总体来说，早期装饰比较简练单纯，后期趋于华丽优美
18世纪家具	包括巴洛克式家具、洛可可式家具、新古典风格家具、英国家具等	
	巴洛克式家具	巴洛克风格脱胎于文艺复兴时期风格，是一种热情奔放的浪漫主义风格，主要特征是强调整体装饰的和谐，采用夸张的曲线，应用中国式的漆绘装饰等。巴洛克风格传入法国，发展成一种既豪华又独特的法国巴洛克家具。常用材料为胡桃木和橡木，在家具边角采用包铜处理。最常见的装饰图案是神话人物、螺纹和花叶纹等
	洛可可式家具	洛可可式家具是在刻意修饰巴洛克式家具的基础上形成的一种浪漫主义风格的新家具。主要特征是优美弯曲的线条与精细纤巧的雕饰相结合，雕刻装饰以带状的涡卷形及四周满布的叶饰等为主，并饰以华丽的贴金浮雕和镶铜装饰
	新古典风格家具	法国的新古典风格家具成熟于路易十六时期，主要特征是以瘦削的直线为造型的基调，追求整体比例的协调，不做过分的细部雕饰，表现出注重理性、讲究节制、结构清晰的古典主义精神
	英国家具	18世纪，英国出现了一批杰出家具设计师，最著名的有托马斯·齐彭代尔，他以英国本土家具为基础，接受了洛可可风格和中国艺术的影响，创作齐彭代尔式家具。还有建筑师R.亚当创作出亚当式家具等
19世纪家具	包括帝国式家具、拜德米亚式家具等	
	帝国式家具	晚期的古典装饰家具，成熟于拿破仑时期。以忠实的考古态度去模仿古代艺术形式，在造型上模仿古代建筑轮廓，装饰上采用古代神像、花环、皇冠图案等
	拜德米亚式家具	古典装饰家具史上的最后一种家具风格，流行于1815—1848年的欧洲，源于欧洲乡土家具的拜德米亚风格，具有简单朴实而拘谨沉重的特征，并多采用桃花心木等名贵木材作贴面装饰，19世纪中叶这种风格逐渐倾向于曲线造型和华丽装饰，并在德国发展为新洛可可风格；在法国形成路易·菲利普风格；在英国则发展成早期维多利亚风格。这些风格实际上都是模仿和拼凑历史上各种风格而成的家具式样
20世纪家具	包括风格派家具、包豪斯家具、国际风格家具等	
	风格派家具	风格派接受了立体主义的观点，主张采用纯净的立方体、几何形以及垂直或水平的面来塑造形象。追求明晰、功能和秩序的美学原则，强调抽象化和简练化的风格
	包豪斯家具	包豪斯是德国一家综合造型艺术学院的简称，包豪斯使现代艺术与现代技术完美结合统一，主要特征是注重功能，面向工业化生产力，力求形式、材料、工艺的一致等，成为现代家具的典范
	国际风格家具	20世纪30年代，包豪斯被封闭后，德国许多著名设计师先后去往美国，为美国的现代设计运动奠定了基础，并在1940—1950年发展形成美国国际风格，以功能为依据，以单纯的几何形作为造型的要素，寻求完美比例，并以精确的技术和优良的材料作为其质量的保障，充分表现出完美合理、简洁明快和富于秩序的现代感

表 4-3 家具的功能分类表

沙发	桌子	椅子	柜子	床	户外用品	几类	架类
单人沙发	餐桌	餐椅	书柜	双人床	户外沙发	案几	书架
双人沙发	书桌	吧台椅	酒柜	单人床	户外桌椅	茶几	衣帽架
三人沙发	梳妆台	凳子	鞋柜	儿童床	户外休闲椅	边几	鞋架
多人沙发	办公桌	长椅	衣柜	婴儿床	遮阳用具	角几	壁架
贵妃椅	儿童桌	办公椅	床头柜	高低床	吊篮	背几	陈列架
沙发凳	咖啡桌	儿童椅	电视柜	组合床	吊床	花几	
懒人沙发	吧台	休闲椅	儿童柜	架子床			
功能沙发	玄关台	床尾凳	斗柜	榻类			
沙发床	会议桌	梳妆凳	储物柜				
			橱柜				
			墙柜				
			办公柜				
			展柜				

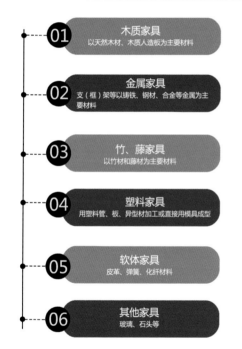

01 **木质家具** 以天然木材、木质人造板为主要材料

02 **金属家具** 支（框）架等以铸铁、钢材、合金等金属为主要材料

03 **竹、藤家具** 以竹材和藤材为主要材料

04 **塑料家具** 用塑料管、板、异型材加工或直接用模具成型

05 **软体家具** 皮革、弹簧、化纤材料

06 **其他家具** 玻璃、石头等

图 4-18 常用家具按材质分类（图片来源：羽番绘制）

图 4-19 石材、金属相结合的家具

所示的几个类别。

②按主要材质分类。根据主要材质进行细分，家具可分为如图 4-18 所示的几个类别。

将家具按材质与工艺分类便于我们掌握不同材质的特点与工艺构造。现代家具趋向组合使用多种材质（图 4-19），生产工艺逐步走向标准化、部件化，按照某件家具的主要材料来对其进行分类，便于学习和理解。

③按风格分类。如今全球信息互通，文化风尚互相影响，已经很难去准确定义一个产品属于哪种风格，例如北欧风格家具和日式简约家具都受到了包豪斯现代主义设计的影响，再融入当地特色，形成了以自然、简约为主的风格，相似度达 80%，产品互相搭配也不违和。但是终端非专业用户习惯用风格区分产品的外观形式，因此为了方便沟通也需要知道一些市场上流行的风格流派。

a. 中式风格：基于中国传统文化及美学设计而成，主要包括明式家具和清式家具。

b. 新中式风格：在中国传统美学规范之下，加入新材质、新工艺和新设计。

c. 现代风格：线条简洁、造型简约，没有复杂雕刻的家具。现代风格家具既包括现代板式家具，也包括设计理念呈现多种风格融合特征的实木家具和板木家具（图4-20）。

d. 北欧风格：北欧国家（丹麦、瑞典、挪威、芬兰、冰岛等）设计风格的统称。

e. 欧式风格：源于欧洲宫廷家具，主要包括法式风格、英式风格、意大利风格和西班牙风格等。

f. 美式风格：欧洲家具风格结合美国风俗、生活习惯及艺术文化演变出的家具流派。

g. 新古典风格：在欧式古典风格基础上改良而成，突显工艺和材质，喜用金箔、银箔、钢琴漆亮面。

h. 简欧风格：又称欧式简约风格，区别于欧式风格的古典元素，更适合现代生活。

④按选购方式分类。

按选购方式分类，目前市场上的家具主要有成品家具和定制家具。

成品家具：不需要单独设计制造，已经制作完成的家具。

定制家具：是家具企业根据消费者的要求设计他们需要的家具，属于私人定制家具。

成品家具与定制家具的区别见表4-4。

2. 家具品牌不是只有宜家，更多品牌解读

软装设计师如果对市场上的产品品牌不够了解，在选择、搭配的时候就难以呈现好的效果，也难以满足消费者日益多样化、个性化的需求。因此，对于市场上的品牌我们需要如数家珍，才能更好地为客户服务。

（1）时尚奢侈品牌。

我们先从时尚奢侈品牌说起。时尚奢侈品牌一直都是引领市场的风向标，了解时尚奢侈品牌不但能开阔自身的眼界、提升审美，也能了解家具市场的趋势以及天花板。软装设计师需要了解的时尚奢侈品牌主要有 FENDI CASA、BENTLEY HOME、ARMANI CASA（图4-21）、Boca Do Lobo、VERSACE

图 4-20 现代风格的家居空间

表 4-4 成品家具与定制家具的区别

项目	成品家具	定制家具
周期	成品，现提现取	木工定制一周，厂家定制一个月左右
环保安全	异味较少，产品合格	异味存留时间长，但通常耐久性更好
生产成本	流水线生产，成本较低	一对一定制，价格相对较高
产品特点	尺寸固定，空间利用率低	设计自由度高，尺寸和限制小
生产模式	工厂标准化生产	柔性化生产
优势	所见即所得，式样和效果可以现场识别。成品家具款式多，风格齐全。购买周期短，大家具可隔天送达，小家具可当场提货	家装风格能协调一致，整体性强，视觉美感更好。功能上可以按需分配、自由组合，提高生活质量。从材料到尺寸，能满足用户个性化需求，满意度高。因地制宜，物尽其用，不浪费每一寸空间。正规的定制厂商会提供相应的产品环保检测报告

HOME、HERMES HOME、LOUIS VUITTON、BOTTEGA VENETA、Trussardi Casa 等。

（2）顶级现代品牌。

顶级现代品牌相较于时尚奢侈品牌更贴近生活品质本身，少了浮华，多了内敛的气质，如 Cassina、Poltrona Frau、Minotti、Poliform、B&B ITALIA、Baxter、FLEXFORM、RIVA 1920、Baker、FRITZ HANSEN 等。大家可以通过《软装严选》书籍和软装严选公众号了解品牌信息，《软装严选·成长营》的知识星球也会提供品牌手册，以便大家了解。

（3）国内进口家具主流品牌。

近年来，在国际大环境及我国进口政策的影响下，我国家具行业进口走势起伏较大，国内市场对于进口家具的需求有待开发，对进口品牌的认知度也有待提升。进口家具的来源市场主要是意大利、美国及德国，约 70% 的国际主流品牌在中国拥有门店。国内进口家具主流品牌见表 4-5。

（4）国内原创家具品牌。

以上都是国际知名家具品牌，在国内 20 世纪 90 年代前主要以手工木制家具为主，90 年代后，成品家具逐渐流行，展开规模化生产，制造效率提升，品牌效应增强，大型企业出现。近些年更是涌现一批如吱音（图 4-22）、造作、梵几、失物招领等小而美的个性化独立设计师品牌。

目前市场上家具品牌琳琅满目，下面就以生活家具品牌为切入点，分门别类地详细解析。

①2021年生活家具十大品牌，见表 4-6，表中所列品牌在红星·美凯龙基本上都有零售店。

②各类风格成品家具代表品牌见表 4-7~ 表 4-10。

③其他品牌见表 4-11、表 4-12。

图 4-21 ARMANI CASA 家具

表 4-5 国内进口家具主流品牌

序号	国家	品牌	风格	品类
1	美国	Ashley（爱室丽）	美式风格	套房家具
2	美国	La-Z-Boy		功能沙发
3	美国	Universal Furniture（环美家居）		套房家具
4	美国	FINE（精制家具）		套房家具
5	德国	Hustla（优适德）	现代风格	沙发
6	意大利	Chateau d'Ax（夏图）		沙发
7	意大利	Natuzzi（纳图兹）		沙发
8	意大利	Molteni&C		套房家具
9	意大利	Poltrona Frau（柏秋纳弗洛）		皮质家具
10	法国	Roche Bobois（罗奇堡）	现代风格、古典风格	套房家具
11	法国	Ligne Roset（写意空间）	现代风格	家居家具
12	丹麦	BoConcept（北欧风情）	北欧风格	套房家具
13	新加坡	Commune	现代风格	套房家具
14	日本	NITORI（宜得利家居）	日式风格	家居家具
15	韩国	HANSSEM（汉森家居）	韩式风格	家居家具

表 4-6 2021 年生活家具十大品牌

排序	品牌	风格	品类
1	全友家居	综合	综合
2	顾家家居	综合	综合
3	曲美家居	综合	弯曲木
4	林氏木业	综合	综合
5	芝华仕	现代	功能沙发
6	索菲亚	现代	定制衣柜、定制家具
7	喜临门	现代	床垫行业老牌厂商
8	红苹果	综合	板式家具
9	慕思	现代	睡眠系统
10	光明家具	综合	实木家具

图 4-22 上海吱音生活馆

表 4-7 现代风格成品家具代表		表 4-8 美式风格成品家具代表		表 4-9 欧式风格成品家具代表		表 4-10 中式风格成品家具代表	
序号	品牌	序号	品牌	序号	品牌	序号	品牌
1	曲美家居	1	美克家居	1	宝居乐	1	年年红
2	红苹果	2	北美之家	2	亚振家居	2	联邦家私
3	双叶	3	圣蒂斯堡	3	英伦华庄	3	中信红木
4	楷模	4	MEITIEN（美廷家居）	4	纳琦家具	4	祥利红木
5	城市之窗	5	仁豪家居	5	卡芬达	5	恒久
6	联邦家私	6	FOUR CORNERS	6	宫廷壹号	6	郭氏家具
7	北欧 E 家	7	Ashley（爱室丽）	7	拉卡萨国际（La Casa）	7	皇朝家居
8	百强	8	LEBETTER（巴里巴特）	8	拉菲德堡（Lifedbo）	8	名匠木坊
9	华日			9	英格利	9	曲美家居
10	挪亚家			10	大风范（DAVON）	10	忆东方

表 4-11 电商品牌

序号	品牌	主营业务
1	全友家居	家居家具
2	顾家家居	家居用品
3	林氏木业	家居家具
4	大自然家居	地板
5	雅兰	床垫
6	光明家具	实木家具
7	芝华仕	软体家具
8	华日家具	家居家具
9	PINGO 国际	全屋家居
10	贝尔地板	地板

表 4-12 家居用品上市企业（部分）

序号	品牌	主营业务
1	欧派家居	定制橱柜
2	宜华生活	家具、地板
3	顾家家居	家居用品
4	索菲亚	定制衣柜
5	尚品宅配	全屋定制
6	美克家居	家居家具
7	曲美家居	家居家具
8	志邦家居	定制橱柜
9	好莱客	定制衣柜
10	金牌橱柜	定制橱柜
11	皇朝家居	家居家具
12	我乐家居	定制橱柜
13	皮阿诺	定制家具
14	亚振家居	家居家具
15	兴利家具	家居家具

三、优秀的软装设计师都备有一个高质量家具资源库

家具产品素材是做软装设计方案的必备资料之一，软装设计师拥有一个高质量家具资源库，意味着工作效率更高，效果呈现更高质，软装方案可实施落地。

1. 做软装，为什么要拥有自己的高质量家具资源库

做软装设计方案要有足够充分的软装产品资源。家具资源分两类，概念图和所见即所得的成品资源。概念图是为满足客户的要求，提前为客户预设未来空间的氛围（图4-23）；所见即所得的成品资源是图片上看到的都能买到，设计方案可以完全落地，拥有这类资源就拥有了很大的优势，毕竟设计方案落地是第一需求。

家具资源库可以用于以下几个方面。

（1）初步洽谈设计意向（概念图或所见即所得的成品资源）。

（2）作为找设计灵感的参考（概念图或所见即所得的成品资源）。

（3）软装深化方案设计（所见即所得的成品资源）。

（4）选配家具时作为参考（所见即所得的成品资源）。

（5）落地设计方案。

2. 资源那么多，什么才是设计师真正需要的

（1）高质量家具素材的要求。

作为一名合格的设计师，电脑里的产品资源是必不可少的。做设计永远离不开素材（图4-24），就好像做菜离不开食材一样，但是，所有素材都值得收藏吗？答案是否定的，只有高质量的素材才更有使用价值。

高质量的素材一般都需要符合以下两个要求。

①图片清晰度高。像素太低的图片，除了找灵感的时候看一下，不适合拿来做方案，

图 4-23 软装风格意向图

否则设计质感要打折扣。

②符合时代审美趋势。断舍离很难，但还是要清理一下自己的素材，这是建立高质量资源库的基础。

（2）所见即所得，软装设计产品可落地。

做软装设计，产品落地是核心，可结合前面有关家具品牌的内容，搜集国内比较畅销的成品家具品牌、知名时尚品牌以及小而美的品牌的家具资料，尽量覆盖各种风格，以满足不同客户的需求。表4-13中列出了部分国内经典中高端主流成品家具品牌供大家参考，部分品牌家具如图4-25~图4-27所示。

3. 家具素材如何高效分类

庞杂的家具素材可按如下方法进行高效分类。可按照家具基本功能进行一级分类，再根据自己的使用习惯进行二级分类，如打上风格标签等（图4-28）。

4. 如何获取高质量的家具素材

对于新手设计师来说，获取资源不知道从何下手，部分资深设计师知道的也不全面，下面就为大家系统讲解。想要获取高质量的家具素材，除了通过网络筛选，最重要的来源是卖场和展会。

（1）线上获取。

①素材网站。

我们通常会通过一些图片素材网站来寻找高质量的图片素材，常用的图片素材网站及网址见表4-14。

做方案时需要的家具素材图片是白底的或者是PNG格式的，因此，在网站上找的图

图4-24 展厅家具示意图

表4-13 国内经典中高端主流成品家具品牌

序号	方向	品牌	搜索路径
1	中式	传世	官网、实体店
2		荣麟·京瓷	官网、实体店
3		U⁺家具	官网、实体店
4		半木	官网、实体店
5	纯正美式	A.R.T.	官网、实体店
6		FINE（精制家具）	官网、实体店
7		Harbor House	官网、实体店
8		Ethan Allen（伊森艾伦）	官网、实体店
9	现代美式进口	Baker（贝克）	官网、实体店
10	轻奢	可至家居	官网、实体店
11	国际都市现代	M&D	官网、实体店
12		Chateau d'Ax（夏图）	官网、实体店
13		Tao	官网、实体店
14		Ligne Roset（写意空间）	官网、实体店
15	现代畅销	锐驰家具	官网、实体店
16		HC28	官网、实体店
17	新古典	拉菲德堡（Lifedbo）	官网、实体店
18		宫廷壹号	官网、实体店
19		Roche Bobois（罗奇堡）	官网、实体店
20		卡芬达	官网、实体店
21	法式新古典	罗曼迪卡家居	官网、实体店
22	法式乡村	KINGSWERE（汀斯维尔，爱丽舍旗下）	官网、实体店
23	后现代	Poromen（璞罗蒙）	官网、实体店
24		百师椅	官网、实体店
25		Bianchini&Capponi	官网

图 4-25 新中式家具品牌的代表之一传世的家具展示

图 4-26 美克美家联合美国家具品牌伊森艾伦设计的家具

图 4-27 原创新中式家具品牌荣麟·京瓷家具

风格标签

| 简约 | 前卫 | 北欧风 | 工业风 | 新中式 | 日式 | 美式 | 简欧 | 田园 | 地中海 | 东南亚 | 欧式古典 | 传统中式 | 新古典 |

| Art Deco | 法式 |

图 4-28 家具素材分类

片最好是高清大图，以便于抠图。如果忘了怎么找高清大图，可以复习一下前面所讲的内容。

②品牌网站。

一些品牌会在官网上更新最新的产品图册，尤其是国外的一线品牌，大家也可以从品牌官网找到高清产品素材，如图4-29~ 图 4-31 所示。表 4-15 中列出了部分品牌的官网地址，大家可以参照使用。

（2）卖场。

在电脑屏幕前看图，只能从视觉层面考量产品的效果，相信大家都有类似经验，图片上面很好看，但是实物有落差，多逛逛卖场体验实物，不仅可以搜集图片素材，也能多搜集一些供货资源。

①综合家居卖场。在综合家居卖场可以看见很多品牌家具，如上海剪刀·石头·布家居（图 4-32）。表 4-16 中列出了部分综合家居卖场。

②原创国际品牌店。

原创国际品牌店中充满国际范的家具素材可以帮助设计师迅速提升审美水平。

图 4-29 美国品牌 Baker 家具的产品

图 4-30 HC28 家具的现代优雅的都市风格产品

表 4-14 常用的图片素材网站及网址

序号	站名	网址	推荐理由
1	Pinterest	www.pinterest.com	采用瀑布流的图片展示方式，不停地给用户提供新的创意与参照，对于设计师搜集、积累素材十分有用
2	Behance	www.behance.net/	展示和发现创意作品的在线平台，图片优质，发现别人分享的创意作品，可以互动
3	houzz	www.houzz.co.uk	室内设计百科全书，高品质的家装设计沟通平台，并打通了设计师、作品展示、产品购买的整个流程和环节
4	dezeen	www.dezeen.com	内容涵盖建筑设计、室内设计、创意家居、照明设计、家具设计和世界各地顶级设计节资讯
5	INTERIOR DESIGN	www.interiordesign.net	美国权威杂志 *INTERIOR DESIGN* 的官网
6	谷德设计网	www.gooood.cn/	一个基于建筑、景观、设计、艺术的高品质创意平台
7	德国室内设计	www.dinzd.com/	全球设计精品资讯网，专注精品
8	美间	www.meijian.io	一款软装设计工具，为室内设计师与软装设计师量身打造，提供便捷的创作体验，并提供了自动清单、自动抠图、百搭模板、一键替换等功能
9	大作	www.bigbigwork.com	类似Pinterest，是一个专为各行业设计师量身定制的设计灵感搜索引擎，聚合全球众多知名设计网站
10	花瓣网	huaban.com	设计师的灵感天堂，帮设计师采集、发现网络上的设计师喜欢的事物，可以用它寻找灵感，保存有用的素材

图 4-31 意大利家具品牌 Poliform 的产品

表 4-15 部分品牌的官网地址

序号	品牌	网址
1	Ashley（爱室丽）	www.ashleyfurniture.com
2	Natuzzi（纳图兹）	www.natuzzi.com
3	Poltrona Frau（柏秋纳弗洛）	www.poltronafrau.com/en
4	Ligne Roset（写意空间）	www.ligne-roset.com/us/
5	Roche Bobois（罗奇堡）	www.roche-bobois.com.cn/
6	ARMANI CASA（阿玛尼）	www.armani.com/casa/en
7	BENTLEY HOME（宾利）	luxeliving.com.tw
8	VERSACE HOME（范思哲）	www.versace.com/international/en/home-collection/
9	FENDI CASA（芬迪）	www.fendi.cn/home_series
10	B&B ITALIA	www.bebitalia.com/en
11	BOTTEGA VENETA	bottegavenetachina.cn
12	Poliform	www.poliform.it/
13	Minotti	www.minotti.com/en
14	Chi Wing Lo（卢志荣）	www.chiwinglo.it/
15	Baker	www.bakerfurniture.com/
16	Baxter	baxter.it/it
17	Cassina	www.cassina.com/it/it.html
18	Boca Do Lobo	www.bocadolobo.com/en/
19	FRITZ HANSEN	fritzhansen.com
20	TURRI	turri.it/it/
21	RIVA 1920	www.riva1920.it
22	vitra	www.vitra.com/en-cn/home
23	Flou	www.flou.it/it/
24	ARKETIPO	www.arketipo.com/
25	HC28	www.hc28.com.cn/

图 4-32 上海剪刀·石头·布家居

表 4-16 部分综合家居卖场

序号	卖场	门店
1	红星·美凯龙	在广州、北京、成都等地均有卖场
2	吉盛伟邦	在佛山、涡阳、盐城、宿松、银川、商丘等地均有卖场
3	居然之家	在北京、天津、哈尔滨、重庆、石家庄等地均有卖场
4	第六空间家居	在杭州、宁波、无锡、苏州、合肥、绍兴、台州、镇江、西安、南京、重庆等地均有卖场
5	欧亚达	在湖北、天津、广东、浙江、山东、湖南等地均有卖场
6	宜家	在北京、成都、上海、重庆、佛山、杭州、西安等地均有卖场
7	剪刀·石头·布	上海市闵行区吴中路 1265 号
8	梅蒂奇	在青岛、洛阳、深圳、济南、唐山等地均有卖场
9	欧凯龙	在郑州、信阳等地均有卖场
10	简爱家居	在中山、江门、河源等地均有卖场
11	月星家居	在杭州、上海等地均有卖场
12	罗浮宫	在佛山、广州等地有驻点

a. 俏皮而大胆的创意家居 Maison Dada（图
4-33）。

Maison Dada 是一个原创家具、灯饰和
家居饰品品牌，由法国设计师 Thomas
Dariel 与 Delphine Moreau 于 2015 年联合
创立于上海，名字中的"Dada"取自达达
主义，提供俏皮而大胆的创意家居。

b. 设计共和。

由郭锡恩先生和胡如珊女士创建的设计共
和汇聚了世界顶级设计师的家居系列作
品，并通过中外顶级设计师的设计作品来
探讨新现代中国美学的发展方向。

c. 设计师原创家具品牌梵几（图 4-34）。

国内设计师高古奇创立的独立家具品牌梵
几，并不标榜自己的设计风格，有北欧和

图 4-33 Maison Dada 的产品

图 4-34 梵几家具

日式家具的简约朴素，有东南亚的藤编元素，也有中式风格的淡淡禅意。梵几更注重传承，塑造有生命的木制家具。

③精品买手店。

很多设计师会忽视买手店，买手店是由职业买手经营的，他们通过自己的独到眼光和专业经验，收入全世界最先锋的精品家居产品，相比体系庞大、千篇一律的大卖场，小众的精品买手店才是时髦人士淘尖货的地方。那些看似不假思索的独到眼光也全都弥散在如家居杂志般的精心布置和店铺设计中。不但可以品味职业店主的审美，还可以实地学习氛围营造。表 4-17 列出了部分精品买手店的信息。

（3）展会。

大型国际展会汇聚了全球各地设计师的独创设计、家具品牌、国际及国内品牌最新产品，是设计潮流趋势风向标（图 4-35）。例如摩登上海时尚家居展，全方位地展示了不同类型和风格的家居产品，从单件设计到系列设计，从古典设计到现代设计，优秀的展会不仅仅是视觉盛宴，还是搜集供应商信息的重要途径。一般展会上参展的商家都会愿意提供实时更新的产品素材和相应产品资源。表 3-16 列出了部分展会的信息供大家参考，具体的举办时间可关注展会发布的官方信息。

软装设计方案所见即所得最核心的环节就是产品落地，所以成品家具多由供应商、品牌方提供素材，而买不到的产品多是由软装设计师提供图样，进行私人定制（在客户接受的情况下）。

表 4-17 部分精品买手店的信息

序号	位置	品牌	地址
1	北京、上海	the Paragraph 节选	北京市顺义区祥云小镇北区 9 号楼 4 层 上海市徐汇区永嘉路 617 号
2	北京	Cabana	朝阳区三里屯太古里北区 N7 座三楼、四楼
3	北京	回到二十世纪	朝阳区草场地 155 号
4	北京	待入荷	朝阳区世方豪庭一层
5	北京	好白商店	安定门内国子监街 67 号
6	北京	Agehome	亦庄开发区东渠路 6 号亦花园 10 栋 301
7	上海	Apartmental	黄浦区巨鹿路 318 号甲 1 幢 301
8	上海	HOMTIQUE	徐汇区五原路 250 号
9	上海	Redzepi	静安区康定路 1590 号 B1
10	上海	LE MONDE de SHC	徐汇区桃江路 1 号
11	杭州	Maison Joseph	滨江区滨盛路 4321 号
12	杭州	海马百货 KaibaStore	上城区凤山拾遗创意园 4 幢 104 号
13	杭州	Eaten By Tigers	西湖区留下街道屏新路新天地 1 号楼 110
14	成都	Sort Studio	锦江区远洋太古里地下一层
15	成都	SaltLight 北欧中古家具	龙泉驿区蓝顶美术馆新馆 2 期
16	成都	度仓	锦江区青莲上街 5 号附 10 号
17	重庆	LIVIN' 利物因	两江新区金渝大道 110 号金山意库 9 号楼
18	西安	Fritz Hansen 西安艺术中心	高新区锦业路 12 号迈科商业中心
19	广州	树德生活馆	海珠区新港中路 397 号 T.I.T 创意园创意大道 8 号
20	黄山	D&Department	黟县碧山村

图 4-35 2019 年米兰家具展现场

四、家具搭配总是打动不了客户，如何掌握家具搭配黄金法则

很多有房屋二次翻新需求的年轻客户，他们遇到最多的问题就是家里的家具组合问题：家里来了客人就显得比较拥挤，家具体积太大，没法调整；空间组合比较凌乱，感觉不是太空就是太挤；想将家装修成一个自由变化的空间组合，可根据自己的喜好调整，并满足家人的多种功能需求。这个时候作为设计师该怎么办呢？

1. 家具主导整个空间的格调

家具是形成室内设计格调的主体，占软装产品的 60%~70%，人一生中几乎 2/3 以上的时间都在与家具接触。

家具在室内空间设计中有哪些不容忽略的作用呢？

（1）家具是改善居住环境，提升生活品质的重要元素。

客户在装修房子时，最舍得花钱的地方往往是家具（图 4-36、图 4-37）。只有明白家具对于家的意义与价值，作为设计师才能具有同理心，理解客户为什么下血本买家具。

（2）主角的地位。

家具是形成建筑室内空间使用功能和视觉美感的重要因素。

（3）分割室内空间。

在现代的大空间办公室、公共建筑、家庭居住空间中，墙的空间隔断作用越来越多地被隔断家具所替代。隔断家具既满足了灵活多变的功能需求，又增加了使用面积。

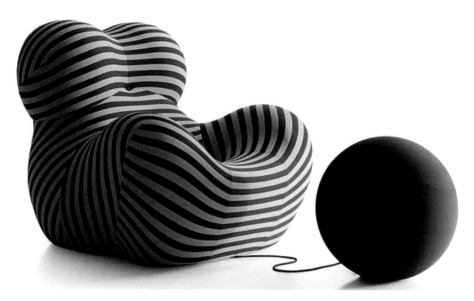

图 4-36 国内设计大师作品中常出现的艺术家具示意

图 4-37 意大利 Poliform 家具展厅

（4）组合空间。

建筑提供了一个限定的空间，家具设计就是在这个限定的空间中，以人为本地合理组织安排室内空间（图 4-38）。

2. 不同居住空间的家具搭配指南

家具从木器时代演变到金属时代、塑料时代、生态时代，从建筑到环境，从室内到室外，从工业到家庭，目的都是满足人们不断变化的需求。设计师应为客户设计出满足个性化需求，且兼顾健康、工作、娱乐和休闲的生活方式的家具。

家具更新变化迅速，作为软装设计师如何与时俱进？

图 4-38 家具组合的围合空间

②大进深空间的客厅。

25~45 m² 的客厅，考虑摆放基本功能家具，满足需求变化，设置休闲空间，并具备储物、收纳功能。

成品家具：沙发（成品）+ 茶几 + 小边几（可折叠）+ 休闲椅 + 休闲凳。

收纳功能：立柜 + 置物柜。

搭配要点：休闲椅与配套的小边几可以灵活地布置在客厅的角落，形成临时的个人空间，用来读书、听音乐；置物柜则为客厅提供了更多的储物空间，调和电视背景墙的压迫感，台面放置一些工艺品及照片，也可以体现客户的生活品位。

③客厅 + 阳台。

将阳台封闭起来，与客厅合为一体，可以形成一个扩大的客厅空间。在原本的阳台区域放置桌椅，就布置出独立的工作区（休闲区域）。

④客厅 + 飘窗，打造温馨的休憩小空间。

25~50 m² 的客厅，宽度足够时，沙发就可以布置成 U 形，人们相对而坐，形成交流讨论的气氛。

飘窗设计：延伸飘窗宽度，形成活动平台，让人们在上面休憩游戏。

电视背景墙：可做成整面隐藏的电视墙面，飘窗延展处分割成收纳的置物架，收纳家里的小物件。

⑤客厅功能百变，满足多种需求。

年轻客户群体喜欢的布局不拘泥于传统的 3+2+1 的沙发布局，对经常邀请朋友到家

以刻意练习的方法学习，就不用担心自己没接触过软装而无从下手了，大脑就像肌肉，越练越发达。以下内容所介绍的家具搭配指南可以有效减少工作中的试错成本，帮助新手设计师弯道超车。

（1）客厅区域：沙发摆得对，空间大一倍。

①小进深空间的客厅。

10~20 m² 的客厅，考虑摆放基本功能家具，满足需求变化，具备置物、收纳功能。

成品家具：沙发（成品、多功能家具）+ 小茶几（成品、可折叠）+ 小边几（可折叠）。

收纳功能：电视柜 + 立柜 + 置物架。

搭配要点：主体沙发满足基础功能需求；小件家具满足会客及日常品茶、饮食需求；电视柜、立柜与置物架靠墙放置，这样能够提供更多的收纳空间。

中聚会的客户而言，最好的沙发布局方式是参与交谈的人坐在不同的方向，每个人不需要大幅度扭动脖子也可以看到彼此的脸，如平行布局（图4-39）、L形布局（图4-40），满足空间百变需求，可以促膝长谈，也可以围坐看电影、电视。

（2）卧室怎么搭配家具，才能提升幸福感？

①大卧室，兼顾诗和远方。

面积：20~30 m²。

卧室家具搭配：宽1.8 m或2.2 m的双人床，床头柜，大衣柜（定制或成品）。

注意事项：别墅、奢华公寓、大平层的卧室面积都很大，可以增加一个阅读角或化妆区，不会让卧室显得太空，但要注意睡眠区（床）才是主体。

搭配家具：休闲沙发 + 边几 + 落地灯 + 毯巾 + 地毯，这些家具可以对角摆放，营造出的区域可供品茶、阅读、瞭望、冥思。

提升幸福感的搭配小诀窍：选用低色温的暖光漫射光源，床头灯压低，营造出的气氛会很温馨（图4-41）。

②小卧室：兼顾生活与梦想。

太小或太大的空间都非常考验设计水准，它们承载着不同客户的功能需求。

面积：9 ~12 m²。

卧室家具搭配：宽 1.5 m、1.8 m 的床（高箱床、架式床）+ 床头柜（小型床带收纳抽屉）+ 电视柜（壁挂电视）+ 大衣柜（定制或成品）。

小卧室的家具组合方案如图4-42 所示。

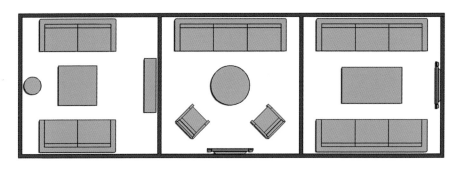

图 4-39 平行布局（图片来源：羽番绘制）

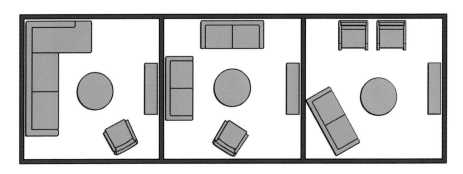

图 4-40 L 形布局（图片来源：羽番绘制）

图 4-41 气氛营造

（3）儿童房的百变空间组合。

做室内设计师，你也许会发现国内很多儿童房的设计是小空间里床要占大半空间，很浪费。在德国，孩子4岁选0.7 m×1.4 m的床，7岁选0.9 m×2 m的床，12岁选1 m×2 m的床，更多的空间预留为活动游戏区域，满足不同年龄段的孩子的空间需求。

那儿童房空间组合怎么搭配才更合理呢？下面将介绍几种实用的方法。

①儿童房空间组合：儿童房要设置学习区、收纳区、活动区、睡眠区。

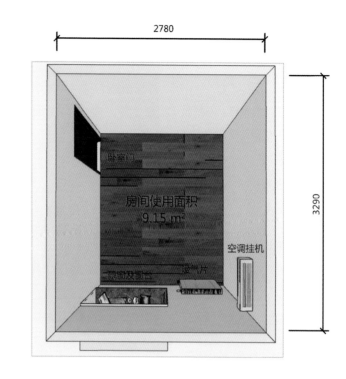

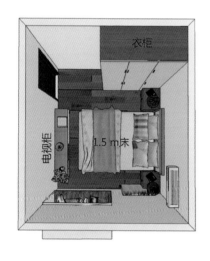

方案 A
优选

动线合理，虚实相当，空间利用率高

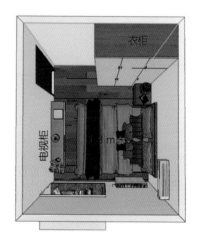

方案 B
次优选

床尺寸过大，空间较拥挤

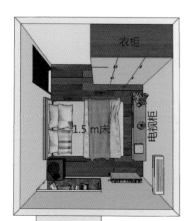

方案 C
不合理

床头方向错误，背对门口

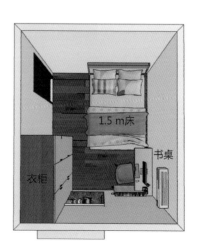

方案 D
不合理

衣柜遮挡采光，床的位置不方便起居

图 4-42 小卧室的家具组合方案（图片来源：羽番绘制）

②儿童房家具组合：床（高箱床、架式床）、床头柜、书柜、儿童书写椅、书写桌、衣柜、储物柜。

搭配要点：床满足儿童休息需求，在娱乐学习后可以躺在床上放松，高箱床可以增加储物功能；衣柜、储物柜用于收纳儿童的衣服、玩具、生活用品，也可以借此培养儿童的自理能力（图4-43）。

休息区床的摆放位置很重要，良好的睡眠对儿童的成长非常重要，建议放在靠墙的位置，节省空间（图4-44），靠窗的位置可放置书桌，便于采光，还能放松眼睛。

3. 家具搭配黄金法则，助你事半功倍

（1）突出中心摆放，避免焦点过多。

方法：最长的一面墙处可以摆放焦点物件，也可以设置其他焦点物件，沙发、座椅的朝向都转向焦点物件形成一个弧形的对话空间。具体的摆放方式如图4-45、图4-46所示。

（2）无固定茶几搭配，更实用。

如同无主灯设计一样，无茶几设计备受小户型年轻家庭的喜欢（图4-47）。这种设计可以为客厅设计预留更多的空间，也可选带轮子的小边几等兼具茶几功能的家具。无茶几设计具备以下几个优点。

①减少茶几占地面积。

②可设置多个茶几、边桌，分散功能。

③挪动更灵活，可以根据客厅人数多寡灵活调整布局。

（3）家具混搭不是乱搭，妙用二八法则，效果美到极致。

图4-43 儿童房家具组合，满足多变功能需求（图片来源：大朴设计）

图4-44 床靠墙摆放，预留活动空间（图片来源：大朴设计）

与十几年前不完全理解"欧式"等风格，却盲目跟风、生硬模仿不同，近几年的软装设计越来越趋向于摒弃"欧式"等风格。去风格化的软装设计（混搭）开始备受消费者的青睐。

二八法则是一个可以灵活运用的设计法则，空间主题元素不少于80%，混搭元素不超过20%。

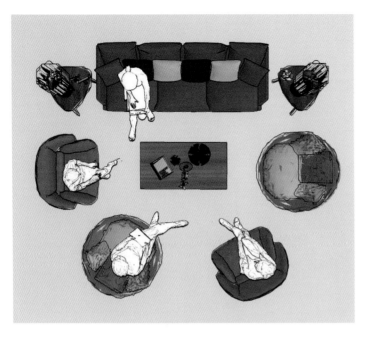

图 4-45 以视觉平衡为焦点，围合式的沟通空间（图片来源：羽番绘制）

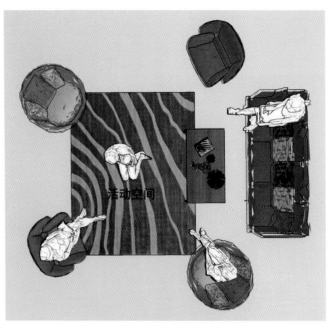

图 4-46 以亲子娱乐空间为焦点（图片来源：羽番绘制）

混搭≠乱搭，没有搭配规律的混搭是白搭，不可堆砌物品，而应删繁就简。

混搭可获得 1+1>2 的效果，去糟粕，取精华，融合不同文化的精髓，达到视觉美感平衡（图 4-48）。

如图 4-49 所示案例就采用了硬装、软装混搭设计。备受好评的杨坤家的设计也采用了混搭的设计手法。

特别提示：成品家具入场提防踩坑。

家具订购前需提前考虑入户门、楼道、电梯的尺寸。

给大家讲一件实际发生的事情：一位设计师朋友为客户家选配家具，直接陪客户去买了进口的成品大体积四人沙发，因没有考虑电梯尺寸，客梯进不去，楼高 22 层，没有搬运师傅愿意抬上去，最后实在没办法只能把窗户拆了，租用了起重机（图4-50）。

图 4-47 无茶几的家具组合

购买家具时要与客户、卖家及安装师傅沟通好尺寸，以免造成不必要的麻烦（图 4-51）。

图 4-48 20% 复古造型与 80% 现代元素完美结合　　　　　　　图 4-49 混搭效果

图 4-50 家具尺寸太大，使用起重机吊装入户

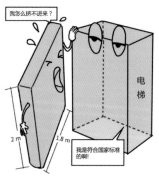

成品家具尺寸太大入不了户，就会增加人力搬运成本

图 4-51 未全面考虑成品家具尺寸

第二讲 灯光

一、帮你高效梳理灯具分类应用

助理小Z自从在《软装严选·成长营》学习，设计功力渐涨，参与项目的时候终于能理清头绪，也能给出一些建设性的意见，特别是在设计软装效果表现时，软装与灯光的结合运用层次丰满，得到了总监和同事的认可，小Z心里美滋滋，可是接下来列产品清单时小Z犯了难，灯光知道怎么用了，但是灯具（图4-52）要怎么选呢？下面的内容将进行详细讲解。

1. 灯具的分类

（1）吊灯（装饰花灯）。

顾名思义，吊灯就是指垂吊下来的灯具，属于"可以靠脸吃饭"的灯具，其装饰性可以

图4-52 各类灯具

说一骑绝尘，无灯能出其右。因此，很多人在选择吊灯作为空间主灯时，首先看的就是其装饰性，其次才是照明功能。不过和吸顶灯相比，吊灯的适用范围有一定局限。一是吊灯对层高有一定要求，楼层越高越适合用吊灯；二是，一些造型复杂的吊灯比较难清理，而且需要注意和空间装修风格搭配。

①吊灯的分类。

吊灯由于自身的结构，可以设计出许多的花样，既达到了美观的效果，又非常实用，在家居客厅装饰中占据重要地位。除按照外形分类以外，吊灯还可以按灯头数量分为单头吊灯、双头吊灯、三头吊灯等，以此类推。除单头吊灯外，可以将两个及以上数量灯头的吊灯称为多头吊灯。

②吊灯的安装工艺。

吊灯有多种安装工艺，常见的吊灯安装工艺见表4-18。

表4-18 常见的吊灯安装工艺

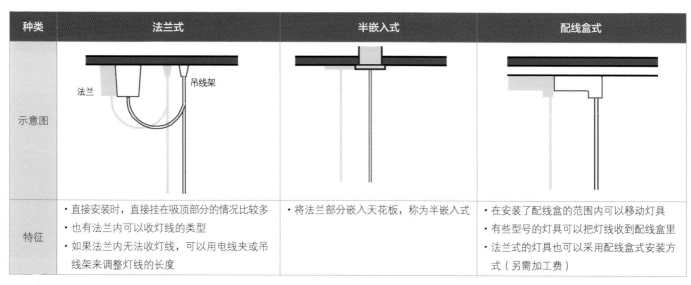

种类	法兰式	半嵌入式	配线盒式
示意图	（法兰、吊线架示意图）	（半嵌入式示意图）	（配线盒式示意图）
特征	• 直接安装时，直接挂在吸顶部分的情况比较多 • 也有法兰内可以收灯线的类型 • 如果法兰内无法收灯线，可以用电线夹或吊线架来调整灯线的长度	• 将法兰部分嵌入天花板，称为半嵌入式	• 在安装了配线盒的范围内可以移动灯具 • 有些型号的灯具可以把灯线收到配线盒里 • 法兰式的灯具也可以采用配线盒式安装方式（另需加工费）

（资料来源：株式会社X-Knowledge. 照明设计终极指南[M]. 马卫星，译. 武汉：华中科技大学出版社，2015.）

有些产品即使外形相同，安装的种类也不同，可根据需要选用。

注意，在安装吊灯时，吊灯距离地面的高度不能低于 2.2 m，太低的话对人的眼睛有伤害，或者会影响人的正常视线，让人感觉到刺眼。

③适用空间。

吊灯适合用于客厅、餐厅。如图 4-53 所示是 Louis Poulsen PH 5 吊灯应用于餐厅的效果。PH 系列灯具是 1925 年由丹麦设计巨匠、建筑师及作家 Poul Henningsen 设计的，并一举夺下巴黎 "国际装饰艺术与现代工业博览会" 设计金奖，很多人称呼它为 "巴黎灯"。

图 4-53 Louis Poulsen PH 5 吊灯应用于餐厅

图 4-54 FLOS IC Light 恒星系列灯具

（2）立式灯（落地灯、台灯、书灯）。

放在地板上的落地灯、放在桌子上的台灯、看书或学习时使用的书灯，统称为立式灯（图 4-54）。立式灯是由灯罩、支架、底座等组成，移动方便，用于局部照明、营造局部空间气氛。

①落地灯。

落地灯（图 4-55）灯光直接向下投射，适合阅读等需要精神集中的活动场所；也可以让灯光向上，用作背景照明，调整光源的高度能改变光圈的直径，从而控制光线的强弱，营造出朦胧的效果。

沙发旁的落地灯，以能调节高度和灯罩角度为宜，一般高 1.2~1.3 m，既能为阅读提供补充照明，还能在看电视时缓解电视屏幕光亮对眼睛的刺激。

②台灯、书灯。

图 4-55 落地灯

台灯（图 4-56）是一种特别常见的灯具，可以在床头柜上放置一盏台灯，不占地又省电，夜间起床也可使用，方便快捷，免除了四处摸索、找不到开关的烦恼。一提到书灯我们马上想到的场景就是看书、写字，书灯是主要放在桌子或柜子上的灯具，工作、学习时可以使用。

图 4-56 FLOS IC Light 的台灯

③适用空间。

立式灯适合用于卧室、书房、客厅。

（3）其他。

灯具无论是种类还是安装方式都很丰富，使用的时候关键是要看用途。在此不一一列举，住宅中常用灯具的类别、安装方式、特征、用途见表4-19。

2. 住宅常用的基础照明光源

照明光源是指灯具中的发光器材（图4-57）。光源是灯具中很重要的核心部件。光源也分很多种，不同的光源具有不同的参数和作用。常见的民用灯具光源有白炽灯、卤素灯、荧光灯、节能灯和LED灯等。

（1）白炽灯。

白炽灯的工作原理是电流经过灯丝（钨丝熔点达3410 ℃）时产生热量，螺旋状的灯丝不断将热量集合，使得灯丝的温度超过2000 ℃，灯丝在处于白炽状态时，就像烧红了的铁一样发出光来。灯丝的温度越高，发出的光就越亮，故称之为白炽灯。白炽灯的灯光在人工光源中属于最接近自然光的，显色性也极高。

白炽灯虽然价格便宜、显色性高，但是耗电量大、寿命短，电能大部分用于发热，性能远低于新型光源，已渐渐退出市场。

（2）卤素灯。

卤素灯是白炽灯的一个变种，发光原理与白炽灯一样，但比白炽灯色温更高、光效更高、外形更小且寿命更长。由于卤素灯的发光部分很小，容易控制光线，从筒灯或射灯等技术性灯具到壁灯、吊灯、台灯

表4-19 住宅中常用灯具的类别、安装方式、特征、用途

序号	类别	安装方式		特征、用途
1	吸顶灯	天花板	直接安装	·从小型灯到大型灯种类丰富 ·灯具本身发光的类型，适合需要房间整体被均匀照亮时使用
2	射灯			·光线的照射范围和方向都容易调节，也容易变换位置，需要照射某件家具或让部分空间更明亮时使用 ·也可以安装在墙上使用
3	筒灯		埋入方式	·大部分灯具的背面藏在天花板里，无论室内装修是何种风格都合适 ·除了照亮房间整体的筒灯，也有照射墙面的筒灯，配光种类也很丰富
4	可调筒灯			·用途与射灯类似，但多用于不想突出灯具本身时 ·与射灯相比，照射方向受限较大
5	吊灯		吊下方式	·材料、形状等方面的设计，以及光线照射方式都很丰富 ·不少是直接挂在天花板上，用在餐桌或竖井上方作装饰
6	枝形吊灯			·灯具本身造型突出，可以营造豪华氛围 ·有直接安装类型和吊下安装类型，可以根据不同天花板高度分别选用
7	壁灯	墙壁	直接附加型	·直接安装在墙壁上，材料、形状、配光的种类很丰富 ·与安装在天花板上的灯具相比，维修更方便
8	脚灯		嵌入型	·埋在墙内，主要安装在照亮脚边的局部位置 ·多安装于走廊等处用作夜里去往卫生间时的长明灯
9	射顶灯			·可以忽略灯具本身的存在，用于天花板的间接照明 ·用于天花板较高的室内，增加室内的开放感
10	台灯	放置式		·放在地上的称为落地灯，放在桌面等台面上的称为台灯
11	落地灯			·这是使照明与室内装修或家具成为一体的照明手法 ·让人感觉不到灯具的存在，却能获得照射天花板或墙面的光线 ·可以营造出有个性的氛围
12	建筑化照明	内置式		·作为庭院里的照明使用 ·除了保证夜间行走，也具有诱导效果
13	花园立灯	插入式		·因为安装在绿植中间，还具有缓和绿色阴影的效果
14	花园射灯	直接安装		·选择在节日或固定时间段开灯，以装饰庭院夜景 ·有的花园射灯采用专用的室外电源安装

等装饰性灯具，使用的范围极其广泛。

卤素灯的灯光比较接近日光的连续光谱，显色性很好，显色指数在 95 以上，价格也比较便宜，体积小，控光性好，所以适合需要投射性灯光的场合。

（3）荧光灯。

荧光灯又称日光灯。日光灯在气体放电的过程中释放出紫外光，荧光粉吸收紫外光后释放出可见光。荧光灯显色性相对较差，尤其是早期的非三基色粉荧光灯。荧光灯含有汞等有害元素，对环境具有一定的危害性。另外其紫外辐射和频闪现象也会对人的眼睛造成伤害。

荧光灯的发光效率比白炽灯高。中国是目前世界上荧光灯普及程度较高的国家，但是随着人们对于健康和环保的日益关注，荧光灯带来的危害越来越被人们所诟病。

（4）节能灯。

节能灯是一种紧凑型、自带镇流器的日光灯。节能灯给我们的生活带来了很多方便，可是它也带来了很多的问题：汞污染、频闪和电磁辐射等。笔者预测节能灯将全面被 LED 产品替代。

（5）LED 灯。

LED 是发光二极管的英文 light emitting diode 的缩写，是一种能够将电能转化为可见光的固态的半导体器件，它可以直接把电转化为光。发光效率比白炽灯和荧光灯都高，理论寿命很长，发光可达 100000 h，实际产品基本上使用30000~50000 h 不是问题，对于家用来说足够满足需求；无紫外线和红外线辐射；

图 4-57 不同照明光源（图片来源：羽番绘制）

不含铅、汞等污染元素。

LED 灯具有节能、环保、健康的明显优势，未来必然成为主流照明光源。

光源是灯具的核心，不同的光源具有不同的色温、节能性等，大家在选购的时候还是需要依据自己所需以及价格等因素来决定。

二、学习照明还需要懂点照明心理学

照明设计在室内陈设设计中越来越重要。关于照明设计，我们在第三章第二讲全面讲解了照明基础知识、灯光搭配与应用，在产品系统里我们又来讲灯具。除了人类赖以生存的日光，夜晚我们也需要光，便创造了灯具，灯具不仅解决基本照明问题，同样也满足了人们不断演进的审美需求。设计师不了解灯具，就无法掌握光环境氛围的营造技巧。灯光设计是光的设想、灯的计算。

1. 照明设计的使命

（1）见光不见灯，弱化灯的存在。

灯具先解决的基础问题是服务人的使用功能问题。

在进行灯的选择和设计时，要同时考虑如何弱化灯的存在，只突出光的表现，即见光不见灯。结合前面照明设计的内容，多层次的配光采用间接照明＋半间接照明＋半直接照明＋直接照明（局部照明）丰富灯光布局，采用的灯具造型也要融入空间格调。

（2）通过灯具来营造设想中的空间氛围。

好的光环境可以营造出设想中的空间氛围，甚至影响人的心理、生理。

光的氛围营造要考虑反光体的肌理、材质、色彩等元素，同时光也能更合理和充分地表现这些元素。

2. 用心理学解决照明问题

大家发现了吗？ 近些年国际设计大师和国内设计大师的讲座越来越多，我们获取最新的设计资源很方便，但是我们似乎走进不了他们的设计核心，似乎隔着千山万水。

笔者可以告诉大家，国际通用的以人为本的设计原理是基于脑科学、心理学、生物学、设计学、美学等学科的知识。下面就为大家讲解利用心理学解决照明问题的方法。

（1）针对睡眠不好的客户，灯光如何布置睡眠质量才会更高？

中国有超 3 亿人患有睡眠障碍，其中成年人的失眠发生率高达 38.2%，也就是约每5 个人里就有 2 人在受失眠困扰。

笔者接触的很多客户都对睡眠环境有很高的要求，睡眠浅，有点动静就会醒，卧室窗帘要求双层遮光，经常烦恼怎么把卧室设计出吸声的效果。那设计师怎么用设计手法改善睡眠环境呢？

睡眠质量与环境有很大的关系，作为专业人士的设计师可以综合考虑助眠声音、光线、温湿度等因素，也可以从照明心理角度帮助客户调节睡眠。具体方法如下。

①用照明调节人的生物节律。

照明对人体褪黑素会产生影响，从而影响不同年龄段人群的睡眠质量。适当的照明可以调节人体的生物节律，也可以调节由于季节变化引起的人体接受光照不足而产生的季节性情绪失调（seasonal affective disorder，SAD）。

褪黑素是由大脑的松果体所分泌的荷尔蒙，能控制身体，降低体温、血压、脉搏，

使身心感到放松，进入容易入睡的状态。哺乳动物处于黑暗环境时，褪黑素分泌活动立即加强；当转于光亮环境时则逐渐停止分泌。褪黑素分泌的节律，对睡眠、饮食状况、精神状态以及应激情况也有一定影响。所以可以利用照明的光照模拟自然光的变化以获得最佳的舒适感。

图 4-58、图 4-59 为低照度氛围台灯示意图，适合用于卧室空间，营造暖光源，使人放松下来，有利于进入睡眠状态。

用照明促进褪黑素分泌的具体方法如下。

a. 采用低照度灯光：把卧室灯光调至 150 lx 的微暗程度，就会促进睡眠荷尔蒙褪黑素的分泌，帮助睡眠。

图 4-58 氛围台灯示意图 1（图片来源：GESSI）

图 4-59 氛围台灯示意图 2（图片来源：GESSI）

b. 采用暖光：优质的睡眠灯光的色温宜在3000 K 左右，暖光会让人有放松的感觉。在暖光环境下，褪黑素大量分泌，人会逐渐放松身体，进入睡眠状态。

睡前 1 h，卧室灯光可以换成暖光并调低亮度，这样可以镇定交感神经的活动，有促进睡眠的作用。

不同年龄、不同性别的人群对照明光环境的照度、色温的需求存在差异。如图 4-60 所示，根据不同年龄段人群的作息时间，可以设计出针对不同年龄段人群的照明方案。

如 40 岁左右的人群的睡眠时间最少，照明应该契合其作息规律，营造出工作、放松休闲的照明氛围，婴幼儿睡眠时间较长，照明设计应该以营造安全、舒适、放松的氛围为主。

②卧室采用无主灯设计，时尚又健康。

大部分人的习惯是一到卧室就顺手打开主灯，使整个房间笼罩在主灯的白芒之下，不利于睡眠，层高低的精装房和面积较小时，吊灯容易给人压抑的感觉，影响睡眠。

建议卧室用落地灯、壁灯、台灯、背景灯带、床下灯带等不同的灯具，在卧室空间内组合出不同的灯光层次，无论是功能上还是视觉上都会非常丰富，使人身心都很舒适（图 4-61）。

③使用可调节光源。

灯具选用可逐渐调节亮度的小夜灯、台灯（图 4-62），适应睡眠的过渡过程，能让人更加轻松地进入睡眠状态。

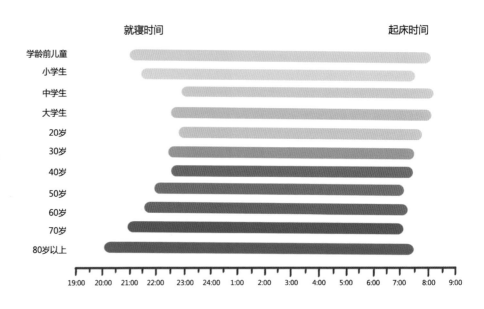

图 4-60 不同年龄段人群的作息时间（图片来源：羽番绘制）

图 4-61 卧室灯具组合

图 4-62 智能睡眠辅助工具提供助眠灯光

图 4-63 商业店面的灯光设计倾向

（2）照明设计冬夏有别：灯光配不好，冬寒冷、夏炽热。

冬夏季照明环境带来的生理、心理感受不同，要区分季节进行精细化的照明环境设计。

冬季，早起的学生和上班族感觉精神不佳，这是因为冬日的早晨人体缺少光的照射，体内褪黑素浓度不能迅速分解，导致昏昏沉沉没精神。夏季，当自然光较早地照射人体时，体内的褪黑素迅速分解，人会较早起床，且精神较好。

应对冬夏季节照明需求的方法之一是调节灯光。适当提高室内光环境照度有利于调节人的生物节律，有利于改善冬季因为光线照射不足引起的生理和心理不适。

①在冬季将室内主要活动区域的平均照度从 75~100 lx 提高到 150~200 lx。

②住宅照明光环境设计适当考虑灯光色温的变化，夏季用偏冷色的光源照明，冬季使用偏暖色的光源。注意在设计中把室内灯光分为冷暖两个层次，在不同的季节以某一种色温的灯光为主。

（3）照明设计男女有别？

灯光对人的心理和生理感受产生的影响也是要区分男女的。例如，主要服务于女性的场所美容院、化妆品店、女装店等运用的灯光与主要服务于男性的男装店是完全不同的（图 4-63）。

通常，女性对环境更加敏感，在暖光下女性的负面情绪较弱，而在冷白色灯光下，负面情绪增加。而男性在两种情况下情绪表现都较平稳，男性在高强度灯光下负面情绪增加。

如图 4-64 所示为葡萄牙品牌 Claus Porto 精品店的灯光设计，利用虚实空间结合自然光与灯带营造仿佛在艺术时空进行穿梭之旅的视觉感受。

如图 4-65 所示是史塔克游戏办公室，这是一个被光线切割的空间。在不大的空间内，设计者将人们的视线聚焦于由灯光营造的虚实相间的橘色空间中，在简约的稍显沉闷的办公室中，给人眼前一亮的视觉体验。

（4）住宅灯光还能模拟自然光源？

随着科技进步，人造灯光更加丰富。意大利科学家用涂有特制纳米颗粒的面板对白色 LED 光源进行散射，从而能在任何时候、任何天气甚至在没有窗户的暗室里营造一方晴朗的"蓝天"（图 4-66~ 图 4-68）。

通过 LDE 技术手段（日光模拟器）营造太阳光源，达到自然日光的效果，提升人的生理和心理舒适度，这种设计常用于博物

图 4-64 葡萄牙品牌 Claus Porto 精品店的灯光设计（图片来源：Tacklebox Architecture）

图 4-65 史塔克游戏办公室的照明设计

图 4-66 逼真模拟太阳光的环境照明

图 4-67 酷似太阳光的灯具照射光

图 4-68 用 LED 灯逼真模拟自然阳光

馆、摄影棚、艺术概念馆，以及民宿、酒店等商业空间，如图 4-69 所示。

梳理本部分知识脉络，如图 4-70 所示。

图 4-69 模拟日光的效果及模拟日光的小台灯

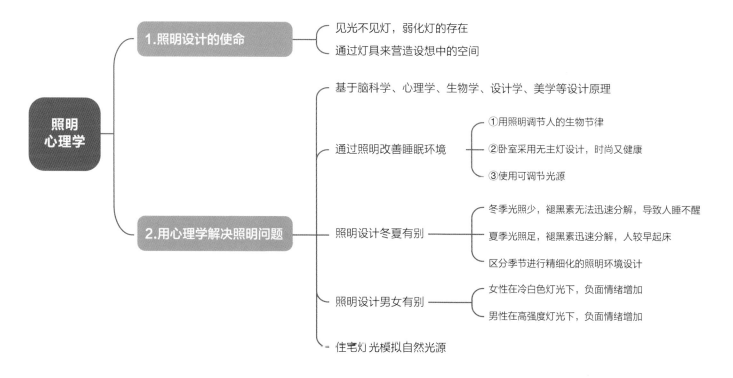

图 4-70 照明心理学应用（图片来源：羽番绘制）

第三讲 织物陈设

一、窗帘简史、分类及测量方式

软装的兴起是从窗帘开始的，因为窗帘是相对定制化的软装饰，在软装设计中最容易出效果。我们从窗帘的历史、分类、测量方式开始讲解，再逐步地深入讲解窗帘的面料分类、优缺点和适用范围，窗帘的算料和不同窗型的测量方式，窗帘搭配设计手法，陈设布艺，家纺布艺等内容，帮助大家快速了解软装织物陈设设计。

1. 窗帘发展简史

（1）中国古代窗饰的发展简史。

中国很早就有了窗，最早有木制和草编帘，有丝绸之后，达官贵族用丝绸做帘，后来发明了纸，家家户户才用纸糊窗户起到遮挡作用。

汉代之前，窗口很小，在墙上凿出或预留粗糙的空洞，基本目的是通风，用兽皮或草编帘加以遮盖。

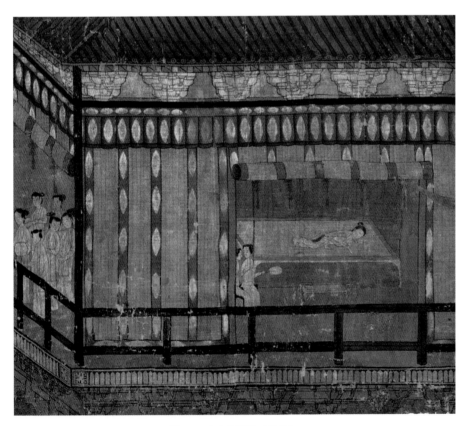

图4-71 宋《瑞应图》中的卷帘

汉代时虽然蔡伦发明了纸，但是由于当时纸张较为粗糙，并未被用作窗纸。后来随着造纸技术的提升，人们开始用纸做窗户的遮掩物，当时的窗户窗眼一般较小而密，主要是为了防盗。纸糊的窗户在北方居室中很常见，糊窗户的纸呈白色，具有一定的厚度和韧性。

古代窗纸多用"毛头纸"，非常厚而且有一定的张力和韧性，人们还会定期在上面涂上防水防潮的桐油，透光度、韧性比普通纸张好。

宋代开始出现布艺帘、竹帘、草编帘（图4-71），当时的百姓开始用它们代替纸。布艺轻便且花纹丰富，用其制作的窗帘也演绎出万种风情。

现代中式、日式风格的设计还是会以布帘、障子纸、竹编帘、草编帘营造素净的居住氛围。

（2）西方窗帘的发展简史。

现今我们能看到的"帘"的最早视觉形象出现在庞贝古城（意大利南部那不勒斯附近的维苏威火山区）的马赛克壁画上，上面有关于古罗马早期基督教时期（2—6世纪）华丽的殿堂建筑室内装饰的描画。那时盛行的装饰风赋予了"帘"新的意义，除了用于空间隔断（室内门帘），精美而富有造型感的帷幔成为整个建筑室内装饰的一部分。

①中世纪时期（5世纪后期—15世纪中期）的窗饰。

图 4-72 中世纪古堡草图

图 4-73 窗帘箱体的形式（窗帘箱后来演变为窗帘盒）

中世纪的城堡（图 4-72）里，窗帘很小，窗户基本上采用木制的百叶，在寒冷的冬季，人们为了抵御寒冷空气在窗口挂上厚厚的布帘，最初的功能是避寒保暖。

②文艺复兴时期（14—16 世纪）的窗饰。

帘最早为门帘，源自法语单词 pocte，意为门。门帘通常挂在房间里。白天的时候将一块织物折叠在一起作为室内装饰，夜晚的时候展开盖住门，以保护隐私、保暖御寒。

文艺复兴临近末期之际，窗幔开始被纳入窗饰中。灵感来自古典希腊图案的三角帘和窗帘箱（图 4-73），更为精致的窗饰在巴洛克时期繁荣起来。

③巴洛克时期（约 17 世纪）的窗饰。

巴洛克时期的花纹以大气风格为主，追求一种繁复夸饰、富丽堂皇、气势宏大、富于动感的艺术氛围，这个时期的窗饰同样如此，如图 4-74 所示。

④洛可可时期（路易十五时期，18 世纪）的窗饰。

洛可可（Rococo）艺术，是 18 世纪产生于法国的一种艺术形式或艺术风格，盛行于路易十五统治时期，因而又称作"路易十五式"。洛可可时期出现了室内装潢商为贵族提供室内设计服务，精致的床幔和窗饰都出自这些技艺精湛并且具有影响力的大师之手，他们监管着、实施着贵族所需的各种奢华精致的工艺，这些大师中包括一个名叫托马斯·齐彭代尔的人，被誉为"欧洲家具之父"，他设计出的家具被称为齐彭代尔式家具（图 4-75）。

图 4-74 巴洛克时期的窗饰

图 4-75 欧洲贵族家具的代表：齐彭代尔式家具

窗帘艺术蓬勃发展时期是巴洛克时期与洛可可时期。这两个时期艺术的区别如图 4-76 所示。

⑤维多利亚时期（19—20 世纪）的窗饰。

最早的蕾丝流行于国王及贵族的服饰中（图 4-77），1840 年左右，通过面料商、装饰设计师和建筑师们的共同努力，蕾丝开始应用于窗帘的制作之中。维多利亚时期，蕾丝纱帘成为几乎每一个英国家庭的挚爱（图 4-78）。

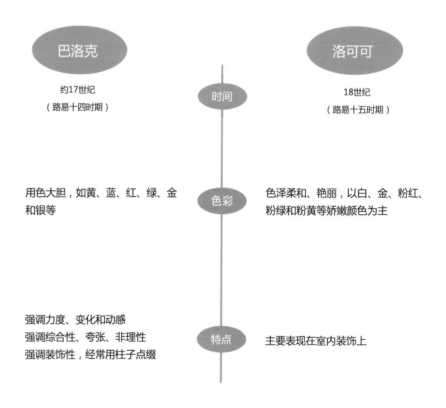

图 4-76 巴洛克时期与洛可可时期艺术的区别（图片来源：羽番绘制）

2. 软装中常用的窗帘分类及测量方式

窗帘的种类繁多，室内常用窗帘分为成品窗帘和布艺窗帘两大类。

（1）常用的成品窗帘分类。

常用的成品窗帘分为百叶帘、蜂巢帘（风琴帘）、香格里拉帘、斑马帘（柔纱帘、彩虹帘）、卷帘（竹席卷帘、草编卷帘）、百褶帘、珠帘等。

①百叶帘：让光线成为家里的好朋友。

百叶帘以木、竹、铝合金等为主要材质，优点是耐用、易清洗、不老化、不褪色、遮阳、隔热、透气防火、经济实惠、好用。百叶帘按照材质可分为如图4-79所示的几种。不

图4-77 蕾丝服饰

图4-78 维多利亚时期的窗饰（手绘）

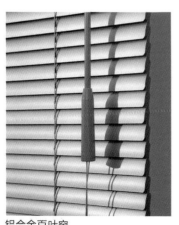

铝合金百叶帘

木质百叶帘

竹质百叶帘

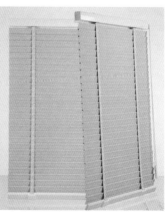

朗丝（纳米面料）百叶帘

图4-79 各种材质的百叶帘

同材质的百叶帘的特点如下。

a. 铝合金百叶帘：采用优质铝片制作出来的百叶帘，称为铝合金百叶帘，经氧化烤漆处理，不腐蚀、生锈。

b. 木质百叶帘：常用产于外兴安岭的椴木材料制作，如上等康椴，木质圆润、柔韧，本木色浅，上漆后能保持纹理清晰、色彩鲜明。

c. 竹质百叶帘：选用优质上乘原料，经过科学处理，并经过高温蒸煮、杀菌、紫外线烘烤等工艺制作而成，竹质百叶帘具有防霉、防蛀、安装简单、护理方便的特点，是家庭、宾馆、办公室装饰明智而又理想的选择。

d. 朗丝（纳米面料）百叶帘：是采用现代高科技手段，提炼采自深海亿万年前的液态矿物质，采用强度极高的工业用丝高聚酯丝线、强密度的编织工艺编织而成的朗德布制作成的现代百叶窗。

电动朗丝百叶帘由电机＋纳米面料制成，价格较高。其特点及优势是防水、抗污、抗静电、弹性高、抗弯曲、隔热节能、防火阻燃、降噪、抗干扰、过滤紫外线、轻巧环保、耐老化。常用于居室、书房、浴室、厨房、餐厅、会所、健身房、图书馆等。

e. 正常窗的百叶帘内装、外装测量方法。

如图 4-80 所示为正常窗的百叶帘外装、内装测量方法。百叶帘面积的核算方式分两种，内装时，面积＝（实际宽度 -1 cm）× 实际高度；外装时，面积＝（实际宽度 +20 cm）×（实际高度 +20 cm），具体数值根据实际情况做调整。

②蜂巢帘：现代家居设计中的优雅选择。

蜂巢帘（图 4-81）起源于欧洲，灵感来自自然界的建筑奇观蜂巢的设计。蜂窝结构使空气存储于中空层，令室内保持恒温，隔热保暖，有了它，家里冬暖夏凉。蜂巢帘是居家必备良品，常用于小阁楼、阳光房、书房、居室、办公空间等。

如图 4-82 所示为蜂巢帘结构图，可以帮助大家更好地了解蜂巢帘的安装结构。

a. 蜂巢帘的材质及颜色：环保无纺布、涤纶、阳光面料，尺寸要求精细，有各种流行的颜色。

b. 蜂巢帘的工艺: 蜂巢帘一直流行于欧洲，传入中国后经常应用于别墅、阳光房和家庭居室，经过专门加工的面料具有弹性。蜂巢帘的帘布多为无纺布材质的，表面平整，具有抗紫外线、防尘、防潮的功效。其帘布经过特殊工艺处理，可防静电、防霜、防水，不易积尘、霉变，易清洁维护。面料褶印经热轧永久定型，不易变形，经久耐用。

c. 遮光率：半遮光蜂巢帘有 50% 遮光率，全遮光蜂巢帘有 90% 遮光率。

d. 正常窗的蜂巢帘外装、内装测量方法同百叶帘。

③香格里拉帘。

香格里拉帘是一种糅合了电动窗帘、窗纱、百叶帘、卷帘设计优点的窗帘。香格里拉帘是保护隐私及控制光线的最佳选择之一，广泛用于居室、写字楼、咖啡厅、西餐厅、酒店等场所。

外装

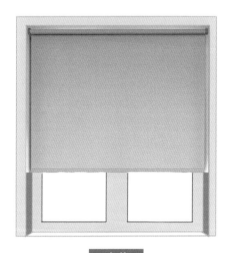

内装

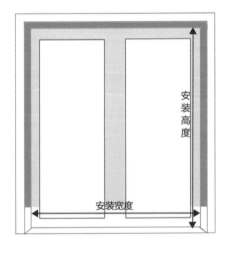

图 4-80 正常窗的百叶帘外装、内装测量方法
（图片来源：羽番绘制）

图4-81 蜂巢帘的应用

香格里拉帘一般分为净色透景香格里拉帘
（透光、透景）、仿麻透景香格里拉帘（透
光、透景）、全遮光香格里拉帘（不透光、
不透景）等。

（2）常用布艺窗帘的分类。

国内住宅空间中软装窗饰应用最多的是布
艺窗帘。

①按照形式分类。

布艺窗帘按照形式分为简易式（窗帘杆）、
导轨式（轨道）、盒式（窗帘盒）三种（图
4-83）。布艺帘通常由帘体、辅料、配件
三大部分组成（图4-84）。帘体分为窗幔、
窗身、窗纱。窗幔是装饰窗帘不可或缺的
组成部分，一般用与窗身相同的面料制作。

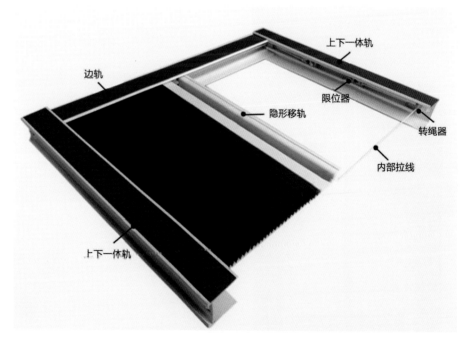

图4-82 蜂巢帘结构图

简易式   导轨式   盒式

图 4-83 布艺窗帘按照形式分类

②按照款式分类。

a. 对开帘（平开帘）：层次丰富，富有对称之美。

对开帘（图 4-85）多用于面积适中与较大的窗户，左右各一帘，可全部拉开，是软装中常用的一种款式，顶部多用穿孔帘头或褶皱（韩折、酒杯折）挂环，两端设滑轮，有

图 4-84 窗帘的构成

图 4-85 对开帘

电动帘、手动帘两大类。

b.罗马帘：透风防尘（图4-86）。

罗马帘是窗帘中的一种常见款式，是将面料贯穿横杆，使面料质地显得硬挺，充分展现面料的质感，具有层次感，装饰效果很好，显得华丽、漂亮，为窗户增添一份高雅古朴之美。

③罗马帘的分类。

罗马帘按照形状可分为折叠式、扇形式、波浪式、水波纹式；按照款式可分为柔式、板式（平行帘）、澳式水波纹、波伦罗马帘、花底、平底等；按照开关方式可分为手动

罗马帘、半自动罗马帘、电动罗马帘。

a.比例建议。

扇形罗马帘与平底罗马帘建议高度与宽度的比例为1.5：1，较为美观（图4-87）。

b.普通窗户安装罗马帘的测量方法（图4-88）。

内装：测量A、B的净尺寸即可。

外装：罗马帘需要比窗户尺寸大一些，以使罗马帘覆盖全部窗户。建议在窗户实际尺寸的基础上，宽和高的尺寸都至少增加20 cm。

c.飘窗安装罗马帘的测量方法（图4-89）。

飘窗也称凸窗，有一字形、L形、U形三种，测量时需要紧贴窗沿测量窗户宽和高的净尺寸。

测量U形或L形飘窗尺寸时，需要标注左右，因为两侧尺寸并不绝对均等，存在尺寸误差。

飘窗制作罗马帘需减去对应的轨道尺寸。

④奥地利帘：曲线优美，浪漫满室（图4-90）。

普通帘子加升降抽拉装置形成自然褶皱就形成了奥地利帘。

奥地利帘也称公主帘，它由纱幔制作而成，具有很强的少女气息，十分唯美。

奥地利帘的特色造型有抽褶式、加平幔式、底边加荷叶边式、加流苏式等。

梳理本部分知识脉络，如图4-91所示。

纱面料，放下是平帘，抽拉是扇面的罗马帘

图4-86 罗马帘

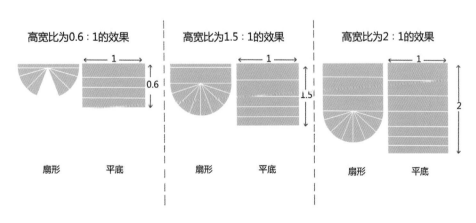

图4-87 不同高宽比的扇形罗马帘与平底罗马帘（图片来源：羽番绘制）

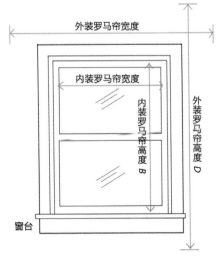

图4-88 普通窗户安装罗马帘的测量方法
（图片来源：羽番绘制）

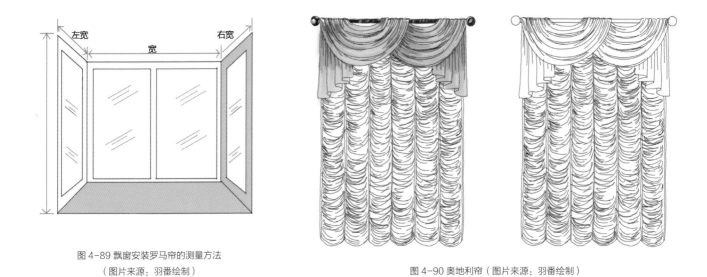

图 4-89 飘窗安装罗马帘的测量方法
（图片来源：羽番绘制）

图 4-90 奥地利帘（图片来源：羽番绘制）

图 4-91 窗帘的发展简史及分类（图片来源：羽番绘制）

二、怎么挑选合适的面料？软装布艺面料常识集锦

1. 布艺在室内软装中起到哪些作用

我们提到窗帘，必谈它占据"半壁江山"的装饰作用。不过窗帘只属于室内软装中布艺的一部分。那什么是布艺，布艺在室内软装中到底起到哪些作用呢？

官方的注解是：布艺指的是以布为主要材料经过艺术加工达到一定的艺术效果与使用条件，满足人们生活需要的一些纺织品。即布艺 = 材质（布坯）+ 人为（艺术）加工 + 剪裁设计 = 家居用品。

如果把一个空间比作一个人，布艺就如同人身上的服饰。材质、色彩、造型、装饰都与整个空间的格调息息相关。

那室内软装元素中哪些可以归类到陈设布艺的范围呢？具体如图 4-92 所示。

在家居陈设中，布艺拥有柔软灵活的视觉质感，会使空间变得温馨柔和，人在感官体验中容易放松（可参考第三章中有关材质的内容），同时它可以通过不同材质的质感和肌理图案来强化我们所要表达的空间格调，还能很好地表达隐形的文化、品位等，营造出我们想要的空间氛围（图4-93）。

2. 认识软装布艺面料的分类

只有深度了解每种面料的属性、质感，才能更精准地甄别什么时候使用什么面料，什么空间适合什么样式的面料，面料怎么设计才能展现质地的美感。

（1）布艺面料的两大分类：天然材质 vs 人工材质。

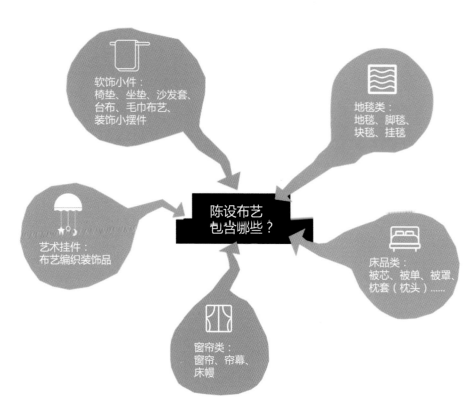

图 4-92 布艺的范围（图片来源：羽番绘制）

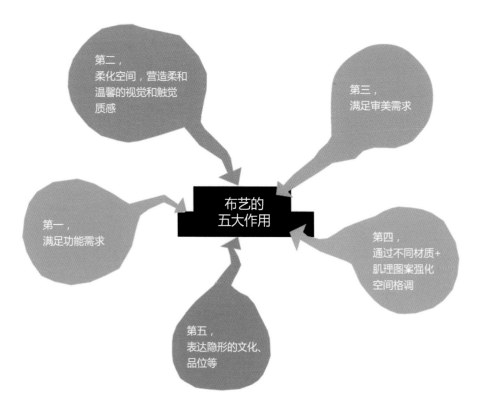

图 4-93 布艺的五大作用（图片来源：羽番绘制）

布艺面料由纱线织成，纱线又由很细腻的纤维原料制成。纤维可分为天然纤维［棉（图4-94）、麻、丝、绒、毛等］、化学纤维（以天然纤维或石油为原料添加化学药剂发生反应后制成的人造纤维、合成纤维和无机纤维）等。由其制成的面料材质也分为天然和人工两类。

另外，在软装中，常使用的是天然纤维以及化学纤维中的合成纤维。

（2）常用天然纤维的材质。

天然纤维自古以来一直存在于人类的家居生活中，在高端的室内项目中被广泛应用。

①棉（图4-95）。

常见名称：精棉（全棉）、健康棉、长绒棉、海岛棉。

优点：吸湿、透气、柔软、环保。

缺点：易褶皱、易缩水（缩水率5%）、易褪色。

软装产品：沙发面料、床品、窗帘布纱等。

适用空间：北欧、现代极简、侘寂、混搭风格空间等。

面料工艺：提花、印花、绣花等工艺。

②麻（图4-96）。

常见名称：亚麻、黄麻、苎麻。

优点：有特有的清爽感、透气、不缩水、不褪色。

缺点：粗糙、易褶皱、不滑爽。

图4-94 棉花及其加工场景

图4-95 棉质面料

图4-96 麻质窗帘布、麻纱

软装产品：窗帘纱、面料。

适用空间：北欧、田园、现代极简、侘寂、混搭风格空间等。

③丝（图4-97）。

常见名称：泰丝（图4-98）、桑蚕丝、柞蚕丝、仿真丝（为人造丝，可代替真丝）。

优点：有特有的光泽度、丝滑感，有金属感的亚光质感，易造型，具有特殊的褶皱美感。

缺点：易褶皱（比棉好）、易褪色、垂感较弱、保养昂贵。

丝质的辨别：真丝会有精密的丝结，奢华精贵，具有贝壳、珍珠般的光泽。人造丝比较便宜，可代替昂贵的真丝，具有垂感。

面料工艺：除素面丝质面料外，还可以使用提花、绣花、烫金等工艺（图4-99）。

适用项目：别墅、大宅等。

适用空间：复古奢华（图4-100）、古典异域风情、现代都市、Art Deco、混搭风格空间等。

软装产品：窗帘等（图4-101）。

泰国著名的泰丝品牌为 Jim Thompson（金·汤普森），其产品在中国的高端布艺代理商博放（Profound）、长堤（Lacantouch）处均有销售。

④雪尼尔（图4-102）。

雪尼尔是一种新型花式纱线，它由两根股线做芯线，通过加捻将羽纱夹在中间纺制而成。

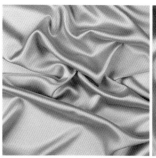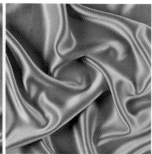

图4-97 丝质面料

图4-98 丝界精品：泰丝

提花面料　　　　丝质绣花面料　　　　丝质烫金面料

图4-99 不同工艺的丝质面料

图 4-100 丝质面料应用于复古奢华的空间

图 4-101 丝质面料窗帘

图 4-102 雪尼尔面料与加厚纯色雪尼尔面料

常见名称：雪尼尔绒、绳绒。

优点：高档华贵、手感柔软、精密厚实、挡风遮光、绒面丰满、保暖、悬垂性好、吸水性好。

缺点：过于厚重。

产品：窗帘、沙发套、床罩、床毯、台毯等。

⑤绒。

说起绒，联想的词少不了奢华，在很多软装案例中都能看到绒质面料的身影。早在一千多年前，丝绒这种面料就很流行了。在中世纪和文艺复兴时期的西方，也就只有贵族阶层才消耗得起天鹅绒材质的床具、窗帘（图 4-103）、饰物和服装等（图 4-104）。在现代，它仍然广受顶级时尚设计的喜爱。

常见名称：意大利绒、天鹅绒、荷兰绒、法兰绒、灯芯绒（常用服装面料）、珍珠绒、短毛绒、长毛绒、不倒绒等。

优点：垂感好、柔软滑爽、富有弹性、吸湿、吸声、吸尘、色牢度高、色彩丰富。

适用空间：复古、时尚摩登、轻奢、ins风、现代复古混搭风格空间。

荷兰绒（图4-105）是一种高档的天鹅绒，在日常生活中也比较常见，绒面柔软亲肤，触感丝滑，厚实耐用，工艺精致，不起球，不产生静电，无缩水率，比一般的绒布品质高很多。国产荷兰绒的价位为100~200元/m，且多是窄幅的，进口荷兰绒的价位在300元/m左右。

看到这么多绒质面料，你可能会纳闷在实际项目中该怎么辨别和选择。下面就教大家如何通过外观进行区分。

a.意大利绒绒毛要长一点，触感很柔软，色泽为亚光。

b.天鹅绒绒毛短一些。

c.荷兰绒绒毛较短，绒面有钻石般的色泽。

（3）合成纤维的材质。

家居面料中经常会出现聚酯纤维、粘胶纤维等。它们因强度高、性价比高，广泛用作民用织物及工业用织物，可与天然纤维（如棉、麻、毛）混纺，是包容性很强的合成纤维。

表4-20中列出了天然纤维和合成纤维窗帘面料的品名、常见名称、优点、缺点等信息，表4-21、表4-22中列出了不同材质及面料的性能，供大家参考。

3. 设计师在项目中怎么挑选窗帘面料

（1）窗帘选不好也会有甲醛？

由于甲醛防腐能力强，为了使服装达到防皱、防缩、阻燃等效果，或者为了保持印花、染色的耐久性，增加悬垂感等，都需

图4-103 绒质面料窗帘

图4-104 女王伊丽莎白一世穿着丝绒制成的华服

图4-105 荷兰绒

在纺织品生产助剂中添加甲醛，阳光直射后，温度升高，会不间断地释放甲醛污染物。所以购买窗帘布时要注意以下几点。

①闻味。如果产品散发出刺鼻的异味，谨慎购买。

②挑花色。挑选颜色时，以选购浅色调为宜，从色牢度角度考虑，甲醛超标的风险会小一些。

③勿选廉价的带有遮光布的面料。市场上有很多廉价的带有遮光功能的窗帘，大多数是增加了涂层的遮光凝胶，衬在窗帘布后起到遮光的效果。

④新房先通风放气，降低甲醛危害。

表4-20 合成纤维和天然纤维面料

类别	品名	常见名称	优点	缺点	产品	适用空间	工艺
合成纤维	粘胶纤维（vscose）	莫代尔纤维、亚光丝、粘纤、人造丝、人造棉、人造毛	有特有的丝绸感和滑爽度，吸湿透气性仅次于棉，不褪色	弹性差、易褶皱、缩水率高、易起毛	服装面料、沙发面料、窗帘布艺	通用	提花、绣花、印花、色染
	涤纶（polyester）	聚酯纤维	颜色鲜艳，不褪色，光滑不走形，挺阔不褶皱	吸湿、透气性差，摩擦易起球	服装面料、沙发面料、窗帘布艺	通用	提花、绣花、印花、色染
	腈纶（acrylic）	亚克力纤维、合成羊毛、拉舍尔	柔韧蓬松，易洗快干，不缩水，耐光、耐晒	吸湿性差，易起静电且容易脏，穿着有闷气感，易起球	地毯、窗帘、沙发面料	通用	提花、绣花、印花、色染
	锦纶（chinlon）	尼龙、聚酰胺纤维	耐磨、结实，保型性仅次于涤纶，不褪色	吸湿性差，怕晒，易起球、起毛		通用	提花、绣花、印花、色染
	氨纶（spandex）	弹性纤维、莱卡、拉卡、斯潘德克斯	极佳的弹性和伸展性，特有的保型性，不褪色	吸湿性差		通用	提花、绣花、印花、色染
天然纤维	棉（cotton）	精棉（全棉）、健康棉、长绒棉、海岛棉	吸湿、透气、柔软、环保	易褶皱、易缩水（缩水率5%）、易褪色	沙发面料、床品、窗帘布纱	北欧、现代极简、侘寂、混搭	提花、印花、绣花、扎染
	麻（linen）	亚麻、黄麻、苎麻	有特有的清爽感，透气、不缩水、不褪色	吸湿透气性差、粗糙、易褶皱、不清爽、易起球	窗帘	北欧、田园、现代极简、侘寂、混搭	麻纱、剪花
	丝（silk）	泰丝、桑蚕丝、柞蚕丝、仿真丝	有特有的光泽度、丝滑感、金属感的亚光质感，易造型、易有特殊的褶皱美感	易褶皱（比棉好）、易褪色、垂感较弱、保养昂贵	窗帘	适用项目有别墅、大宅；适用空间有复古奢华、古典异域风情、现代都市、Art Deco、混搭	素面丝质、提花、绣花、烫金
	雪尼尔（chenille）	雪尼尔绒、绳绒	具有高档华贵感、手感柔软、精密厚实	过于厚重	窗帘、沙发套、床罩、床毯、台毯	现代极简、复古	提花、绣花、印染、烫金
	绒（velvet）	意大利绒、天鹅绒、荷兰绒、法兰绒、灯芯绒、珍珠绒、短毛绒、长毛绒、不倒绒	垂感好、柔软滑爽、富有弹性、吸湿、吸声、吸尘、色牢度高、色彩丰富	容易起静电、吸附灰尘，不易清理	沙发面料、窗帘面料、抱枕、装饰毯	复古、时尚摩登、轻奢ins风、现代复古混搭风格	倒绒、植绒、压花绒、印花绒、短绒、长绒

表 4-21 不同材质及面料的性能 1

类别	触感	透气性	吸湿性	保型性	染色难易度	洗涤难易度	价格	耐用性
棉	柔软	优	优	差	易	易	中	良
麻	粗涩	优	良	良	难	中	中	优
丝	光滑、柔软	中	良	良	难	难	高	差
羊毛	轻柔、温暖	优	优	良	中	难	高	优
人造棉	柔软	良	优	差	中	易	低	良
人造丝	轻软	良	优	良	易	易	较低	差
人造毛	轻柔	良	优	良	易	易	较低	良
涤棉布	较软	良	良	良	中	易	中	好

表 4-22 不同材质及面料的性能 2

类别	强度	弹性	耐酸	耐碱	耐热	耐日光	吸湿性	染色难易度
涤纶	高	差	是	否	是	是	差	难
锦纶	高	好	否	是	否	否	良	中
腈纶	中	好	是	否	是	是	差	难

⑤认准大品牌的生产工艺。

（2）遮光不仅要看面料，还要看安装方式？

选面料的时候一定要检查遮光率（图 4-106），可以用光源放在布料后方测试，以分辨遮光率高低（图 4-107）。

①顶部漏光需要提前考虑安装的方式。

a. 有吊顶的房间：给窗帘轨道留一条凹槽，加一层板子，把窗帘杆隐藏起来。这种方式不需要外挂的窗帘盒，就可以实现顶部不漏光。

b. 无吊顶的房间：如果房间没有吊顶，就

图 4-106 遮光率不同的面料的遮光效果示意

图 4-107 检查面料遮光率

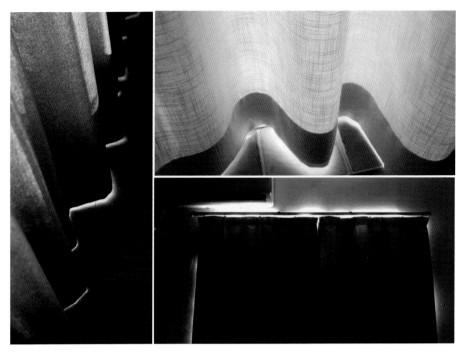

图 4-108 窗帘漏光形式

把窗帘盒固定在墙上，与窗框套形成一个整体。

②底部漏光：面对阳光直射的阳台，底部漏光很好解决，窗帘下摆距地面的距离尽量控制在 1~2 cm，也可以根据客户实际需求，将窗帘设计为下摆离地面 1~2 cm 的效果（图 4-108）。

（3）看清面料的成分含量。

市面上有纯棉麻面料，也有很多为了降低价位而生产的仿棉麻面料。这种面料是用 100% 涤纶（聚酯纤维）去仿造的，通常比较便宜。

不过也不要一看 100% 涤纶，就嗤之以鼻。它垂顺、好打理的特点，受很多人钟爱，是纯天然的棉和亚麻材质面料所不具备的。它还有棉麻的质感，在软装中不要忽视它。有很多高档时尚女装的面料也是聚

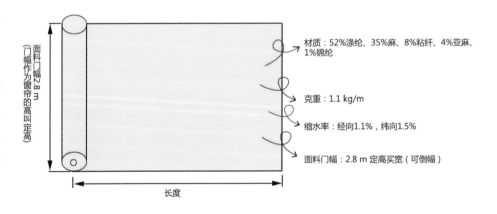

材质：52% 涤纶、35% 麻、8% 粘纤、4% 亚麻、1% 锦纶

克重：1.1 kg/m

缩水率：经向 1.1%，纬向 1.5%

面料门幅：2.8 m 定高买宽（可倒幅）

面料门幅 2.8 m（门幅作为窗帘的高叫定高）

长度

图 4-109 面料标识示意（图片来源：羽番绘制）

酯纤维材质。

正规厂家生产的面料都会标识面料的材质、克重、面料门幅等（图 4-109），可根据厂家标识精选适用的面料。

（4）关于混纺的正确认识。

在窗帘面料的选择中，不必太拘泥于"全棉"或者"全亚麻"等天然面料（高端项目除外）。窗帘是拿来悬挂的（装饰、遮光、隔热），而合成纤维制成的面料通常更好打理、

图 4-110 仿棉麻面料

图 4-111 棉麻混纺面料

更耐用。下面就介绍几种常用的混纺面料。

①仿棉麻面料（图 4-110）。

仿棉麻面料就是用 100% 涤纶去仿造出棉麻质感的面料。这种面料的市场价格通常比较低。

②棉麻混纺面料（图 4-111）。

棉麻混纺面料是在面料中加入一点棉或者麻（或者两者都有），再混上涤纶，既能呈现出亚麻的真实质感以及部分真实的手感，又比较垂顺、好打理。这种面料因为加入了棉或者麻，价格会略高一些，价格视加入的棉或麻的多少而定。

梳理布艺面料方面的知识，如图 4-112 所示。

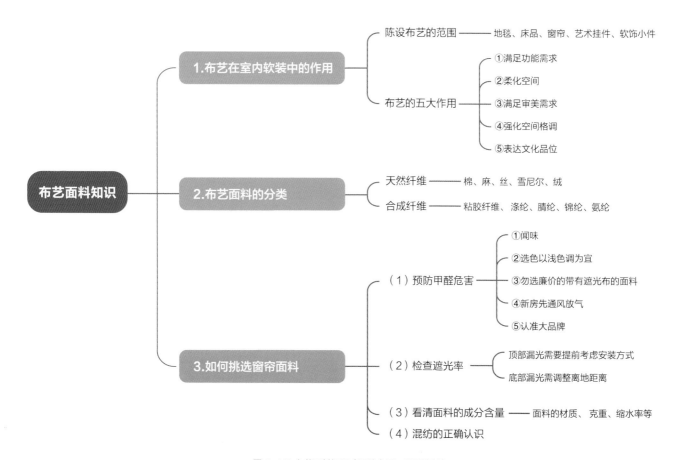

图 4-112 布艺面料知识（图片来源：羽番绘制）

三、如何快速学会窗帘算料与测量

学习窗帘产品知识，不仅要会搭配设计，还要掌握窗帘的算料知识，遇到千奇百怪的窗型，如何运用所学知识很重要。总之一句话，打铁还需自身硬，身为设计师需本领强。只有具备专业的技能，才能赢得客户信赖。

1. 学会窗帘算料，不仅省钱还能预控效果

我们设计窗帘时，一种方法是委托给窗帘店，设计师负责挑选窗帘面料、款式、颜色，把控整体效果。这个时候，经常遇到找不到自己想要的面料，或者选到经典的进口面料，但价格昂贵，项目资金预算不足的情况。

有时选到价格合适的面料，算料全权交给窗帘店，窗帘店加上几倍褶和很多辅料，总体算下来总是超出预算，如果设计师不会算料就不清楚哪些地方是多加的、哪些地方可以节省，只能凭感觉下单。

如果设计师无法整合符合自己项目要求的面料供货商，并且不懂算料，就无法严控预算，减少项目开支。由此可见设计师学习窗帘设计、算料、制作的重要性。

（1）设计师自己学会窗帘算料有哪些好处？

①自己动手，丰衣足食，工作更加顺畅。

②严控项目中的面料支出，减少误差。

③了解窗帘算料及制作工艺，有利于设计创新。

（2）窗帘通常分三个部分独立报价。

①面料价格：需要了解窗帘布、纱和衬布（遮光布）的单价。

②辅材价格：需要了解罗马杆（单杆、双杆）、轨道（单轨、双轨）、电机的单价。

③辅料价格：需要了解帘头（帘头不包含在帘体内）、幔旗、装饰花边、挂穗、壁钩等的单价。

注意，可以要求商家在收据上写下窗帘和纱的编号，并且剪下一小角，以防止布料搞错。

（3）开始测量前先观察的内容。

①窗户的形状：根据窗户形状设计合适的窗帘。

②开窗结构（内开、外开、单开）。

③有无窗帘盒。

④窗户的基层承重、安装方式。

（4）面料的计算方式汇总见表 4-23。

（5）幔头帘的制作方法。

若项目需要设计简单的幔头，可以选择抽带式平帷帘头、打褶式平帷帘头，帘头的高度取窗帘总高的 20%；也可以选择复古波浪帘头，帘头的高度取窗帘总高的 50%（图 4-113）。

注意，如果不做整面墙的窗帘设计，测量窗户宽度时窗户两侧各加 15~30 cm，这样可以保证窗帘拉上时，两侧无缝隙漏光，当窗帘拉开时，可以让光线充分进入。

现代软装布艺设计中使用豪华幔头设计的越来越少了，大多采用极简的窗帘设计手法。通过下面的案例分析大家就明白了。

抽带式平帷帘头

打褶式平帷帘头

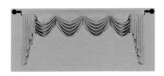

复古波浪帘头

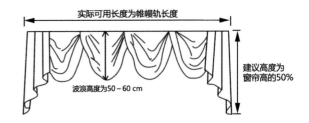

轨道长度与波浪个数建议：0.9~1.2 m 一个波浪；1.2~1.6 m 两个波浪；1.6~2.5 m 三个波浪；2.5~3.5 m 五个波浪；3.5~4 m 六个波浪；4~4.7 m 七个波浪

图 4-113 帘头高度确定（图片来源：羽番绘制）

表 4-23 面料的计算方式汇总

面料		公式		注意事项
定高布	面料宽度计算方法	用布的总宽度 = 实际窗宽 x2 倍褶皱		一般需要 1.5~2.2 倍不等的褶皱，室内窗帘不能低于 1.6 倍褶皱。若是水波帘需要 2.5 倍褶皱
	定高布辅料计算方法	调节带	实际宽度 x2 倍褶皱	调节带为褶皱的后背衬硬（无纺布）
		罗马杆	实际宽度	
		底边铅线	实际宽度 x2 倍褶皱	铅线用于增加纱或者轻薄面料的垂度
		底边铅坠	片数 x2	定高一般为 2.9 m、2.8 m、3 m
定宽布	面料高度计算方法	幅数 =（实际窗宽 x2 倍褶皱）+ 门幅的宽度 总用料高度 =［实际窗高 +（40~60）cm 包边］x 幅数		备注：40 cm 为素布、60 cm 为花布
	定宽布辅料计算方法	调节带	幅数 x 门幅的宽度	定宽一般为 1.45 m、1.35 m、1.4 m； 门幅指窗帘的宽度； 大门幅一般为 2.8~2.9 m； 小门幅一般为 1.4~1.45 m； 市场上俗称"定高买宽，定宽买高"
		罗马杆	实际宽度	
		底边铅线	幅数 x 门幅的宽度	
		底边铅坠	片数 x2	
帘头计算方法		幅数 = 实际窗宽 x3 倍褶皱 ÷ 布宽 所需宽度 = 幅数 x（帘头高度 + 免边）		免边是窗帘的下垂的包边，也叫缝边、卷边，类似裤脚的折边
		备注：一般帘头的免边为 4 cm；下脚包边时，1.8 m 以下包边 6 cm，1.8~2 m 包边 8 cm，2 m 以上包边 10 cm		帘头用双层布料，用固定的硬衬布，打板型

注意要点：

①家用窗帘离地 2~5 cm，根据中国人的生活习惯，这样方便打扫卫生，也有要求垂地面的，具有裙摆般的视觉效果；

②窗帘上下包边 4~6 cm；

③若是打孔帘，窗帘的褶皱倍数一定是偶数；

④窗帘面料用量数据取整数；

⑤有大花纹的窗帘，需要多算出来一些面料，以保障每个花形都是完整的。

如图 4-114 所示是设计大师吴滨打造的别墅大宅项目，其中窗帘的设计完全融入整体的环境色调中，充分呼应空间的柔和与温度。用白纱来营造光影的变化与灵动，素雅的棉质布艺结合中式的黑色绣花包边，S 纹的扣带如同高级服装秀的设计，极简中增加精致的细节。

图 4-114 设计大师吴滨打造的别墅大宅项目

2. 怎么测量不同的窗型，减少失误

（1）框内、框外安装测量方法（图4-115）。

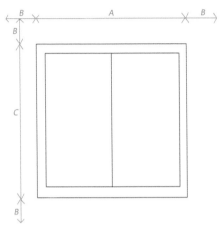

图 4-115 框内、框外安装测量方法（图片来源：羽番绘制）

注：A 为窗户宽度（框内），B 为 20 cm 左右，C 为窗户高度（框内）。

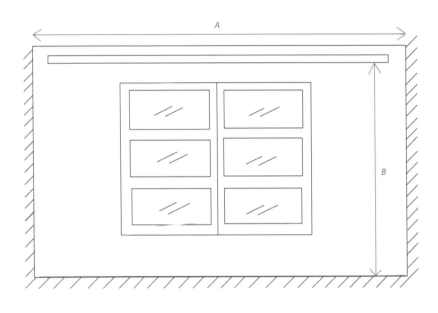

图 4-116 满墙布帘测量方法（图片来源：羽番绘制）

注：A 为墙宽；B 为罗马杆下沿底边到地板的距离。

①框内安装测量方法。

卫生间、厨房、办公空间一般装百叶帘或卷帘，框内安装。

帘头宽度 =A-（0.5 ~1）cm。

设计要点：框内安装时，帘头宽度比窗户实际宽度略小，是为了防止成品帘上下抽拉时卡住。

②框外安装测量方法。

帘头宽度 =A+20 cm 左右；高度 =C+20 cm 左右。

设计要点：框外安装时，帘头宽度比窗户实际尺寸略大，主要是为了防止侧边漏光，还可以保持美观。

（2）常规布帘的测量方法。

①满墙布帘。

采用满墙布帘时，宽度测量满墙宽度，高度测量满墙高度。在实际成品帘制作中，建议窗帘高度取满墙高度减 2~5 cm，轨道侧装时建议减 5~10 cm（图 4-116）。

罗马杆长度（含两侧装饰花头）=A-2 cm。

挂环款式窗帘高度 =B-3 cm。

打环穿孔款式窗帘高度 =B+3 cm。

如图 4-117 所示是售楼部儿童区窗帘设计样式，效果整洁美观。

如图 4-118 所示是由葡萄牙著名建筑师 Manuel Aires Mateus 负责装演设计的项目，窗帘采用了比较素简的款式，窗帘从顶部倾泻而下，柔软自然，这也是当下比较被大众所接受的一种窗帘设计方式。

②局部落地窗帘（图 4-119）。

对于局部落地窗帘，宽度测量窗户长度，

高度测量窗户高度。

窗帘宽度可在测量宽度的基础上左右各加 20~30 cm，防止窗帘两侧漏光。所有的窗

图 4-117 售楼部儿童区窗帘（图片来源：大朴设计）

帘可离地 3~5 cm，若客户喜欢拖地的效果，高度另加 5~10 cm。

③半截帘。

半截帘及测量方法如图 4-120 所示。

图 4-118 由葡萄牙著名建筑师 Manuel Aires Mateus 负责装潢设计的案例展示

罗马杆长度 =A+40 cm。

挂钩款式窗帘高度 =C+（30~40）cm。

打环款式窗帘高度 =C+（30~40）cm+6 cm。

④飘窗帘。

飘窗帘测量方法如图 4-121 所示。

若玻璃到顶，建议轨道顶装（图 4-122），若窗玻璃与顶部还预留墙面，建议轨道侧装。

轨道的长度 =A+B+C。

窗帘高度 =D-3 cm。

注意，若是八字形、六边形或弧形的窗户，装弯轨，窗帘拐弯处可以自由拉动。

（3）千奇百怪的异型窗，怎么设计得让客户满意？

窗帘设计经常会遇到一个问题，那就是客户家里的窗型千奇百怪，还要设计得好看。遇到这种问题就要看设计师的设计水平了。下面笔者将告诉大家针对一些特殊形状的窗型如何去设计，如何设计和搭配才能让客户满意。

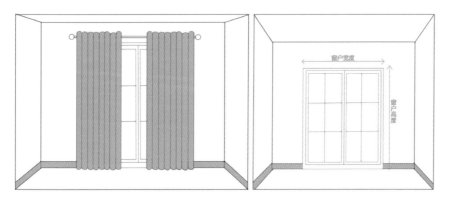

图 4-119 局部落地窗帘及测量方法（图片来源：羽番绘制）

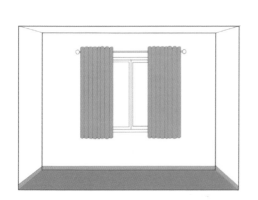

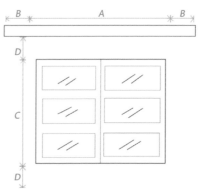

图 4-120 半截帘及测量方法（图片来源：羽番绘制）

注：A 为窗户宽度，B=20~30 cm，C 为窗户高度，D=15~20 cm。

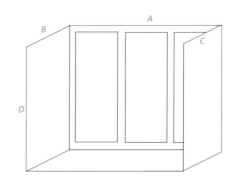

图 4-121 飘窗帘测量方法（图片来源：羽番绘制）

注：A、B、C 为飘窗三边的宽度，D 为飘窗的内高。

①门头墙体的通气窗（图 4-123）。

高层的空间会出现单个窗户，这种情况结合本书前面讲解的内容，可以选用成品帘或罗马帘。

②角窗。

有角窗时，通常现场情况是窗户较窄，若用布帘建议进行对称式设计，测量方式考虑设计款式，并要根据客户的需求和整体格调进行设计，可采用罗马帘或成品帘，也可以采用简洁的带罗马杆的平开帘（图 4-124）。

现场窗型如果较宽，可采用韩褶垂直悬挂等，进行左右对称式设计（图 4-125）。

测量方式：窗宽左右两侧各加 20~30 cm，窗帘高减去轨道厚度，窗帘离地预留 3~5 cm，顶装。

③西式带玻璃门窗、木百叶门窗（图 4-126）。

西方的独栋住宅建筑会在室内装门帘，起到遮挡装饰效果。西式带玻璃门窗、木百叶门窗在别墅建筑结构里比较常见，建议

图 4-122 窗帘顶装

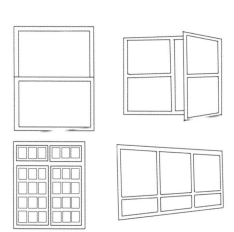

图 4-123 门头墙体的通气窗（图片来源：羽番绘制）

图 4-124 角窗 1（图片来源：羽番绘制）

根据实际结构来设计布帘的位置。

④有空调的窗型（图4-127）。

遇到有空调的窗型怎么设计窗帘呢？建议使用上下抽拉褶帘、成品帘、罗马帘。

⑤法式玻璃窗（图4-128）。

法式玻璃窗等带玻璃的窗千万别设计复杂的幔头，否则会很压抑，无窗帘盒的话，采用简洁的罗马杆。

⑥玻璃推拉门窗和三角窗。

遇到玻璃推拉门窗和三角窗怎么办呢？

如果横着设计罗马杆，装窗帘会影响整体的建筑结构美感，这个时候有四种安装和设计方案，如图4-129所示。

a.以推拉门的高度为准设计穿孔韩褶对开帘，美观简洁。

b.采用酒杯褶对开帘，整洁大方。

c.满墙设计窗帘的方式：安装轨道，采用三帘设计，复古，仪式感较强。

测量方式：测量总宽度，需要测量三个高度数据，包括两侧和中间的高度。手绘窗型，算料时面料总宽度取窗户宽度 ×（2.5~3）倍褶皱。

d.采用定制折杆，适合用于酒店、会所、咖啡馆等空间。

⑦凸窗（八角窗）（图4-130）。

这种窗户的测量需要有一定的空间结构感，测量时用软性卷尺测量总宽度，算料时需要3倍褶皱。

图4-125 角窗2（图片来源：羽番绘制）

图4-126 西式带玻璃门窗、木百叶门窗（图片来源：羽番绘制）

图4-127 有空调的窗型（图片来源：羽番绘制）

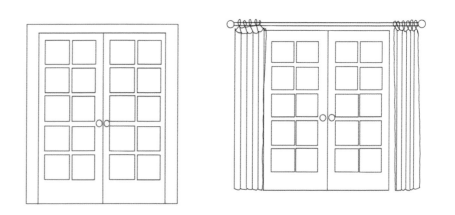

图4-128 法式玻璃窗（图片来源：羽番绘制）

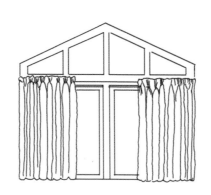

图 4-129 玻璃推拉门窗和三角窗（图片来源：羽番绘制）

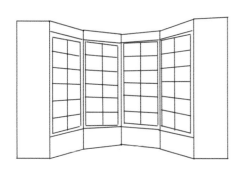

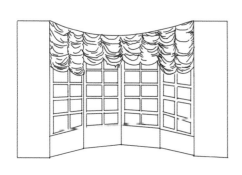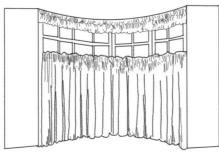

图 4-130 凸窗（八角窗）（图片来源：羽番绘制）

⑧弧形窗（图 4-131）。

弧形窗的测量方法：一般弧形窗和阳台都会安装弯曲轨道，在测量的时候将软性卷尺沿着窗或阳台的弧度测量实际尺寸，然后按照窗帘实际的安装需要来决定轨道的实际长度。

实际测量时要看窗户的材质，确定是否可以安装固定轨道，如果窗户是铁艺的，不好固定轨道，可以采用半截式罗马杆的形式进行设计。

3. 窗帘的保养与维护

（1）窗帘清洁的重要性。

窗帘长时间悬挂，会聚集大量的粉尘、细菌、污渍、螨虫，容易引起咳嗽、过敏等，特别是南方地区、阳光直射不到的空间、婴幼儿和老人房间，更应关注窗帘清洁问题。

（2）有关窗帘保养清洗的困惑。

大部分家庭都是偶尔清洗一下家居布艺，如在每年的除夕大扫除时清洗一下；也有的家庭，窗帘一挂十几年不更换、不清洗；当然也有比较注重生活品质的家庭是按季节更换和清洗窗帘的。

设计师在服务客户选面料时，如果选绒质面料或白纱，客户总会习惯性地问：绒质面料吸灰吧，这纱这么白，脏了怎么办？怎么清洗呀？

毕竟只有小部分家庭会雇请家政人员，大部分家庭还是需要自己清洁，那么，设计师该怎么服务呢？（为了维护老客户，一些设计公司会为客户提供清洁服务。）

（3）购买窗帘的注意事项。

面料在出厂前会标注规格、材质、熨烫清洗说明（图4-132），如是否可以机洗、熨烫、漂白，水温多少等。如果标注可以机洗就很方便清洗了。

客户若是选用高档面料，则需要请专业的保洁公司拆卸、清洗窗帘。保洁公司一般可以上门服务。

若客户选用一般面料，清洁频率比较高，也可以自己在家清洁。

（4）常见的窗帘清洁方式。

①小型吸尘器清洁。这种方法比较方便，窗帘商家上门安装窗帘时就会带着吸尘器做清洁。

②高温蒸汽机清洁。高温蒸汽机比较轻便，可以杀灭织物上的尘螨、细菌附着物等微生物，不损伤面料。

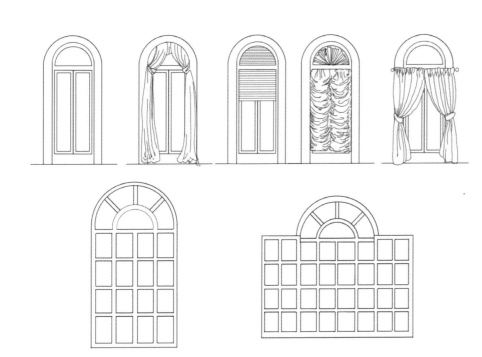

图4-131 弧形窗（图片来源：羽番绘制）

图4-132 熨烫清洗说明（图片来源：羽番绘制）

四、窗帘搭配设计手法：窗帘怎么设计才更美观

家居布艺设计是软装设计师操刀设计最精彩的部分之一。掌握了窗帘布艺设计方法，设计师就可以准确把控色彩、图案、造型、材质等空间格调与氛围营造元素。可以说，窗帘选得好，会让空间美出天际。窗帘的颜色从空间色彩角度讲属于环境色。其实，窗帘设计一点也不难，掌握窗帘搭配底层规律，再结合色彩搭配原理、材质、空间格调方面的知识，你可以成为优秀的布艺设计师。下面将为大家总结相关学习要点。

（1）设计之前，先了解窗帘的基本信息，可以复习一下前面已经讲解的知识，如窗帘的形式、窗帘的组成等。窗饰及配件示意图如图4-133所示。

（2）一切设计源自客户的需求。

1. 无窗帘盒窗帘的设计搭配

项目模拟：客户要求通墙安装窗帘，要求遮光性和私密性较好，简洁素雅，有层次和品质感，喜欢具有质感、垂感的面料，对细节要求极其严格等。

这个时候设计师怎么设计出客户满意的窗帘呢？

设计要点：在影响窗帘设计的各种元素中，面料的选择和设计最为重要，并且面料特点可以通过专业设计技能更完美地展现出来。

无窗帘盒窗帘设计搭配原则如下。

①先确定窗帘设计的基本形式（框架）。

②再确定功能需求（一切设计以客户实际需求为主）。

窗帘

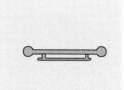
轨道配件

飘窗垫

抱枕

罗马帘

图 4-133 窗饰及配件示意图（图片来源：羽番绘制）

单片窗帘（单开）

两片窗帘（双开）

帘头的酒杯褶

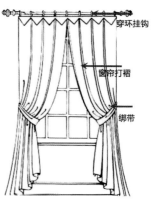
穿环挂钩　窗帘打褶　绑带

图 4-134 纯色（素色）窗帘搭配设计图（图片来源：羽番绘制）

③搭配原则：无窗帘盒窗帘满墙设计 = 罗马杆（款式、材质）+ 主布（设计、面料）+ 主纱（设计、面料）+ 辅料。

（1）纯色（素色）窗帘搭配设计：永不过时（图 4-134）。

①搭配公式：纯色窗帘主布 + 素色纱 + 罗马杆 + 穿环的挂钩。

②设计要点。

窗帘打褶倍数通用确定方法：为了视觉效果，一般公装项目的窗帘窗纱打褶倍数为1.5~1.8 倍，居家的为 1.8~2.2 倍。

面料：选用涤纶、混纺、棉麻、意大利绒（荷兰绒、丝绒）、雪尼尔面料，具有厚重感和垂感。

纹理：平面净色、有暗纹，以肌理纹路增加质感。

遮光率：考虑客户的生活需求，睡眠较浅的客户用 100% 遮光的窗帘，一般无特殊要求的客户用 75% 遮光率的窗帘，喜欢明亮环境的选 50% 遮光率的窗帘。

③选什么纱更美观？

纱多选用米白色、米色、麻色或其他浅色系，也可根据客户喜好选择（图 4-135）。

材质：常用的材质有棉纱、麻纱、棉麻纱、聚酯纤维等。

花纹：素色，有绣织的暗花纹。

（2）对开处竖拼接设计：精致拉伸窗帘的视觉高度。

素色显得单调的话，可以采用拼接的方法，

主布颜色为主色调，配布颜色为点缀色，活跃空间气氛。

①搭配公式：主布（主色调选色参考大面积环境色）+ 装饰配布（颜色作为点缀色）。

②设计要点：配布颜色为点缀色，用于活

图 4-135 纱帘

跃空间气氛，宽度以2个褶为准（若窗户较宽，可搭配3个或4个褶的宽度）。主布颜色是主色调，颜色可从空间整体环境色中去提取，或选择主色调的同类色。例如，沙发是深灰色，窗帘主布可选浅暖灰色，如果沙发为黄色，窗帘主布选用暖米黄色。

③设计拓展：可以结合空间的整体氛围，拼接不同颜色的纯色，创造出上百种的颜色拼接组合。

（3）布艺装饰包边布设计：精致的复古优雅格调。

装饰包边布（图4-136）的设计可以让窗帘的质感更精致，常用的包边款式有刺绣装饰花边、流苏花边、绣球、蕾丝花边、绑带花边、荷叶边、挂穗等。

①搭配方式：具有美感的拼接位置为对开处（图4-137）、主布3：7处、主布2：8处。

②适用风格：混搭、美式、轻奢。

（4）希腊钥匙纹样设计：经典永驻。

希腊钥匙纹样来源于一种打结方法，这种打结方法后来演绎为具有文化象征意义的装饰纹样，寓意着智慧。装饰边宽度一般为5~15 cm，如图4-138所示。一般用于样板间、咖啡馆中的中小型窗户，比较精致、复古（图4-139）。

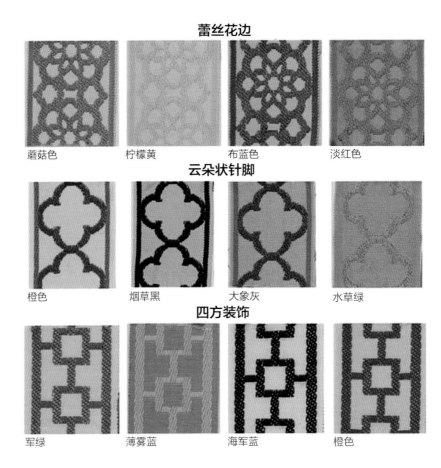

图4-136 窗帘包边布

图4-137 装饰包边布设计

图4-138 希腊钥匙纹样示意图

图4-139 希腊钥匙纹样应用

①搭配方法：位置设计在主布左右两侧、窗帘下摆处。

②设计要点：小窗户适合采用。

2. 有窗帘盒窗帘的设计搭配

项目模拟：你接触了一个复式的 300 m² 的项目，客户喜欢混搭的格调，要求进行精致、有品质的设计，喜欢宫廷式的维多利亚装饰风格，想要有窗幔的装饰。

在这里要提醒设计师的是，安装这样的窗幔会对窗帘的安装和使用有影响，纯粹是出于装饰目的。

这个时候该怎么设计呢？如图 4-140、图 4-141 所示的款式都会是不错的选择。

①确定客户需求。

②确定窗户的形式。

对于有窗帘盒的窗户，可以采用轨道安装方式（图 4-142），也可以采用魔术贴固定幔头的安装方式。

3. 弧形窗窗帘的设计款式

如图 4-143 所示，为弧形窗窗帘设计图，但这种复杂的幔头在现代设计中较少运用。

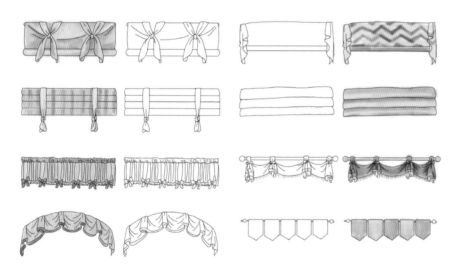

图 4-140 幔头设计意向方案（图片来源：羽番绘制）

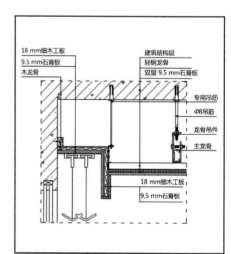

水波幔的设计手绘稿　　　　平幔的设计示意图

图 4-141 有窗幔装饰的窗帘

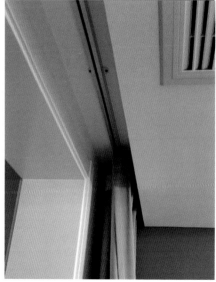

图 4-142 窗帘盒施工深化大样图与窗帘盒实景展示（图片来源：大朴设计）

图 4-143 弧形窗窗帘设计图

4. 小窗户窗帘的设计手法

客户家里有小型的窗户，面积为 3~5 m²，设计师怎么通过布艺设计的手段进行装饰呢？

可定制有褶饰的扇形缩褶帷幔罗马帘，也可采用用布带、皮带吊起适当高度的罗马帘，如图 4-144 所示。

5. 设计拓展：极简的艺术窗帘

（1）艺术扎染窗帘（图 4-145）。

近几年大兴中国风，越来越多的人开始重视中国的传统文化，落寞一时的手工艺逐渐回春，吸引了更多年轻人的关注。

在室内设计中，艺术扎染窗帘可作为屏风、帷幔，具有划分空间的功能，增加空间的层次感。扎染窗帘所具有的民族特色和自然气息可以很好地中和现代家装冰冷的风格，增加空间的艺术氛围，带给人们丰富的精神享受，还能满足人们独特的个性需求。

图 4-144 罗马帘设计款式参考（图片来源：羽番绘制）

（2）艺术纱帘（图4-146）。

纱帘可以柔化空间，营造柔情似水的氛围，有些极简的艺术空间，不使用布帘，只用纱帘做软装饰。如对于早晨的微光，半透明的纱帘可以调暗光线。

6. 窗帘的辅料设计

辅料是很重要的配角，没有它们窗帘就只是一块布。窗帘的辅料包括罗马杆、固定窗帘的U形钩（清洁窗帘时可拆掉）、布袋（固定窗帘帘头造型的硬衬布）、绑带、打开时固定窗帘的壁钩等。

注意，软装设计师只需记得罗马杆的装饰形式及安装要求、测量要点、分类即可，其他工作主要由窗帘制作车间和安装工人完成。

（1）罗马杆：窗帘的颜值担当。

①罗马杆有直型和异型之分，也有单杆和双杆之分（图4-147）。

普通直型罗马杆的款式参考如图4-148所示。

②定制弧形窗帘杆顶装效果，如图4-149所示

③罗马杆侧装的测量方法，如图4-150所示。

（2）轨道的形式。

轨道按数量可分为双轨、单轨，按形式可分为直轨、U形轨和异型轨等（图4-151）。

异型轨适合用于装饰幔幕、异型窗户（图4-152）。注意依据实际的窗户造型决定轨道是采用顶装还是侧装方式。

艺术扎染布艺设计：精细的窗帘杆，垂地如同裙摆，小褶皱的挂钩设计

图4-145 艺术扎染窗帘

图4-146 艺术纱帘

双杆：顶装、侧装　　　　　　　单杆：顶装、侧装

图4-147 罗马杆安装方式

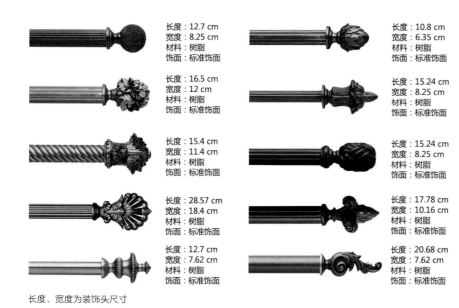

长度：12.7 cm
宽度：8.25 cm
材料：树脂
饰面：标准饰面

长度：16.5 cm
宽度：12 cm
材料：树脂
饰面：标准饰面

长度：15.4 cm
宽度：11.4 cm
材料：树脂
饰面：标准饰面

长度：28.57 cm
宽度：18.4 cm
材料：树脂
饰面：标准饰面

长度：12.7 cm
宽度：7.62 cm
材料：树脂
饰面：标准饰面

长度：10.8 cm
宽度：6.35 cm
材料：树脂
饰面：标准饰面

长度：15.24 cm
宽度：8.25 cm
材料：树脂
饰面：标准饰面

长度：15.24 cm
宽度：8.25 cm
材料：树脂
饰面：标准饰面

长度：17.78 cm
宽度：10.16 cm
材料：树脂
饰面：标准饰面

长度：20.68 cm
宽度：7.62 cm
材料：树脂
饰面：标准饰面

长度、宽度为装饰头尺寸

图 4-148 普通直型罗马杆的款式参考（图片来源：羽番绘制）

图 4-149 定制弧形窗帘杆顶装效果

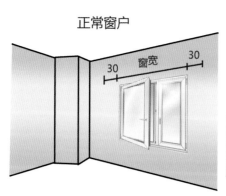
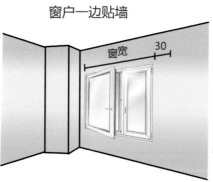
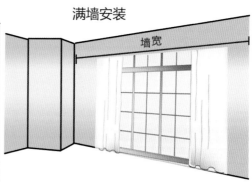

正常窗户　　　　　　　窗户一边贴墙　　　　　　满墙安装

罗马杆总长（含双头长）=30 cm+窗宽+30 cm

罗马杆总长（含双头长）=窗宽+30 cm

罗马杆总长（含双头长）=墙宽－4 cm

图 4-150 罗马杆侧装的测量方法（图片来源：羽番绘制）

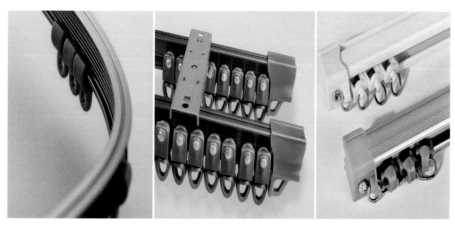

异型单窗轨道，顶装　　　双轨道顶装　　　单轨道侧装

图 4-151 轨道

图 4-152 异型轨

（3）窗户测量要点汇总如图 4-153 所示。

（4）窗帘与罗马杆（轨道）之间的连接方式。

窗帘与罗马杆（轨道）之间的连接方式有三种：韩褶（韩式 S 褶）、挂钩、打孔（图 4-154）。

韩褶是帘头装饰造型的一种形式，主要用于固定窗帘与轨道的衔接处。挂钩适合用于罗

马杆的造型。打孔现在不太常用了，主要是因为拉动窗帘时会造成磨损，造型比较憨厚，现代窗饰中很少使用。

窗帘褶样式很多，图 4-155 中展示了一部分，如想了解更多信息，可以查询相关资料。

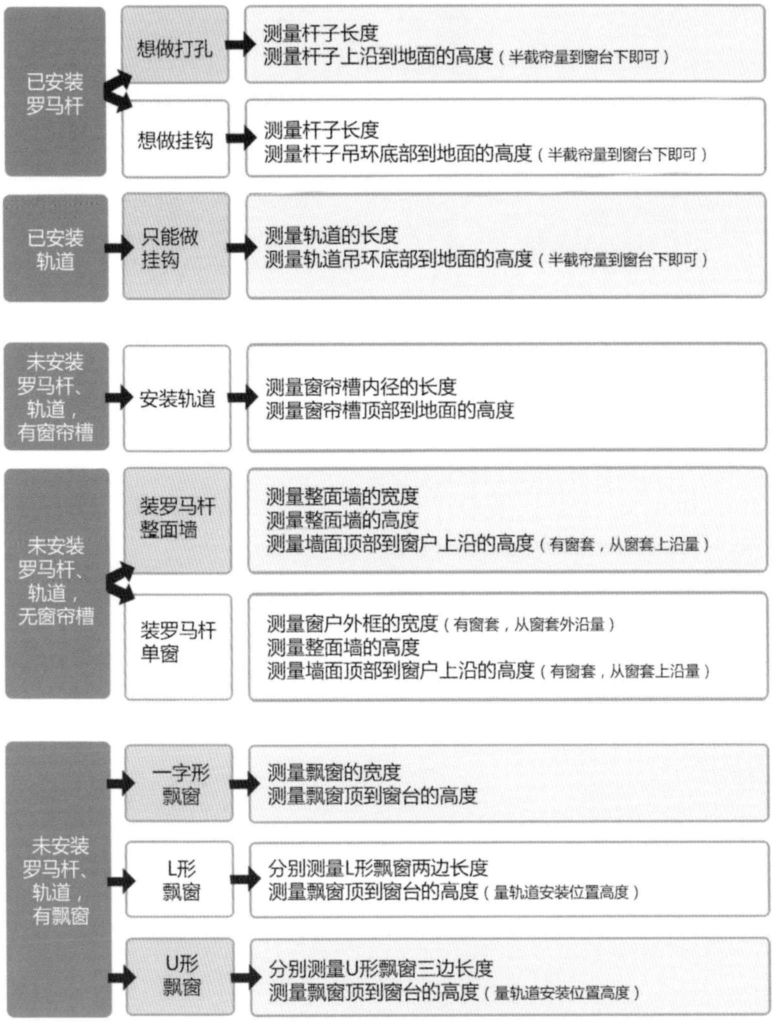

图 4-153 窗户测量要点汇总（图片来源：羽番绘制）

图 4-154 窗帘与罗马杆（轨道）之间的连接方式

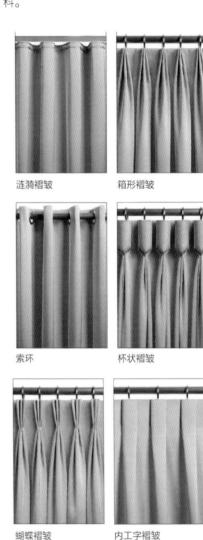

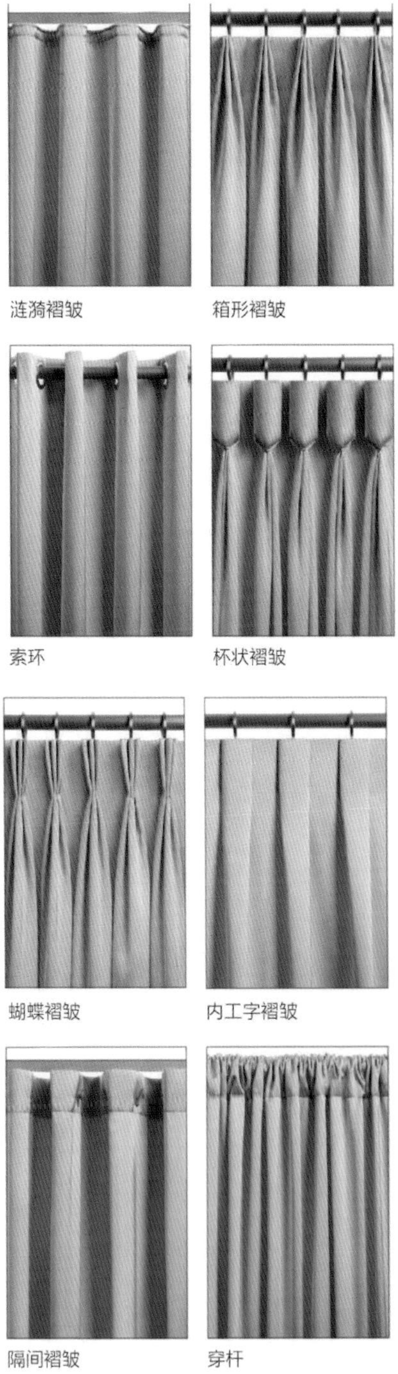

图 4-155 窗帘褶样式示意图

五、陈设布艺搭配：如何用布艺设计营造时光里的温柔

有时候布艺设计得精彩，可以让整个空间变得温柔，如一缕清风，让人在空间内享受布艺所营造的柔软感官体验。

1. 布艺帘幕设计

（1）布艺帘幕的应用场景。

说起帘幕大家可能并不陌生，去看话剧或歌舞剧时，每场开幕时都会有水波纹的帘幕缓缓拉开，最早是起到营造舞台剧的仪式感、遮挡后台空间的作用。

建筑中的帘幕设计也比较出彩。室内设计中的帘幕多指织物帘幕设计，具有吸声的效果。

那为什么帘幕被广泛地应用于室内陈设中呢？我们可以欣赏一下帘幕在室内空间中是如何大放异彩的。

（2）户外空间布艺帘幕设计。

在度假酒店的户外空间等场所中，布艺帘幕是既经济又出彩的设计，布艺帘幕随着自然风轻盈摆动，迎合人们轻松愉悦的度假心情，具体案例如图 4-156~ 图 4-158 所示。

（3）婚礼陈设的布艺帘幕设计：梦幻又浪漫。

布艺帘幕能为婚礼场地带来浪漫、梦幻的氛围，并适合用于仪式感很强的沙龙聚会、餐厅等空间及场所。

软装设计师设计的空间不只是室内范围。软装设计师还可以成为花艺设计师、陈设设计师、商业陈设设计师、商业展示设计

图 4-156 ICRAVE 塑造的伊甸园私家花园酒店　　图 4-157 迪拜亚特兰蒂斯酒店

图 4-158 绿地·云都会（图片来源：广亩景观）

师等。那怎么才能实现呢？

①先打牢手绘构图的基本功，花艺设计师需要具备更多搭配实践的动手能力。

②熟悉中西餐的礼仪文化、餐饮文化，因为婚礼除了突显祝福的氛围，还需要提供美味

佳肴。

③具备创新能力。婚礼现场的陈列设计对于创新能力的要求很高，不同的场地、不同的客户都需要设计师发挥创新能力满足不同需求。

婚礼现场陈列涉及宴会区、主题造景、餐区摆设、休息区设计等，具体案例如图4-159所示。

用纱幔装饰座椅时，需要测量椅背的宽度和总高度。

纱幔的用料计算方式为：纱幔宽度=椅背宽度+5 cm（纱幔的缝边）；纱幔高度=椅子总高度+10 cm（缝边）。若采用欧式的长托裙边高度可以增加40~60 cm，剩余面料可制作成绑带。在制作时，纱幔必须四周缝边，显得精致且防止抽丝。纱幔装饰座椅示意图如图4-160、图4-161所示。

纱幔材质的扎花球、装饰荷叶边制作工艺可以搜索相关视频进行学习，在这里不展开讲述。

（4）床幔设计：打造温柔的慢时光。

床幔主要有四角柱式帷幔、公主帷幔、篷盖、装饰床帷幔等类型，如图4-162所示。床幔具有保暖、保持私密性等作用，具有极强的装饰效果。

据说古代的欧洲工匠们接得最多的活儿就是为富贵人家定制架子床。床幔的面料材质会随着季节进行更换，如薄纱、真丝、天鹅绒等。

随着时代发展，人们的家居生活不再需要奢华烦琐的装饰，但床幔这种艺术装饰元素被保留了下来。具体的床幔实例如图4-163~图4-165所示。

图4-159 加利福尼亚阿古拉山的婚礼现场陈设设计（图片来源：Harmony Creative Studio）

图 4-160 纱幔装饰座椅示意图 1

图 4-161 纱幔装饰座椅示意图 2

图 4-162 床幔

图 4-163 四角柱式帷幔实例

图 4-164 公主幔实例

图 4-165 迪拜帆船酒店的造型床幔

2. 前沿布艺设计案例

布艺设计的样本可以从意大利顶级布艺工厂 LUILOR 借鉴，它是全球最大的面料图书馆。现代布艺设计趋势是极简，遵循"少即是多"的设计原则，利用面料本身的质地，将美感发挥到极致，与空间完美结合。

（1）德国第一家 Andaz 酒店的窗帘，如图 4-166 所示。

（2）圣莫尼卡 Proper 豪华精品酒店采用白色的布艺窗帘提升空间整洁度和亮度，如图 4-167 所示。

图 4-166 德国第一家 Andaz 酒店的窗帘

图 4-167 圣莫尼卡 Proper 豪华精品酒店

现代简约风格酒店中也常采用布艺，如图4-168 所示。

（3）侘寂风格民宿中的布艺设计，格调不输星级酒店。如图4-169所示，希腊科斯岛的 Casa Cook Kos 民宿酒店，室内设计由柏林著名室内设计师、艺术家 Annabell Kutucu 完成。亚麻窗帘给人慵懒、自然、随性的感觉，很适合自然风的度假酒店。

图 4-168 现代简约风格酒店

图 4-169 希腊科斯岛的 Casa Cook Kos 民宿酒店

（4）天鹅绒的气质华贵、低调，具有很轻的吸光、吸声效果，在复古都市、ArtDeco 艺术空间中应用居多。如图 4-170 所示的纽约 Moxy 酒店就采用了天鹅绒材质的窗帘。

（5）澳大利亚设计师 Phoebe Nicol 设计的 Rose Bay Apartment（玫瑰湾公寓）采用草编帘营造独特风情，如图 4-171 所示。

（6）艺术布帘，如图 4-172 所示是澳大利亚设计师 Phoebe Nicol 的作品 Rose Bay Apartment 中应用的艺术布帘。

布艺设计不局限于窗帘设计。学习家居装饰布艺要掌握各种材质，如棉、麻、丝、绒、皮、毛的质感，再结合花纹图案、肌理、颜色、造型、符号等元素搭配设计。

图 4-170 Yabu、Rockwell 作品：纽约 Moxy 酒店

图 4-171 草编帘应用实例

图 4-172 艺术布帘

六、家纺布艺：布艺装饰纹样及搭配法则

窗帘布艺也属于织物陈设。在软装设计中，布艺是仅次于家具与灯具设计的重要板块，如果想了解布艺中的经典纹样及搭配法则，可以从案例中理解精髓。

可以想象一下，在新房里用松软的纺织品来打造属于自己的小天地，比如一块自己喜欢的地毯，或是自己缝制的窗帘。它们让空间焕然一新，就跟更换床上用品一样简单。有了它们，整个空间充满了生气，大家可以享受舒适的氛围。

1. 家纺布艺搭配组合方法

（1）轻松掌握床品的搭配方法。

床品的组合设计多出现在酒店、民宿、样板间等项目中。接到高端的地产项目，软装设计师该怎么搭配更加饱满的床品组合呢？

不同尺寸的床与枕头的搭配组合如图4-173所示；床品组合的十三件套示意如图4-174所示；样板间软装套件组合见表4-24；常见床品尺寸见表4-25。大家可以根据具体项目情况参照选用相关床品。

（2）抱枕组合：起到画龙点睛的装饰效果。

随着人们生活水平的提高，抱枕越来越多地进入人们的生活，成为家居、样板间、办公空间等不可缺少的装饰物。

成品抱枕形式多样，可以丰富室内软装元素，为家居的整体空间氛围营造起到画龙点睛的效果。

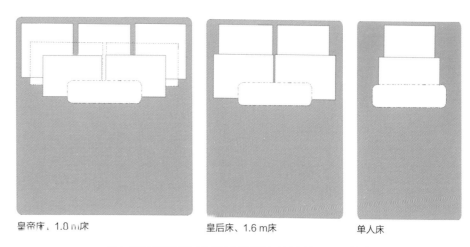

图4-173 不同尺寸的床与枕头的搭配组合（图片来源：羽番绘制）

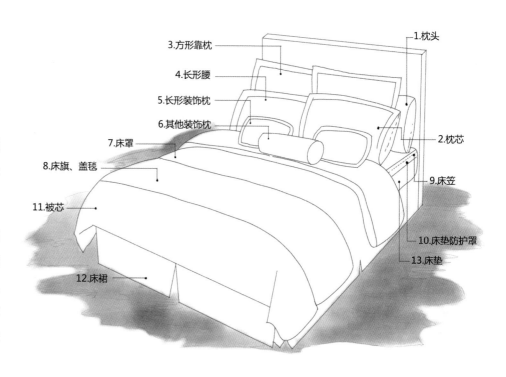

图4-174 床品组合的十三件套示意（图片来源：羽番绘制）

抱枕的不同组合方式如图4-175、图4-176所示。

（3）餐厅布艺的搭配方法：小装饰，大改变。

很多人都想改变家居装饰风格，却不知从何下手。有时，改变一些小细节，例如一套图案亮丽的全新床上用品、一张新的餐桌布、餐桌上的餐巾花，便能为空间注入全新氛围。

表 4-24 样板间软装套件组合

类别	编号	品名	说明
枕类	1	枕头	常用的枕套尺寸有 48 cm×74 cm、45 cm×74 cm、50 cm×70 cm，大一些的尺寸为 60 cm×90 cm
	2	枕芯	家用枕头枕芯材质：荞麦、棉花、化纤、乳胶、羽绒 展示类枕头枕芯：珍珠棉、丝绒等
	3	方形靠枕	小号尺寸：40 cm×40 cm、45 cm×45 cm 中号尺寸：50 cm×50 cm、55 cm×55 cm 大号尺寸：60 cm×60 cm、65 cm×65 cm、70 cm×70 cm
	4	长形腰枕	常规尺寸：30 cm×50 cm
	5	长形装饰枕	小号尺寸：30 cm×45 cm、45 cm×45 cm 中号尺寸：60 cm×40 cm、55 cm×55 cm 大号尺寸：60 cm×60 cm、65 cm×65 cm、70 cm×70 cm
	6	其他装饰枕	装饰腰枕、圆枕、糖果枕
床品类	7	床罩	被罩、展示床品
	9	床笠	床垫的布艺罩，防止床垫落灰、沾染污渍
	10	床垫防护罩	是一层罩在床垫上的寝具用品，也是保护个人健康与床垫卫生的重要工具
	11	被芯	棉、丝绒、蚕丝、人造纤维
	12	床裙	长方形，多为布制，安装于床的四周，放在床垫下面，用以防止沾污床帐，通俗地讲，就是床边垂下来的布帘
装饰毯类	8		装饰毯、盖毯、搭巾、床旗
床垫	13		床垫厚度：一般常规的国产床垫厚度为 22 cm，进口床垫厚度为 25 cm，材质不同，床垫的厚度也不同 单人床垫：长 190 cm、195 cm、200 cm、210 cm，宽 100 cm、110 cm、120 cm 双人床垫：长 190 cm、200 cm、210 cm、220 cm，宽 150 cm、180 cm、200 cm 圆形床垫：直径 186 cm、212.5 cm、242.4 cm

备注：

①床品是成套配置的，房子是成套出售的，样板间也是总体设计的，设计师只需对软装套件的颜色、款式及材质进行把控即可；

②样板间床品与家用布艺产品通用；

③样板间床垫多为展示类产品，规格没有家用产品那么严格。

2. 家纺布艺的装饰纹样

布艺花纹源于植物、动物、自然景观、几何图形、神话传说等。这些花纹不仅在床品中体现，在建筑、家居、饰品、平面海报上也随处可见。

（1）莨苕叶纹样。

莨苕（acanthus）的名字来源于希腊语

图 4-175 不同沙发抱枕的组合形式
（图片来源：羽番绘制）

表 4-25 常见床品尺寸

床宽 /m	被套 /cm	床单 /cm	枕套 /cm
1.2	150×200	200×230	48×74
1.5、1.8	200×230	245×250	48×74
2	220×240	245×270	48×74

acanthos，意思是"多刺的植物"，有时被直接音译为"阿肯瑟斯"。这种多年生草本植物原产于地中海地区，多数人对这个词比较陌生，然而莨苕在装饰艺术中的形象大家肯定非常熟悉（图 4-177）。

莨苕叶有着带刺的锯齿形叶子与美丽优雅的姿态，被古希腊的艺术家和工匠们广泛应用于装饰艺术之中，在建筑艺术中的应用如图 4-178 所示，这种植物具有非常顽强的生命力，古希腊人认为莨苕是生命和永恒的象征。

（2）大马士革纹样。

大马士革纹样发源于叙利亚大马士革城，它是古代丝绸之路的中转站，东西方文明在此长期碰撞和交汇。当地人民喜欢从中国传入的格子布花纹，借鉴四方连续的设计图案，将其制作得更加繁复、高贵和优雅，很快就传遍欧洲各国，变成欧式经典纹样的代表，多应用为家纺花纹及墙纸装饰纹样（图 4-179）。

（3）佩斯利纹样（图 4-180）。

古老的佩斯利纹样一直活跃在时尚领域。例如，佩斯利纹样是 ETRO 最具代表性的元素，也是 ETRO 品牌的象征和标志。

佩斯利纹样诞生于古巴比伦，兴盛于波斯和印度，似乎天生就与一千零一夜这样的神话有着千丝万缕的关系。它的图案据说来自印度教里的"生命之树"——菩提树叶或海枣树叶。也有人从杧果、切开的无花果、松球上找到它的影子。在日本称其为"曲玉纹"，非洲称它为"腰果纹"。佩斯利纹样细腻、华丽，具有古典主义气息，在时装界、家居纹样中一直散发

图 4-176 抱枕组合方式（图片来源：羽番绘制）

图 4-177 茛苕叶花纹的演变

图 4-178 茛苕叶花纹在建筑装饰中的应用

图 4-179 大马士革纹样的壁纸

着古老而神秘的时尚气息（图 4-181、图 4-182）。

（4）莫里斯纹样。

威廉·莫里斯（William Morris，1834 年 3 月 24 日－1896 年 10 月 3 日）是 19 世纪末工艺美术运动代表人物，也是世界知名的家具、壁纸花样和布料花纹的设计者兼画家。

莫里斯的花纹设计启发了众多大牌时装设计师。花鸟鱼虫，这些大自然的元素的生命力是永恒的，可以让它们复古，也可以让它们变得时尚甚至是后现代，如图 4-183 所示。

莫里斯纹样之所以受到广泛的喜爱，是因为画面里包含了丰富的信息，各个领域的艺术家和设计师都能从中发现价值，仿佛一座取之不尽、用之不竭的宝库。

图案以花朵、树叶、果实为主，穿插鸟、

图 4-180 佩斯利纹样

图 4-181 佩斯利纹样的服饰及手绘

图 4-182 佩斯利纹样抱枕

鹿、狐狸等动物，不同种类的植物混搭在一起，藤蔓缠绕，枝叶卷曲，花朵高低错落，色彩和谐（图 4-184～图 4-188），也成为许多花艺师的灵感来源。

莫里斯纹样在家居装饰布艺及服饰中的应用如图 4-189、图 4-190 所示。

（5）法国朱伊纹样：展现法式浪漫（图 4-191）。

法国朱伊纹样源于 18 世纪晚期，克里斯多夫·菲利普·奥贝尔康普在巴黎郊外的朱伊小镇开设印染厂，生产在原色棉或麻布上印染木版及铜版图案的面料，这些面料在当年流行于宫廷内外。朱伊纹样是在原色棉布上进行铜版或木版印染，以人物、动物、植物、器物等构成田园风光、劳动场景、神话传说、人物事件等连续循环图案。朱伊纹样除应用于家居装饰领域（图 4-192）外，还在时尚领域广泛应用，例

图 4-183 威廉·莫里斯及莫里斯纹样

图 4-184 金百合纹样

图 4-185 忍冬纹样

图 4-186 柠檬树纹样

图 4-187 野莓树纹样

图 4-188 鹦鹉与石楠树纹样

图 4-189 莫里斯纹样在家居装饰布艺中的应用

图 4-190 莫里斯纹样在服饰中的应用

图 4-191 法国朱伊纹样

如迪奥 2019 年早春成衣系列发布秀用朱伊纹样展现了法式浪漫（图 4-193）。

朱伊纹样中出现了很多中国古典建筑庭院、瓷器、工艺花卉、禽鸟的形象，可能有时难以与中式古典纹样区分开。

大家可能会看到很多国外案例中有大量中式的文化元素，这是不同的地区、国家之间的文化相互融合所形成的。室内设计中常见的北欧风格与简约风格，轻奢风格与欧式风格、古典风格也很类似，有时候分不清楚其中的界限。

那在设计中"风格"到底怎么分辨和界定呢？

在这里给大家解释一下风格的概念。所谓风格是艺术领域的概念，是艺术作品在整体上呈现的有代表性的面貌。但室内设计不同于纯艺术设计，更多的是装饰艺术设计。风格是不同的文化元素沉淀下来的符号，对于装饰纹样、艺术造型、色彩元素，包括生活方式的解读各不同。现代设计中对于单一风格的应用越来越少，人们不再拘泥于单一的装饰风格，喜欢随着心情变换风格，根据个性定制家居，这样也就形成了混搭的装饰

图 4-192 朱伊纹样应用于家居装饰领域

图 4-193 迪奥 2019 年早春成衣系列发布秀

手法。总之，无论是什么风格，都是为以人为主的舒适家居服务的。

（6）苏格兰格子纹样：英式美学的注解。

苏格兰格子（Tartan）纹样是时尚界的经典元素。苏格兰格子纹样源自17—18世纪的英国军队服装（图4-194），从Burberry的标志性格纹、"西太后" 维维安·韦斯特伍德的作品到 "鬼才" 亚历山大·麦昆的设计，格子一直出现在T台的前沿（图4-195）。

图 4-194 军装中的格子纹样

图 4-195 苏格兰格子纹样及其在服装、家居中的应用

七、星级酒店中布草如何陈设

为什么我们要了解织物陈设中的家纺布艺？是因为家纺布艺与人的健康及生活息息相关。那星级酒店的布草有哪些专业要求呢？下面笔者将带大家深入了解织物陈设中有关酒店布草的知识，了解如何通过织物诠释实用美感。

1. 建立织物陈设的认知架构

织物陈设属于室内软装陈设体系（图4-196），我们讲解的窗帘、家纺、酒店布草、地毯、装饰织物都属于织物陈设的范畴，在室内软装陈设体系中与家具陈设、灯具陈设、饰品陈设等处于同样的层级，是软装知识体系的核心部分。

大家可能觉得这样讲解会偏理论化，但是只有先以结构化思维建立起大的框架，再逐步攻破每个大类中的小类，逐渐建立起知识体系，才能在实际设计中，凭借自身夯实的知识体系设计出令各方满意的方案。

织物的陈设和配搭逐渐成为室内设计中衡量整个空间装饰水平的重要指标之一。织物不是通常大家所理解的窗帘、被单等，它涉及很多方面。

织物陈设是室内空间中应用面积最大的装饰元素之一，软装行业就是以室内织物设计为主导的装饰配搭行业。

织物本身是柔软的，给人带来的感受是温暖亲切的，这是任何其他材质都无法替代的。

织物属于实用美学范畴。织物具备实用美学范畴的审美价值，必须满足两个条件：实用＋装饰美感。

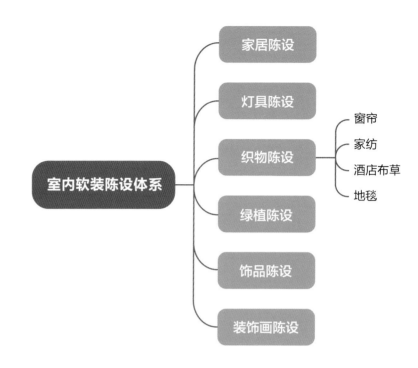

图 4-196 室内软装陈设体系（图片来源：羽番绘制）

第一，织物最重要的属性就是其实用价值。例如，窗帘用来遮挡强光、屏风纱幔用来营造私密空间、在墙立面上采用针织物可以隔声等。

第二，织物还起到装饰整个空间的作用。地域文化、生活环境不同导致人们的审美取向各不相同。织物也随着时代的发展而变化，由过去的烦琐细腻变成现在的抽象、素净、质朴、形式感强烈，不论是哪种风格，在搭配中都要注重整体设计以及织物与空间格调的整体协调。

2. 床品发展简史

室内织物中最早出现的是床品，用以解决人生存中的睡眠及保暖问题。

在购买床上用品的时候，大家是否想过一个问题：这些我们生活中已经离不开的床上用品最原始的形态为草、兽皮等一些大自然里面可直接获取的物品，那么现在使用的床上用品是在什么时候开始形成的呢？图4-197中简要列出了床品发展简史，大家可以从中了解大概的发展历史线索。

3. 家纺与酒店布草的区别

大家对家中常用家纺产品都了如指掌，大到床品的选购，小到毛巾、清洁布的选配，样样精通。但是作为设计师，当你接到精品酒店或民宿的项目时，需要专业的布草实战知识，但是自身的知识及技能满足不了项目需求，这个时候该怎么办呢？大家可以通过下面的内容讲解补足知识短板。

（1）什么是酒店布草？

酒店布草是由一名英籍人士翻译出来的称呼，由香港金麒麟国际酒店首先使用后，逐渐成为酒店专业用语，泛指酒店内一切跟布有关的物品。

酒店布草通俗来讲就是酒店里用的纺织品，主要包括卫浴巾类、客房床上用品、餐用纺织品等，具体见表 4-26。布草与皮草是完全不同的概念（图 4-198）。

（2）酒店布草和家纺用品的区别。

家纺用品选择时注重外观、花形、颜色、性价比，通常按个人的喜好选择。

在精装房的样板间项目中也多采用成套的展示面料的家纺产品，设计师将其交给家纺商家即可。

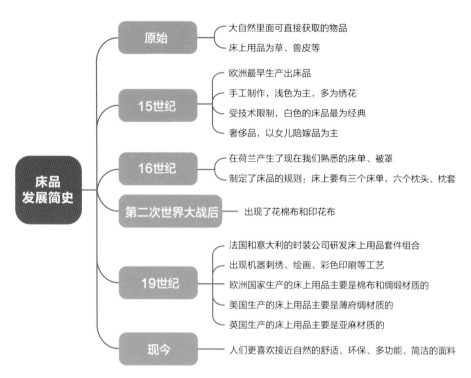

图 4-197 床品发展简史（图片来源：羽番绘制）

表 4-26 酒店布草的分类

分类	包含的物品
客房布草	床单、床裙、床盖、床护垫、被套、被芯、枕芯、枕套、抱枕、靠垫、床尾垫、床尾巾、晚安巾、床罩、毛毯、舒适垫、床笠等
餐饮布草	口布、台布、桌布、椅套、西餐垫、托盘垫、桌裙、舞台裙、擦杯布、杯垫等
卫浴布草	方巾、面巾、毛巾、浴巾、地巾、浴衣、浴袍、浴帘、洗衣袋、吹风机袋、包头巾、桑拿服、沙滩巾等
会晤布草	台呢、台套、台裙、台布、椅套、（软）地毯、形象旗等
窗帘	内纱帘、遮光帘、外窗帘、纱幔等
服装	工作人员的服装、手套、工作帽等

图 4-198 布草与皮草是完全不同的概念

若设计酒店项目，布草的选择就不像选床品那么简单。如国际精品酒店洲际酒店集团（InterContinental Hotels Group PLC，IHG）、顶级豪华酒店文华东方（图4-199）的布草是由专业的布草合作品牌按高标准定制的。

若你接触的是精品酒店、连锁酒店、民宿等项目，那需要你发挥能力的空间是巨大的。在项目开始之前，你应先了解酒店布草的基本标准及特性。

（1）毛巾类产品每平方米的克重相对较高，更有质感，蓬松度和吸水性能更出众。

（2）颜色以白色、米色等素色为主，追求极简的视觉质感美。

（3）面料类产品纱支高、密度大，制作精细、柔软度极高，接触皮肤时舒适度好。

（4）被芯、枕芯类的填充物品，注重回弹性、环保性及抗粉尘性，保证睡眠无污染。

（5）染色工序需要适应频繁的工业化洗涤流程，断裂强力、吸水性、耐洗色牢度和耐摩擦色牢度、抗螨、抗菌、抗变应原等方面的性能合格，以保证与皮肤接触的产品无污染性。

4. 星级酒店布草种类繁多，怎么甄选优质产品

（1）布草的基本实用知识。

掌握布草的实用知识，无论是遇到星级酒店的布草选配，还是大宅别墅的家纺采购，都可以轻松应对，技多不压身。

布草面料选配重点关注的因素是纤维和纱支。

图 4-199 澳门文华东方酒店

图 4-200 纤维编制的艺术装置

①纤维。

纤维（图 4-200）是天然或人工合成的，长度是直径的千倍以上且带有一定柔韧性的细丝状物质。纤维分为天然纤维、合成纤维等。

a. 天然纤维是直接从自然界获得的纤维，一般有两种：植物纤维，例如棉（图 4-201）、麻等；动物纤维，例如羊毛（图 4-202）、蚕丝等。

b. 合成纤维，是通过化学处理、压射抽丝的方法获得的纤维，例如腈纶、涤纶、尼龙等。

c. 如何快速鉴别纤维质量？

纤维的粗细、长短是决定面料手感的重要因素。

粗纤维的布料有硬、挺、粗的手感，具有抗压性。纤维越短，面料越粗糙，越容易起毛球。

细纤维给予布料柔软、薄的手感。纤维越长，纱线越光洁平整，越少起毛球。

酒店使用的布料要求由细纤维纺织而成。

②纱支。

关于酒店项目的采购，大家经常有类似的困惑："关于布草我们也很纳闷，供应商经常有 40 S、60 S、80 S 等各种选择，不知道怎么挑选。从不同供应商处看到的布料质量也是不同的。"

纱（图 4-203）一般是用它的细度来表示的，指一磅（约 454 g）重的棉纱在规定回潮率时，有几个 840 码（1 码 ≈ 0.914 m）长，即几英支纱，可简单读作"几支纱"，单位用"S"表示。纱线越细，对原料（棉花）的品质要求越高。

30 S 以上称为高支纱，据粗细一般分为 21 S、30 S、40 S、60 S、80 S。常见的床上用品都是 40 S 的，星级酒店的用品多为 100~120 S。

根据《纺织材料公定回潮率》（GB/T 9994—2018）规定，常见纺织品的公定回潮率如图 4-204 所示。

（2）酒店布草面料的分类。

①机织物：由相互垂直排列，即横向和纵向两系统的纱线在织机（图 4-205）上根据一定的规律交织而成的织物。酒店布草中的被套、床单、台布面料大多是机织物（图 4-206）。

图 4-201 棉花纤维　　　　　　　图 4-202 羊毛纤维

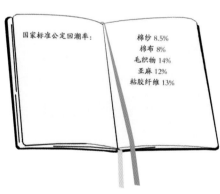

图 4-204 国家标准公定回潮率（图片来源：羽番绘制）

图 4-203 纱

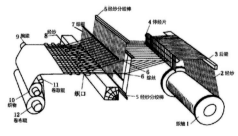

图 4-205 织机

②非织造布：由松散的纤维粘合或缝合而制成的织物。目前主要采用粘合和穿刺两种方法生产。酒店布草中的某些洗衣袋、一次性拖鞋（图4-207）就采用的是非织造布。

③纯纺织物：构成织物的原料是同一种纤维，如棉织物、毛织物、丝织物、涤纶织物等。酒店布草中的被套、床单、枕套等基本都是纯棉织物，也称全棉织物。

④混纺织物：构成织物的原料是两种或两种以上纤维，经混纺成纱线后制成。酒店布草中有些被套、床单、枕套就是涤棉等混纺织物。

⑤交织织物：构成织物的横向和纵向两系统的原料分别是不同的纤维纱线。酒店布草中的多数床裙面料和床尾垫面料就是交织织物。

⑥酒店床的常见规格：长2 m，宽1.2 m；长2 m，宽1.5 m；长2 m，宽1.8 m。

一般被套、床单、保护垫、床裙、床尾垫等都分大、中、小等规格，定制布草的时候要注意各项尺寸匹配，以使效果美观且实用。例如被套的尺寸在放进被芯以后能够遮挡住床垫及部分床架。床垫和床架之间有一条缝隙，被子如果挡不住缝隙，就会影响床的视觉效果。所以在定布草的尺寸时，床单的长、宽一般要比床的长、宽各多出80 cm。

最后分享一下知名床上用品品牌，可拓展设计视野，见表4-27。

图4-206 紫色黑加仑卧室

图4-207 非织造布制成的一次性拖鞋

表4-27 知名床上用品品牌

国家	品牌名称	国家	品牌名称
意大利	蓝天龙（LAUDATION）	美国	李维斯（Levis）
	DIEGO DI ROCCO		唐可娜儿（DKNY）
	罗马帝王（ROMANKING）		埃斯普利特（ESPRIT）
	皮尔·卡丹（Pierre Cardin）		Calvin Klein
	凯维布朗（kevebron）		花花公子（PLAYBOY）
	伊丝丹奴（ESDENU）	德国	胡戈波士（HUGO BOSS）
	Mr.Polo		爱斯卡达（ESCADA）
	PAL ZILERI	澳大利亚	英伦袋鼠（BENIFULL）
	米索尼（Missoni）	中国	欧迪芬（Ordifen）
	ATTOPRIMO		罗莱（LUOLAI）
法国	香奈儿（Channel）		水星家纺
	迪堡（DIOBOSI）		博洋（BEYOND）
	艾格（ETAM）		梦洁
	ELLE		紫罗兰（VIOLET）
	路易·安路（LOUIS ANO）		孚日（SUNVIM）
	梦特娇（Montagut）		凯盛
	都彭（F.L.Doupeng）		富安娜
	克里斯汀·迪奥（Christian Dior）		
	凯卓（KENZO）		

第四讲 地毯

地毯作为软装设计中装饰造型的"神器"，在空间搭配中与家具呼应，是影响风格和生活环境的重要元素。下面将从历史、作用、分类、材质、工艺、尺寸与搭配应用等方面，让大家对地毯有系统性的认识，并灵活运用到工作中。

一、地毯作为营造家居氛围的"神器"，真的可有可无吗

1. 软装设计师必知的中国地毯发展简史

地毯又名地衣，是世界范围内历史最为悠久的工艺美术品类之一。地毯的发源地主要有中国、伊朗、埃及和印度等。中国地毯的历史，有文字记载的大约有2000年历史，有实物考证的有3000多年的历史。

汉代之前：中国地毯起源于西北少数民族地区的游牧部落，他们为了抵御寒冷，利用南方的平织技术将兽毛等织造成毯。随着时间的推移，地毯作为御寒之物逐渐演变成帐篷的内部装饰。

汉唐时期：西汉时期，丝绸之路形成之后，地毯传入中原地区，当时的织毯技术复杂，成品价格昂贵，皇家、贵族或寺庙才消费得起。到了唐代，椅凳出现，地毯进一步发展，细分出床毯、椅垫、脚踏毯等（图4-208）。宫廷中甚至专设毡坊和毯坊，为统治阶级做织毯服务。

宋元时期：家具品种和形式已经大体齐全，完全进入垂足高坐的时期，毯作为踏脚之物被大众普遍接受。靠背上、椅凳上都有了毯的身影，这对地毯的广泛使用起到了极大的推动作用。而元代受蒙古游牧民族生活习惯的影响，仅官营织毯机构的织毯工就超2万户，地毯品种有二十几个（图4-209）。

明清时期：明朝政府接管了元代的宫营织毯机构为宫廷织造专用地毯（图4-210）。清代宫廷对地毯的喜爱更甚，大殿里、墙壁上、寝宫里、佛堂前、戏台上，地毯无处不在。这个时期的地毯也充分发展并形成了鲜明的地域风格，出现了宁夏毯、藏毯、新疆毯、蒙古毯、北京毯等。

现代：随着工业快速发展，机器织造替代了手工纺织，天然植物染料被合成的

图4-208 唐代韩休墓壁画中的块毯形式

图4-209《元人秋猎图》中毯的形象

图4-210《朱瞻基行乐图》中毯的形象

化学染料取代，纯手工地毯逐渐被各种机织地毯所取代。但是21世纪的今天，随着物质生活水平的提高，人们对于审美有了更高的要求，手工地毯也在慢慢复苏。

2. 在软装设计中，地毯起到哪些作用

从地毯的发展简史中可以看到，地毯最初是用来铺地御寒，利于坐卧的。随着工艺的发展，地毯具备了高贵、华丽的观赏效果，成为一种高级的装饰品，美丽的地毯成为居室中主要的陪衬物。现在，地毯已是软装中必不可少的一部分，国外设计师通常建议家里的软装从地毯开始，并称地毯为家里的第五面墙。那么地毯都有些什么作用呢？具体如下。

（1）降噪吸声。

地毯因为其紧密透气的结构，可以吸收脚步声等生活中的噪声。例如，电影院、图书馆、KTV和一些办公室等场所多铺设地毯降噪吸声。

（2）保温、导热、防凉。

地毯有很强的视觉膨胀作用，具有保温的功能。冬天在地毯上行走没那么寒冷，夏天走在上面柔软舒适有弹性。

（3）提高安全性，改善脚感。

地毯区别于大理石、瓷砖等地面铺装材料，是一种软性材料（图4-211），既能够保护地板，又不易导致滑倒磕碰，尤其适合用于有儿童、老人的空间场所。

（4）改善空间空气质量。

地毯表面的绒毛可以捕捉、吸附在空气中肉眼难以看见的尘埃颗粒，改善空间空气质量，我们只需要用吸尘器清洁地毯表面就可以轻松除尘。

图4-211 地毯

（5）划分功能区域。

地毯可以使铺设的地面自然形成一个独立的框架，划定视觉功能区域。

（6）具有极强的装饰作用，是营造空间氛围的"神器"。

地毯有丰富的图案、绚丽的色彩、多样化的造型，价值已经大大超越了其本身具有的地面铺材作用，兼具艺术美化效果，是提升空间气质的利器。

3. 软装中地毯的常见分类

（1）按形态分类。

地毯按形态来划分，可以分为满铺地毯、拼块地毯和成品块毯。

①满铺地毯。

满铺即铺设在室内墙面之间的全部地面上，当铺设场所的室内宽度超过毯宽时，可以根据实际情况进行裁剪、拼接以达到满铺要求。地毯的底面可以直接与地面用胶黏合，也可以用钉子定位于四周的墙根绷紧毯面，使地毯与地面之间减少滑移。

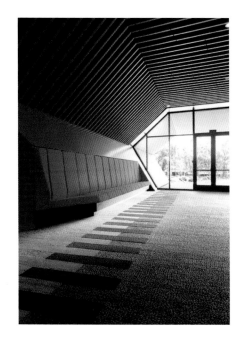

图 4-212 拼块地毯

图 4-213 上海康桥样板间使用的成品块毯（图片来源：大朴设计）

②拼块地毯（图 4-212）。

拼块地毯也称方块地毯，方块地毯的主流规格为 500 mm×500 mm，与满铺地毯相比，特别适合用于办公建筑。方块地毯可以随时随地按需更新，易于保养、清洗、更换。对局部磨损、脏污的方块地毯只需逐块取出更换或清洗即可。

③成品块毯（图 4-213）。

成品块毯铺在地面上，但与地面并不胶合，可以任意铺开或卷起存放，使用比较方便，是常见的家居单品。

（2）按材质分类。

市面上地毯常见的材质分为天然材质、合成纤维、混纺（天然纤维与合成纤维混织）和塑料等，其中真丝地毯价格昂贵，难保养，并不常见，这里不做介绍。

①天然材质地毯。

天然材质地毯中有羊毛、牛皮、黄麻、纯棉这几种材质，每一种材质的特性和亮点不尽相同。

a. 羊毛地毯（图 4-214）。

羊毛地毯是以羊毛为原材料编织而成的地毯，长毛柔软，脚感温暖舒适，制成纤维会稍硬一些。羊毛含量 90% 以上的为纯毛地毯，超过 80% 的为羊毛地毯，20%~80% 的为混纺地毯，购买时可以看地毯的标签判断。

图 4-214 羊毛地毯

优点：柔软、厚实、保温、吸声降噪能力强、抗静电能力好。

缺点：容易虫蛀，耐菌耐潮性差，保养麻烦。

b. 牛皮地毯（图 4-215）。

牛皮地毯是用整张牛皮制作的，每张地毯

图 4-215 巴西牛皮地毯

的花色都独一无二，而且不粘尘。牛皮地毯在制作过程中，可能会残留油脂，若是在密闭空间内长时间使用对空气会有影响，所以不建议用在卧室。

优点：降噪吸声、装饰性强。

缺点：花色需要碰运气，因为很薄，所以脚感不太舒适，保养麻烦。

c. 黄麻地毯（图 4-216）。

黄麻地毯的原材料是由龙舌兰植物叶中抽取

图 4-216 黄麻地毯

的，有的也混合了草料。因为黄麻地毯采用全天然的材料，不易起球和掉毛，可以随环境变化吸湿并调节温度，适合湿气较重的地区。黄麻地毯的脚感会有一点硬，但是夏季时使用非常凉爽，有榻榻米的触感。

优点：耐磨性好、不霉不蛀、吸湿调温、隔热阻燃。

缺点：不能水洗、清理麻烦。

d. 纯棉地毯（图 4-217）。

纯棉地毯的原材料为棉纤维，没有特殊情况都可以机洗，非常方便。相比羊毛纤维的地毯，纯棉地毯的价格要友好很多，不过因为吸水性很好，不可避免容易发生霉变，太过潮湿的地区不建议使用。

优点：抗静电、吸水性强、脚感舒适、耐磨性好。

缺点：易滋生细菌和发霉。

② 合成纤维地毯。

涤纶、腈纶、锦纶等各种名称中带"纶"字的都是合成纤维。合成纤维地毯的耐磨性很好，防虫、耐腐，脚感与羊毛、纯棉地毯相似，很多公共场所都会使用这种材质的地毯。

优点：抗污性能好、不易虫蛀及发霉、耐磨性强。

缺点：保温性不强，易产生静电，还易吸附灰尘。

③ 混纺地毯。

混纺地毯是由羊毛或者棉与各种合成纤维混织而成的，既有天然纤维的质感，又有合成纤维的耐磨性和不易虫蛀及发霉的优势，是一种性价比极高的地毯（前面也讲到了，羊毛含量 20%~80% 的也被称为混纺地毯）。如果不追求极致的脚感，那么混纺地毯就是一个很好的选择，是市面上采用较多的地毯。

优点：抗污性能好、不易虫蛀及发霉、耐磨性强。

缺点：保温性不强，易产生静电，还易吸附灰尘。

④ 塑料地毯（图 4-218）。

图 4-217 阳光城如东样板间中使用的纯棉地毯（图片来源：大朴设计）

图 4-218 工程橡胶地毯

塑料地毯是采用聚氯乙烯树脂、增塑剂等多种辅助材料，经均匀混炼、塑制而成的。它可以代替纯毛地毯和化纤地毯使用。塑料地毯质地柔软，色彩鲜艳，舒适耐用，不易燃烧且可自熄，不怕湿。塑料地毯适合用于宾馆、商场、舞台、住宅等。因塑料地毯耐水，所以也可用于浴室，起防滑作用。

优点：色彩鲜艳、耐湿、耐腐蚀、耐虫蛀及可擦洗。

缺点：质地较薄、手感硬、受气温的影响大、易老化。

不同材质地毯的性质及参考市价见表4-28。

总结地毯的发展简史、作用及分类知识于图4-219中，便于大家构建相关知识架构。

表4-28 不同材质地毯的性质及参考市价

类别	天然材质地毯	混纺地毯	合成纤维地毯	塑料地毯
原料、工艺	一般以羊毛、牛皮、黄麻、纯棉这几种材质为原料	在天然纤维中加入一定比例的合成纤维制成	以锦纶、丙纶等合成纤维为原料加工成纤维面层，再与麻布底缝合成地毯	采用聚氯乙烯树脂、增塑剂等多种辅助材料，经均匀混炼、塑制而成
优点	手感柔和、拉力大、弹性好、色彩鲜艳、质地厚实、脚感舒适、抗静电、不易老化、不褪色	图案优美、色彩丰富、手感好、耐磨且耐虫蛀、耐腐蚀、耐霉变	耐磨性好并且富有弹性，防燃、防污、防虫蛀	色彩鲜艳、耐湿、耐腐蚀、耐虫蛀及可擦洗
缺点	耐磨性、耐虫蛀和耐潮湿性较差，价格昂贵	回弹性、保湿性、耐光性较差；易燃、易吸附灰尘	图案花色、质地、手感等方面与天然纤维地毯有点差别，保湿性差	质地较薄、手感硬、受气温的影响大、易老化
适用空间	高级别墅、住宅的客厅、卧室等	普通家装客厅、卧室、书房等	使用频率较高的客厅等	住宅多用于门厅、玄关及卫生间浴缸的侧边
参考市格	1200~3000元/块（80 cm×150 cm）	400~900元/块（80 cm×150 cm）	100~220元/块（80 cm×150 cm）	40~90元/块（60 cm×90 cm）

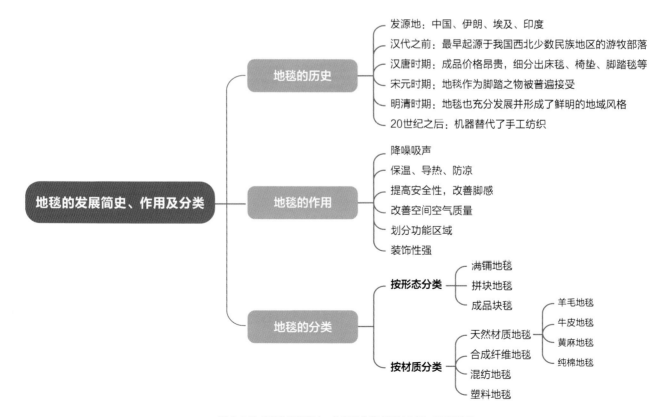

图4-219 地毯的发展简史、作用及分类（图片来源：羽番绘制）

二、地毯定制与工艺：如何快速挑选到心仪的地毯，少踩坑

在前面我们了解了地毯在中国的发展历程，以及地毯的作用、铺装方式、常见的材质。那么现代地毯都是怎么制作出来的呢？我们在选购地毯和定制地毯的时候，需要更多的信息和知识储备。

要想快速地在市面上众多款式的地毯中挑选到心仪的那一款，还真不是一件容易的事，昂贵的手工地毯（图4-220）一块上万元，便宜的几百元，中等的几千元，选不好的话，不仅材质、颜色不正，还成撮地掉毛。挑选地毯考验着每一位软装设计师。软装设计师需要练就火眼金睛和一摸二看辨识真假优劣的专业本领。

1. 要想采购一块合适的地毯，需要考虑哪些因素

（1）选品质是核心。

品质涉及工艺（图4-221）、厚度、材质、配料、绒头重量、地毯等级、图案、颜色等因素。

如果对地毯的美观性具有职业敏感度，但对工艺一头雾水，看不懂到底怎么从专业上理性地辨别地毯品质优劣，是无法满足软装执业需求的。

（2）考虑预算，要在有限的预算内选到相对合适的地毯。

有时候遇到预算紧张的项目，为了满足需求，一味地压缩预算，却忽略了满足预算目标的关键不是压缩成本，而是在有限的预算内选最佳的产品。

软装设计师应在同类地毯范围内进行品种、用毛比例、绒头重量的调整，在满足预算要求的前提下，保障品质，保证整体空间效果。

2. 设计师需要了解哪些地毯生产工艺，才能少踩坑

地毯的制作方式有两种：手工和机织。可以从地毯的这两种生产方式来更深入地了解地毯这个品类。

（1）手工地毯。

手工地毯采用昂贵、耗时、充满艺术感的手工生产方式生产，是毯界精品，主要分为以下几类。

①手工打结地毯（图4-222）。

手工打结地毯是由人工将经纱固定在机梁上，将绒头纱通过手工打结编织固定在经线上，前后经过图案设计、配色、染纱、上经、手工打结、平毯、片毯、洗毯、投剪、修整等十几道工序制成，工艺烦琐，一块地毯需要几个月甚至一两年才能完成。

②手工枪刺地毯（图4-223）。

手工枪刺地毯采用半手工的方式制成，由

图4-220 手工地毯

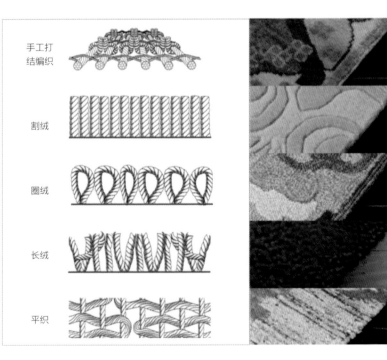

图4-221 地毯编织的工艺分类

手持机械将地毯绒头纱人工植入特制的胎布，然后在毯背涂刷胶水，再附上底布，手工包边，一般耗时一两个月。

③手工编织地毯。

手工编织（图4-224）是地毯制作中最传统的工艺，制作方法是将两条线（经线和纬线）十字交叉进行编织，有的手工编织地毯还可以正反两面使用。

（2）机织地毯（图4-225）。

机织地毯采用效率高的机械生产方式生产。当代机械发展迅速，地毯织机种类繁多。机织地毯按照地毯的组织结构来分主要包含以下两类。

①编织地毯：用机械的方法将绒头纱织入经纱层，再由纬纱加以固定。

②簇绒地毯：将绒头纱线经钢针插植在地毯基布上，然后经过后道工序上胶固定绒头而成。

3. 地毯毯面有哪些分类

地毯毯面可分为圈绒、割绒等。地毯毯面示意如图4-226所示。

图4-222 手工打结地毯

图4-223 手工枪刺地毯

图4-224 手工编织示意

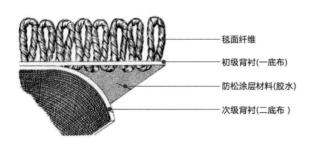

毯面纤维
初级背衬（一底布）
防松涂层材料（胶水）
次级背衬（二底布）

图4-225 机织地毯的剖切面构造

图4-226 地毯毯面示意

（1）圈绒。

圈绒地毯是将纱线簇植于主底布上，形成一种不规则的表面效果。圈绒地毯是一圈一圈织线织成的，由于簇杆紧密、耐磨性极好，适合频繁踩踏的场所使用。

①平圈绒及平圈绒地毯，如图4-227所示。

②高低圈绒及高低圈绒地毯，如图4-228所示。

（2）割绒。

把圈绒地毯的圈割开，就形成了割绒地毯，割绒更柔和，但在耐磨性方面不如圈绒地毯。

①短绒及短绒地毯，如图4-229所示。

②长绒及长绒地毯，如图4-230所示。

③圈割绒及圈割绒地毯，如图4-231所示。

正如其名，圈绒和割绒相结合就是圈割绒。

4. 主导地毯品质的主要因素：密度与厚度

地毯的密度与厚度决定图案的清晰度。地毯的薄厚一方面取决于织造手法的变换，另一方面取决于材质的选择。

（1）手工地毯的密度与厚度。

手工地毯（图4-232）是按"道数"来区分密度高低的，道数越高说明手工地毯的密度越高，一般道数越高厚度则越低。现在的手工打结地毯一般为90道、120道。道数越高的地毯，毯面图案越细腻，同时绒头不宜太高，因为地毯太厚的话反而影响图案的清晰度。

（2）奢华的真丝毯的密度与厚度。

薄毯最有代表性的是真丝毯（图4-233），道数越高成品越薄，图案表现越清晰，装饰感越强。例如极其奢华的波斯地毯（图

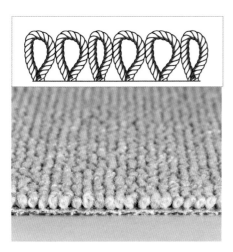

图4-227 平圈绒及平圈绒地毯

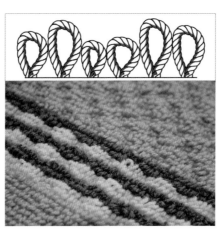

图4-228 高低圈绒及高低圈绒地毯

圈割绒地毯侧面

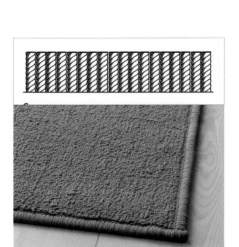

图4-229 短绒及短绒地毯

图4-230 长绒及长绒地毯

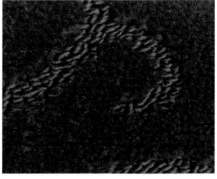

圈割绒地毯正面

图4-231 圈割绒及圈割绒地毯

4-234）常作为装饰挂毯。

（3）仿真丝地毯的密度与厚度。

仿真丝地毯作为真丝地毯的一种替代品，由于使用腈纶、棉、粘胶等原料替代真丝，用机器编织替代手工编织，提高了规模效益，但不如纯粹的手工真丝地毯珍贵。仿真丝地毯有与手工真丝地毯类似的柔和、华丽的光泽，较薄，编织密度高，图案清晰细腻。

（4）机织地毯（图4-235、图4-236）的密度与厚度。

机织地毯的密度是由点数高低和纱线粗细决定的。机织地毯点数越高说明密度越大。现在机织地毯密度最高点数已经达到300万点，密度越高的地毯对于毯面图案的清晰度要求越高，所用纱线就会越细。

大部分机织地毯的绒头高度为5~12 mm，通常绒头越高，地毯越厚。

花形烦琐的波斯地毯需要密度高、纱线细，才能达到图案极其清晰、细腻的要求；图案简洁的现代花形地毯往往不需要太高的密度就能达到设计要求。

图4-232 手工地毯纺织示意图

图4-233 20世纪20年代美国设计师设计的
中国风地毯（羊毛真丝地毯）

图4-234 古董波斯地毯

图4-235 工业机织地毯示意图

图4-236 埃及的机织地毯

5. 软装项目中如何定制一块地毯

一般的项目软装设计师购买成品的地毯即可基本满足需求，一些高端项目常常会涉及地毯的定制，以满足空间的艺术装饰需求，定制地毯的周期一般在 45 天左右。那定制一块地毯有哪些工序呢？具体如下。

（1）确定图案方案。

地毯的图案、花形是最能体现美感的地方。图案的选择要结合整体空间主题、色调，由软装设计师提供图案的设计方案，可以用高清的概念图表达。

（2）深化设计，确定图纸（图 4-237）。

定制工厂按照软装设计师提供的方案把图案进一步深化放样，包括尺寸、厚度、工艺、材质说明。

（3）选纱线。

通过图纸确定好造型、图案以后，由软装设计师按照工厂提供的纱线样板（图 4-238）的色号，选择并确定效果图中不同的色块用哪种型号的纱线。

（4）地毯生产（图 4-239）。

纱线选好以后，就进入工厂生产环节了，需要按照选好的颜色染色，再进行编织等。

（5）包装运输。

最后将完成的定制地毯打包运输到项目地点。

Design: TF2019-581 (D)-1
Area: 沙发洽谈区
Size: 210 cm × 250 cm 3 件
Date: 2019/09/17

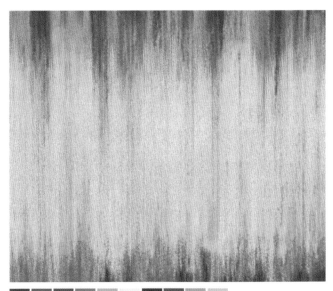

每一个色块表示一种纱线的颜色

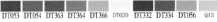

| DT053 | DT054 | DT363 | DT364 | DT366 | DT020 | DT332 | DT334 | DT056 | Q13 |

图 4-237 深化设计方案示意

图 4-238 纱线样板

图 4-239 手工枪刺定制图案

6. 如何选择一块好地毯

（1）看地毯的主要材质。

在前面的内容中具体列举了常见的地毯纱线材质，那么在选购时我们如何鉴定呢？

①天然材质地毯：从地毯上取下几根绒线，点燃进行判断，纯毛材质的地毯燃烧时，无火焰，会冒烟、起泡，有臭味，灰烬多为有光泽的黑色固体且易碎。

②合成纤维地毯：绒高意味着含纱量较高，脚感也好；对于密度，则可以顺着一个方向弯曲绒毛检查是否存在漏织的情况；对于牢固度，要查看绒毛与底部的黏合情况，检查是否脱胶。

③混纺地毯：在光照下检验是否染色均匀、构图完整且线条清晰，若有变色或异色则品质存在问题。

（2）检测地毯绒毛高度（图4-240）。

购买时看清楚绒毛高度是多少，可以用尺子测量。需要柔暖的选择长绒地毯，需要易清洁的选择短毛或者平织地毯。

（3）检测绒毛抗倒伏性。

选地毯绒毛蓬松、回弹性好的，这种地毯抗倒伏能力比较好，比如尼龙地毯在被重物压塌后恢复原状的能力就比较好。

（4）测地毯重量。

在同样材质、同样尺寸的情况下，地毯每平方米的重量越重越好，说明密度大，在地毯的标签中也有克重说明。

（5）检验色牢度。

反复摩擦地毯（图4-241），看看手掌或纸巾是否沾色，若沾色严重说明色牢度不好。

（6）检查地毯标签。

正规厂家出品的地毯会有标注防尘、防污、耐磨损、静电控制、环保、克重等的保证书或标签。

（7）注意部分块毯需备地毯防滑垫。

买地毯的时候，要问清楚商家要不要搭配防滑垫，防滑垫价格不贵，如果家里有老人或小孩，可以在地毯底下搭配一张防滑垫。

图4-240 检测地毯绒毛高度

图4-241 地毯

（8）地毯参考品牌。

给大家推荐几个不错的地毯品牌作为参考，见表 4-29。

将如何选购一块好地毯的要点梳理出来，如图 4-242 所示。

表 4-29 地毯参考品牌

序号	品牌	备注
1	太平地毯	高端品牌
2	WWTORRES Design	高端品牌
3	THIBAULT VAN RENNE	高端品牌
4	Massimo Copenhagen	高端品牌
5	优立地毯	国内优秀品牌
6	青木铺子	淘宝品牌
7	青山美宿	淘宝品牌
8	格丽屋家居	淘宝品牌

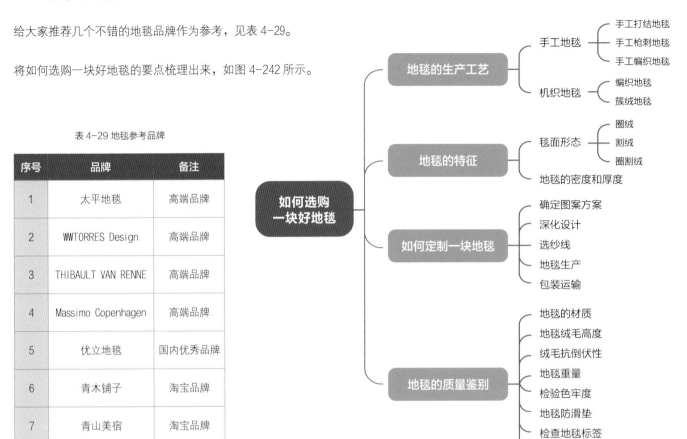

图 4-242 如何选购一块好地毯（图片来源：羽番绘制）

三、地毯搭配有秘籍，这样搭配美出天际

地毯的柔软质感大大提升了居住的舒适感和幸福感，但是各色地毯看得人眼花缭乱，不同空间的地毯应该如何控制大小？其实不同尺寸、材质、风格的地毯，都有它最适合摆放的区域，选对了，才能最大化发挥其功能。

1. 掌握地毯搭配秘籍，驾驭所有空间

软装设计师在做地毯搭配时，必须从室内装饰的整体效果入手，注意从环境氛围、装饰格调、色彩效果、家具样式、墙面材质、灯具款式等多方面考量，从地毯工艺、材质、造型、色彩图案等诸多方面着重考虑。

（1）风格统一。

地毯的搭配要呼应整体的风格，选用地毯时需要考虑整个空间氛围的类别、档次、色泽、图案协调和统一，使地毯为整个空间锦上添花。

（2）搭配技巧。

①简约现代的风格（如北欧风格、日式简约风格）：可选纯色的或有几何、抽象、绿植图案的。

②西方古典的风格（如美式风格、欧式风格，图 4-243）：利用大马士革纹，佩斯利纹，欧式卷叶、动物、建筑、风景等图案构成立体感强、质地淳厚的画面，非常适合与西式

家具配套。

③东方古典的风格（如中式风格、东南亚风格）：清淡自然的多以藤织材料为主；民族地域特色浓郁的，选择植物花卉、风景或者传统图案，如等云纹、回形纹、蝙蝠纹等比较适合。

（3）颜色匹配。

在颜色搭配选择上，地毯和窗帘可以说是家居软装中最大面积的物品了，搭配时要综合考虑家里的整体色调，针对地毯颜色搭配有以下几个小技巧。

①深则浅，浅则深，有深有浅取中间。家具和地板都是深色，就选浅色的地毯，

反之也可以，如图4-244、图4-245所示。如果地板和家具的颜色一深一浅，地毯选中间色。同理，家具深色，地板浅色，地毯也选中间色。

②大面积使用地毯时，把地毯颜色当背景色来选择，不需要大面积使用地毯的时候，把地毯当作装饰品，按点缀色的原则选择。

③较小的空间考虑使用浅色系地毯，会让空间显得更大一些。

④不会搭配时，用单色系最省事。低饱和度的色彩这几年在视觉设计上非常流行，色彩的纯度低，即便用户使用的时间长，疲劳感也不会太多。而且低饱和度的单色

系使人感到纯朴、安宁、温馨。

（4）采光环境。

在搭配时考虑光线因素的话，建议在采光面积大的空间使用偏冷色调的地毯中和强烈的光线（图4-246），如朝南或东南的房间。而在采光有限的空间中选择偏暖色调的地毯，这样会使本来阴冷的空间显得温馨，同时还可以在视觉上增大空间，如朝西北的房间。

2. 不同形状的地毯如何陈设

挑好颜色以后，就到了尺寸和形状的问题，常规的地毯形状有长方形和圆形，以及个性的不规则形状。

图4-243 古典风格的家居卖场示意图

图4-244 家具和地板深色，地毯浅色

（1）长方形地毯（图4-247）的陈设方法。

长方形地毯适合用于大部分场合，常出现的有下面几种尺寸。

① 700 mm×1800 mm（适合床边）。

② 1600 mm×2300 mm（适合小户型客厅和卧室）。

③ 2000 mm×2900 mm（适合大户型或者铺设面积较大的空间）。

（2）圆形地毯（图4-248）的陈设方法。

圆形地毯虽然使用概率比较低，但是因其没有棱角，给人温和的感觉，使人放松，所以很适合放在休闲区域，比如书房、休闲角、儿童房。常见的尺寸如下。

① 直径1200 mm（适合书房）。

② 直径1600 mm（适合阅读角）。

③ 直径2000 mm（适合儿童房）。

圆形地毯尺寸不宜过小，比如直径1000 mm的，位置容易移动。

（3）不规则形状地毯（图4-249）的应用。

不规则形状地毯的外形突破传统的长方形和圆形，在形态选择上有更多的可能性，可以让空间具备更多视觉上的延伸。

3. 如何根据家具布置确定地毯的位置

如图4-250所示为客厅、卧室、餐厅不同组合的地毯陈设方式及尺寸建议。有关地毯的尺寸不要死记硬背，避免出现地毯太大或者地毯太小的情况，利用家具的摆放形式作为参照，先确认好家具的摆放位置，然后以家具摆放区域的中心线为准，确定合理的地毯尺寸，根据客户的需求来定制最好。

地毯最重要的作用之一就是协调统一整个空间，让空间里的物品融合成一个有机和

图4-245 家具和地板浅色，地毯深色（图片来源：西班牙，Punta Prima 高级海滨公寓，多层现代海景住宅）

图4-246 采光充裕的环境建议选冷色调地毯

图4-247 长方形地毯

图4-248 圆形地毯

谐的整体，划分出功能区域。下面通过如图 4-251 所示的案例来讲解。

图 4-251（c）中的地毯太小显得非常小气，略嫌鸡肋，首先排除。而图 4-251（d）中的圆形地毯与家具布置不协调。图 4-251（a）和图 4-251（b）效果都不错，图 4-251（b）

最佳，有两个原因：地毯面积相对小，成本更低；现在的住房面积通常不大，地毯面积小而其他区域面积大，能够在视觉上扩大空间感。

图 4-249 嘉兴海盐阳光城样板间使用的不规则形状地毯（图片来源：大朴设计）

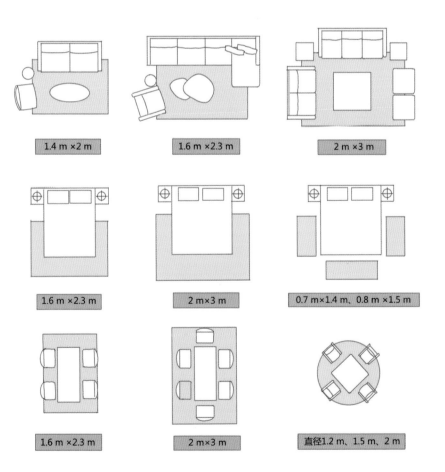

1.4 m×2 m	1.6 m×2.3 m	2 m×3 m

1.6 m×2.3 m	2 m×3 m	0.7 m×1.4 m、0.8 m×1.5 m

1.6 m×2.3 m	2 m×3 m	直径1.2 m、1.5 m、2 m

图 4-250 客厅、卧室、餐厅不同组合的地毯陈设方式及尺寸建议（图片来源：羽番绘制）

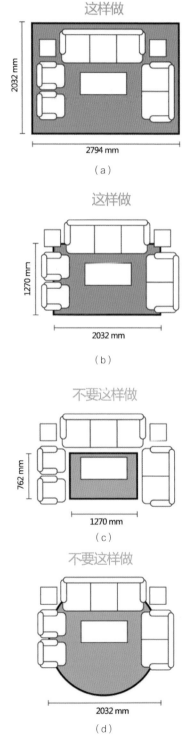

图 4-251 会客区域的地毯陈设（图片来源：羽番绘制）

块毯的铺设基本是可以按照家具摆放适时调整的，家具布置方式不同，地毯铺设方式也要灵活变换。

4. 不同空间中的地毯如何陈设

（1）客厅空间地毯的陈设方法。

如图4-252所示为客厅不同陈设地毯尺寸示意图，家具大小都要纳入考量范围，确保地毯、沙发和茶几间保持标准的比例。具体的陈设方法如下。

①方法一：利用家具的摆放形式作为参照，先确认家具的合理摆放位置，然后以能包含所有家具的面积为准确定地毯的尺寸，同时略大于家具摆放的范围，以超出10~20 cm为宜（图4-253，也要根据常规地毯尺寸选择，除非是定制款）。此法适合用于大户型。

②方法二：同样确认好家具的摆放位置，然后以家具的前腿踏上地毯为准（图4-254），确定合理的地毯尺寸。此法比较常用。

③方法三：三角构图布置的家具组合适合用圆形地毯（图4-255）。

④方法四：转角沙发适合用正方形和圆形地毯，长方形地毯的长边会向外延伸太多。转角沙发地毯的应用如图4-256所示。

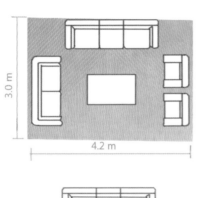

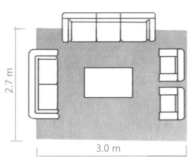

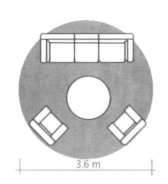

图4-252 客厅不同陈设地毯尺寸示意图
（图片来源：羽番绘制）

图4-253 地毯略大于家具摆放范围

图4-254 家具的前腿踏上地毯

（2）餐厅空间地毯的陈设方法。

餐厅的地毯应该多大？进行简单的测试就可以知道，地毯应该可以容纳所有拉离餐桌实际使用时的餐椅（图4-257）。餐厅地毯形状呼应餐桌（方桌、长桌、圆桌）的形状。

①方法一：选方形地毯。先将所有餐椅推到餐桌下面，以这时家具所占的空间面积来确定所需地毯的尺寸，以大于所有家具的摆放范围10~20 cm为宜（图4-258）。此法适合独立餐厅和比较大的户型。

②方法二：选圆形地毯。使用圆形餐桌时选圆形地毯，餐椅同样全部推到餐桌下面，以这个位置范围作为确定地毯尺寸的标准，尺寸略大于家具范围10~20 cm为宜。此法适合独立餐厅和比较大的户型。

（3）卧室空间地毯的陈设方法。

卧室不同陈设地毯尺寸示意如图4-259所示。在卧室中铺设地毯除可以营造氛围外，还可以让双脚从温暖的被窝中出来后不直接接触冰冷的地面，选用脚感舒适的羊毛地毯或混纺地毯更适宜。

①床边毯陈设方法。

床边毯（图4-260）在床一侧，为避免起床时双脚接触冰冷的地面及发出噪声，可选用小型的块毯。

②床下毯陈设方法。

a.半铺：根据床的尺寸，保证地毯左右两侧超出床的触地范围30~50 cm，床尾地毯长度保证不超过床长的1/3（图4-261、图4-262）。

图4-255 使用圆形地毯

图4-256 转角沙发地毯的应用

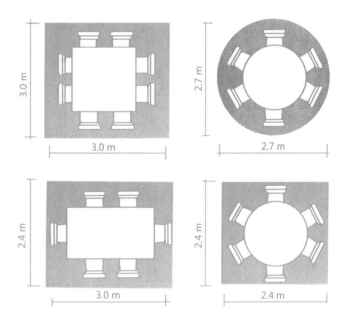

图 4-257 餐厅空间地毯的陈设方法（图片来源：羽番绘制）

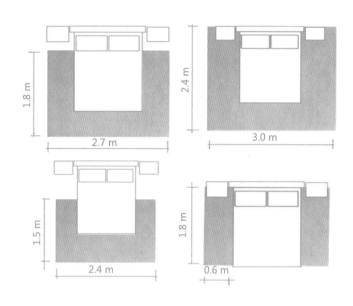

图 4- 259 卧室不同陈设地毯尺寸示意（图片来源：羽番绘制）

图 4-258 餐厅使用方形地毯

图 4-260 床边毯

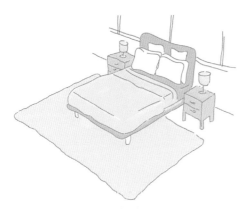

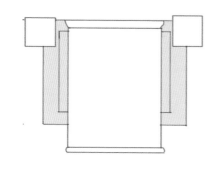

图 4-261 卧室地毯半铺示意（图片来源：羽番绘制）

图 4-262 半铺床下毯

b. 满铺：使用整片大型地毯，兼顾两侧，避免产生噪声也更具整体感（图 4-263）。

c. 选择圆形地毯时，注意地毯和床的比例，直径以大于床宽为宜（图 4-264）。圆形地毯不适合在小空间里铺陈，如果要在小空间里面使用，可以放置在床尾一角（图 4-265）。

（4）玄关空间地毯的陈设方法。

玄关地面踩踏频繁，容易脏，选择方便清洗又通风透气的竹纤维地毯或者亚麻地毯更合适，价格也相对便宜一些。

①对于小型玄关而言，地毯和地垫的功能近似，一般只在局部铺设，除装饰以外，也有一些其他功能，比如便于更换室内拖鞋、防滑、防尘等。

②空间比较大时可以用圆形和方形地毯。

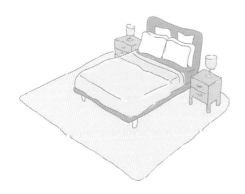

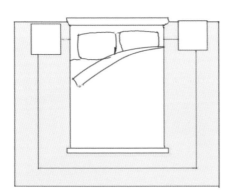

图 4-263 卧室地毯满铺示意（图片来源：羽番绘制）

5. 正确的地毯打理方法

在家居产品里，国外市场上卖得多而中国市场上卖得比较少的商品，据调查一个是蜡烛，还有一个就是地毯了。

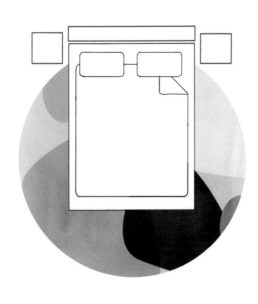

图 4-264 圆形地毯示意图（图片来源：羽番绘制）

图 4-265 圆形地毯置于床尾一角

虽然我们都知道地毯是提升空间气质的"神器"，但是因为生活方式的不同，客户放弃选购地毯的首要理由就是难打理，作为软装设计师就需要一些专业知识来帮客户走出地毯难打理的认知误区。

（1）地毯清理保养的常见误区有哪些？

①维护就是经常清洗，但是费时费力？

很多人以为地毯的维护就是经常清洗，但其实经常冲洗地毯会影响其柔软度、色泽、光泽，所以虽然清洗是好事，但是只需日常除尘（用吸尘器）、定期清洗即可。

②阳光暴晒地毯能杀菌？

地毯长期暴晒会失去原来的色泽，地毯一般晒一两个小时没有问题，但不可长时间暴晒，清洗的地毯最好是放在通风口自然风干。

③地毯经常掉毛？

在使用地毯的时候会发现地毯表面有一层薄薄的浮毛，或者地毯的毛长短不一，有人就会以为是地毯掉毛。其实产生浮毛是短纤维羊毛地毯常见的情况，而地毯毛出现长短不一的现象时，只要用软排刷沿同一方向将毛理顺即可。

（2）地毯正确清理的方法。

其实知道地毯的材质后，进行针对性的打理养护，地毯清理（图 4-266）就会变得比较轻松。

不同地毯的打理难度从高到低为：长绒 > 圈绒 > 割绒 > 手工打结编织、平织。下面将不同材质的地毯日常清理方法列于表 4-30 中。

图 4-266 地毯清理

表 4-30 不同材质的地毯日常清理方法

类别	日常清洁	去污方法	消除异味
羊毛地毯	①可以用吸尘器顺毛除尘,两天一小除,一周一大除; ②没有吸尘器可以用手拿滚筒式除尘器清理地毯; ③定期日晒,以免发霉	①遇到紧急情况时应尽快拿干毛巾或纸巾吸干水分; ②用汽油喷洒在污渍上用毛巾擦拭一遍,然后再用酒精擦拭至污渍消失; ③污渍擦干净后用冷风吹干或自然晾干	均匀铺撒苏打粉,轻拍进地毯内吸附气味与灰尘,静置两三个小时后用吸尘器将其清理干净(还有地毯翻新的效果)
纯棉地毯			
合成纤维地毯			
混纺地毯			
牛皮地毯		①若饮品不小心洒到地毯上,应用纸巾、干抹布立刻吸干水分(基本不会染色),再用拧干的湿抹布擦拭干净即可; ②若有污渍可以选择将洗发水稀释后,用毛巾蘸取稀释液擦拭牛皮地毯受污染处,直到擦干净为止	
黄麻地毯		①先用较干的棉布吸附一下污渍; ②再用水兑醋擦洗污渍	风油精加水稀释后,用毛巾蘸取稀释液擦拭可以消除异味

注:一般来说黄麻地毯不能水洗,只能擦拭;纯棉薄地毯是可以机洗的,但如果混纺了其他材质就不好说了,因为其他材质的地毯几乎不能机洗,所以需要大面积清洗时,要看地毯本身的洗标,看是否具备自行处理的条件,不具备时,就要交由专业的地毯清洁机构进行深度清洁。

第五讲 画品

画品是一种集装饰功能与美学欣赏功能于一体的装饰艺术品。选择合适的画品，不仅能提升空间的品位，彰显主人的审美情趣，还能轻松打造出空间的风格和氛围，成为点睛之笔。装饰画是软装当中一个重要的组成部分，软装设计师要站在艺术顾问角度帮助客户完善其空间的构想，需要对艺术品、装饰花品具备清晰而系统的认知。

一、画品（装饰画）分类及定制工艺

1. 装饰画在家居中起到哪些作用

最早的装饰图纹可以追溯到新石器时代彩陶器上的装饰性纹样，如动物纹、人形纹、几何纹，都是经过夸张变形、高度提炼的图形，满足需求者对美好生活的向往，传达语言无法表达的某种境界。我国的绘画起源于战国时期的帛画艺术，非常讲究与环境的协调和美化效果。

伴随着社会经济的飞速发展，人们审美品位提高，对装饰画的关注和需求也越来越多，我们首先需要清楚装饰画到底有什么作用，只有了解它在软装中的作用，我们才能更好地将其运用在空间设计中。

（1）营造氛围。

装饰画顾名思义是起修饰美化作用的画作。装饰画能够衬托出空间中特定的氛围，起到画龙点睛的视觉效果，如水墨画的中式风、几何抽象画的欧式风（图 4-267）、油画的古典韵味等。

（2）点缀色彩。

当空间风格和色彩不和谐或者空间过于寡淡时，善加利用装饰画，不仅能够平衡空间，还能丰富空间的层次，让空间生动起来。

（3）提升格调。

装饰画除具备装饰效果，更能突显主人的品位、气质、格调等，收藏艺术画品，还能升值。

图 4-267 装饰画的使用

2. 装饰画的分类

装饰画紧随时代的发展变化，无论是在内涵上还是在表现形式上都日趋成熟，新型材料的运用使装饰画呈现出全新的视觉表现形式，向多元化方向发展，开创了装饰画的新领域。不同的材料有着不同的肌理和美感，它们的合理运用会取得意想不到的画面效果，使作品具有强烈的艺术感染力。表4-31中简要列出了装饰画的分类。

3. 一幅完整的画品都有哪些组成部分

（1）画品的核心是画芯。

画芯最初是指已经创作完成的待装裱的书画作品，是中国传统书画装裱师对书画作品的称谓，现在画芯通指装饰画的主体画作部分，比如具有装饰欣赏性却未经配框等工序制作成装饰成品的油画、国画、印刷图片，还有各种织画、绣画、烫画、贴画等工艺画。

画芯的材质有棉布、油画布、亚光纸、绢布、无纺布、宣纸等。

油画布按材质可分为亚麻油画布（图4-268）、纯棉油画布、化纤（涤纶）油画布（图4-269）、棉麻油画布（55%麻、45%棉）、其他材质油画布。

（2）装裱和画框。

装裱有硬裱和软裱之分，软裱指将书画作品裱成卷轴的装裱方式，方便携带和赠送，而硬裱指配有画框的装裱方式。画品因材质、颜料特性不同，可以装框或进行无框装订才能悬挂欣赏，展现它的价值。对于有画框的装饰画，好的画框（图4-270）还可以帮助装饰画提升气质。

按照装裱形式分类，装饰画大体上分为有框画、无框画、冰晶画（图4-271）。

①有框画（图4-272、图4-273）：延续传统油画的风格，正式、规整、典雅。

表4-31 装饰画的分类

分项	类别
颜料种类	按颜料种类可分为钢笔装饰画、铅笔装饰画、粉笔装饰画、蜡笔装饰画、油彩装饰画、水彩装饰画、磨漆装饰画等
画布种类	按画布种类可分为镶嵌装饰画、摄影装饰画、挂毯装饰画、丝绸装饰画、铜板装饰画、抽纱装饰画、剪纸装饰画、木刻装饰画、石刻装饰画、绳结装饰画等
其他	①雕刻类：木雕、金属雕、竹根雕、玻璃成型、塑料成型等 ②镶嵌类：贝壳镶嵌、玻璃片镶嵌、马赛克镶嵌、大理石片镶嵌等 ③编织类：铁丝、竹片、各类植物、藤条、皮筋以及各种纤维的编织画 ④粘贴类：羽毛画、布贴画、纸贴画、印刷品画等各种材质的粘贴画

图4-268 亚麻油画布

无缝油画布
色彩亮丽 经久耐用

图4-269 化纤（涤纶）油画布

宽度 0.8 cm

厚度 3.5 cm

图 4-270 画框

图 4-271 不同装裱形式的装饰画

无卡纸效果　　　　　　使用卡纸效果

图 4-272 有框画

图 4-273 海口锦绣海岸项目中使用的有框画（图片来源：大朴设计）

有框画的画框材质有：原木（实木，图4-274）、金属（图4-275）、PU塑料、布艺、皮革等。

②无框画：无框画显得更时尚、现代，一般多拼的联画都是无框的，现代抽象派大师的作品也多是无框画，打破传统有框画的局限，更具潮流个性。

③冰晶画：又名玻璃冰晶画，它是把照片和经过特殊处理的玻璃运用水晶专用胶黏合到一起。由于玻璃与生俱来的易碎性、防撞性差等缺点，在实际应用中会进行一些再加工，例如进行钢化、磨砂处理等。

4. 装饰画制作工艺及定制流程

如今装饰画的载体与表现形式越来越丰富，按照制作方法可以划分为三大类，分别是占主流的印刷品装饰画、手绘作品装饰画和实物装置画。

（1）印刷品装饰画。

印刷品装饰画是把文字、图画、照片等原稿经制版、施墨、加压等工序，使油墨转移到纸张、织品、皮革等材料表面上的画品。现在市面上大部分装饰画都是印刷品装饰画，比如照片画。画芯品质不论高低，均称为印刷品装饰画，制作成本相对低廉。

定制印刷品装饰画的流程如下。

①设计师根据整体风格选择画芯（打印出来）、装裱的卡纸、相应风格的画框。

②装裱需要7~10天的时间。

③打包一般需要1~3天时间。

整个生产周期是1~2周。

（2）手绘作品装饰画（图4-276）。

人工手绘的画品统称为手绘作品装饰画，

包括国画、水墨画、水彩画、工笔画、油画等。这些各式各样的画品都属于手绘类画品的不同表现形式。

定制手绘作品装饰画的流程如下。

①方案：定制手绘画，设计师首先要与画手确定画作主题。

②生产：周期为20~50天，有一些画需要干燥之后进行反复上色，因此绘制的周期一般较长，但是能让定制画作呈现出良好的视觉效果。

③装裱：绘制完成以后画框装裱需要5~7天。

④打包运送：需要1~3天的时间。

定制手绘作品装饰画整个周期为1~2个月。

墙画也属于定制手绘作品装饰画，只是绘画的载体变为了墙面。

（3）实物装置画（图4-277）。

实物装置画也称手工实物画，是一种艺术

图4-274 实木画框

图4-275 金属画框

图4-276 手绘作品装饰画

图4-277 实物装置画

装置的形式，是将一些实体物品通过各种方式组合拼接成一幅画。实物装置画是一种非常开放的艺术种类，可用来作画的材质多种多样，皮革、纸雕、雕塑、铜板等各种材质的物品，都可以创作成为一幅画，也是极具创造力的一种品类。其优点是质感好，画面立体，保存时间长，缺点是成本较高，制作时间长，并且设计师不能完全对稿，无法达到像控制印刷品那样获得与设计稿一模一样的效果。

定制实物装置画的流程如下。

①确定方案：设计师要与厂商反复确认画芯方案、材料排列方式、画框装裱方式等。

②生产：实物画芯一般排列画面材料以后进行粘贴或者其他工艺的加工，制作时间为5~7天。

③装裱：需要5~7天的时间制作。

④打包运送：需要1~3天时间。

定制实物装置画的整个周期为2~3周。如果定制的材质是陶瓷或其他复合型材质则周期为4~8周。

5. 装饰画品牌推荐

表4-32中列出了推荐参考的装饰画品牌，大家可以根据需要选购和参考。

6. 正版画与盗版画的区别

（1）正版画都是有版权的，受保护，画作上皆有艺术家签名和出版商信息，盗版画无版权，不受保护，一旦被查要承担法律责任。

（2）正版画用纸考究，采用专门的艺术铜版纸，盗版画为节省成本，只用普通纸

表4-32　推荐参考的装饰画品牌

序号	品牌	备注
1	PI Creative Art	高端品牌
2	WILD APPLE	高端品牌
3	田钰	国内优秀品牌
4	塞尚	国内优秀品牌
5	异见	国内优秀品牌
6	沐画	淘宝品牌；中式
7	仟象映画	淘宝品牌；极简
8	鳟鱼装饰画	淘宝品牌；北欧风
9	NOC北欧饰家	淘宝品牌；北欧风
10	视界藝术 VAMBITstore	淘宝品牌；艺术
11	旁白 VoiceOver	淘宝品牌；艺术

甚至克重很低的铜版纸，纸张硬度、厚度、手感明显劣于正版画。

（3）正版画色彩自然纯正、色泽靓丽丰富，画面高清细腻，盗版画色彩严重偏色、色泽层次感较差，画面不清晰。

二、提升格调的装饰画搭配方法

1. 关于装饰画，设计师必须要了解的几件事

（1）为什么艺术品中的画品逐渐被高端项目的甲方所重视？

①艺术画品的起源及其与人类文明的关系。

装饰画起源于绘画艺术，那怎么理解艺术品中的绘画呢？为什么现在空间陈设中装饰画被人们普遍推崇和接受呢？

艺术品中的绘画作为人类思想、智慧的结晶经历了漫长的历史发展时期，从洞穴壁画（图4-278）到欧洲的教堂壁画和中国的敦煌壁画，从文艺复兴时期的群英璀璨到近现代不断涌现的新秀，从抽象派到后现代派和超现实主义派，它们构成了耀眼的美术（绘画）史，它代表着整个人类的精神文明的积淀。

人在一生中除了满足衣食住行的生存需要，还要照顾生而为人的精神灵魂需求。艺术创作可以理解为"扒拉灵魂"，艺术家创造出来的艺术品（绘画）不单可以装饰空间，更

代表一种文化，一种空间的精神姿态。

②什么是艺术品？

艺术品一般指造型艺术作品。艺术品包含的品类很多，在这里只展开讲述画品部分，其他的内容在饰品摆件部分重点讲解。

③认知升级：艺术品究竟美在哪里？

有些人认为画品是美的产物，不仅仅包含一个艺术家的情感，通过艺术品所展现的组成部分（图 4-279），观众能够体会到其中的情感，也能产生情感共鸣（图4-280）。

④艺术品在现代有哪些价值？

艺术品具有艺术价值、历史价值（文物价值）、经济价值（收藏价值）。它们之间具有相对独立性。一件艺术品所代表的作者的艺术个性、风格，所反映的民族性、地域性和个性越典型，其艺术价值就越高。

对于商人来说，艺术品不仅是用来观赏的，也是一种具有增值空间的收藏品（图4-281~ 图 4-283）。

（2）艺术品的下一站在哪里？

近几年，艺术品逐渐走出美术馆，踏入公共社区、高端住宅、商场。那么，艺术品的下一站会是哪里呢？

在进入 21 世纪后，当代艺术品的使用逐渐偏多，越来越多的酒店选择定制艺术品的原因与投资相关。

除了富豪阶层，我国数量更为庞大的中产人群队伍也在不断壮大。随着社会经济的发展，他们对精神文化的追求也越来越急

图 4-278 与阿尔塔米拉洞齐名的拉斯科洞窟壁画

图 4-279 艺术品的两大组成部分（图片来源：羽番绘制）

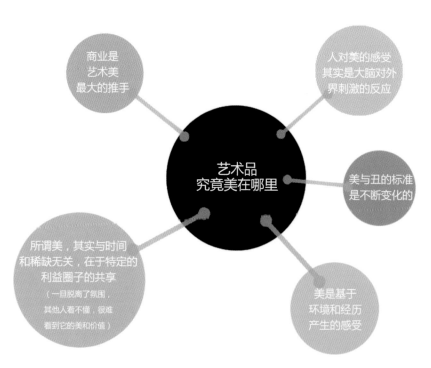

图 4-280 艺术品究竟美在哪里（图片来源：羽番绘制）

切。据调查显示，90% 的中国中产人群有购置艺术品的意愿。

艺术品业内顾问表示："国内五星级酒店已在硬装、软装上下足功夫，但再好的材料、再时髦的装潢总有过时的一天，到时候面临重新装修的可能性很大。但好的艺术品不会，一来可用于收藏，二来可用于投资。"

让住客"住酒店、赏艺术"，是近年时兴的旅行方式。

图 4-281 美国拍卖行在拍卖爱德华·蒙克的《呐喊》

图 4-282 收藏家收藏的绘画作品

2018 年 7 月，大英博物馆与兰欧酒店首次达成官方合作，在山东省青岛市福州南路 22 号打造一家充满艺术氛围的中高端酒店（图 4-284），让住客在酒店逛"大英博物馆"，跨界合作打造艺术商旅空间。未来，艺术品将走下"神坛"，走入大众的生活。

酒店 + 艺术 + 地产的融合式发展，打造沉浸式体验，全面赋能，将是商业空间未来可参考的发展模式（图 4-285）。

2. 当下流行风格的艺术先驱

抽象主义艺术是艺术家在忘我的状态下，对艺术的一种单纯追求。在现在的全球艺术品市场中，抽象艺术派生出来不计其数的抽象装饰性艺术商品。

（1）美国抽象表现主义的先驱：杰克逊·波洛克（Jackson Pollock）。

你也许会说：看不懂的就是艺术。但是大家要明白艺术不是为了说明什么，它最原始的状态就是一种美，波洛克通过滴彩画

法营造无主题的混乱，混乱中隐藏着有序的美感（图 4-286）。

（2）美国抽象派画家马克·罗斯科（Mark Rothko）。

马克·罗斯科与杰克逊·波洛克是同时期的美国抽象派画家，马克·罗斯科的画看不懂不要紧，可以学习怎么观赏，罗斯科的色域绘画在 1990 年之后逐渐被人们所接受，他

图 4-284 兰欧酒店

图 4-283 王中军以约 3.77 亿人民币的价格拍下了备受瞩目的凡·高油画《雏菊与罂粟花》

未来，艺术品将走下神坛，进入大众的生活
跨界合作&体验艺术商旅生活
酒店+艺术+地产的融合发展，打造全面赋能的沉浸式体验空间

图 4-285 酒店 + 艺术 + 地产的融合式发展（图片来源：羽番绘制）

图 4-286 杰克逊·波洛克及其作品

图 4-287《广告狂人》中出现《橙、红、黄》作品

图 4-288《橙、红、黄》

也是当代作品拍卖价格最高的画家之一，其作品《橙、红、黄》（图 4-287、图 4-288）就曾拍出 5.7 亿人民币的价格。

马克·罗斯科用画作营造出来的情绪氛围，能激发更多的想象空间，即便你看得泪流满面，你的大脑还是会在某一个时刻停滞后再重启，或是思绪像开了阀门一样地旋转跳跃，最后生出一些内容来。

马克·罗斯科作为一位一心想要表达情绪的艺术家，最终为我们提供了一种更好的表达情绪的方式。我们可以吸取马克·罗斯科作品中用大面积色彩展现空间情绪的技巧（图 4-289、图 4-290），类似风格的装饰画是室内空间色彩装饰画的首选。

中性色在一起出现时就透露出一种"毫无感情"的冷漠感，其实际应用如图 4-291 所示。

（3）法国野兽派创始人：亨利·马蒂斯（Henri Matisse）。

在颜色的运用方面，有一位艺术家影响了罗斯科，他就是野兽派的创始人马蒂斯。

19 世纪末 20 世纪初西方艺术史上出现过一个崭新的流派——野兽派。马蒂斯作为野兽派的灵魂人物，蜚声世界。马蒂斯的艺术作品具有极强的装饰性，在现代家居

图 4-289 吸取马克·罗斯科作品 *White Center*（*Yellow, Pink and Lavender on Rose*）的精髓并应用于室内设计

图 4-290 吸取马克·罗斯科作品 *Orange and Yellow* 的精髓并应用于室内设计

图 4-291 借鉴马克·罗斯科作品的冷漠风格装饰

中深受人们喜爱（图 4-292）。

谈到马蒂斯的绘画之路，不得不提一下他的母亲。马蒂斯出生于法国南部，最初从事法律事务。21 岁时因意外生病住院，母亲送给他一箱画具打发无聊时间，马蒂斯对绘画的热情一发不可收拾。他说："我全身心地投入其中，自己就像一只野兽在寻找它所喜欢的东西。"

马蒂斯的母亲，出身于富商家庭，是瓷器艺术家，有良好的品位。她漂亮时尚，精力充沛，举止优雅，还经常面带微笑。总之，母亲深深地影响了马蒂斯的一生，他以后画里的每个女性都很像他的母亲（图4-293）。

马蒂斯的艺术创作对于后人影响至深，米菲兔的创作者迪克·布鲁纳就是马蒂斯的粉丝（图 4-294）。

图 4-292 亨利·马蒂斯及其作品《伊卡洛斯的坠落》

The Joy of Life

Seated Odalisque

Peasant Blouse

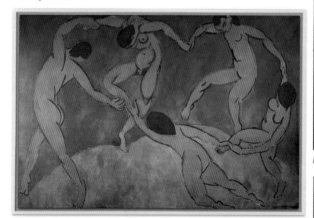

The Dance

图 4-294 迪克·布鲁纳创作的米菲兔形象和马蒂斯的作品 *The Sheaf*

The Lute

Music

La Blouse Roumaine

图 4-293 亨利·马蒂斯的作品

（4）极简艺术的代表卢西奥·丰塔纳
（Lucio Fontana）。

"我想扩展空间，创造一个新的维度与宇宙相连，好像它能够无限延展，突破图像的平面局限。"

这些是卢西奥·丰塔纳（图 4-295）的艺术表达与实践。

卢西奥·丰塔纳是空间主义的创始人，被誉为 20 世纪最伟大的幻想家之一，被认为是极少主义的始祖，他的作品深深影响了几代艺术家；他也是饱受争议的艺术家，只是因为在画布上划了几道口子就能卖到 2000 多万美元（图 4-296、图 4-297）。

图 4-295 卢西奥·丰塔纳

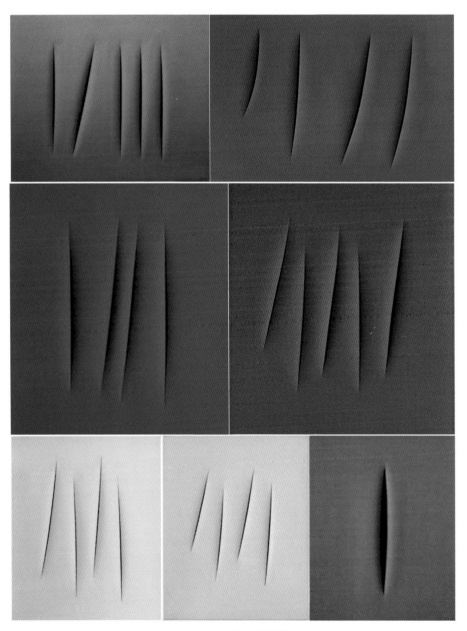

图 4-297 卢西奥·丰塔纳的作品

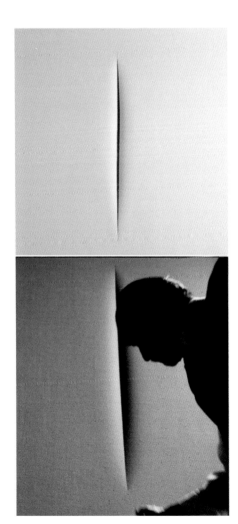

图 4-296 创作中的卢西奥·丰塔纳及其作品

3. 哪些艺术大师的作品常被设计师们青睐

（1）世界绘画大师：设计的灵感源泉。

设计师一定要懂一些现代绘画史，这样才能看懂各个时期的装饰画的潮流趋势，借鉴影响世界的画家的作品来展现陈设空间的灵魂，画品在空间中如同服饰上的胸针、手表等首饰，不需要多，一幅足以体现空间的格调与品质。

表4-33~ 表4-36中列出了设计师必知的影响世界的艺术大师，大家可以搜集更多资料，深度品味各位大师及其作品的魅力。

（2）影响世界的摄影大师。

提到摄影大师就不得不提起安德烈亚斯·费宁格，一位从不修片的摄影家，费宁格将对自然人文的热爱通过镜头放大，形成了自己独特的拍摄手法：用广角镜头拍摄微观世界。用他的话说，"人眼无法看清一切事物，而相机则是人眼的一种延伸，它可以帮助你看到自己想看而又无法

表 4-33 设计师必知的影响世界的超现实主义及野兽派艺术大师

名字及简介	代表作品
法国艺术家：巴勃罗·毕加索（Pablo Picasso, 1881—1973），现代艺术的创始人	
西班牙艺术家：萨尔瓦多·达利（西班牙语：Salvador Domingo Felipe Jacinto Dali i Domenech, Marqués de Púbol, 1904—1989）	
法国艺术家：亨利·马蒂斯（Henri Matisse, 1869—1954）	
比利时画家：勒内·马格里特（René Magritte, 1898—1967）	

表 4-34 设计师必知的影响世界的波普艺术大师

名字及简介	代表作品
美国：安迪·沃霍尔（Andy Warhol, 1928—1987），波普艺术的代表人物	
美国：罗伊·利希滕斯坦（Roy Lichtenstein），波普艺术的超级明星	
美国：凯斯·哈林（Keith Haring, 1958—1990），新波普涂鸦艺术的代表人物	
日本：草间弥生（Yayoi Kusama），波尔卡圆点女王	
日本：奈良美智（Yoshitomo Nara），日本波普艺术的代表人物	

表 4-35 设计师必知的影响世界的十大抽象派画家

名字及简介	代表作品
俄罗斯画家：瓦西里·康定斯基 （Wassily Kandinsky, 1866—1944）	
荷兰画家：皮特·科内利斯·蒙德里安 （Piet Cornelies Mondrian, 1872—1944）	
美国画家：汉斯·霍夫曼 （Hans Hofmann, 1880—1966）	
西班牙画家：胡安·米罗 （Joan Mirói Ferrà, 1893—1983）	
美国画家：罗伯特·马瑟韦尔 （Robert Motherwell, 1915—1991）	
荷兰籍美国画家：威廉·德·库宁 （Willem de Kooning, 1904—1997）	
美国画家：杰克逊·波洛克 （Jackson Pollock, 1912—1956）	
美国画家：马克·罗斯科 （Mark Rothko, 1903—1970）	
华裔法国画家：赵无极 （1921—2013）	
华裔法国画家：朱德群 （1920—2014）	

表 4-36 设计师必知的影响世界的印象派绘画大师

名字及简介	代表作品
法国画家：爱德华·马奈 （Édouard Manet, 1832—1883）	
法国画家：保罗·塞尚 （Paul Cézanne, 1839—1906）	
法国画家：卡米耶·毕沙罗 （Camille Pissarro, 1830—1903）	
法国画家：阿尔弗雷德·西斯莱 （Alfred Sisley, 1839—1899）	
荷兰画家：文森特·威廉·凡·高 （Vincent Willem van Gogh, 1853—1890）	
法国画家：皮埃尔·奥古斯特·雷诺阿 （Pierre-Auguste Renoir, 1841—1919）， 印象派中的重量级画家	
法国画家：奥斯卡·克劳德·莫奈 （Oscar-Claude Monet, 1840—1926）， 印象派代表人物和创始人之一	

看到的东西。"

这也是风光人文类摄影常被家居设计师用作室内陈设品的原因，摄影类装饰画代表空间的一种人文姿态（图4-298~ 图4-300）。

知名的摄影大师还有很多，表4-37 中只列出了一小部分，大家可以通过网络、图书、杂志等了解更多信息，扩充知识面。

4. 如何搜集装饰画

世界名画题材的装饰画需要与从事私人定制的商品画商合作，如果想采购高仿的商业行画，可通过展会，如上海摩登时尚家居展等搜集画商的资料。

一些有名气的摄影师会把版权卖给出版商，出版商会授权给各大从事印刷的画商。

为便于大家学习与总结，将艺术品与画品的有关知识脉络整理出来，如图4-301 所示。

图4-299 费宁格的经典作品自拍像在室内的应用

图4-298 费宁格的经典作品自拍像，常被用作室内装饰画

图4-300 人物摄影题材的装饰画在现代家居中的应用

三、画品陈设：不会搭配装饰画？看懂这几点瞬间学会装饰画陈设

1. 装饰画怎么陈设才能更美观：十大装饰画陈设方法

很多人认为装饰画是空间中的必需品，大多凭着自己的感觉选配装饰画，是为了装饰而装饰，没有最大化地发挥装饰画的价值。装饰画在空间中怎么陈设才更具有美感，需要多大的尺寸？安装多高合适？需要布什么样的光才能衬托美感？下面的内容中，笔者将带着大家拆解装饰画有哪些陈设方法，解决项目中装饰画陈设不美观的问题。

（1）独立单体陈设。

空间中单幅挂画的选择比较考验眼力和审美，主要是筛选画的内容，选得好，提升整个空间的气质、品位，选不好会拉低整个空间的格调。

单品陈设多用来营造空间意境，用在场景比较开旷的空间内（图 4-302 ~ 图 4-304）。

（2）中轴线对称：竖轴线对称陈设方法。

运用竖轴线对称陈设方法，找齐矩形边是关键，采用有条理的网格线排列方式，画幅与画幅的最外边要对齐（图 4-305）。

（3）中轴线对称：横轴线对称陈设方法（图 4-306）。

（4）上、下轴线对齐陈设方法（图 4-307、图 4-308）。

表 4-37 部分知名摄影大师及其作品

名字及简介	代表作品
尤素福·卡什，擅长黑白人物摄影，经典作品是奥黛丽·赫本等人的摄影	
Emilie Möri，摄影特点为几何、色彩、极简，擅长拍摄建筑影像	
欧文·佩恩，美国摄影师，被称为摄影界的毕加索	
赫伯·瑞茨，时尚摄影大师，擅长黑白时尚摄影	

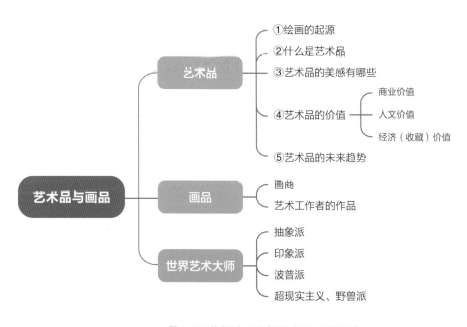

图 4-301 艺术品与画品（图片来源：羽番绘制）

图 4-302 勒内·马格里特的 *The Son of Man* 陈设

（5）阵列的陈设方法。

阵列的陈设方法，常见的有矩形陈列、视觉均等陈列、绝对均等阵列等。布置沙发背景墙或玄关时，一般采用矩形阵列，装饰画的外框不超过沙发或主体家具的外边缘（图 4-309）。

视觉均等陈列时，装饰画的阵列外边缘与沙发外边缘视觉平衡，如图 4-310 所示。

绝对均等阵列时，装饰画之间预留尺寸为 5~8 cm，形成矩形的阵列，规整有序，画面丰富（图 4-311）。

采用绝对均等阵列方法时，装饰画的尺寸大小、间距是绝对均等的，间距不超过单幅画品宽度的 1/5。

（6）不规则错位（对角）陈设方法。

采用不规则错位（对角）陈设方法时，以放射式的陈列方式居多，以一幅大尺寸的画为中心，其他的画错落摆放，小尺寸的画最好放到最外围（图 4-312）。

图 4-303 黄全新作：自然光雕琢的艺术空间

图 4-304 单品陈设空间效果

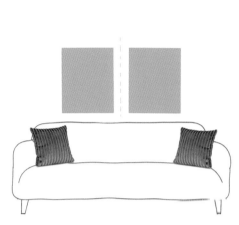

图 4-305 竖轴线对称陈设方法

图 4-306 横轴线对称陈设方法

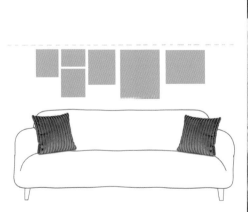

图 4-307 上轴线对齐陈设方法

（7）混合搭配陈设法（图4-313）。

除了画与画的搭配，画还可以跟装饰品搭配，比如画品与装饰镜、置物架隔板、饰品及手工DIY的陈设品组合，让整个画面自然、有趣、丰富地协调在一起。

（8）隔板陈设方法（图4-314）。

隔板陈设是墙面上设计隔板，装饰画不再安装在墙面上，而是放置在隔板上。采用这种陈设方法，装饰画更换方便，与其他饰品也能更好地融合。

（9）楼梯处、拐角处墙面装饰画陈设方法。

楼梯处的装饰画应依据建筑楼梯的形式陈设，呼应建筑楼梯的动线（图4-315）。拐角处（建筑阴角、阳角）装饰画的陈设应与空间结构呼应。

（10）台面、落地摆放的装饰画陈设方法。

大一些的画直接摆放在地上，这也是最近十分流行的装饰方法，如图4-316所示。

装饰画也可以直接放置在家具台面上，营造自然随性的陈设风格，如图4-317所示。

2. 快速解决装饰画陈设中的常见问题

（1）装饰画怎么营造空间气质？

极简或超现实主义的抽象画，怎么表达空间中的情感？

抽象画的特点在于，无须借助物象，只用抽象的线条和颜色便足以表现情感，抽象画可在有限的空间里，为人们提供无限的想象空间，每一个观者都能够产生独特观感，通过画大胆去想象（图4-318、图4-319）。

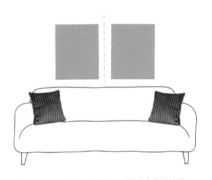

图4-309 装饰画的外框不超过沙发外边缘
（图片来源：羽番绘制）

图4-308 下轴线对齐陈设方法

图4-310 三幅装饰画的阵列外边缘与沙发外边缘视觉平衡

图4-311 绝对均等阵列示意

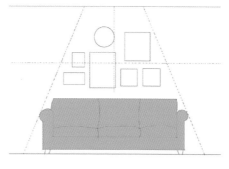

图 4-312 不规则错位（对角）陈设方法

图 4-313 混合搭配陈设法

图 4-315 楼梯处墙面装饰画陈设方法

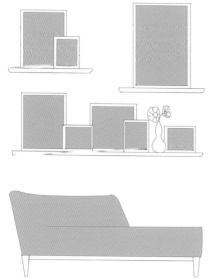

图 4-314 隔板陈设方法

（2）装饰画如何跟空间色调协调统一？

选画的疑难点除尺寸外，就是画品的颜色、造型如何与整体空间协调了。无论是抽象画，还是古典油画，设计师在挑选画作时都要考虑气质，画品可以说是整个空间气质的精髓，画品的色调应与空间呼应。

那怎样使装饰画的色彩与空间协调统一呢？

解决方法就是连线配色法（图 4-320）。

如果买了装饰画，又担心色调跟室内装修不协调，可以用抱枕、窗帘、台灯的色彩来呼应装饰画，选购窗帘、抱枕时也可以

图 4-316 整幅装饰画落地摆放

图 4-317 装饰画直接放置在家具台面上

一幅抽象画

改变家的气质

每一幅画都能成为
你想象中的模样

图 4-318 抽象画

图 4-319 抽象画的使用

图 4-320 连线配色（图片来源：羽番绘制）

用这种方法来配色（图 4-321）。

（3）空间中常见的装饰画陈设问题解决
方法。

①装饰画陈设通用的黄金分割法（图
4-322）。

利用黄金分割法可以协调画幅、沙发、墙
面的关系。在布局时对装饰画的比例布局

一目了然。

A 要小于 B，具体的尺寸根据墙面高度计算，C 为 60°~80°。

②不同尺寸沙发背景处的装饰画的尺寸如何控制？

如图 4-323 所示，沙发长度在 2 m 以下时，建议采用 3 幅 40 cm×60 cm 的装饰画；沙发长度为 2~3 m 时，建议采用 3 幅 50 cm×70 om 的装饰画；沙发长度在 3 m 以上时，建议采用 3 幅 60 cm×80 cm 的装饰画。

③装饰画挂多高？

视平线的高度决定挂画高度，可以利用视平线定位法确定挂画高度（图 4-324），最舒适的欣赏画的高度是观赏者视平线往上 100~250 mm，因此这条线可以作为画的中心线。一般来说，人们进入一个空间时视平线的高度在 1500 mm 左右。

④多幅装饰画怎么组合成照片墙？

多幅装饰画的组合有一整套方法，可以用 AutoCAD 软件画出组合形式，并应用到项目中，参考样板如图 4-325 所示。

如果是针对整面墙进行陈设，整个墙面的视觉中心就是装饰画的陈列中心，如图 4-326 所示。

3. 如何用灯光陪衬装饰画

（1）装置专业的画前灯。

在西方，装饰画的陈设对灯光的要求很高，画前装置高显色性的画前灯，可以突出装饰画的质感与颜色，为装饰画增光（图 4-327~ 图 4-329）。

（2）学习借鉴美术馆、博物馆的布光设

图 4-321 装饰画与室内空间的色彩协调示意（图片来源：大朴设计）

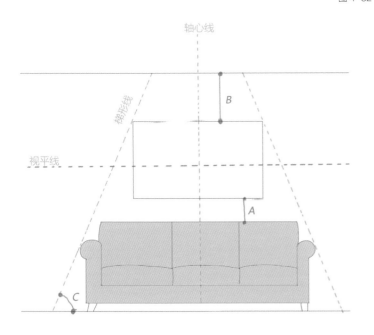

图 4-322 装饰画陈设通用的黄金分割法（图片来源：羽番绘制）

装饰画如何挑选尺寸？

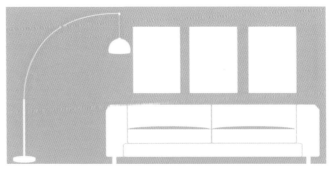

①沙发长度在 2 m 以下时，建议采用 3 幅 40 cm×60 cm 的装饰画
②沙发长度为 2~3 m 时，建议采用 3 幅 50 cm×70 cm 的装饰画
③沙发长度在 3 m 以上时，建议采用 3 幅 60 cm×80 cm 的装饰画

图 4-323 沙发及装饰画的尺寸（图片来源：羽番绘制）

图 4-324 确定挂画高度

计方法。

可以借鉴美术馆、博物馆的空间补光方法，使光晕过渡柔和、光色纯净。

①柔和、无副光斑、无杂色、漫射光源是美术馆、博物馆照明灯具最基本的要求。在这种低照度空间，这也是对灯具产品最基本的要求。

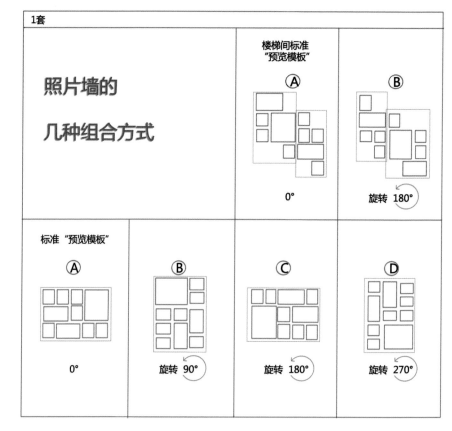

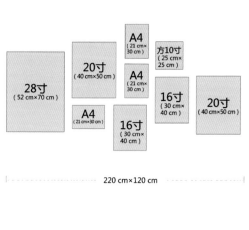

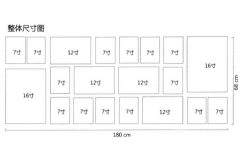

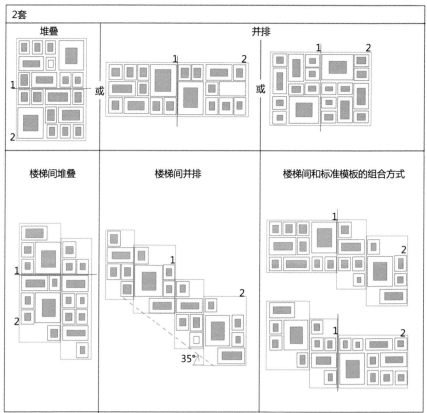

图 4-325 照片墙的几种组合方式示意（图片来源：羽番绘制）

②美术馆、博物馆灯具还要求能实行精准照明。

③美术馆、博物馆的照明基调是高色温、光色具有真实性、对色彩还原度高（高显色指数）。这是因为在整体照度偏低的情况下，想看清展品，就要尽量选取显色指数高的光源（图4-330）。

具体开展设计时可参考《博物馆照明设计规范》（GB/T 23863—2009）。

4. 常见的画品安装方法

（1）一般打膨胀螺丝钉，直接用挂钩固定。

（2）用墙面无痕吸盘挂钩或钉固定，不会破坏墙面，但只能用于轻质的画品。

（3）大幅的画品用挂画轨道吊挂，可左右移动。

为便于大家总结和梳理知识脉络，将画品陈设方面的知识总结如图4-331所示。

图4-327 装置画前灯

图4-326 装饰画陈列于视觉中心（图片来源：羽番绘制）　　　　　图4-328 氛围灯光照射的装饰画

图 4-329 漫射光照射的装饰画

图 4-330 艺术馆照明设计

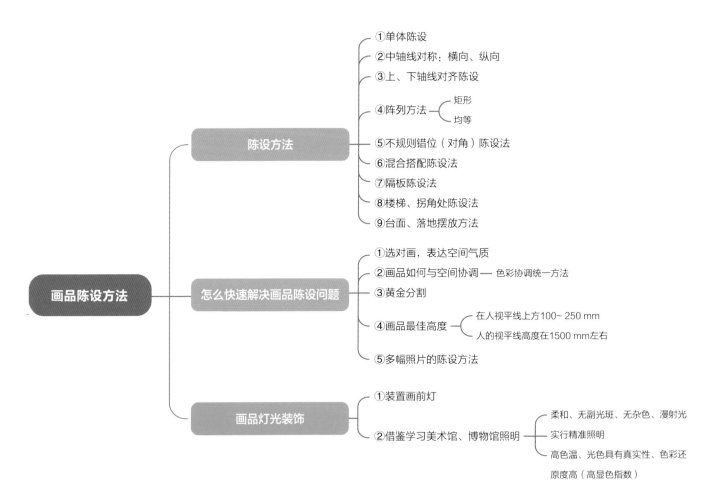

图 4-331 画品陈设（图片来源：羽番绘制）

四、带你从大师案例中学习装饰画搭配方法，让效果不落俗套

大家都知道装饰画能增加家居空间的艺术感，提升气质，但是也不是随便买幅画就有高级感，装饰画如何挑选呢？先学习前辈们的设计，站在巨人的肩膀上能看得更远。那么怎么从大师案例中学习画品陈设呢？下面我们带着问题一起来探讨。

1. 现代流行什么题材的装饰画

装饰画的种类与图案款式很多，很多设计师常常迷茫该选择什么样的款式与图案，笔者总结了一下近几年装饰画题材的流行趋势供大家参考。

（1）色块、几何形体图案。

抽象艺术是一种回归人性的艺术，可以激活人的潜意识和想象空间。这种通过纯粹的色彩、线条、色块来表达和叙述人性的艺术方式近几年深得大众喜爱。

在装饰画领域，色块图案是一种既简便又时尚的选择，如图4-332~图4-334所示。

（2）线条图案。

简洁的抽象线条既充满艺术感，又耐人寻

味。笔者翻看最近的项目案例，发现线条装饰画占了很大比例。如图4-335所示是最近国外的家居装饰案例，简练的线条与秋冬主题的空间相得益彰。

图4-333 安藤忠雄设计的样板间选择的画品

图4-334 色块图案在家居空间中的应用

图4-335 简练线条装饰画的应用

图4-332 艺术氛围很强的色块画品

（3）人物装饰图案。

从古至今，人物题材都是装饰画领域中的一个重要种类，现在以人物手绘（图4-336）、人物照片为主流（图4-337），在家居空间中摆放主人画像也是增加生活氛围不错的选择。

（4）动植物装饰花纹。

人类对于大自然的喜爱与生俱来，许多自然元素的艺术作品也不断涌现。在装饰画的题材中，植物装饰素材占了半边天（图4-338、图4-339），生动灵活的动物也有一席之地。

（5）城市建筑图案。

城市建筑图案比较适合在一些现代简洁或优雅华丽的空间中使用，可以让空间看起来更加时尚、大方。

（6）现代艺术大师画品。

在前面我们介绍了很多画家，在经济条件允许的情况下，家居空间里真正能体现主人品位的还是纯艺术类画品（图4-340、图4-341）。

2. 画框如何选配

对装饰画来说，画框和画芯一样重要，目前装饰画画框材质多样，有木线条、聚氨酯塑料发泡线条、金属线框等，主要有五种颜色：木色、黑色、金色、白色、银色。可以根据实际需要搭配，一般木色、黑色、金色比较容易搭配。在星级酒店和别墅中都会采用木线条画框配画，框条的颜色还可以根据画面的需要进行修饰。

图4-336 写意抽象人物装饰画

图4-337 Kelly Hoppen 设计的项目中出现的名人照片装饰

图4-338 红遍全网的仙人掌装饰图案

（1）木色。

木色是相对安全的选择，不容易出错，与同一个空间中的木质家具正好形成同色系搭配。

（2）黑色（图4-342）。

黑色能突显装饰画，也是非常安全的选择。

（3）金色。

金色是比木色更深一点的颜色，现代风格的金色画框会比较简洁（图4-343），复古空间中使用的金色画框会故意做出斑驳的历史感（图4-344）。

（4）白色、银色。

白色和银色画框装饰在白墙或者浅色墙面上会没有存在感，装饰在暗色调墙面上会更有质感。

3. 空间中装饰画色彩搭配要点

装饰画的色彩要与环境主色调进行搭配，如果大家还记得前面有关色彩的内容中同类色、邻近色、对比色、互补色的搭配方法，在装饰画的选择上就可以充分运用了。

图4-340 安藤忠雄项目中的艺术画

图4-341 林依轮家里的周春芽的作品《绿狗》

图4-339 植物元素装饰画

配色要点：切忌色彩对比过于强烈，也忌画品色彩完全孤立，最好的办法是画品色彩主色从主要家具中提取，而点缀的辅色可以从饰品中提取，也可以直接使用黑色、白色等无彩色搭配。

4. 一个空间中搭配多少幅装饰画合适

装饰画的搭配原则为宁少勿多、宁缺毋滥。在小户型中，一个空间环境里形成一两个视觉焦点就够了。如果同时安排几幅画在一个视觉空间里，必须考虑它们之间的疏密关系和内在联系，具体的排列方式可以参照前面的内容。为了避免后期估算失误，可以事先用 AutoCAD 软件规划相框整体排布，也可以依照相框尺寸裁出等大的纸张，排列到墙上（图 4-345）。

5. 住宅空间中装饰画挂在什么位置更美观

住宅空间中装饰画有以下三个黄金陈设点。

（1）沙发背后。

无论是家居空间还是商用空间，沙发背后的墙面通常是最开阔的，并且是视线的焦点，布置一面挂画的墙，会让整个会客区域成为亮点（图 4-346）。

在沙发背后挂装饰画时的常见错误是挂得太高，与沙发分离，根据前面的内容可知，悬挂高度应为视平线（1500 mm）往上 100~250 mm（图 4-347）。

（2）柜体区域。

柜体区域是装饰画陈设的重点区域，搭配装饰品可以形成一个极具艺术感、装饰感的造景区（图 4-348）。

装饰画摆放在柜体上时的常见错误是装饰画与家具搭配的尺寸比例失调（图 4-349），因此，在购买装饰画之前，应提前规划好摆放位置，明确装饰画尺寸。

图 4-342 黑色画框

图 4-343 现代风格的金色画框

图 4-344 复古的金色画框

图 4-345 预排列效果

图 4-346 落地摆设装饰画

（3）床头背后。

在我国有在床头挂画的传统，多是大幅结婚照，不过沉重的大挂画容易给人形成心理上的压迫，不利于睡眠，建议选一些体量小的装饰画（图4-350、图4-351）。房间很高、很空旷时，也可以考虑落地布置大幅装饰画（图4-352）。

在床头背后悬挂双幅装饰画时的常见错误

是中间距离太大，分散注意力，正确的方法是沿横轴、纵轴留适当间距悬挂装饰画（图4-353、图4-354）。

6. 不同家居空间中装饰画的应用

（1）玄关区域。

玄关空间虽然不大，却是进入家门第一眼所及之地，精致的装饰能令主人归家的心情愉悦，也可以让客人有个非常好的第一印象。给玄关配画有以下几个建议。

①画芯题材：格调高雅的抽象画或静物、插花等题材的装饰画，可展现主人优雅高贵的

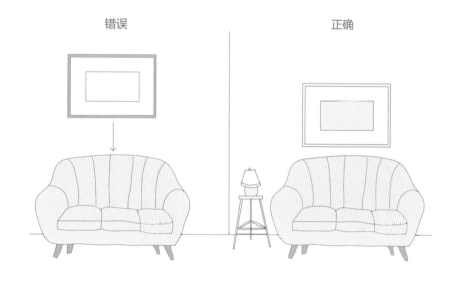

图4-347 装饰画悬挂高度示意（图片来源：羽番绘制）

图4-348 装饰画放在柜体上与装饰品组合

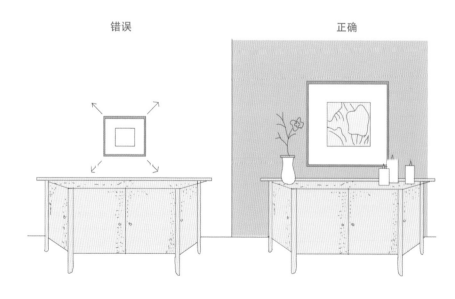

图4-349 装饰画摆放在柜体上时的尺寸示意（图片来源：羽番绘制）

图 4-350 床头背后采用单幅风景画

图 4-351 精致的多幅小画

图 4-352 大空间中使用大幅装饰画

错误　　　　　　　　　　　正确

图 4-353 床头背后双幅装饰画悬挂方法示意（图片来源：羽番绘制）

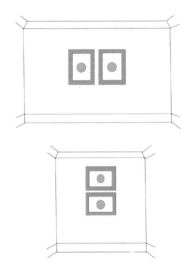

图 4-354 床头背后双幅装饰画陈列方法（图片来源：羽番绘制）

气质，或者采用门神等题材的画作来展示某种美好愿望。

②挂画方式：从心理因素的角度来讲，要选择和谐平稳的挂画方式，靠墙斜放和吊挂都不合适。

③尺寸选择：在小空间中，画作尺寸以精致小巧为宜，在别墅或大宅中，尺寸可以大一些，尽显大气。

（2）客厅区域。

客厅是家居空间中主要的活动场所，为了增添空间的层次感，使其更加丰富美观，可以用画来装点，营造祥和、热情、温暖的生活氛围。

（3）餐厅区域。

餐厅是进餐、与家人密切交流的场所，在装饰画的选择上有以下几个建议。

①画芯题材：在色彩和图案方面应清爽、柔和、恬静、新鲜，画面能勾人食欲，尽量体现出一种食欲大增、意犹未尽的氛围，或者选择展现热情好客、家庭和谐的题材（图4-355）。

②挂画方式：建议画的顶边高度在空间顶角线下60~80 cm，并以居餐桌中线为宜，而分餐制西式餐桌由于体量大，装饰画以挂在餐厅周边壁面为佳。

③尺寸选择：尺寸主要还是看空间大小，一般餐厅装饰画尺寸不宜太大， 以60 cm×60 cm、60 cm×90 cm为宜。

（4）卧室区域。

卧室是个人生活中私密性最强的空间之一。作为卧室的装饰画当然需要体现"卧"

的情绪，并且强调舒适与美感的统一。

挂画建议底边离床头靠背上方15~30 cm或顶边离空间顶部30~40 cm。

（5）儿童空间区域。

儿童房是小孩子的天地，小孩子天真无邪，充满了幻想，儿童房装饰选材多以动植物、漫画为主，配以卡通图案，可以多挂几幅，不需要挂得太过规则，挂画的方式可以尽量活泼、自由一些，营造出一种轻松、活泼的氛围（图4-356）。

（6）书房区域。

书房通常要求突显强烈而浓厚的文化气息，书房内的画作应选择静谧、优雅、素淡的风格，营造一种愉快的阅读氛围，衬托出宁静致远的意境。

用书法作品、山水画、风景画等来装饰书房永远都不会有画蛇添足之感，也可以选择主人喜欢的特殊题材。另外，配以抽象

题材的装饰画则能充分展现主人的独有品位和超前意识。

（7）卫生间。

卫生间一般面积不大，很多客户和设计师容易忽略它，但其实卫生间的环境能直接影响到一家酒店的档次，家居环境中也是如此。如果有条件，在卫生间配上一两幅别具特色的画也是不错的。

（8）过道。

过道空间一般比较窄长，以陈列三幅或四幅组合装饰画为宜。

7. 收藏类装饰画怎么延长寿命

（1）装饰画简单保养的方法。

①平时要避免杀虫剂、喷雾剂、香烟等碰触装饰画。

②要注意通风和防潮，最好在装饰画背后用木板封紧。

图4-355 林依轮家中餐厅的装饰画是请艺术家针对全家人定制的

③避免阳光长期直射，否则容易变色或褪色。

（2）清洁装饰画。

①不能用清洁剂、海绵或吸尘器来清洁灰尘，要用专门的清洁用具清洁装饰画。

②平时可以用软毛刷或者鸡毛掸子清扫一遍装饰画，然后用干净的棉布蘸水擦拭。注意如果是胶底的油画，要把棉布中的水拧干才可以擦拭。

③如果有油烟沾到装饰画，也可以用低浓度的肥皂水和清水擦拭，然后马上用干布或者纸巾把画上的水吸干。

图 4-356 儿童房中的装饰画

第六讲 陈设花艺

花艺是软装对空间的情感表达，它不仅能调节整体色彩和氛围，也能为环境增添一份生机，无论是中式传统的插花艺术，还是日本花道，又或是西式架构式插花艺术，无不是自然与人以及环境的完美结合，表达了人对自然、人生、艺术和社会生活的领悟。花艺已经越来越被认为是体现个人品位、修养的必需品，下面笔者将带大家走进花艺的世界。

一、陈设花艺基础知识

1. 花材的种类

花材品种繁多，对于初学插花的设计师来说，系统地认识一下花材，对于以后设计作品非常重要。

花艺作品中通常会使用两种以上不同形态的花材，以丰富作品的视觉感受（图4-357）。而按视觉设计可将它理解为点、线、面构成的一个整体，因此花材可从形态方面进行分类，主要分为团状花材、线状花材、散点花材和异型花材。完美的花艺设计，缺少任何一个构成元素都会稍显失衡或平淡，即使花材用量较少的中式插花也非常讲究不同形态花材的选取。

（1）团状花材。

团状花材也称块状花材，从字面"团""块"上就可以看出这类花材的花形大致趋于圆形或块状。

作用：这类花材花形规整，花朵醒目，可单独插制，也可以与其他花材搭配使用。

常见代表：玫瑰、牡丹、绣球花、花毛茛、银莲花、木兰、康乃馨、大丽花等（图4-358）。

（2）线状花材。

线状花材形如其名，其外形整体向上伸展，是呈棒状或线条状的花材。

作用：挺拔的线状花材，具有线条的美感，充满现代气息。花艺设计中主要用于构成外形，是设计的支架。

常见代表：尤加利、飞燕草、文心兰等（图

图 4-357 花材选取

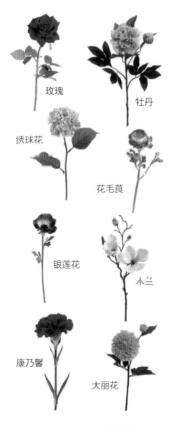

图 4-358 团状花材

4-359）。树枝或线状的绿叶常作为花艺设计的支架。

（3）散点花材。

散点花材通常茎部细小，分枝上开满碎花，组成大型、蓬松、轻盈的花枝。

作用：一般用来填补空隙、过渡色彩。

常见代表：满天星、勿忘我、蕾丝花等（图4-360）。

（4）异型花材。

异型花材即不规则形状花材，通常拥有奇特的花形，形状不规则，体积较大。有天生形状如此的，也有人为设计和改造的。

作用：有时可以当线状花材来使用，以勾勒线条，有时又能当成焦点花来使用。因此，异型花材的使用要因地制宜，具体根据整体作品的表现需求来定。

常见代表：天堂鸟、百合、帝王花等（图4-361）。

散点花材充当"点"，线状花材象征着"线"，团状花材和异型花材代表"面"，不同形态的花材代表着不同的构成元素，了解这些基本原则，就更有花艺设计的全局视角了。

设计师只需了解常见的花材即可，部分常见花材如图4-362所示。

2. 怎么读懂花语，与花对话

花语构成了花艺文化的核心，其中的含义和情感表达甚于言语，了解花语对于花艺鉴赏和设计也是不可或缺的一部分。在此整理了部分常见花卉的特点和花语以供参考，见表4-38。

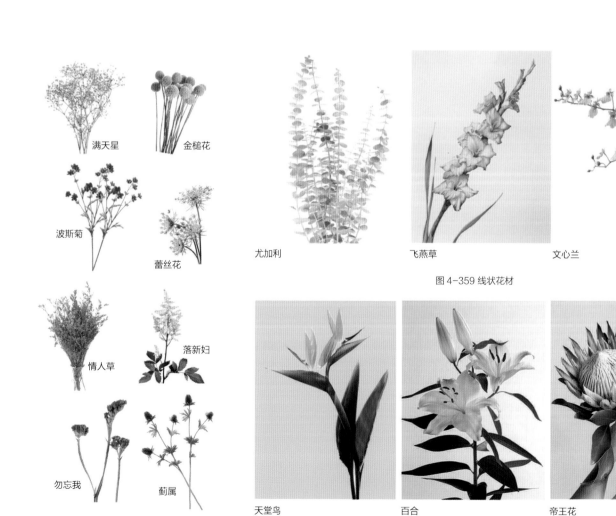

尤加利　　飞燕草　　文心兰

图4-359 线状花材

满天星　　金槌花

波斯菊

蕾丝花

情人草　　落新妇

勿忘我　　蓟属

图4-360 散点花材

天堂鸟　　百合　　帝王花

图4-361 异型花材

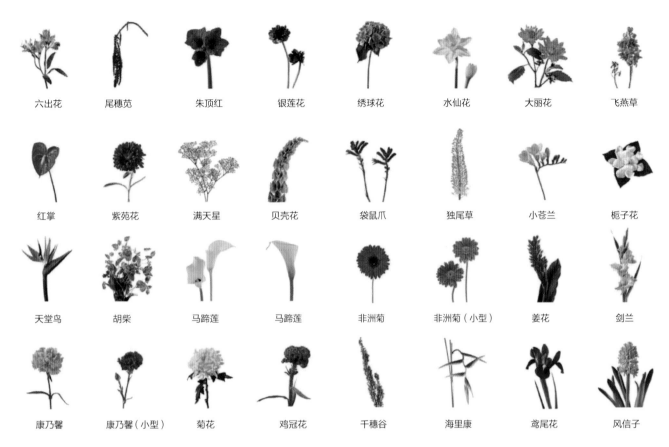

图 4-362 部分常见花材

表 4-38 部分常见花卉的特点和花语

花名		特点	花语	花名	特点	花语
玫瑰	红玫瑰	在世界范围内，玫瑰应该是表达爱意的通用花材，但不同颜色的玫瑰也有不同寓意	热恋，我爱你	紫罗兰	相传，一个国家的公主为了和敌国的王子相见，在城楼上坠地而亡，神灵可怜她，把她的灵魂变为紫罗兰	爱的羁绊，不变的美
	粉玫瑰		初恋，灿烂的笑容			
	白玫瑰		我足以与你相配			
	黄玫瑰		表达歉意、祝福	伯利恒之星	美国的复活节会大量使用这种花材	纯粹、清纯
	紫玫瑰		珍贵独特			
郁金香	红郁金香	充满活力的球根植物，有恋爱的气息	爱的告白	非洲菊	色彩艳丽的非洲菊就像一个个散发着光辉的小太阳，活力四射	感叹、永远快乐
	黄郁金香		名声			
	白郁金香		失去的爱			
康乃馨	红色	一提到康乃馨，总会联想到母亲节，据传有位叫安娜的女子为了纪念母亲，总会在母亲忌日的时候赠送别人母亲生前最爱的鲜花康乃馨，后来演变成用康乃馨表达对母亲的爱	母爱	芍药	又被称为"五月花神"，花形妖媚、花香四溢，是 5 月最受欢迎的花材	谦逊、害羞、情有所钟
	粉色		女性的爱			
	白色		纯粹的爱	铃兰	每年的 5 月 1 日是法国的"铃兰节"，这一天，人们会向自己爱的人赠送铃兰	幸福再次降临，没有阴霾的纯粹
百合		百合在日语中最早称为"摇"，因其随风摆动的样子十分优美而得名，后发音逐渐趋于"百合"	婚礼祝福，百年好合;可爱、纯洁	大丽花	冬季热门花材之一，花朵硕大、花色艳丽，煞是可爱	不俗的品位
花毛茛		网红花材的代表非花毛茛莫属	极具魅力	小苍兰	小苍兰花形小巧，花香浓郁，适合送予活泼的姑娘	优雅、天真烂漫
洋桔梗		花市中一年四季都能看到的一种鲜切花，花期长、花色丰富，十分受欢迎	真诚不变的爱	桃花	买点桃花枝放桌前，没准儿能招到好桃花呢	你是我的俘虏、长命百岁

3. 花材不只有花，还有其他自然植物

室内常见的百搭型植物如图 4-363 所示。

4. 学习花艺还需了解一些时尚趋势

最近很多不常见的植物成了网红花材，不论是在花艺设计中还是在室内设计案例中都能看到它们的身影。如图 4-364 所示是几种最近比较热门的网红植物，作为新手，了解它们对于了解花艺时尚是一种很好的参考。

5. 怎样快速了解植物的名字和特性

软装设计师涉猎的专业知识多且杂，想要认识每一款花材不是朝夕之功能达到的，要学会利用工具。手机中有一款 app 名字是"形色"，遇到不认识的植物只要扫一下就能知道答案。

二、简单易上手的花艺设计实操指南

1. 插花的工具

插花时会使用到很多工具，如图 4-365 所示。

（1）切削工具。

插花使用的切削工具主要有剪刀、刀和锯（图 4-366）。

①剪刀是必备工具，可以根据需要准备几种型号，如枝剪和普通剪等。

②刀是用来切削花枝以及雕刻和去皮的。

③锯主要用于较粗的木本植物的截锯、修整。

（2）花泥。

花泥吸水性很强，是固定花材的插花工具

图 4-363 室内常见的百搭型植物

之一，保水性能好，使用方法简单。花泥分为鲜花泥和干花泥两种。干花泥一般是茶色的，鲜花泥为绿色的（图4-367）。花泥的形状各异，在花艺设计时可以根据花艺作品选定。

（3）铁丝。

铁丝用于保持花枝的形态，多用于大型花艺设计中。可根据不同设计意图选用不同型号

的铁丝。

（4）花器。

花艺设计的必需品——花器，在材质、形态上有很多种类，如从材质上分有陶、玻璃、藤、竹、草编、化学树脂等材质。花器要根据设计的目的、用途及使用的花材等进行合理选择。

常规的有红陶花器、金属花器、塑料花器、玻璃花器、陶瓷花器、木质花器等（图4-368）。

（5）其他工具

插花时还会用到黏合材料，如喷胶、胶带、

芦苇

梦幻草

麦穗

干蒲扇

粉黛乱子草

银扇草

图4-364 网红植物

图4-366 切削工具

图4-365 插花的工具

图4-367 鲜花泥

贴布、透明胶等。胶带一般用来包在铁丝的外面，特别是经过加工的花材，为了防止脱水可使用胶带。贴布用来固定花枝和固定花泥，颜色有很多，要根据花茎的颜色选用。其他辅助工具还有订书机、花插等。

2. 插花的步骤

（1）准备材料（图4-369）。

（2）花材配色。选好插花对象，搭配好颜色，可选用同类色，清淡优雅，也可选对比色，浓艳热烈。

（3）固定花泥。

（4）修剪花枝（图4-370）。应使用锋利的刀、剪，倾斜45°修剪，以免损坏输导组织。

（5）固定花枝，先插衬景叶，再摆花。

三、不同家居空间的花艺布置方法

布置家居花艺，设计师要在不同空间中进行合理科学的搭配，按照不同空间的风格、氛围进行主题设计。

1. 玄关

玄关的花束应能很好地欢迎来访者，体现主人的品位。

方法：玄关光线比较弱，适宜选用耐阴植物或者仿真花、干枝。窄小的玄关最好选用颜色简洁明快的花材，花形不宜过大，线状花卉最好（图4-371）。

2. 客厅

客厅空间比较开阔，作为会客、家庭团聚的区域，花卉要饱满可爱，这样才会显得

红陶花器

金属花器

塑料花器

玻璃花器

陶瓷花器

木质花器

图4-368 花器

图4-369 准备材料

图4-370 修剪花枝

主人热情好客、热爱生活（图4-372）。

3. 餐厅

餐厅是家人、朋友就餐的地方，鲜花的味道要清新淡雅，不需要气味过重的花。颜色以红色、橙色等促进食欲的为宜，需要注意与桌布、餐具等的整体搭配。而花形大小方面，注意不可妨碍对座视线的交流（图4-373）。

4. 卧室

卧室是人们休息放松的场所，以单色花材为宜（图4-374），因为花朵庞杂不容易使人静心。卧室适合使用味道清新又有装饰性的花束。

5. 书房

书房同样不适合使用太过"热闹"的花束，以清淡宁静为主，摆在一角点缀即可，过

于抢眼会分散注意力，打扰读书、学习（图4-375）。

6. 卫生间、浴室

卫生间、浴室湿度高，最好选用绿色观叶植物。卫生间、浴室的绿色观叶植物能点缀环境，让沐浴、清洁也有好心情，且受湿气滋润，容易成活（图4-376）。

图 4-371 玄关花材布置

图 4-372 客厅花材布置

图 4-373 餐厅花材布置

图 4-374 卧室花材布置

图 4-375 书房花材布置

7. 厨房

厨房是家里空气最浊的地方，所以最好选生命力顽强、体积小、能净化空气的植物，如吊兰、绿萝、芦荟等。注意不要选花粉多的花卉，因为花粉容易散入食物。

花艺设计，简而言之就是一门有关花卉的排列、组合与美化的艺术，现在花草陈设是居家乃至商业空间的必备元素。

本部分的主要内容为花材的基础、如何进行简单的插花以及不同家居空间中花材的布置等，引导大家初步窥见花艺设计的世界。

图 4-376 卫生间、浴室花材布置

四、掌握花艺陈设方法论，你也可以成为大师，用花的语言来表达空间情感

软装产品几大元素中，最精彩、最让人心动的首选花艺设计。花是世界上最强有力的表达工具之一，伴随着人们的一生，从结婚、生子到生日、节日，人一生中的重要节点都会有鲜花陪伴。顶级花艺设计大师 Tomas De Bruyne 认为花艺师可以用花来自由表达自己的情感。花艺所使用的花是被世人所尊重的，因此无论在世界的哪个角落花艺师都会受到极大的尊重。

花艺是很早就存在的插花艺术形式，只不过随着现代人审美和生活情趣的提升，花艺越来越具有艺术性、时尚感和个性，越来越被大众所接受。如图 4-377 所示，

简单的几支勿忘我，搭配同色系药水瓶，营造出景物画的感觉，花艺与艺术领域从来都是相通的。

1. 三大插花流派：日式、中式、西式

日式插花重形式，中式插花重意境，西式插花重色彩。现代室内设计中自然景观的园林花艺越来越受人重视。

（1）日式插花艺术。

①日式插花艺术的起源。

在日本，插花艺术常被称为花道（ikebana），又称华道、日式插花。日本传统的插花艺术是活植物花材造型的艺术。

日本花道源于中国隋朝时的佛堂供花，传到日本后，被日本的新兴花道流派所吸收和详细研究。日本花道根据样式和技法的不同派生出各种流派，最具有代表性的是池坊、小原流和草月流三大流派。

那怎么快速了解日本的花道呢？ 可以从日本花道的三大流派开始学习。

②日本花道流派如图 4-378 所示。三大流派插花示意案例如图 4-379~ 图 4-381 所示。

图 4-377 勿忘我插花作品

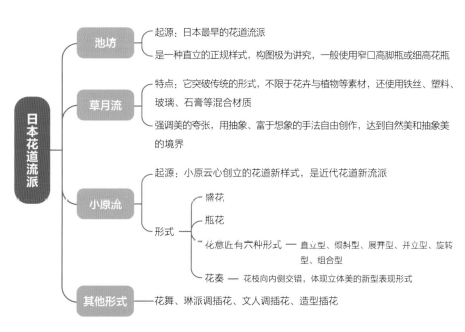

图 4-378 日本花道流派（图片来源：羽番绘制）

图 4-379 池坊插花

图 4-380 小原流插花

图 4-381 草月流插花

（2）中式插花艺术。

中式插花艺术源远流长，插花在宋代是民间社交礼仪。中式插花艺术的精神内核是"为天地立心"，中式插花艺术大师黄永川先生说："它不仅是造型艺术那么简单，中国人的哲学、文化、伦理，都在里面。"

"始于花，至于道"这简单的六个字其实就概括出了插花艺术的本质内涵。

插花艺术为什么一直被人们所喜爱？明代袁宏道说过"夫花有喜、怒、寤、寐、晓、夕""标格既称，神彩自发，花之性命可延，宁独滋其光润也哉"。

在一瓶花里见天地，如此简单又如此复杂。中式插花艺术经历各朝不同生活背景、生活方式的影响，产生各种不同的风格，然归众为宗，仍是以固有的哲理旨趣为中心，故对花讲求品位与意趣，同时包含着对生生不息的生命契机与内涵的深思。如图4-382所示，明代著名书画家陈洪绶的作品中可见插花艺术的应用。

中式插花艺术的主要特色为：含蓄、高雅、飘逸、丰盈、和谐。

（3）西式插花艺术。

西式插花艺术的特点：用花数量大，注重几何造型，讲究色彩搭配，选用浓重艳丽的色彩，营造出热烈的气氛。

适用场所：婚礼、大型节庆活动、酒店大厅的室内陈设。

西式插花的构成形式：对称式、非对称式、集中式、放射式等。

中式插花艺术及日本插花艺术同属于东方花艺，与西方花艺的区别如图4-383所示。

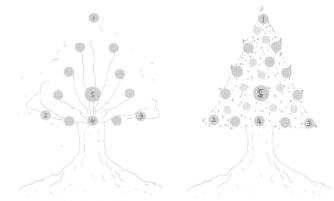

图 4-383 东方花艺与西方花艺的区别（图片来源：羽番绘制）

2. 掌握方法后可直接上手的六大插花造型

插花之前，要先用手轻轻剥掉残枝败叶，插同种花要大小相兼，全开、半开的花和花蕾要相互搭配穿插。

在设计插花整体造型的时候，可以尝试三角形、半球形、扇形、瀑布式、主焦点 + 辅助焦点、自然状态等造型方式。

（1）三角形构成（图 4-384）。

图 4-382 明代陈洪绶画作

图 4-384 三角形构成花艺

三角形构成主要体现唯美、庄重、均衡的美感，在日常生活中的应用也很广泛，客厅、宾馆前台、床头柜上的花艺及节日用花等都可以采用这种造型，花材常用康乃馨、文心兰、天堂鸟、散尾葵、黄莺、百合等。

（2）扇形构成（图 4-385）。

扇形构成一般采用线性造型，视觉上呈扇状，有很强的装饰效果，常用于宴会厅、开幕式、开业典礼等正式隆重的场合。

（3）半球形构成（图 4-386）。

半球形构成属于西式插花的基本形式之一，其造型轮廓是一个圆球的 1/2，外形简洁、大方，给人以时尚、圆满的感觉。其应用范围极广，适用于各种需四面观赏的场合，如酒店、婚宴等，适合放置在宴会桌、酒店的大堂等，同时也可用于花束、新娘手捧花等。

（4）瀑布式构成（图 4-387）。

瀑布式构成花艺的主要花枝向下或向上插于容器中，悬垂下来如同瀑布一泻千里，又或者飘柔摇曳，具有强烈的动态美。多选用蔓性、半蔓性或有柔细枝条的花材，如垂柳、南蛇藤等，宜用高瓶容器，宜放在高处。

图 4-386 半球形构成花艺

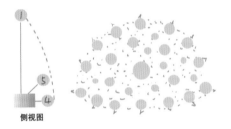

图 4-385 扇形构成花艺

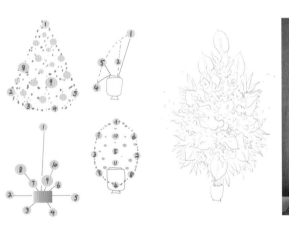

图 4-387 瀑布式构成花艺

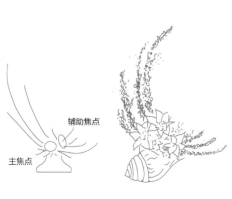

图 4-388 主焦点 + 辅助焦点构成花艺

（5）主焦点 + 辅助焦点构成（图 4-388）。

主焦点主要是将外形呈整齐的圆团状或呈不规整的特殊形状的花材插在构图的重点位置，即视觉集中的位置。辅助焦点花材一般形体细小，在构图中起到填充过渡作用，使造型丰满、层次感强。

（6）自然状态（图 4-389）。

自然状态插花突出植物的自然姿态，大小、

图 4-389 自然状态花艺

色彩要协调，上下重心要平稳，上散下聚，势态协调。

3. 花艺造型与色彩

（1）花艺搭配法则。

①高低错落：花枝的位置要高低、前后错开，不要插在同一水平线上，也不要使花枝按等角形排列，否则就会显得呆板、缺乏艺术性。

②疏密有致：花和叶不要等距离排列，而要有疏有密。

③虚实结合：花为实，叶为虚，插花作品要有花有叶。

④仰俯呼应：上下左右的花枝都要围绕主枝相互呼应，使花枝之间保持整体性及均衡性。

⑤上轻下重：花苞在上，盛花在下；浅色在上，深色在下。

⑥上散下聚：基部花枝聚集，上部疏散。

（2）花艺搭配技法。

①阵列排序的技法，展现韵律美。

饰品、花品采用阵列排序的陈设方式，会显得整洁有序，有很强的视觉效果（图4-390）。

②堆头造型花艺设计（图4-391、图4-392）。

适合空间：一般放置在酒店、会所、售楼大厅等开放公共区域的中岛空间。

造型设计：以堆砌的形式摆放，颜色不超

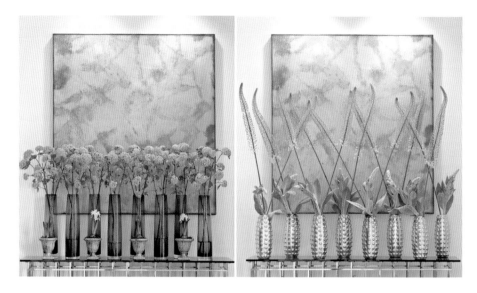

图4-390 阵列排序花艺（图片来源：英国花艺师 Ken Marten 的插花作品）

图4-391 堆头造型花艺设计（图片来源：英国花艺师 Ken Marten 的插花作品）

图4-392 中岛堆头造型花艺设计

图4-393 插花器皿选择

过3种，有一个主色调，高低错落分为3~6层。堆头花艺的最高点的高度一般为1.6~2 m。

（3）花材高度确定。

插花的高度（即第一主枝高）不要超过插花容器高度的2倍，容器高度的计算方法是瓶口直径加本身高度。

插花高度的黄金比例：瓶高为3，花材高为5，总高为8，比例3：5：8就可以了。花束也可按这个比例包扎。

（4）选对花器：良马配好鞍（图4-393）。

把花插在瓶、盘、盆等容器里，形成一个优美的造型，借此表达一种主题，使人看后赏心悦日，获得精神与视觉上的美感和愉悦。

（5）花艺设计时怎么选择颜色？

人们在七秒内就可以确定是否对某种东西感兴趣，这就是著名的"七秒定律"。对于花艺作品来说，在七秒内，给人们带来

花艺色彩搭配八大技法

1.单一色系搭配法 —— 花艺只取用单 颜色，但在色彩上有深浅变化

2.类似色搭配法 —— 任一原色与色相环上左右90°的邻近色搭配，如黄、黄橙、橙、红橙，是很受欢迎的色彩组合

3.互补色搭配色 —— 色相环上相隔180°的两种颜色组合，如黄和紫、橙和蓝，这种组合会让人感到明快而活泼，两种色彩的平衡也可营造一种立体感

4.分离互补色搭配法 —— 色相环上任一颜色与其互补色两边的任一颜色组合，如橙紫、黄蓝等，这种搭配方法弱化过于明亮以及强烈的互补色，让花艺更具层次感

5.三合色搭配法 —— 色相环上等距离（即正三角形）的三种颜色组合，如红、黄、蓝或橙、绿、紫
—— 亦可采用在色相环上形成等腰三角形的三个颜色，如黄绿、红、紫，将三个颜色不等量搭配

6.四合色搭配法 —— 在色相环上为正方形或长方形的色彩组合，正方形如黄、红橙、紫、蓝绿，长方形如黄绿、黄橙、红紫、蓝紫

7.彩色与无彩色组合 —— 任一纯色与白或黑组合，如红白、绿黑、红黑、绿白，对比强烈，视觉效果也非常好

8.独立色的应用 —— 与任何有彩色和无彩色均可以调和使用

图4-494 花艺色彩搭配八大技法（图片来源：羽番绘制）

的印象，色彩的作用占到67%。

花艺色彩搭配八大技法，如图4-394所示，下面简要讲述常用的几种。

①单一色系搭配法。单一色系搭配法就是只选一种颜色的花材，进行深浅、明暗搭配（图4-395）。

②类似色搭配法（图4-396），即使用同一种颜色的不同深浅变化的花材进行搭配。

③互补色搭配法（图4-397），是指选择在色相环上两个（组）相对立颜色的花材搭配，比如红色与绿色、黄色与紫色等，通常能表现出强烈对比、跳跃感、撞击感的效果。

（6）花艺设计流行色的应用。

关于花艺设计流行色的应用，可以学习PANTONE（潘通）每年推出的流行色。

（7）明亮欢快花艺色彩搭配技法。

在花器的选择上，以同样明亮的色彩搭配，在材质的应用上除塑料外，纸张、纸板、再生板材也是很好的选择。无论是作为新娘手捧花，还是家居装饰，明朗的色调都

图4-395 单一色系搭配花艺

图4-596 类似色搭配花艺

图4-597 互补色搭配花艺，浓重热烈

能给人们带来好的心情，如图 4-398 所示。

代表花材：鸢尾、金槌花、洋甘菊等。

4. 快速学习插花艺术的渠道

插花艺术可以在生活的切身实践中学习，并从拓宽眼界入手。

室内花艺配色

户外花艺配色

（1）餐桌花艺设计：表达对生活的热爱。

生活需要仪式感，一餐简单的饭食，也不会简单应付，悉心装扮的餐桌则能为一顿饭食增添更多幸福感。布置餐厅可以用鲜花、美食来表达心情（图 4-399）。

（2）婚礼花艺设计。

随着西式婚礼越来越受欢迎，花艺设计也成为婚礼策划中必备的项目，可以用花艺表达对新人的美好祝福（图 4-400）。

（3）酒店主题花艺设计。

对于酒店来说，花艺是必备的陈设品，能提升整个酒店的气质。

酒店插花一般分为前厅插花（大堂插花）、餐厅插花、客房插花、会议室插花、吧台插花和过道插花等。可以通过不同区域的插花来了解插花艺术在酒店中的应用。如图 4-401、图 4-402 所示是酒店花艺设计案例。

图 4-398 明亮的花艺配色　　　　　　　　　　　图 4-399 花艺颜色与空间整体色调融合

图 4-400 婚礼花艺设计（图片来源：花艺设计师凌宗涌的西恩花艺）

图 4-401 阿丽拉阳朔糖舍酒店花艺设计（图片来源：琚滨）

图 4-402 乔治五世巴黎四季酒店的花艺设计

5. 世界顶级花艺设计大师

表 4-39 中所列为部分世界顶级的花艺设计大师，大家在学习花艺时，可以参照这些大师的作品，细细揣摩、品味。

表 4-39 部分世界顶级花艺设计大师

序号	花艺设计大师	简介	照片	序号	花艺设计大师	简介	照片
1	[日本] 川名哲纪	东方花艺的代表人物		8	[澳大利亚] Mark Pampling	著名花艺匠人	
2	[日本] 丹羽英之	融合东方艺术的花艺大师，他在工作中仔细又执拗，通过作品追求极致的寓意		9	[英国] Robbie Honey	商业花艺设计师	
3	[日本] 东信康仁	日本植物魔法师		10	[比利时] Francoise Weeks	植物时装界艺术大师	
4	[法国] Eric Chauvin	法国国宝级花艺设计师，花艺界的贵公子		11	[比利时] Tomas De Bruyne	全球公认的花艺大师	
5	[美国] Jenn Sanchez	Instagram 上有名的花艺师		12	[俄罗斯] Natalia Zizko	商业花艺师，俄罗斯花艺女王	
6	[英国] Anna Potter	英国女王合作花艺师		13	[丹麦] Nicolai Bergmann	自创世界花艺品牌店	
7	[美国] Amy Merrick	自然风花艺设计师		14	[中国] 凌宗涌	LV 合作花艺大师，在山林中汲取设计灵感	

第七讲 饰品摆件

笔者在前面为大家讲解了室内陈设、画品、花艺等，一直在带大家领略比较前卫的艺术品、装饰品，引导大家站在艺术家的角度看待陈设的美感，因为未来室内设计的发展趋势是艺术 + 技能 + 服务。

一、饰品摆件基础

未来室内设计的发展趋势 = 艺术 + 技能 + 服务，应从当下流行艺术中学习饰品摆件。

在全球化的大环境下，艺术的合作早已跨越了国界和艺术领域，艺术家通过商业领域的合作，为艺术、人文、社会发展创造了更多的可能性，给大众的文化生活注入了更多的艺术灵感。

现在的饰品摆件陈设不再像几年前的样板间陈设一样大量堆砌而失去了美感，消费者恢复理智，开始偏向选择恰到好处的少而精的陈设方式。年轻的客户群体也越来越能接受艺术家的原创作品，以彰显独特的个性与品位（图 4-403）。

1. 饰品摆件的材质

饰品摆件的分类比较繁杂，这里用一张思维导图简单地展示材质的大致分类，帮助大家理解饰品摆件的材质分类，如图 4-404 所示。下面讲解常见的几类。

（1）木质（通常将原木、竹质、草编、藤编材质统称为木质，图 4-405）。

有关木质可参考本书前面有关材质的内容。

适用风格及空间：北欧风格、侘寂风格、原始自然风格、田园风、民宿酒店等。

图 4-403 饰品摆件

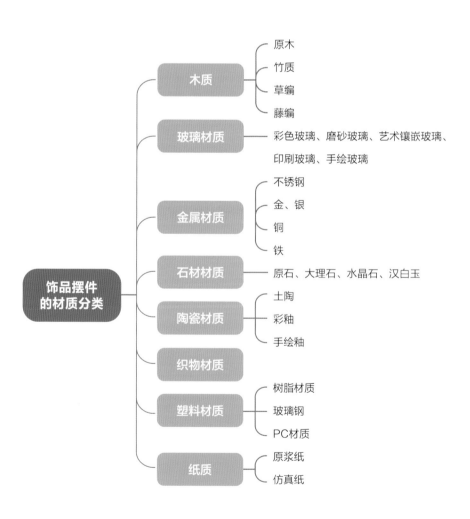

图 4-404 室内陈设饰品摆件的材质分类（图片来源：羽番绘制）

木质 —— 原木 / 竹质 / 草编 / 藤编

玻璃材质 —— 彩色玻璃、磨砂玻璃、艺术镶嵌玻璃、印刷玻璃、手绘玻璃

金属材质 —— 不锈钢 / 金、银 / 铜 / 铁

石材材质 —— 原石、大理石、水晶石、汉白玉

陶瓷材质 —— 土陶 / 彩釉 / 手绘釉

织物材质

塑料材质 —— 树脂材质 / 玻璃钢 / PC材质

纸质 —— 原浆纸 / 仿真纸

图 4-405 木质饰品摆件

（2）玻璃材质（图 4-406、图 4-407）。

玻璃材质的装饰品，艺术装饰效果很强，质感通透。

适用风格及空间：北欧、现代、后现代、轻奢等。

具有艺术效果的玻璃材质还可以细分为彩色玻璃、磨砂玻璃、艺术镶嵌玻璃、印刷玻璃、手绘玻璃等。

（3）金属材质（图 4-408）。

装饰品常用的金属材质包含不锈钢、金、银、铜（青铜、铸铜、黄铜等）、铁等材质。

图 4-406 玻璃艺术家 Ben Young 的作品

图 4-407 玻璃材质的花瓶

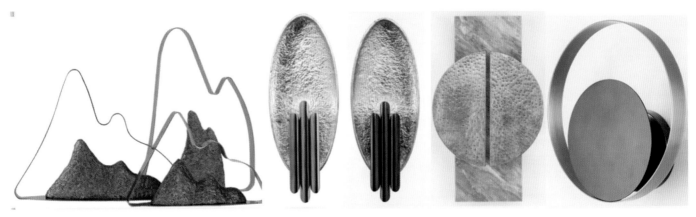

图 4-408 金属材质饰品摆件

图 4-409 石材材质饰品摆件

金属材质常作为点缀装饰在饰品摆件中，如灯饰、门把手等。

（4）石材材质。

常见材质：原石、大理石、水晶石、汉白玉等。

适用产品：卫浴用品、烛台、小型的桌类、精致的装饰品（图 4-409）。

生活不是哲学、艺术，而是自我选择的生存方式，而家则是承载这个选择的最好容器，饰品摆件是让这个空间更加有趣的器物。

（5）陶瓷材质。

陶瓷在室内装饰中非常受欢迎，成本低廉，造型可塑性强，装饰效果强，因其为土质，空间的包容性也很强。

常见材质：土陶、彩釉、手绘釉等。

适用风格及空间：孟菲斯、马蒂斯、北欧、侘寂、新中式、现代极简、后现代、莫兰迪等（图 4-410、图 4-411）。

图 4-410 马蒂斯风格的手绘陶瓷装饰花瓶

图 4-411 孟菲斯风格的莫兰迪色系花瓶

图 4-412 织物材质饰品摆件

（6）织物材质。

织物材质的饰品摆件一般指的是装饰织物（图 4-412），在室内装饰中占据很重要的位置。织物的风格、图案及柔软的亲肤材质让人心情愉悦、倍感轻松。

适用风格及空间：波希米亚、混搭、北欧极简、田园乡村、法式、美式等。

（7）塑料材质。

塑料材质包括树脂材质、玻璃钢（玻璃纤维增强塑料）材质、PC 材质等。

艺术树脂可以应用于家居装饰行业的任何领域，如大型的艺术雕塑等，其成本可控，造型丰富多彩，是一种非常受欢迎的材质（图 4-413）。

玻璃钢与树脂的性能趋同，具有很强的可塑性，韧性好，抗氧化能力强，其质感、亮度与色泽优于其他材质。

2. 饰品摆件产品分类

饰品摆件的产品分类如图 4-414 所示。

图 4-413 树脂材质饰品摆件

3. 现代流行的饰品摆件设计风格

（1）新中式风格。

新中式风格是中式元素与现代材质巧妙融合形成的风格。

新中式风格的饰品摆件有瓷器、陶器、窗花、字画、布艺、皮具及具有一定含义的中式古典物品（图4-415）。

国内很多室内设计大师把新中式与西方艺术融汇到一起，演绎出了新亚洲的装饰风格（图4-416）。

（2）Art Deco 装饰艺术风格。

Art Deco 象征着"美好年代"，为生活而生，并兼具奢华之美。Art Deco 装饰艺术风格是从有机的自然形态中寻找灵感，与工业生产联系在一起，采用新材料、新技术，创造新形式，多用几何元素、原色及金属色系，有鲜明强烈的色彩特征（图4-417），创造了一种新的室内设计与家具设计的美学价值（图4-418）。

风格关键词：陈设艺术品、重金属、玻璃通透型、皮质、自然纹理、几何纹理、爵士。

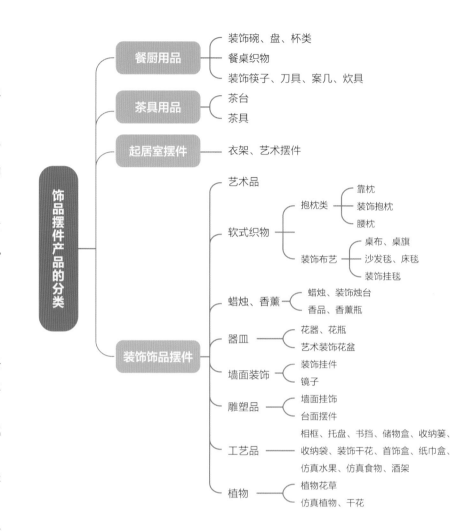

图 4-414 饰品摆件的产品分类（图片来源：羽番绘制）

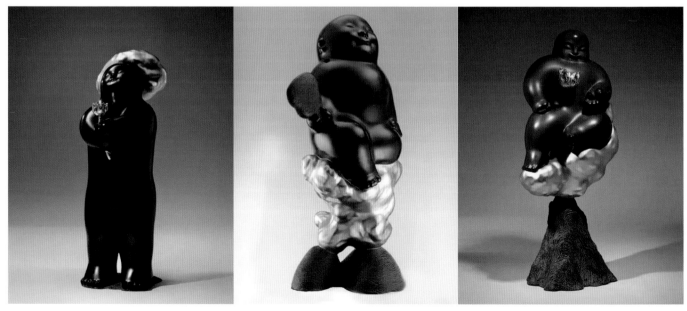

图 4-415 雕塑家李真的禅意雕塑

图 4-416 新亚洲装饰风格饰品摆件

图 4-417 上海外滩 Art Deco 装饰艺术风格的建筑

图 4-418 Art Deco 装饰艺术风格的饰品摆件在室内设计中的应用

（3）孟菲斯风格装饰艺术。

孟菲斯风格的设计都尽力去表现各种富于
个性的文化内涵，从天真、滑稽到怪诞、
离奇等不同情趣。反对冰冷乏味的现代主
义，在色彩上常常故意打破配色规律，喜
欢用一些明快、风趣、彩度高的明亮色
调，特别是粉红、粉绿等明艳的色彩（图
4-419、图 4-420）。孟菲斯风格的核心
人物是索特萨斯。

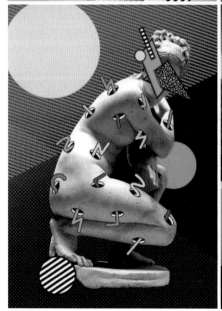

图 4-419 孟菲斯风格饰品摆件的应用

图 4-420 孟菲斯风格饰品摆件

"时装界的恺撒大帝""老佛爷"卡尔·拉格斐（Karl Lagerfeld）就是孟菲斯风格的狂热推崇者之一。

设计原理：重视视觉感受大于理性；反对科学化与标准化；带着娱乐精神去做设计；少即是多。

（4）卡通雕塑艺术摆件。

卡通雕塑艺术摆件中很有代表性的品牌是向京、瞿广慈夫妇打造的网红雕塑艺术品牌，该品牌广受设计师群体的喜爱（图 4-421~ 图 4-424）。近年来还涌现出一批新锐设计师，他们的作品同样广受欢迎（图 4-425）。

图 4-421 向京"我看到了幸福"系列

图 4-422 瞿广慈的《小骑士》

图 4-423 瞿广慈的雕塑作品在星级酒店中的应用

图 4-424 瞿广慈雕塑《彩虹天使·虹》

图 4-425 餐桌雕塑《夏洛特的女孩》

（5）街头艺术家 KAWS 创立网红芝麻街品牌雕塑 Original Fake。

街头艺术家 KAWS 把《芝麻街》动画片里的人物创作成了巨大的带有个性的雕塑，收获大波粉丝，创作出的 KAWS COMPANION 玩偶（图 4-426），受到无数潮流人士的喜爱和追捧，也常被室内设计师设计成空间装置。

图 4-426 KAWS COMPANION 玩偶

（6）美国波普艺术家杰夫·昆斯创作的气球狗。

杰夫·昆斯是当代颇具争议的艺术家，他的作品《气球狗》（*Balloon Dog*）就是基于气球能够扭制成一只玩具狗创作的，一举成名，作品由金属制成，高度超过 3 m（图 4-427）。气球狗常被用作室内陈设装饰品（图 4-428），被誉为世界上最贵的狗。

（7）古典与现代融合的艺术雕塑（图 4-429）。

基于古典雕塑的精神内核，如米开朗琪罗时期的艺术雕塑，利用新的装饰手法创造新的生命，这种新旧结合的艺术手法，在轻奢风格、北欧风格、都市风格中非常受欢迎。

（8）北欧极简风格饰品摆件（图 4-430）。

北欧极简风格饰品摆件的特点是几何线条简单，造型立体、自然，让空间时尚灵动。北欧极简风格饰品摆件有古典、优雅的气度，也具有沧桑、从容的气质。

为便于大家构建知识框架，将有关饰品摆件的基础知识梳理出来，如图 4-431 所示。

图 4-427 杰夫·昆斯及其创作的气球狗形象

图 4-428 气球狗形象在装饰中的应用

图 4-429 古典与现代融合的艺术雕塑

图 4-430 北欧极简风格饰品摆件

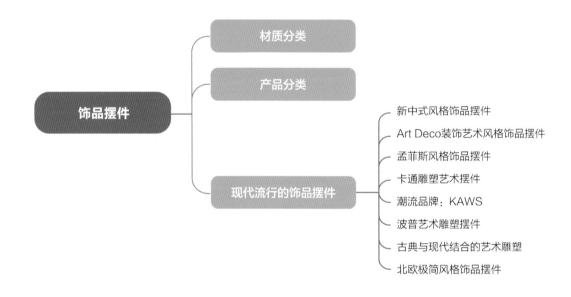

图 4-431 饰品摆件总结（图片来源：羽番绘制）

二、掌握陈设美学原理，快速学会饰品搭配

饰品摆件是突显空间精致气息及品位的最佳选择之一。近些年，艺术品在室内的陈设越发受到重视，因为家居饰品摆件里藏着生活里的温度。

1. 关注客户需求

饰品摆件陈设不能只关注美不美，重要的是要关注为谁服务。

所有软装产品都是服务于空间的，用于满足不同客户的需求。每一位客户对于饰品摆件的需求都不相同，我们在应用时要先看客户的实际需求是什么。

2. 饰品摆件陈设的原则与方法

（1）黄金螺旋线的应用。

黄金螺旋线即斐波那契螺旋线，是所有美感的基础逻辑。

鹦鹉螺曲线（图4-432）的每个半径和后一个半径的比都是黄金比例，是自然界最美的尺度排列。

黄金分割作为一种重要的形式美法则，自提出后就成为世代相传的审美经典规律，至今不衰。这里笔者要再向大家推荐一个美学设计利器——黄金矩形（golden rectangle，图4-433）。它的长宽比为黄金分割比1：0.618，并且可以不断以这种比例分割下去。

黄金螺旋线和黄金矩形能够给画面带来美感，令人愉悦。在很多艺术品以及建筑中都能找到它们的身影（图4-434）。例如，埃及的金字塔、希腊雅典的巴特农神庙、印度的泰姬陵，这些伟大杰作中都有它们

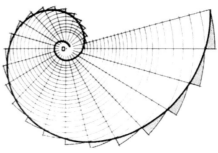

图4-432 鹦鹉螺曲线

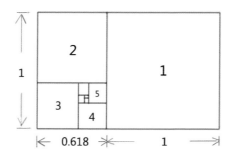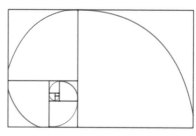

图4-433 黄金矩形和黄金螺旋线示意（图片来源：羽番绘制）

图4-434 建筑中黄金分割的应用

的影子。

古希腊数学家、哲学家毕达哥拉斯有句名言："凡是美的东西都具有共同的特征，这就是部分与部分以及部分与整体之间的协调一致。"

在室内陈设中使用黄金分割时，不用拘泥于绝对的数值关系，追求的是一种相对的视觉

关系。除了定制类的家具需要研究需求，其他软装饰品陈设时关注相对的视觉关系即可。

（2）中心构图：营造视觉中心。

营造视觉中心即在家居空间中打造亮点，让人走进空间能够第一眼看到，抓住眼球，可以通过艺术品在空间中营造视觉焦点，传递某种感性的情绪（图 4-435、图 4-436）。

同时，这个亮点也可以使室内软装设计的总体风格易于把握和突出。但亮点也不应过多，多则易乱，还会破坏空间的整体秩序。

（3）三角构图陈设方法。

采用三角构图陈设方法可以营造视觉上的均衡感。不平衡的物体或造景会使人产生躁乱和不稳定感，即危险感，三角构图是最为稳定的视觉构图方法（图 4-437、图 4-438）。

（4）矩形构图陈设方法。

矩形构图中规中矩，表现出稳定、平衡感，略显拘谨（图 4-439）。

图 4-436 翡丽湾空间设计中的视觉中心（图片来源：大朴设计）

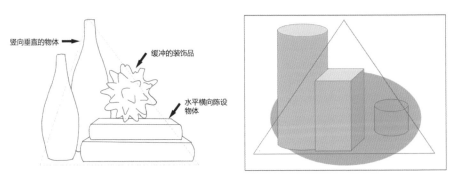

图 4-437 三角构图陈设方法（图片来源：羽番绘制）

图 4-435 空间的视觉中心

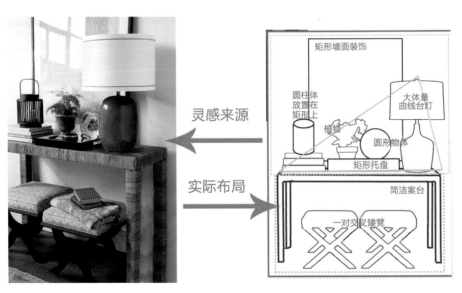

黄色实线部分为三角构图，虚线部分为矩形构图

图 4-438 三角构图与矩形构图组合应用

（5）弧形（曲线）构图陈设方法。

弧形（曲线）构图在陈设结构上比较松散，适合用于造型比较少的空间（图4-440）。

（6）室内陈设布置中的形式美：对称与均衡。

对称构图是室内陈设的常用手法，对称美是形式美的传统技法，也是人们较早掌握的美学法则（图4-441～图4-443），在中式风格中使用较多，比如对称的枕头、对称的床头灯、对称的挂画等。

对称分绝对对称与相对对称，其中相对对称用得比较多。相对对称中存在局部的不对称，在对称中产生一种可变化的美。

均衡稳定陈列打破了对称的布局，追求的是力学上的平衡，在数量、大小、排列上给人带来视觉上的稳定感。

（7）室内陈设布置中的形式美：节奏与韵律。

①形式美中的节奏是指形式构成元素的等距离重复。

节奏是有规律的等距离重复，韵律是在节奏基础上有组织的变化。节奏与韵律相互依存，没有变化的节奏虽有形态的秩序感，但缺少活力。而无规律的形态重复，则构不成韵律，其形态必然杂乱无章。在陈设品布置中运用节奏与韵律的形式法则，可以使室内环境更具序列的美感（图4-444～图4-447）。

图 4-439 矩形构图陈设方法

图 4-440 弧形（曲线）构图陈设方法

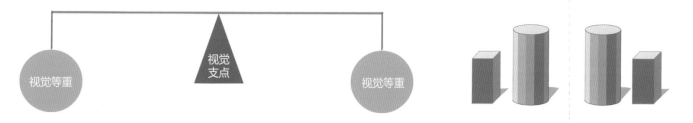

图 4-441 对称视觉美感的原理（图片来源：羽番绘制）

图 4-442 对称摆放示意（图片来源：羽番绘制）

图 4-443 对称摆放实例

图 4-444 酒店大堂采用单色系花艺摆件呈现韵律美

图 4-445 色彩、造型、材质共同营造的节奏美

图 4-446 韵律美的视觉效果

②重复原则。

体型略大的物品 3 个并列即可，起到营造秩序感、强调的作用。体型略小的物品可以 3 个一起重复，也可以 5 个一起重复（图4-448），不要 4 个一起摆，也不要 6 个一起摆。因为 4 个一组不如分成 2 个一组，6 个显得太多。

书架及储物架上的饰品摆件可以垂直及水平放置，各层的饰品摆件可以尝试按照颜色分组，使繁杂的饰品摆件丰富而有序，如图 4-449 所示。

图 4-447 餐桌布置中的节奏与韵律

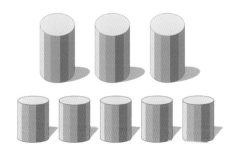

图 4-448 重复摆放示意（图片来源：羽番绘制）

3. 饰品摆件在室内软装中怎么应用

（1）结合整体硬装空间设计。

饰品摆件是为整体空间服务的，所以好的软装饰品一定是与整体硬装空间相匹配的。家装风格多种多样，饰品搭配必然要符合整体风格，复古与现代混搭也要符合构图美的原则（图 4-450）。

图 4-449 书架陈设的组合

图 4-450 饰品摆件陈设

（2）结合家居色彩设计。

结合家居色彩设计其实还是为了保证环境的整体表现效果。在家居环境中，饰品周围的色彩是确定饰品色彩的依据（图4-451）。

饰品摆件的色彩确定有两种方式：一种是与周围色彩相和谐，选择统一色系的颜色（图4-452），如白与灰、黑与深蓝、黄与橙；另一种是与周围色彩形成对比，选择反差较大的色彩，如黑与白、红与绿、黄与紫（图4-453）。

（3）饰品摆放要宁缺毋滥、恰到好处。

在住宅空间中，虽然饰品摆件是必不可少的元素，但必须分清主次。在实际的应用场景中，饰品摆件不一定需要全都摆出来，摆放太多会让其失去自身特色，而且视觉上会令人眼花缭乱。

所以，优秀的软装设计师会先把家里的饰品分类好，把相同属性的摆放在一起，选择性地放弃不搭的饰品，做到有舍有得。

（4）结合居家整体风格设计。

选择饰品摆件时，会先确定大致的风格与色调，依照统一的基调来布置不容易出错。例如，简约家居风格适合摆放具有设计感的家居饰品摆件；时尚摩登风格适合摆放色彩以及设计较个性化、具有时尚气息的饰品摆件；轻奢风格适合摆放轻奢质感的饰品摆件。

（5）饰品摆件的摆放可以根据对称、和谐的理念来确定布局。

①旁边有大型家具时，应该由高到低陈列，以避免视觉上出现不协调感；或是保持两

图 4-451 饰品摆件色彩设计

图 4-452 呼应空间色调、材质、肌理的饰品（图片来源：Nina Leiciu、Alexandra Koroleva 设计的公寓）

图 4-453 与空间颜色相对的饰品摆件（图片来源：Nina Leiciu、Alexandra Koroleva 设计的公寓）

个饰品的重心一致，例如，将两个样式相同的灯具并列、两个色泽花样相同的抱枕并排，这样不但能制造和谐的韵律感，还能给人祥和温馨的感受。

②摆放饰品时前小后大、层次分明。小件饰品放在前排，大件饰品放在后排，能制造和谐的韵律感，这样一眼看去能突出每个饰品的特色，在视觉上就会感觉很舒服。

4. 赏析饰品摆件陈设案例

赏析如图 4-454 所示的饰品摆件陈设案例，可以参照学习饰品摆件陈设方法。

为便于大家构建知识框架，笔者梳理了有关陈设布置中的形式美方面的知识脉络，如图 4-455 所示。

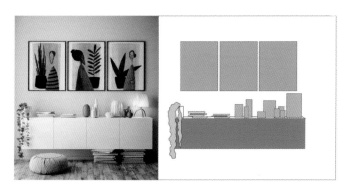

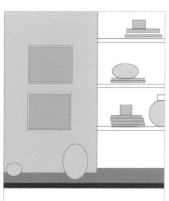

图 4-454 饰品摆件陈设案例（图片来源：羽番绘制）

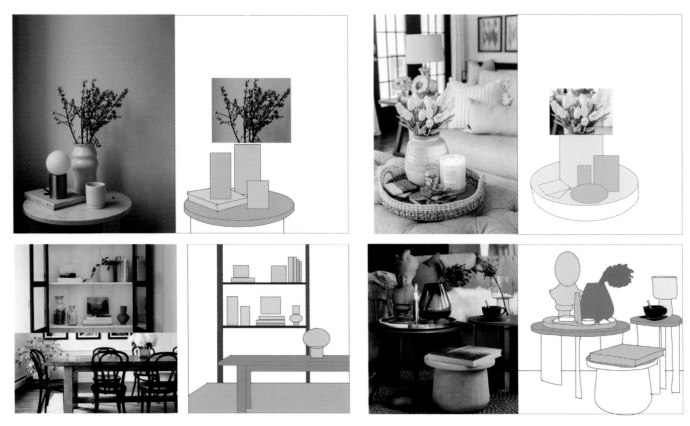

续图 4-454

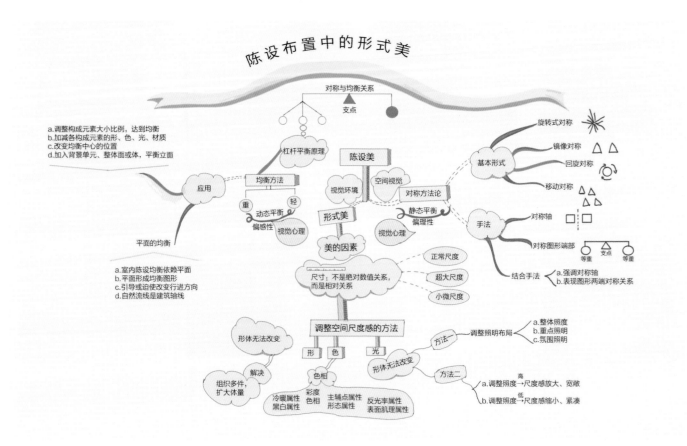

图 4-455 陈设布置中的形式美（图片来源：羽番绘制）

第五章

软装设计落地系统方法

从平庸到卓越，每天进步一点点

【导读】

在开展方案设计工作时，有些设计师会遇到这些问题：不清楚在现场测量什么、从哪儿下手；现场测量需要提前做哪些准备；该怎么分析有不同需求的客户；怎么提高工作效率；软装概念设计怎么做；报价清单怎么做；深化方案为什么如此重要；设计中的素材怎么管理；等等。本章内容为大家提供了设计前、设计执行中、摆场等阶段的软装实战方法。

第一讲 沟通阶段

一、现场测量需要注意哪些问题以及准备什么资料

1. 为什么设计开始之前要勘察现场

很多人初入设计行业做得最多的工作可能就是跟着设计师去量房，对于现场勘察的印象仅仅停留在测量空间尺寸上，因此并不是特别理解为什么要兴师动众去现场，毕竟很多项目明明已经有户型图，尺寸数据也很清楚。

勘察现场主要有以下几个方面的目的。

（1）了解项目实际情况。

①了解房屋详细尺寸数据。

尽管设计师手上有一份户型图，但在房屋建造的过程中，因为各种原因，现场实际的情况与图纸之间可能有一定的差异，如果缺少了量房的步骤，只是依靠图纸，可能后期会出现大量改方案的情况，产生大量时间和经济损失。因此现场的数据核对不但必不可少，在实施摆场前还需要二次复查。

②了解房屋情况。

观察房屋的特性，判断对后期设计是否会产生影响，比如房屋的结构、承重墙的位置、地面是否有高低落差、飘窗的情况以及开关插座的位置等。

③了解硬装条件。

硬装对软装方案设计有很大的影响，因此在现场勘察中需要注意硬装的具体条件，包括功能、光源、收纳、空间风格特征等。

④感受空间的尺度。

首次去现场测量，也是为了去感受房屋的空间感。尺度不同于尺寸，尺寸是具体的物理数据，而尺度是一个人在空间中所体验的空间大小，当我们站在实际要设计的空间之中，对整个空间的具体情况会有更加贴切的体会，能够减少在设计时因想象而忽视细节造成的失误。

（2）与客户实地交流。

一般客户的空间想象力不够，所以最好在首次现场勘察时，与客户在实际空间中讨论需求，效果比较好。

（3）初步系统预算。

通过对现场的了解，有经验的设计师在与客户交流之后，能够大概估算出达到客户要求需要多少预算，在商务洽谈时心中有数。

（4）观察周边环境。

除了室内环境，室外环境也是观察的重点，比如小区是否要出入证、交通情况、上货是否方便等可能会对后期摆场产生影响的因素。

2. 现场勘察具体如何进行

（1）准备工作。

现场勘察的工作看似简单，却是个细致活，如果有疏漏一定会影响后期的预算和方案设计，因此前期需要准备充足，降低项目风险。在与客户沟通好具体的量房时间后，需要做以下准备工作。

①熟悉户型图。去现场之前，有图纸就先熟悉房屋图纸，最好打印两份，一份备用；没有图纸可以上网查一下小区的户型情况，获取方式为：售房网站提供的户型图、中介收房时搜集的图纸；小区各种网络群里提供的图纸；当初买房时售楼处提供的户型图；小区物业提供的建筑图纸；现场画图。

②了解物业情况。量房前还要了解房屋所在的小区物业对房屋装修的具体规定，以避免产生不必要的麻烦。

③工具准备。需要准备A4纸、板夹、五色笔、卷尺、激光测距仪等（图5-1）。

另外因为需要拍照，在去现场之前手机充满电，或者带上充电宝，以备不时之需。

（2）首次勘察内容。

在现场采集的所有数据都与后期方案实施相关，记住这一点，即使有特殊项目，也可在以下常规测量项目的基础上进行变通。

①测量平面尺寸。

有户型图的话，对照事先打印好的户型图，将平面尺寸复核一遍。如果没有户型图，先将房型在A4纸上画出来，再测量平面尺寸。需要测量的平面尺寸包括房间开间、门窗的宽度、其他洞口的宽度。

②测量立面尺寸（图5-2）。

立面尺寸有墙面的高度，天花最低点、最高点的数据，窗户的尺寸，硬装若有窗帘盒，记录窗帘盒的尺寸，具体的测量方法可以参照本书前述有关窗帘测算的内容。

图5-1 需要准备的工具

图5-2 测量立面尺寸

③拍照记录。

用相机拍照记录现场，以便做方案时对照现场情况。

a.大场景（平行透视），站在每个房间的两个正向位置拍两张大场景图。

b.小场景（成角透视），站在每个房间重点布置位置的对角拍一张小场景图，比如沙发区、餐厅区、卧室床头区。

c.房间内一些细节的位置，比如壁龛、飘窗台或者硬装需要软装修饰的瑕疵处等。

（3）二次勘察内容。

二次勘察是在有了初步方案之后进行复核，设计师带着基本的构思框架到现场，反复考量，对细部进行纠正，核实产品尺寸，反复感受现场的合理性，主要涉及以下内容。

①家具：需要现场核实高度、宽度，看柜子、沙发能否放得进去、按照人体工程学预留的空间是否合理。

②窗帘：需要核对窗帘的高度、宽度，窗帘盒的深度、宽度与设计的尺寸是否匹配。

③挂画：需要知道立面墙的宽度、高度，墙上装饰等，以及是否会妨碍墙内预埋的管线。

④灯：需要知道硬装的完成面高度、顶棚的宽度与灯饰的尺寸是否合理。

⑤地毯：方案中的地毯尺寸在现场是否合理。

（4）注意事项。

①软装中的测量是在硬装完成后进行数据采集，如果硬装没有完成，在硬装完成之后还需要再勘察一遍。

②二手房改造，除了常规的测量项目，在拆除原有设施重新进行硬装之后，再进行勘察时，要特别注意原有的家具、灯具、挂画等是否要保留，如要留用，注意测量尺寸和拍照。

③注意门洞尺寸，方案中的家具能不能进入现场也需要考虑。

3. 软装现场勘察报告

笔者总结了一份软装现场勘察报告作为参考，提醒大家现场勘察需要注意的内容，见表5-1。

为便于大家对沟通阶段的工作有更加清晰的认知，现将相关知识进行梳理，如图5-3所示。

表 5-1 软装现场勘察报告

序号	类型	项目名称	数量	说明	备注
1	概况信息	总平面		需搜集总平面图	
2		卸货位置		需确认卸货地面位置、地下室位置、车辆限高信息	
3		搬货运距		需确认搬货运距	
4		上货方式		需确认上货方式	
5		电梯尺寸		确认电梯尺寸及个数	
6		垃圾堆放处		确认垃圾堆放位置	
7		吃饭地点		确认吃饭有多少位置	
8		车站交通状况		是否有公交车站、路况	
9		住宿		住宿地远近	
10	物业管理	出入证		是否办理出入证	
11		垃圾清理费用		是否需要垃圾清理费用及押金	
12		公关费用		是否需要公关费用	
13	固定家具	电视柜		有无	
14		茶几		有无	
15		鞋柜		有无	
16		衣柜		有无	
17		床		有无	
18		床头柜		有无	
19	电器	冰箱		冰箱插座	
20		洗衣机		是否增加或更换水龙头，确定尺寸并记录	
21		抽油烟机		是否需要吊顶开孔、增加止回阀、增加排插	
22		电视		是否需要壁挂	
23		热水器		安装位置是否需要增加排插	
24		空调		是否增加支架、铜管、空调孔（室内机及室外机位置）	
25		灯具		是否更改吸顶灯位置	
26	其他	晾衣架		实际尺寸是否具备晾衣架安装条件	
27		窗帘		是否有窗帘盒	
28		毛巾架		是否有毛巾架	
29		镜子		是否有镜子	
30		纸巾盒		是否有纸巾盒	
31		卫生间窗		是否具备安装百叶帘条件	
32		电吹风		是否有条件安装	
33	硬装部分	色彩		拍照	
34		造型		拍照	
35		材质		拍照	
36		电路		是否需要电路改造	
备注					

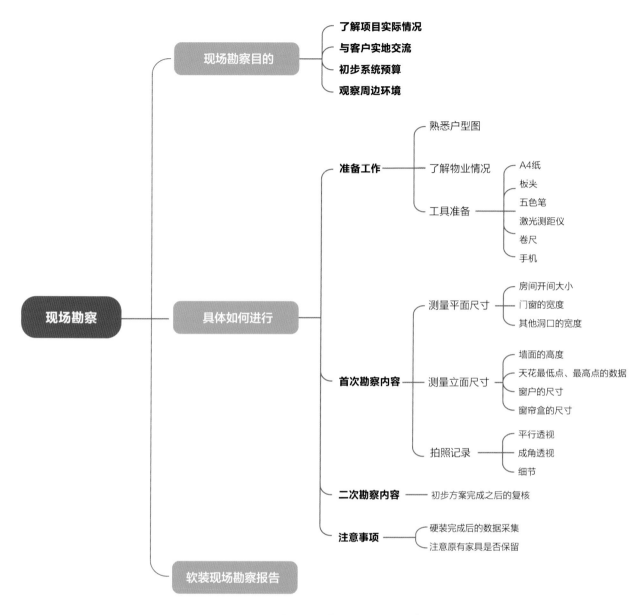

图 5-3 现场勘察知识总结（图片来源：羽番绘制）

二、遇到不同类型的客户如何高效科学地进行客户分析

1. 需求分析初期

在初步与客户沟通时，以开放式的提问为主，但是要尽可能搜集完整的信息，主要涉及以下几个方面。

（1）家庭结构和常住人口。

①明确谁来使用，一般的家庭是三口或者四口之家，也就是夫妻二人带着一两个小孩子居住，这是家庭的常住人口。但是有可能父母双亲、兄弟姐妹等亲人和好友会造访，这些是非常住人口，但是软装设计师同样需要考虑到亲朋好友的临时居住需求。

②了解家庭结构未来是否会有变化，确定未来使用者的情况。

③明确谁是决策者，这一点也非常重要。一般的家庭装饰以女主人的意见为主，但是也有可能看起来说话不多的男主人才是决策者，在沟通的过程中我们需要仔细观察，这关系到方案的偏向以及确定需要重点说服谁。

④了解客户的经济收入、楼盘位置、硬装定位等，以便预判客户偏好。

（2）了解生活方式。

生活方式是一个内容相当宽泛的概念，包括衣食住行、劳动工作、休息娱乐、社会交往、待人接物等，涉及物质生活和精神生活（价值观、审美观）的方方面面，甚至可以认为生活方式是一定社会条件的缩影。一般情况下，生活方式可以拆解为四个部分：生活动线、生活习惯、文化追求、生活禁忌。可以从以下几个方面进行了解。

①客户性格的判断，观察决策者和影响决策者的人属于什么样的性格，便于在后期做方案汇报时进行有针对性的沟通。

②家庭成员的生活喜好。

③家庭成员的生活习惯，大概画出每位成员生活的动线，这样可以对客户家庭生活起居有具象的认识。

（3）功能需求。

对于一些主要住宅空间有什么样的功能配置需要，在初次沟通时也可以采访客户，了解他的预期，主要涉及以下几个方面。

①门厅、玄关的家具布置需求：是否需要换鞋凳、玄关柜，是要嵌入式衣柜还是要独立步入式衣帽间。

②客厅的功能需求：除会客外，是否要结合书房、水吧台、茶台等功能。家具布置需求：沙发的类型，是否需要电视柜等。

③卧室的功能需求：除睡眠休息以外，是否有其他功能需要，比如看电视、看书、写作等。家具的要求：比如床的尺寸，床头柜的尺寸，是否有储存护照、户口本等物件的需要。这些都会影响到方案的选配。

④书房的功能需求：书房是以休闲为主还是以工作为主，以休闲为主，可能放置水吧台、电视、沙发等家具，而以工作为主则可能对桌椅有特别要求，这些都是需要

客户告诉设计师的信息。

⑤兴趣空间：也许客户还有一些兴趣爱好需要空间满足，比如喜欢待客则需要大餐桌，喜欢饮酒则需要吧台、酒柜等。

要想设计出符合使用者心理预期，兼具使用功能、装饰效果的空间，了解使用者的需求是我们在设计过程中非常重要的一个环节。

（4）家居调性。

了解客户对于家居的调性是否有具体的期待，比如氛围的偏好、色系的偏好都会直接影响到装饰效果和落地呈现。

2. 高效科学地分析客户

高效科学地分析客户可以借助一些便利的工具。

（1）一份问卷。

讲了这么多需求关系，有些人很容易就能转换思维，从客户的角度思考问题和提出要求，但是有些人可能依然无法转换，因

此这里给大家提供一份客户需求问卷（详见本书附录1）作为参考，大家可以根据项目的实际情况来修改使用。

客户需求问卷里面的内容非常全面，但是它只是提醒你在与客户沟通时需要注意哪些问题，而不是直接让客户自己填，少了真实的语言互动，很容易遗漏客户隐性的需求，后期方案可能因无法切入要点而造成损失。

（2）正确的看图说话方式。

大家都知道言语沟通容易产生理解上的分歧，所以最好用图片沟通，但有些设计师通常是将所有风格的案例图片向客户介绍一遍，在客户还没反应过来时，就开始让他挑色系。这样的沟通结果是客户在茫然的情况下跟着设计师的节奏走，事后非常容易造成工作反复。建议循序渐进地引导客户。

①元素特征。

先从单一的家具开始让客户选择喜欢的款式（图5-4），每一种家具款式都隐藏着

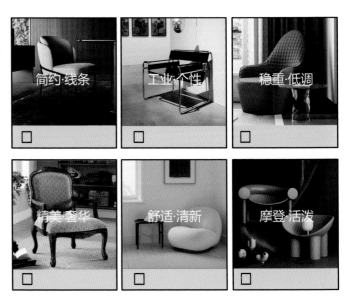

图5-4 家具风格选择（图片来源：羽番绘制）

它的审美取向，客户只需做简单选择，设计师就能从中提取到想要的信息。

单一家具的取向选择可能并不全面，所以可以扩大信息的提取范围，比如墙上装饰、灯具、抱枕等（图5-5）。

在此过程中，客户会对自己的选择有更明确的了解，设计师也不必再费尽心力地解释。

综合以上单品的喜好以后，找出对应的整体空间图片（图5-6），让客户进行选择并加以确定。

②色彩特征。

确定基本风格之后，再提供色彩组合给客户选择（图5-7）。注意不要只提供单一色彩，可以告诉客户一组色彩中哪种是大面积运用的环境色，哪种是主题色，哪种是点缀色。

这是一种家居调性的测试方式，可以从中总结出客户偏爱的类型，并且可以确定产品形式的大致方向。

为便于大家学习，笔者将客户需求分析的相关知识做了一个总结，如图5-8所示。

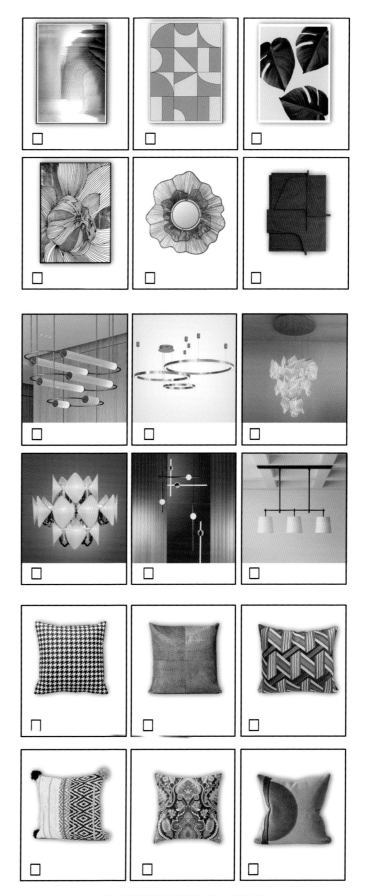

图 5-5 装饰品选择（图片来源：羽番绘制）

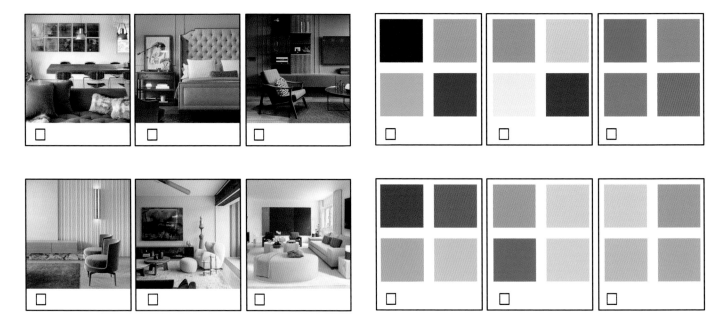

图 5-6 总体方案选择（图片来源：羽番绘制）   图 5-7 色彩选择（图片来源：羽番绘制）

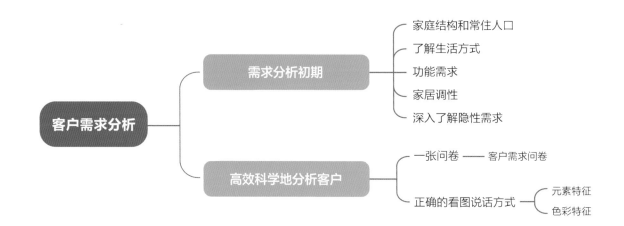

图 5-8 客户需求分析（图片来源：羽番绘制）

第二讲 准备阶段

大部分设计师和设计团队都会遇到如何提升设计效率的问题，尤其是新手设计师。接下来笔者将通过自身的一些设计管理经验，从使用工具提升工作效率的角度，来讲解解决这个问题的方法。

一、别人做软装方案又快又美观，自己效率很低怎么办

对于新手设计师来说，面临的问题主要还是实践太少。做方案如同做菜，看着菜谱好像很简单，自己上手却发现并不是那么回事。

大家可能听过这样的说法：在一个领域里努力练习一万小时，就会成为该领域顶尖的高手。那是不是只要练习一万小时就可以了？

其实这话只说了一半，真正的练习并不是为了达成练习的数量，而是持续地练习自己做不好的事情，进行刻意练习。比如你总是配色有问题，那么就需要花大量的时间练习配色，直到这个问题得到解决。

可是问题又来了，既然是新手，你可能自己看不出来问题出在配色上。那你刻意练些什么呢？解决方案如下。

1. 参照范式进行练习

所谓范式即模范样式，就是一些固定风格和大师作品。新手设计师先不要想着自己要如何有创意，可以从模仿前人总结过并盛行的模板开始，比如新中式、轻奢、北欧这些大众都很喜欢的风格范式，熟悉这几个范式就可以应对手上80%的方案设计问题。等掌握精熟之后，再进一步研究混搭和大师的作品。从能落地的开始，慢慢进入更高水平的设计领域。

这个过程需要花时间打磨，不过能够通过其他途径提高效率。

2. 用设计、管理工具提高效率

除了自身经验不足，造成我们做方案效率不高的原因还有很多，比如甲方反复调整意见，或者要找到合适并且能够落地的产品，需要投入很多精力搜索和研究，非常耗费时间。我们能做的就是尽量在自己可以控制的事情上面提高工作效率，具体可以采用的方法有如下几种。

（1）建立常用素材图库。

在软装方案制作环节，合理利用模板可以大幅减少方案的制作时间。素材的寻找与管理方法如图5-9所示。

（2）建立设计流程。

设计师要学会有效地统筹工作，并逐渐把自己的设计流程化，可以参照如图5-10所示的流程并根据实际构建符合自己需求的流程。

（3）建立模块工具。

所谓模块工具就是工作流程中具体板块使

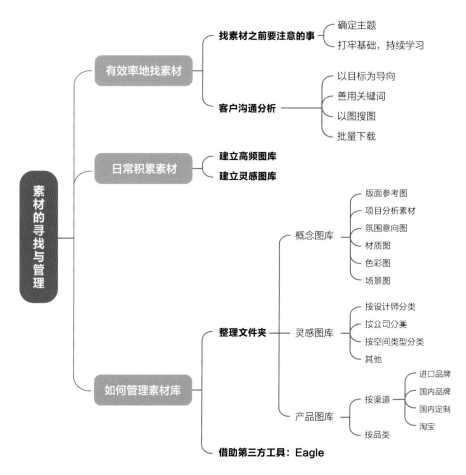

图 5-9 素材的寻找与管理（图片来源：羽番绘制）

1	**确定工作目标** 我们要确定工作目的，以及最终需要达到什么结果，这就是我们的目标
2	**化整为零** 所有的工作都是若干个小步骤的整合，我们应该将一个完整的工作进程，合理拆分成几个部分来系统安排
3	**确定每个步骤所需时间** 接下来就是估计每个部分所需要的时间，这个时间不需要十分精准，按十分钟、一小时、半天这样估计就可以
4	**预测最耗时的环节** 这个是整个环节的重点，因为所有的工作都需要围绕最耗时的这个环节开展
5	**合理推进各部分的工作** 各部分的工作都是互相关联、互相影响的，明确这一点，合理开展工作才能更有效
6	**确定工作的先后顺序** 完成步骤1到步骤5的思考，我们最后要解决的就是如何安排先做什么、后做什么的问题了。决定好工作的最佳顺序，以确保用最短的时间达成目标

图 5-10 建立设计流程（图片来源：羽番绘制）

表 5-2 在线格式转换工具

序号	网址
1	cn.office-converter.com/
2	cloudconvert.com/
3	convertio.co/zh/

表 5-3 PDF 编辑工具

序号	网址
1	smallpdf.com/cn
2	pdfcandy.com/tw/
3	www.llovepdf.com/zh-cn
4	xjpdf.com/
5	www.99pdf.com/?h
6	pdf.io/tw/

用的表单。将某一项工作模块化、常态化，不重复、不遗漏，也是提高设计工作效率的好方法。比如之前提到的软装现场勘察报告、客户需求问卷及设计流程等。

（4）建立软件工具包。

俗话说"工欲善其事，必先利其器"。设计师要想提高自己的工作效率，就要结合自己的工作流程和场景，建立自己专属的工具包，具体如下。

①在线办公类软件。

a. 在线格式转换工具。

格式转换工具可以将日常办公遇到的各种文件转换格式，比如图片类的 JPG 和 PNG格式互转，文档类的 DOC、PPT、XLS、PDF格式之间的转换，不同格式音视频类文件的互转，可使用的工具见表 5-2。

b.PDF 编辑工具。

PDF 编辑工具（表 5-3）可以实现 PDF 文件的在线压缩，并支持将 PDF 文件转换为DOC、XLS、PPT、JPG 格式的文件，并可进行分割、合并等操作。不过，部分网站有次数和文件大小限制。

②素材搜集工具。

在设计灵感和素材搜集阶段需要以网站为主要工具，包括一些综合性的设计网站，可以分门别类地去搜集素材，也可以使用一些灵感搜集工具。对于经常浏览的网站要在电脑浏览器上进行收藏管理，便于自己勤浏览和快捷查找，不用每次为了打开一个网站都先打开百度等浏览器，或者培养在地址栏输入网址进行搜索的习惯。

③素材管理软件 Eagle，其应用将在后面一部分讲解。

④方案排版软件。

除了传统的 PS、PPT 排版工具以外，利用好美间可以为我们节省很多时间。它有大量的软装设计模板，我们可以在模板上进行修改，这样的功能可以让我们通过这些模板展现出的效果进行快速设计，提高效率。

平常可以找一找比较好的方案，及时储存，以备不时之需。也可以在闲暇时自己做一些方案，一边练习一边备用。国内同类型的软件还有我的艺术家。

国外的软装搭配类 app 还有 Morpholio
Board 和 Neybers，上面的灵感图片比较
多，只是英文版使用不方便，也没有落地
性。日常可以在上面看看国外设计师做的
案例。

⑤图片编辑工具。

a. 图片放大工具。

我们有时会遇到下载的图片很小的情况，
这时可以通过在线的图片放大工具（表
5-4）进行图片放大。

b. 位矢转换工具。

PNG 格式的位图，在编辑上自由度不够。
我们可以通过下面两个网站将其转换为矢
量图，见表 5-5。

c. 以图搜图工具。

相信大家都曾经为了一张模糊不清的图
片，费尽心思寻求原图。除了之前介绍的
Google 搜图、淘宝搜图等工具，还有以下
工具可供使用，见表 5-6。

d. 其他工具。

还有一些可以临时救急的图片编辑网站，
比如可以进行批量裁剪图片的网站和轻量
抠图网站，见表 5-7。

⑥取色类软件。

对于配色有困难的，可以借助一些取色的
软件和网站来辅助设计，比如颜色手册、
焕色大师、COLOR GUIDE、色采等。

为便于大家提高工作效率，将相关要点总
结如图 5-11 所示。

表 5-4 图片放大工具

序号	网址
1	bigjpg.com
2	bulkresizephotos.com
3	letsenhance.io

表 5-5 位矢转换工具

序号	网址
1	zh.vectormagic.com/
2	www.vectorizer.io/

表 5-6 以图搜图工具

序号	网址
1	yandex.com/images
2	pic.sogou.com
3	www.lianty.com
4	www.everypixel.com

表 5-7 其他工具

序号	网址	备注
1	www.smartresize.com/zh-cn	图片裁剪
2	www.gaoding.com	在线抠图
3	www.remove.bg	在线抠图
4	zh.clippingmagic.com	在线抠图
5	photoscissors.com	在线抠图
6	www.malabi.co/#/	在线抠图

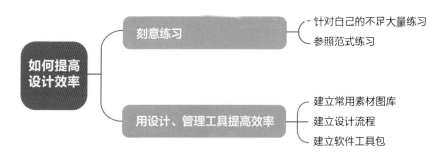

图 5-11 提高设计效率的途径（图片来源：羽番绘制）

二、素材管理软件

如果只有一个好的创意，但是没有相关素材，整个设计也无法推进。做设计没人能绕开找素材这道坎，因此我们工作时可能有大半的时间都耗在全网找图上面，想要提高工作效率，建立一个高效的素材库是非常有必要的。

1. 如何有效率地找素材

随着互联网的快速发展，获得信息变得非常方便，但是也增加了找到准确信息的难度，那如何找到精准信息呢？

（1）找素材之前要注意的事。

在行动之前先想清楚，不要盲目开始。在做事之前，先考虑清楚做这件事的后果和过程，然后再去做；懂得何时停止行动，会有不错的收获。

①确定主题。

为什么你找素材总是比别人慢？

因为你原本的主题构思不完整，存在很多矛盾和问题，很多细节也没有考虑，一边做一边改，导致你频繁局部换方案，素材也要跟着换，效率当然不高。

②打牢基础，持续学习。

为什么你找的素材总感觉做不出理想的效果？

因为你设计功底偏弱，基础知识并未完全掌握，找素材的时候察觉不了问题，用起来总觉得不是很合适。因此，你要经常用绘图等工具练习方案，从简单的做起，逐渐提高自己的设计水平。

（2）找素材的技巧。

可能你也很委屈，现在还是新手，功底弱、没有经验，效率不高也正常。那有没有效率更高的找图技巧？

①以目标为导向。

在找素材的过程中，要从始至终，谨记目标。

a. 根据方案需要的素材找，不要情不自禁陷入某一类的素材里，长时间出不来，影响整体进度。

b. 分清主次，将大部分时间花在重要的素材上。

c. 设置一个时间期限，在限定的时间内完成工作，先完成再完善。

d. 学会断舍离，素材太多了反而耽误时间，找准几张，够用就好。

②善用关键词（图5-12）。

搜索很重要的一点是搜索结果很大程度上取决于使用的关键词，所以在关键词的运用上要灵活一点。

a. 不断优化关键词，一开始不知道用什么关键词的时候，先用不确定的关键词搜索，然后在结果中找新的线索，不断试错、优化，提高关键词的精度。

b. 联想关键词。

③以图搜图、批量下载。

这两种方法已经在前面进行了详细讲解，此处不再赘述。

2. 日常如何积累素材

（1）建立高频图库。

高频图，即你工作时会频繁用到的一些素材。我们先来将一捋做个方案需要用到哪些图，主要包括版面参考图、客户画像图、氛围意向图、材质图、色彩图、场景图、产品图等。可以针对每个类别进行针对性的积累。

（2）建立灵感图库。

灵感图，即对你的工作有启示的优秀作品（图5-13）。不是好看的图片都要收藏起来，现在好看的图太多了，你的硬盘、云盘怕是不够存的。要精选，围绕工作性质来收藏，比如你的业务中售楼处的项目比较多，那就以收藏售楼处的优秀案例为主。

再思考一下业务的层级和类型，比如你做的售楼处项目的客群类型，围绕客群的类型再扩展收藏符合其偏好的优秀案例，不限于售楼处，不限于室内空间，可以是这类客群喜欢的任何产品。当然你的素材必须打上标签，以防忘记。

建立素材库的重点就是不要盲目收藏，选择与自己业务对口的，有目的地精选、优选。

3. 如何管理素材库

（1）整理文件夹。

要养成一个良好的工作习惯，那就是结构化地管理文件夹，效率提升会相当明显。

如图5-9所示，提供了素材分类参考。

（2）借助第三方工具Eagle。

图5-12 搜索

随着电脑里积攒的素材越来越多，原本能提高工作效率的素材库，却开始慢慢拖慢我们的工作节奏，并且有的图片不知道该分到哪个文件夹，比如一张氛围意向图，它有可能也是场景图、色彩搭配图。此时我们可以借助第三方工具 Eagle。

Eagle 是什么？Eagle 是一款专门为设计师量身打造的文件管理工具，可以利用它在电脑本地建立一个属于自己的图片灵感库或文件素材库。

可能有的人看完就急匆匆地要去下单，事实上并不是用了一个工具就能马上解决效率问题，同样需要注意日常整理和标注，否则它与普通的文件夹并没有任何区别。因此不要着急购买，先下载试用 30 天，观察一下自己能否习惯，否则还是先从建立结构化文件夹开始。

三、软装项目全流程

软装工作流程如图 5-14 所示。

图 5-13 灵感图库

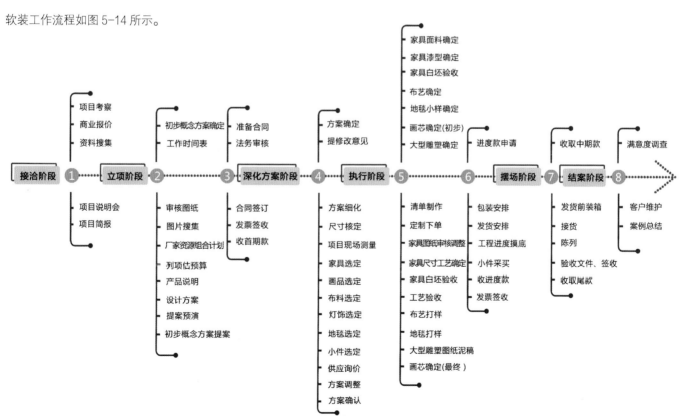

图 5-14 软装工作流程（图片来源：羽番绘制）

第三讲 概念设计阶段

一、概念设计的步骤和文件组成

概念设计的用途主要是确认客户的设计意图，并根据客户意向进行初步创意来打动客户，促成项目顺利签单。

1. 概念设计的步骤

概念设计是经过项目分析和素材整合以后，对于项目软装设计方向的初步呈现，即分析项目—搜集素材—概念文件。关于项目分析前面已经讲了很多，素材整合是指把搜集的家具、元素、色彩等素材图片经过裁剪、抠图等处理在软件中排版成为一份完整的汇报文件。常用的软件如图5-15 所示。

优秀的方案排版，要图文并茂，要有环环相扣的逻辑，帮助设计师表达设计想法和思路。

然而即使网上有数不清的 PPT 模板，但好看的模板百里挑一，而且也无法满足各个项目的汇报需求。导致经常有小伙伴问 PPT 怎么做？为什么自己排的 PPT 没有高级感？那么有以下几个技巧供大家参考。

（1）风格统一。

整个版面要有序、统一、有联系（图5-16）。

①统一的色系，选择符合设计主题的色系，全部版面延续使用。

②统一的元素，重复出现某个元素，色块、形状、线条都可以。

Adobe Photoshop　　Adobe InDesign　　CorelDRAW　　PowerPoint

图 5-15 概念设计使用的软件

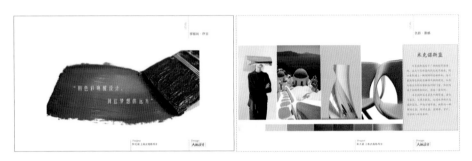

图 5-16 风格统一的方案（图片来源：大朴设计）

图 5-17 方案图片明度、饱和度近似（图片来源：大朴设计）

（2）包含精美的图片素材。

方案的素材首先保证高清、无噪点、无水印、无变形，否则就会拉低档次。其次选择的图片与内容主题协调，明度、饱和度也不能相差太大，如图 5-17 所示。

图 5-18 色彩明亮的方案表达（图片来源：大朴设计）

（3）平面有视觉重心。

常用方法是留白和使用明亮色彩等，让大家的视线集中在设计师想表达的信息之上，如图 5-18 所示。

（4）选择合适的字体。

字体也是很重要的一个因素，按照项目类型和整体调性去选择，共同营造软装设计要表达的氛围，如图 5-19 所示。

2. 概念设计文件的组成

一套完整的概念设计文件主要由以下几个部分组成，如图 5-20 所示。

下面笔者将逐一讲解每个部分的编制及设计技巧。

图 5-19 方案中使用合适的字体（图片来源：大朴设计）

（1）封面。

方案的封面对软装设计方案给甲方带去的第一印象影响很大，非常重要。除了标明项目名称，排版要注意设计主题的营造，图片一定要是高清的，要么高雅，体现设计方的品位，要么做得简洁，选择好看的字体，如图5-21所示。

内页的标题以简单大方为主，如图5-16、图5-22所示。

（2）目录。

目录是整个文件的内容概括，根据逻辑顺序列举清楚（图5-23），有的公司文件更注重当面汇报，因此会省略这个页面。

（3）项目分析。

项目类型不同，项目分析所呈现的内容也会不同。比如公装项目的项目分析是针对整个项目的分析，包括但不限于地理位置（图5-24）、人文景观、环境景观、建筑硬装等；住宅类项目，主要分析软装设计情况和客户画像（比如人物定位、家庭情况、兴趣爱好等），如图5-25～5-27所示。

（4）设计理念。

设计理念指整个方案的灵感来源和推导过程，包括但不限于主题情景、元素提炼、氛围意向图以及硬装的效果图或者材料板，它的来源非常多元化，借鉴硬装的设计元素也是其中一种。设计理念是贯穿整个软装方案的灵魂，用于指导方案的设计方向。设计理念的表达方式有很多种，如用图文表达（图5-28）、用氛围意向图表达（图5-29）、用主题情节表达（图5-30）等。

图5-20 概念设计文件的组成（图片来源：羽番绘制）

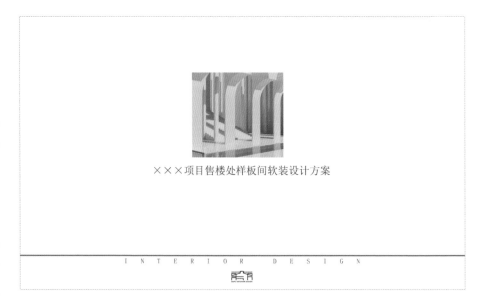

图5-21 封面设计（图片来源：大朴设计）

图5-22 内页标题设计（图片来源：大朴设计）

图 5-23 目录（图片来源：大朴设计）

图 5-24 地理位置（图片来源：大朴设计）

图 5-25 软装解读（图片来源：大朴设计）

图 5-26 软装设计主题（图片来源：大朴设计）

图 5-27 客户画像（图片来源：大朴设计）

（5）风格定位。

软装方案的风格需要与硬装的风格相互协调。风格定位包含风格方向、色彩定位和材质定位等。它是经由设计理念推导出的结论，有前后的逻辑关系。具体案例如图5-31 所示。

（6）平面布置。

平面布置图是必需的，软装设计建立在空间的基础之上（图 5-32、图 5-33）。如果方案有优化也是放在这个部分进行对比，并要标明优化位置。平面布置图要除去多余的辅助线，尽量让画面看起来简洁

图 5-28 用图文表达设计理念（图片来源：大朴设计）

图 5-29 用氛围意向图表达设计理念（图片来源：大朴设计）

图 5-30 用主题情节表达设计理念（图片来源：大朴设计）

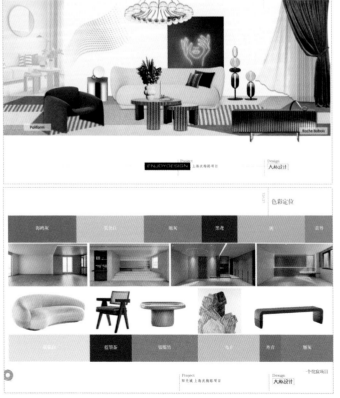

图 5-31 风格定位示意（图片来源：大朴设计）

图 5-32 平面图 1（图片来源：大朴设计）　　图 5-33 平面图 2（图片来源：大朴设计）

清爽（图 5-34）。有时间也可以做一个好看的彩平图。

（7）软装方案。

软装方案是整个文件的重头戏，在概念设计阶段主要是根据前面的种种分析罗列出对于平面上每个空间的设计意向，表现形式就是将平面搭配上氛围意向图，如图 5-35 所示。

跟客户初步讨论设计方向是否符合客户期待以后，再进行下一步，也有的单位会省略这个步骤直接出初步方案，如图 5-36 所示。

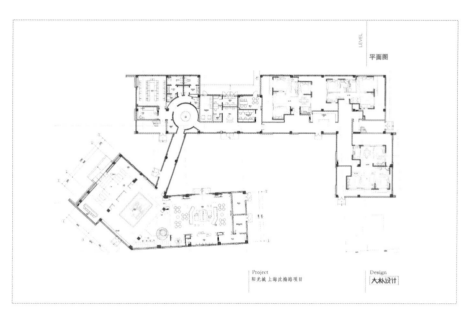

图 5-34 平面图 3（图片来源：大朴设计）

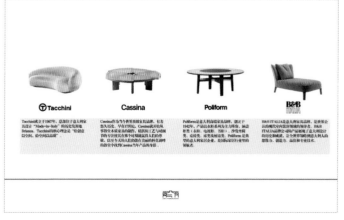

图 5-35 软装方案（图片来源：左图由软装学员晔子提供，右图由软装学员曹沛提供）

 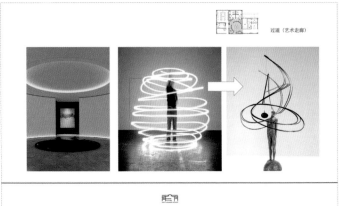

图 5-36 初步方案（图片来源：大朴设计）

 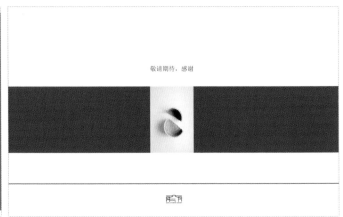

图 5-37 封底设计（图片来源：大朴设计）

（8）封底。

在封底表达谢意，版面要与封面和内页标题页呼应，风格需要统一，比如采用一致的字体、色块、图形图案等，如图 5-37 所示。

整理出概念设计阶段的知识脉络如图 5-38 所示。

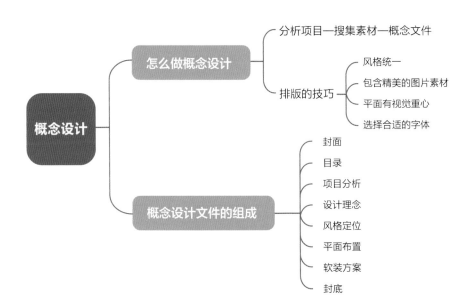

图 5-38 概念设计阶段的知识脉络（图片来源：羽番绘制）

二、如何做方案的创意设计

什么是灵感？其在心理学领域的定义为：因思维过程中的认识飞跃而突然产生的新想法。在日常语境里灵感是指一种偶然触发的创造性思维活动。我们在做软装方案时灵感则是设计理念的另外一种传达方式。

1. 灵感在方案中的作用

在前面我们讲过设计理念是贯穿整个方案的灵魂，是整个设计的主题，主要有以下几个作用：表现设计来源；明确风格定位；表达设计主题。

灵感素材将有助于以上设计理念的视觉传达。

图 5-39 设计师做设计方案

2. 为什么方案需要一个主题

很多新手设计师对于为什么项目需要有一个主题是很困惑的，因为常规意义上来讲，产生所谓的灵感来源、设计主题，都应该先有灵感然后再触发设计创意，而他们见到的多数情况是先做好了方案，再汇编一个主题。既然方案都做好了，为什么非要在前面加个主题？

我们设置主题是为了利用故事来影响他人，因为故事能够激励人并引起共鸣，让客户更快地接受我们的观点。

《人类简史》中就提到过，人类为什么能够在虚拟的国家概念之内具有高度的认同感，源于人类会讲故事。我们总是在编织故事，这些故事让我们认同某件事情，进而能够让群体接受。

回到设计方案（图 5-39）上，一个让客户认同的主题故事，不但增加了仪式感，

并且能够强有力地说服客户。否则我们的设计是无根之木，无源之水，很容易落入反复改方案的境地。

而当我们灵感枯竭时，还是要回到素材的问题上。

3. 如何获取创意素材，找到故事主题

我们不仅要从 Pinterest、Behance、花瓣等网站搜集灵感，从同行的作品中获得创造力，还要跳出思维框架，随时关注设计领域的新动态。不过有的时候设计领域之外的事物也同样重要，甚至能带给我们更多灵感。

那么当日常积累不够，或者项目类型比较小众时，该如何做呢？

搜索结果很大程度上取决于使用的关键词，要在网络的汪洋大海中找到合适的灵感素材，需要精确的关键词。可以采用以

下方法精准定位关键词。

（1）联想和想象。

联想是由某种事物想到另一事物的思维过程。思维的关联性可以使人们的想象从熟悉的领域延伸到陌生的领域，以扩大联想的范围。很多事物看起来似乎毫不相干，但是在某种特定的场合里却有着意想不到的关联，这些跳跃于常理之外的联想，可以帮助我们打破思维定式，寻找创意思路，做出创意方案（图 5-40）。

当脑袋空空时，可以试着从项目出发，从其他角度去联想关键词。

①接近性联想：书店—书籍。

两个事物在时间或空间中有某种潜在联系，从两种事物的形态、构造、功能的相似性中挖掘，利用想象进行拓展、延伸和衔接。

②相似性联想：爱马仕—宝格丽。

通过在两个事物形态、构造、功能的内涵和外延方面存在的必然联系或相似关系中挖掘，利用想象进行拓展、延伸和衔接。

③对比性联想：传统—现代。

从与某一事物相关的形态、结构、功能、色彩等的相反或对立面中引发想象的延伸和衔接。

④仿生性联想：橙色—橙子。

从某些生物的奇特构造、机能和奇妙的本领中引发想象的拓展、延伸和衔接。

（2）头脑风暴找关键词。

一人计短，可以邀请项目组同事，或者朋友来帮忙，一起发散思维，将能想到的与项目相关的所有词汇搜集起来。头脑风暴法是培养奇思妙想的有效手段，通过大胆想象可以让人的思维挣脱条条框框的束缚，使大脑活跃、兴奋起来，在脑海中浮现许多有灵感的想法，有一种"一石激起千层浪"的感觉。具体的操作方法如图5-41所示。

4. 常见的跨界灵感来源

尽管事物千变万化，但都是由点、线、面、体、空间、色彩、明暗、位置、方向等要素所构成的。而艺术是此类元素应用的集大成者，被艺术家们提取精炼过的设计元素在软装方案中用起来更准确，也更容易上手。比如与项目同题材的电影（图5-42）、摄影、话剧（图5-43）、时尚、平面设计、纪录片（图5-44）等。

图 5-40 具有创意的软装陈设

17种头脑风暴方法		
1.J.K.罗琳式头脑风暴	—	在餐纸上记录想法
2.每天写下10个想法	—	坚持记录，以后会发现很有用
3.头脑风暴每个不可能的想法	—	写下那些不可能解决的方案
4.用你的非惯用手写字	—	让文字接近内心想表达的意思
5.把你想说的画下来	—	尝试用画代替文字
6.全部都用记忆搭建	—	激发大脑生动的联想记忆
7.边写边说	—	写作的时候大声读出来
8.带支笔散步	—	散步的时候随时随地用笔记录
9.进行一场点子风暴	—	团队一起的时候可以一起做
10.阅读	—	书读百遍，其义自现
11.戒掉所有的科技产品	—	远离手机等数码设备的干扰
12.在观众面前头脑风暴	—	将想法演示给朋友们
13.利用社交媒体获得反馈	—	主动向外界分享自己的想法
14.在很随机的时间起床	—	在不同时间起床激发创造力
15.用完全不同的方式创造	—	可以用音乐、运动等方式激发灵感
16.像写信一样写东西	—	虚拟一位收件人，尝试给他写信倾诉
17.持续创作	—	每天坚持，风雨无阻

图 5-41 头脑风暴的方法（图片来源：羽番绘制）

5. 评估、筛选定案

灵感素材搜集了一堆，如何处理呢？可通过以下方法进行提炼。

（1）评估。

评估是依据设计调查、市场分析、设计定位、创意、表现和效果等进行质疑评判（图5-45）。质疑要从不同的立足点对各种系统化的设想进行全面的评价，质疑过程要有怀疑一切、"打破砂锅问到底"的精神，提出的质疑越多就越能发现阻碍设想实现的因素。经过全方位分析后，才能在面对客户质疑时有底气。

（2）筛选定案。

评估设想结束后，依据各项目设计的标准

要求对构思阶段的多个方案经优化选择、评估比较后筛选出 1 ~ 3 个创意上占优势的设想，由项目组和负责人进行会议商讨，选择一个最佳方案，最后将该方案运用到设计之中。

将灵感搜集的技巧梳理如图 5-46 所示。

图 5-42 电视剧《了不起的麦瑟尔夫人》

图 5-43 话剧

图 5-44 纪录片《蓝色星球》

图 5-45 方案评估

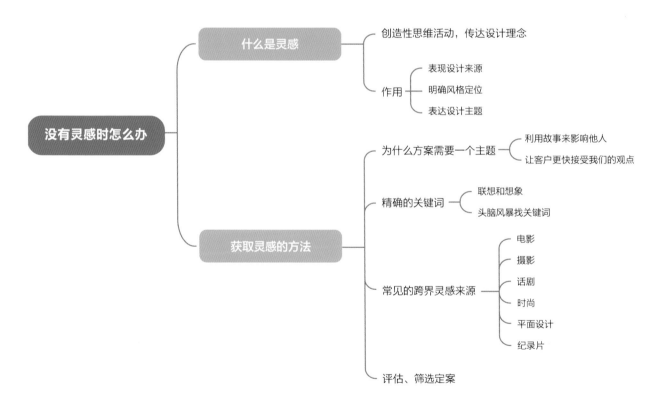

图 5-46 灵感搜集技巧（图片来源：羽番绘制）

第四讲 软装报价清单制作

一、怎么划分软装的预算比例

在住宅项目中，软装预算超标是非常普遍的，其实只要做好分配预案（预算方案），就可以避免出现大幅超出预算的情况。

当项目资金到账后，需要留出 5%~10% 作为备用金（流动资金），用来应对突发情况。下一步就是把资金拆成几块，做软装产品采购的资金分配。

1. 住宅中软装、硬装的资金分配比例

随着人们生活水平的提高，无论是软装还是硬装，空间舒适度都同等重要，软装、硬装的比例也没有统一的标准，软装、硬装费用基本各占一半，也有软装占 60%，硬装占 40% 的，要根据客户的具体需求确定。

因为商业项目、公装项目涉及的因素较多，在此不做延伸。

2. 软装报价清单分几种

从接手项目到前期签合同，软装报价清单一般分为软装预算清单、软装配置清单（给甲方的最终版）、软装采购清单（采购部）等，形式不会有太多变化，不过会涉及核价和部分产品的调整。

3. 软装资金分配比例

软装产品包括家具、灯饰、配饰、地毯、窗帘、画品、艺术摆件、花艺绿植、装饰品等，是软装预算中资金占比最大的部分。软装项目预算比例见表 5-8。

二、如何做一份完整的软装报价清单

我们明晰了软装报价的大致划分，软装预算报价该怎么做呢？

明确软装预算报价是整个软装项目洽谈的重要影响因素。不会管控资金及分配，就无法保障项目的正常推进。

一份合格的预算报价应该涉及整个项目的全过程，所有与预算、过程变更相关的文本都需要保存。

报价清单按照制作的顺序分为单项核价表、单项报价表、项目预算汇总表、合同书、变更联系单、验收单等。

随着市场的不断深化和规范，软装报价体系也在逐渐完善，一般有口碑的设计公司都非常注重公司的形象及职业操守，向甲方提供的软装物料与报价清单高度匹配。

表 5-8 软装项目预算比例

项目类型	预算比例	备注
住宅项目	住宅项目中家具资金占大头 家具 70% 灯具 7% 窗帘、布艺、地毯、家纺 15% 饰品摆件、花艺绿植 8%	普通住宅项目：软装的资金大头还是在家具上
样板间项目	展示类产品与住宅项目均等 家具 60% 灯具 10% 窗帘、布艺、地毯、家纺 20% 饰品摆件、花艺绿植 10%	样板间多为销售展示类的，饰品摆件较多
售楼部项目	展示类产品占大头 家具 40% 灯具 25% 窗帘、布艺、地毯、家纺 15% 饰品摆件、花艺绿植 20%	售楼部的雕塑品、画品、艺术品较多
餐饮项目	家具 50% 灯具 20% 窗帘、布艺 2% 饰品摆件、花艺绿植占 28%	根据实际项目情况而定
酒店项目	固装家具外包，移动家具一般布置在酒店大堂及就餐区、客房，主要是沙发、椅子等 家具 45% 灯具 20% 窗帘、布艺、地毯 20% 饰品摆件、花艺绿植 15%	精品、星级酒店随着季节、婚庆、活动等更换及使用的花艺设计多是外包，个别顶级项目的画品和艺术品也会用收藏品
民宿项目	家具 55% 灯具 10% 窗帘、布艺、地毯、家纺 20% 饰品摆件、花艺绿植 15%	民宿项目布艺资金占据的比例较大，多为体验类产品

注：表中所示比例为初步预算划分，根据每个项目的具体情况会有浮动，仅作参考；浮动比例为 5%~10%。

一份合格的软装报价清单不仅仅包含产品的单价与总价，还涉及很多管理成本，如运输、安装、人工、税费等（图5-47）。

1. 家具报价清单示范

（1）家具的清单信息：区域、名称、图片、规格、数量、单价、材质、总价、备注等（表5-9）。

图 5-47 软装报价（图片来源：羽番绘制）

表 5-9 家具清单

No. 序号	Area 区域	Name 名称	Image 图片	Material 材质	Qty 数量	Unit 单位	Referenced Size 规格/mm	Unit Price 单价/元	Total Price 合计/元	Remarks 备注
Furniture 家具										
客厅 FU02										
1	FU0201	沙发		面料软包+木质框架	1	件	2400	10500	10500	
2	FU0202	茶几		大理石台面+金属	1	件	1200	5000	5000	
3	FU0203	电视柜		浑水漆+金属	1	件	1800×400	7500	7500	
4	FU0204	单椅		面料软包+金属	1	件	790×710×750（原版尺寸参考）	4500	4500	
餐厅 FU03										
5	FU0301	餐桌		大理石+浑水漆	1	件	1800×850	7500	7500	
6	FU0302	餐椅		面料软包+金属	6	件	常规	4250	25500	
7	FU0303	长凳		浑水漆+白尼斯	1	件	1200×380	4800	4800	

续表 5-9

No. 序号	Area 区域	Name 名称	Image 图片	Material 材质	Qty 数量	Unit 单位	Referenced Size 规格/mm	Unit Price 单价/元	Total Price 合计/元	Remarks 备注
Furniture 家具											

No. 序号	Area 区域	Name 名称	Image 图片	Material 材质	Qty 数量	Unit 单位	Referenced Size 规格/mm	Unit Price 单价/元	Total Price 合计/元	Remarks 备注
8	FU0501	床		皮革软包 + 木质框架	1	件	1500×1900	9500	9500	
9	FU0502	床头柜		浑水漆	2	件	500×450	4540	9080	
10	FU0503	床尾凳		面料软包 + 金属	1	件	1300×350	4000	4000	
11	FU0504	边柜		金属	1	件	1000×400	6500	6500	
次卧 FU07											
12	FU0701	床		面料软包 + 木质框架	1	件	1500×1900	8500	8500	
13	FU0702	床头柜		木饰面	2	件	450×400	3500	7000	
14	FU0703	边柜		浑水漆	1	件	1600×420	7000	7000	
儿童房 FU08											
15	FU0801	床		面料软包 + 木质框架	1	件	1300×1900	7200	7200	
16	FU0802	床头柜		浑水漆 + 金属	2	件	450×400	3800	7600	
17	FU0803	边柜		木饰面	1	件	800×300	6000	6000	
Sub – Total 小计:						25				137680	
说明	以上为意向图，请以实物为准。									

（2）灯具的清单信息：区域、名称、规格、图片、数量、单价、材质、执行标准（灯体材质、配件标准）、总价、备注等（表5-10）。

（3）布艺地毯的清单信息：区域、名称、规格、图片（款式）、幅数、长度、单价、颜色、主要材质、备注特殊信息、总价等（表5-11）。

这份清单是给甲方的，还有一份是给窗帘店下单使用的窗帘布艺制作单。

（4）装饰画的清单信息：项目编号、位置、产品名称、规格、产品图片、件数、单价、材质说明、执行标准、备注特殊信息、总价等（表5-12）。

（5）饰品的清单信息：项目编号、位置、产品名称、规格、产品图片、套数、单价、材质说明、执行标准、备注特殊信息、总价等（表5-13）。

表5-10 灯具清单

No. 序号	Area 区域	Name 名称	Image 图片	Material 材质	Qty 数量	Unit 单位	Referenced Size 规格/mm	Unit Price 单价/元	Total Price 合计/元	Remarks 备注
客厅 FU02										
1	LI0201	吊灯		金属	1	件	常规	6500	6500	
2	LI0202	落地灯		金属	1	件	常规	3000	3000	
餐厅 LI03										
3	LI0301	吊灯		金属	1	件	常规	5600	5600	
主卧 LI05										
4	LI0501	吊灯		金属	1	件	常规	5000	5000	
5	LI0502	壁灯		金属	1	件	常规	4500	4500	
6	LI0503	台灯		金属	1	件	常规	2500	2500	
次卧 LI07										
7	LI0701	吊灯		金属＋玻璃	1	件	常规	5000	5000	

续表 5-10

No.序号	Area区域	Name名称	Image图片	Material材质	Qty数量	Unit单位	Referenced Size规格/mm	Unit Price单价/元	Total Price合计/元	Remarks备注
				Lighting 灯具						
8	LI0702	台灯		金属	1	件	常规	2500	2500	
9	LI0703	吊灯		金属	1	件	常规	3500	3500	
				儿童房 LI08						
10	LI0801	吊灯		金属	1	件	常规	3500	3500	
11	LI0802	台灯		金属	2	件	常规	2500	5000	
Sub – Total 小计：					12				46600	
说明	以上为意向图片，请以实物为准。									

表 5-11 布艺地毯清单

No.序号	Area区域	Name名称	Image图片	Material材质	Qty数量	Unit单位	Referenced Size规格/mm	Unit Price单价/元	Total Price合计/元	Remarks备注
				Fabrics&Rug 布艺地毯						
				客厅 CT02						
1	CT0201	窗帘		布艺 + 纱	1	副	现场测量	7500	7500	
2	CT0202	地毯		混纺	1	件	2600×2000	5200	5200	
				餐厅 CT03						
3	CT0301	窗帘		布艺 + 纱	1	副	现场测量	7000	7000	
				厨房 CT04						
4	CT0401	百叶帘		木百叶	1	副	现场测量	1200	1200	

No. 序号	Area 区域	Name 名称	Image 图片	Material 材质	Qty 数量	Unit 单位	Referenced Size 规格（W×D×H）/mm	Unit Price 单价/元	Total Price 合计/元	Remarks 备注
Fabrics&Rug 布艺地毯										
主卧 CT05										
5	CT0501	窗帘		布艺+纱	1	副	现场测量	6800	6800	
6	CT0502	地毯		混纺	1	件	2000×1500	4200	4200	
7	CT0503	床品		布艺	1	套	1800×1900	3000	3000	
			……		……	……	……	……	……	……
Sub-Total 小计：					27				65100	
说明	以上为意向图片，请以实物为准。									

表 5-12 装饰画清单

No. 序号	Area 区域	Name 名称	Image 图片	Material 材质	Qty 数量	Unit 单位	Referenced Size 规格/mm	Unit Price 单价/元	Total Price 合计/元	Remarks 备注
Decor Painting 装饰画										
客厅 CT02										
1	PA0201	挂画		进口画芯	1	幅	常规	6000	6000	
餐厅 PA03										
2	PA0301	挂画		进口画芯	1	组	常规	5000	5000	
主卧 PA05										
3	PA0501	挂画		综合材料	1	幅	常规	4000	4000	
次卧 PA07										
4	PA0701	挂画		进口画芯	1	幅	常规	4000	4000	
儿童房 PA08										
5	PA0801	挂画		进口画芯	1	幅	常规	4000	4000	
Sub-Total 小计：					5				23000	
说明	以上为意向图片，请以实物为准。									

表 5-13 饰品清单

No.序号	Area区域	Name名称	Image图片	Qty数量	Unit单位	Total Price合计/元	Rem-arks备注	No.序号	Area区域	Name名称	Image图片	Qty数量	Unit单位	Total Price合计/元	Rem-arks备注
Accessories 饰品															
玄关 DE01								主卧 DE05							
1	DE0101	饰品摆件		1	组	2000		11	DE0501	花艺、摆件		1	组		
客厅 DE02								12	DE0502	飘窗摆件		1	组	5500	
2	DE0201	花艺		1	组			13	DE0503	边柜摆件		1	组		
3	DE0202	茶几饰品摆件		1	组	6500		主卫 DE06							
4	DE0203	边几饰品摆件		1	组			14	DE0601	卫浴套装		1	组	2500	
餐厅 DE03								15	DE0602	花艺		1	组		
5	DE0301	花艺		1	组			次卧 DE07							
6	DE0302	餐具		6	组	7500		16	DE0701	花艺、摆件		1	组	6500	
7	DE0303	饰品摆件		1	组			儿童房 DE08							
厨房 DE04								17	DE0801	饰品、花艺		1	组	6500	
8	DE0401	厨具		I	组			18	DE0802	边柜摆件		1	组		
9	DE0402	花艺、摆件		1	组	5500		次卫 DE09							
10	DE0403	仿真食物		1	组			19	DF0901	香薰		1	组		
								20	DE0902	花艺		1	组	2500	
								21	DE0903	毛巾、浴巾		1	组		
								Sub – Total 小计				26		45000	
说明	以上为意向图片，请以实物为准。														

注意，餐具、刀具要分清楚个数，并做好备注。

2. 软装报价汇总

软装报价清单确定后就可以进行总体汇总（表 5-14）和分项汇总（表 5-15）。分项汇总的目的是便于对所有产品进行分类盘点，简洁明了，可作为采购明细清单或到货验收明细单。

3. 三个清单不能少

（1）合同附带的采购清单。

采购清单作为合同附件具有法律效力，设计单位提供的采购清单必须是完整清单，不能随意粘贴数字、图片，要注明品牌、材质及尺寸等详细信息。

（2）摆场清单。

把甲乙双方签订合同之后的采购清单去掉报价表即为摆场清单。

（3）软装变更联系单（表 5-16）。

在软装报价清单中要附变更联系单，在方案执行过程中，甲方改动的所有内容，千万不要只有口头承诺，需要负责人签字保留变更凭证，以免后期扯皮。

在后期验收过程中，软装报价清单与软装变更联系单一同呈交。

附软装变更联系单的意义和目的如下。

①对软装设计方案在执行过程中的不当之处进行补充整改。

②对设计与施工相冲突的部分进行改进，以满足施工工艺要求，可以通过设计变更来改变设计方案。

表 5-14 报价表

DOP Art Design Group
上海大朴室内设计有限公司
上海市静安区灵石路 658 号 11 楼

www.dopdesign.cn

项目名称：×××项目 108 m² 户型

Price List 报价表

报价单位：上海大朴室内设计有限公司

No. 序号	Item 项目	Unit 单位	Price 金额／元
1	Furniture 家具	项	137680
2	Lighting 灯具	项	46600
3	Fabrics&Rug 布艺地毯	项	65100
4	Decor Painting 装饰画	项	23000
5	Accessories 饰品	项	45000
	小计		317380
A	直接费（不含税）		317380
B	管理费及利润	A×5%	15869
C	运输及安装差旅费	A×5%	15869
D	Sub－Total 小计	A+B+C	349118
E	根据甲方任务书调至优惠总价		301000
F	税金	E×13%	39130
G	合计	E+F	340130

注：此报价有效期为 6 个月，如有增减按同比例调价。

表 5-15 软装分项明细

Programs 项目			Project No. 项号		
家具类		**分项明细**	布艺	餐巾布	
柜	玄关柜			窗帘	
	床头柜		地毯	圆形地毯	
	衣柜			方形地毯	
	边柜			异型地毯	
	五斗柜		**灯具类**		**分项明细**
	电视柜		灯具	吊灯	
	餐边柜			台灯	
	酒柜			地灯	
	书柜			壁灯	
床	双人床		**饰品类**		**分项明细**
	单人床		饰品	餐盘	
榻	床尾榻			刀叉	
	更衣凳			红酒杯	
	梳妆凳			烛台	
沙发	三人沙发			餐巾扣	
	双人沙发			书模	
	单人沙发			装饰衣物	
	转角沙发			收纳箱	
	多人沙发			拖鞋	
几	茶几			首饰盒	
	角几			手包	
	背几			装饰首饰	
桌	梳妆台			香水瓶	
	餐桌			厨房锅具	
	书桌			酒架	
椅子	单椅			高仿真食物	
	餐椅			卫浴摆件	
	吧台椅			毛巾	
其他	花槽、花架			浴巾	
	屏风			相框	
布艺地毯类		**分项明细**		托盘	
布艺	床品			饰品摆件	
	靠包			画品	
	桌旗			花品	
	餐垫			花器	

③对不符合使用功能及美观需求的部分进行调整。

④作为甲乙双方商议更改后的凭证，避免产生后期扯皮风险。

4. 软装工程竣工验收单

软装工程竣工验收单（表 5-17）需要甲乙双方签认，代表甲方已经验收、项目已经竣工，可以进入质保阶段。

将软装报价的相关知识梳理出来，如图 5-48 所示。

表 5-16 软装变更联系单

<div align="center">**软装变更联系单**</div>			
项目名称		备注说明	
乙方单位		甲方单位	
变更原因：			
变更内容：			
变更意见	施工单位签字： （盖章） 年　月　日	监理单位签字： （盖章） 年　月　日	甲方单位签字： （盖章） 年　月　日	设计单位签字： （盖章） 年　月　日

注：此表格仅作示意，可根据实际情况调整。

表 5-17 软装工程竣工验收单

软装工程竣工验收单	
甲方	
乙方	
工程名称	
工程地址	
工程内容	家具、灯饰、布艺、饰品等
竣工时间	年　　月　　日
验收时间	年　　月　　日
自检建议	所有产品数量及质量与合同一致并于　　　年　　月　　日摆场完毕，达到软装设计效果要求。
甲方代表验收结果	
注：此表一式三份，甲方、乙方、监理方各存档一份。	
甲方签章（公章）：　　　　　　　　　　　乙方签章（公章）： 时间：　年　月　日　　　　　　　时间：　年　月　日	

注：此表格仅作示意，可根据实际情况调整。

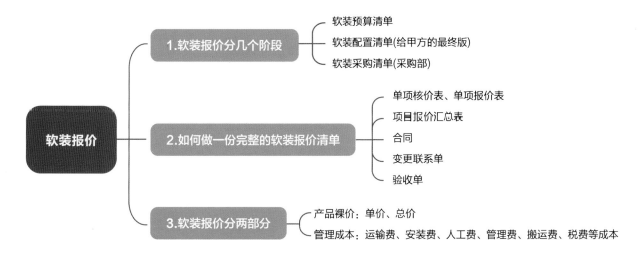

图 5-48 软装报价知识（图片来源：羽番绘制）

第五讲 软装深化设计执行流程及实战

在做深化设计前，你也许是从业几年的软装设计师，或是刚想转型做软装的硬装设计师，可以先从流程入手快速了解一个专业领域的工作范围，也许每个公司的流程都不相同，但是工作方法是相通的，了解方法可以让你高效应对实战需求。

一、深化设计的工作流程

初次测量、概念方案完成后，开始进入深化设计阶段，要在定制家具开始前进行二次测量。

1. 空间二次测量

流程：设计师带着基本的构思框架和工具（图5-49）到现场进行硬装（现场）空间复尺。

目的如下。

（1）反复考量，对细部进行纠正。

（2）产品尺寸核实，尤其是定制类家具，要从长、宽、高、空间尺度等方面进行全面核实。

（3）反复感受现场的空间合理性。

（4）减少初次对接时的图纸失误。

（5）对硬装与软装冲突的部分，提前思考合理的解决方案与沟通方式。

要点：本环节是软装方案实操的关键环节，可以减少后期家具定制过程中尺寸偏大、偏小，窗帘与窗户安装冲突等问题。

2. 针对初步方案的深化制作

（1）流程：按照概念设计流程及设计方案进行方案深化制作。

（2）注意产品的资金比重关系。

住宅类：家具70%，灯具7%，布艺、窗帘、地毯、家纺15%，饰品摆件、花艺绿植8%。

公装类：家具60%，灯具10%，布艺等20%，其他饰品摆件等10%。

这个比例不是绝对的，主要作为项目资金的分配参考，可以结合前面所讲内容（表5-8）以及项目实际情况确定。

（3）物料板制作。物料板通常通过色彩与材质表达整个空间的视觉材质氛围，是一种会用在汇报方案中的展示形式，如图5-50~图5-52所示。

3. 方案调整

（1）流程：在方案定位与客户达成初步共识的基础上，通过对产品的调整，明确方案中各项产品的价格及组合效果，按照设计流程进行方案制作，制定完整设计方案。

（2）要点：本环节是在初步方案得到客户基本认同的前提下所做的正式方案，可

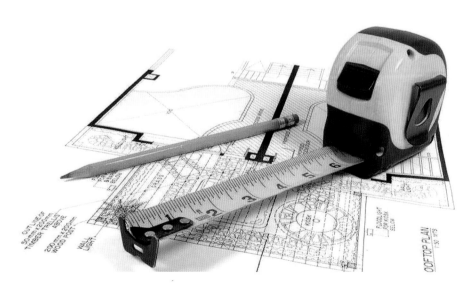

图5-49 空间测量需要的基本工具

图 5-50 软装物料板

图 5-51 色彩的概念物料板

图 5-52 布艺物料板

以在色彩、风格、产品、款型认可的前提下给出两种报价形式，一个中档、一个高档，以便客户选择。

4. 方案讲解

给客户系统全面地介绍深化方案，并在介绍过程中不断记录客户的反馈意见，以便下一步对方案进行修改，征求所有家庭成员的意见，进行归纳。

5. 方案最后调整及确定

（1）流程：在向客户讲解完方案后，深入分析客户对方案的理解，针对客户反馈的意见进行方案调整，包括色彩调整、风格调整、配饰元素调整与价格调整。

（2）要点：在整体格调不大动的情况下，调整细节部分。

方案调整是必然的，若出现反复调整的情况，原因多为这三个方面：专业度不够，前期客户需求不清晰，没有赢得客户的完全信任。

6. 签订采购合同

合同签订流程是前置还是后置可以根据项目实际情况确定，在概念方案测量阶段会收取设计定金或洽谈设计费。

（1）流程：概念方案经客户确认后签订软装设计合同，并与客户签订软装配套工程合同，与厂商签订供货合同（供应商提供合同文本）。

（2）设计费收取：前期按设计费总价的60％~80%收取，提高前期收取比例可以保障项目的正常推进；产品入场前收取35%~15%；预留5%的尾款。

注意，测量费或概念设计初期的定金并入第一期设计费。

（3）执行要点。

①一般设计费合同与软装设计合同分批签订。

②不做免费设计，软装设计也要收取设计费（可以参考当地市场价）。

③与客户签订的合同，尤其涉及定制家具的，要在厂家确保发货时间的基础上再加

15天左右，合同附带采购清单。

④与家具厂商签订的合同中要加上白坯家具生产完成后要进行初步验收的条款。

⑤设计师要在家具未上漆之前亲自到工厂验货，对材质、工艺进行把关。

⑥采购清单注明物流费、税费、人工费、安装费，以及其他费用（如搬运费等）。

7. 产品信息采集阶段

（1）流程：与客户签订采购合同之前，先与配饰产品厂商核定产品的价格及存货或周期，再与客户确定配饰产品，以免后期因断货或定制周期长而调整产品。

（2）原则：先确定具有定制周期的大件产品的信息。

①品牌选择：带客户看样品进行确定。

②定制类：要求供货商提供 CAD 深化图、产品详情列表、报价等。

③产品采集表：涉及家具、灯具、饰品、画品、花品、日用品等。

要点：本环节是配饰项目的关键，为后面的采购合同确定提供依据。

注意，做软装深化设计前建立自己的产品库，没有产品库，现用现找就很被动。

8. 产品采购周期核算

（1）流程：在与客户签约后，按照设计方案的排序进行配饰产品的采购与定制。

一般情况下，首先确定配饰项目中的家具并采购（30~45 天），其次是布艺和软装饰品（15 天），其他配饰如需定制也要考虑时间。

（2）要点：细节决定设计师的水平。

9. 产品进场前复尺

（1）流程：在家具即将出厂或送到现场时，设计师要再次对现场空间进行复尺，对已经确定的家具和布艺等尺寸在现场再次进行核定。

（2）要点：这是产品进场的最后一关，如有问题尚可调整。

10. 进场安装摆放

（1）流程：作为软装设计师，具备产品的实际摆放能力同样重要。一般会按照家具—灯具—布艺—画品—饰品等顺序进行调整摆放。每次产品到场，都需要设计师亲自参与摆放。

（2）要点：软装不是元素的堆砌，配饰元素的组合摆放要充分考虑元素之间的关系以及主人的生活习惯。

11. 售后服务

软装配置完成后，需要深度保洁，向甲方交付，签收交接单，后期进行回访跟踪、保修、勘察及送修等售后服务。

梳理软装方案深化流程，如图 5-53 所示。

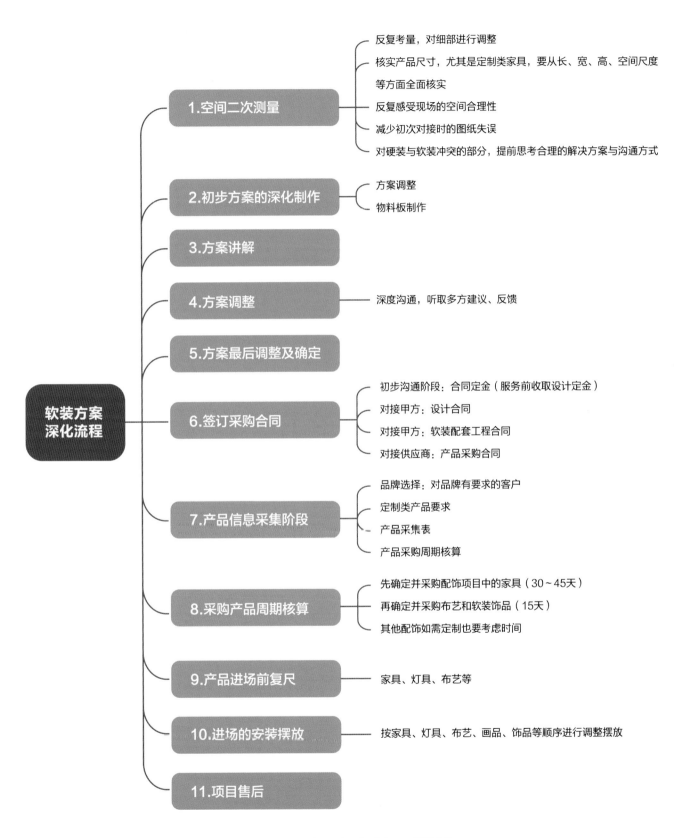

图 5-53 软装方案深化流程（图片来源：羽番绘制）

二、无深化，不落地：如何把软装方案还原落地

深化设计是在软装合同签订后进行的，软装合同中的采购清单可以指导软装造价，也表明客户对软装造价已经进行了初步审核。因此需要在采购清单的基础上进行产品选型、审核、汇报等。

1. 深化方案设计阶段需要做哪些工作

深化设计关键节点及流程如图 5-54 所示。

（1）户型软装优化。

图 5-54 深化设计关键节点及流程（图片来源：羽番绘制）

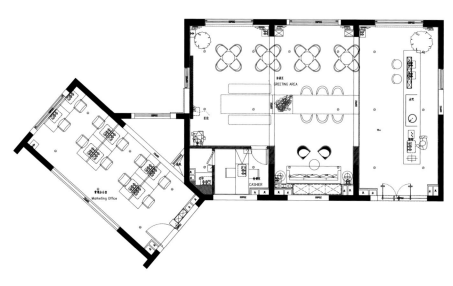

图 5-55 户型软装优化

优化前的原始户型分析，基本上在硬装设计中已经完成，软装设计需要做陈设部分的功能优化和户型细节优化（图 5-55）。

功能优化：平面布局、软装收纳、通风采光、空间色彩搭配。

（2）核对硬装图纸与色彩、材质方案。

①软装与硬装图纸需要对应哪些内容？

软装与硬装图纸需要对应总平面图、灯具插座及立面节点施工图等。

软装对硬装图纸的审核和理解非常重要，这是完善空间设计的第一步。

每一处软装设计和选型，以及每一个部分的工作都要将它反馈到图纸的尺寸上和色彩、材质方案上，并进行不断的推敲和琢磨。

②确认色彩、材质、肌理方案。

因为色彩、材质和肌理最终会影响到软装设计的视觉效果和触觉体验（使用）效果（图 5-56），深化设计时先确定色彩、材质及肌理方案，再逐步完善细节。

如图 5-57 所示是大朴设计做的阳光城样板房色彩还原案例，色彩基调与整体效果

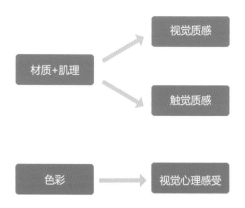

图 5-56 材质、肌理、色彩的作用

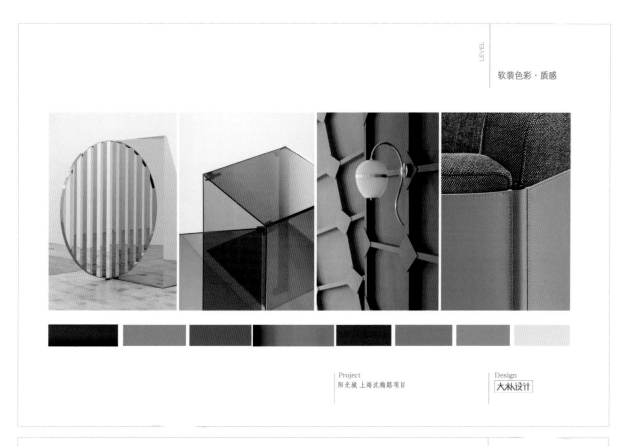

图 5-57 阳光城样板房色彩还原案例（图片来源：大朴设计）

都非常好。

（3）软装产品选型。

色彩和材质确定后，就开始进行软装产品的选型。

软装家具、灯具（大件产品）选型需要围绕整个空间的格调（风格）、颜色、造型、材质等进行，对照产品的清单，并对下游生产商、供应商所提供的图纸和一些其他技术文件进行核对和熟悉（图5-58）。

（4）布艺设计方案确认。

①制作布艺设计方案（图5-59）。

方案上一定要有窗帘的款式，包括窗幔、帘身、纱的款式也要体现在方案上。最好在室内空间的平面图上标注出窗帘所涉及的范围和各个部分的尺寸。这样有助于设计师在整个讲解过程中思路清晰地向客户汇报。

②在实施过程中再选择面料、车间的定制工艺，并确定价格及产品周期。

③产品周期：一般布艺的生产周期为15~20天。比如窗帘、床品的加工，正常情况下需要10~20天才可以完成。

④面料材质家具：涉及选面料、算料、下单、

反馈工厂发货周期、确定定制工艺等工作。

布艺除了窗帘，也包含床品和一些带有面料材质的家具（图5-60），在方案深化阶段同步完成。

（5）饰品点位方案。

布艺方案完成了以后，进行饰品点位方案设计（图5-61）。饰品点位方案设计时又要反推到软装产品选型上，反复推敲材

图5-58 产品选型流程（图片来源：羽番绘制）

图5-59 布艺设计方案流程（图片来源：羽番绘制）

图5-61 饰品点位方案（图片来源：大朴设计）

1.书椅
2.地毯
3.挂画
4.猫窝
5.衣架
6.边几

图5-60 带有面料材质的家具

质及造型。

饰品摆件一般会选择市场上的成品，并且是有现货的成品进行方案的落地。

将饰品的组合形式提前草拟出来给甲方过目，大型的项目需要每个饰品有相对应的清单列表，甲方需确认，可以用表格或者图纸的形式，如表5-13所示。这样后期开展布场工作会比较顺利。

2. 深化设计阶段，定制类产品需要对接哪些工作

（1）定制家具的对接工作。

为什么要反复核对软装的产品图纸呢？尺寸、材质、造型、人体工程学……有一点把控不好，就会影响后期的方案落地效果。

①家具深化审核。

以椅子为例，如图5-62所示右下角是设计方给的成品图，接下来生产商会绘制这件家具的 CAD 图纸。

②家具深化内容。

可以在家具深化图纸上面看到家具的外观尺寸、座位深度和高度、四个椅子腿的高度和宽度、靠背厚度、材质要求、工艺、整体的比例、面料的标注等，图纸呈现出了它制作之后的大致模样。如果图纸中有设计不合理的地方，可以给生产商提出优化建议，让生产商进行修改。

③家具生产周期。

国产家具，按照不同工厂的生产情况，一般需要30~45天的生产周期，国外的产品需要3~6个月，具体根据实际情况调整。

（2）定制灯具的对接工作。

通过图纸可以得到灯具的整体形态、尺寸、材质细节、工艺、安装要点等信息。

①用灯具深化图纸指导安装工作。应通过灯具深化图纸来指导后期的安装工作，如水晶灯之类的灯具在软装中算是安装工作比较复杂的，每一个细部的形状及尺寸会直接影响到最后的安装及视觉效果。

②产品周期。灯具深化从图纸到最终完成需要 20~30 天的时间，成品灯具除外。

（3）定制地毯的对接工作。

定制地毯主要的工作是确定图案和尺寸的精细程度以及配色，厂家的专业性更会直接影响地毯成品效果。

①定制流程：选色样（图5-63）—反馈给商家—厂家出地毯大样—设计审核—确定生产周期—确定生产。

设计师需要在地毯生产商所提供的地毯色彩中选择多个色彩来作为效果图下面的色彩选项标号。然后分别对应到地毯上的每一个色彩点。生产商根据设计师选取的这些色彩来生产地毯。

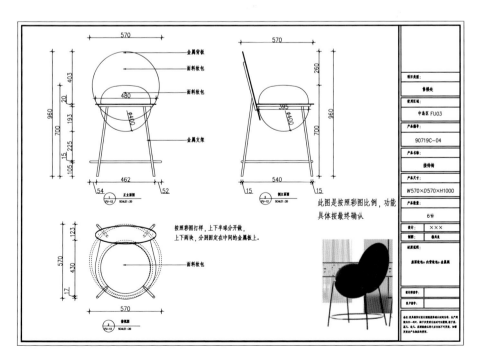

图 5-62 家具深化图纸（图片来源：大朴设计）

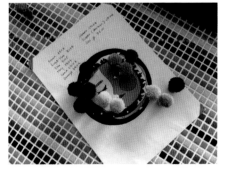

图 5-63 定制地毯的选色示意图

②地毯定制的风险。

如果某个环节没有严格核实，或者没有认真地去进行色彩的搭配和选择，或遇到不专业的定制商，会产生生产出来的成品在色彩方面有色差，或者是成品的颜色层次不如原图那么丰富、清晰等一系列问题。

（4）定制画品及饰品摆件的对接工作。

①装饰画组合操作要点。

可以把挂画和其他家具绘制在 CAD 立面图上，看一下整体的效果、大小比例等。

CAD 图纸里面的尺寸更加准确，把每一件物品的尺寸放在上面之后，可以看出各件物品之间的尺寸及大小关系，这样就能直接得出墙上该挂多大尺寸的画，或者到底是选择单幅画作还是选择挂画组合（图5-64）。

除了尺寸，还可以体会整体的色彩和材质感受。将所有物品按准确的尺寸组合放入整个画面中，才能感受到这个画面是否与整体和谐、是否能够达到预期的效果。

②安装问题。

装饰画的安装陈设方式要考虑是采用无钉安装还是吊线安装，以及巨幅画的安全问题等。安装前可以先在墙面上排版，用直尺定位（图5-65）等。

一般装饰画都会找专业的工人去安装，但作为设计师还是要清楚安装要点。

将软装深化阶段的具体工作梳理出来，如图5-66 所示。

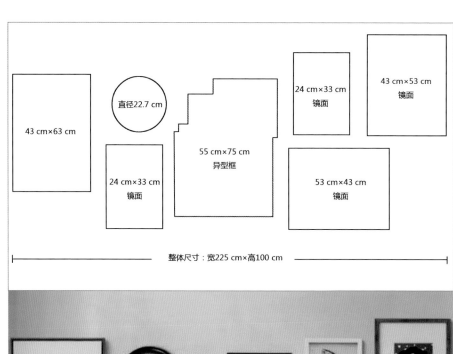

图 5-64 CAD 图纸及实际落地效果

用直尺定位画出高度

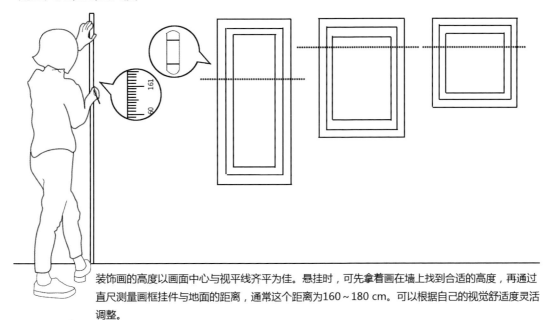

装饰画的高度以画面中心与视平线齐平为佳。悬挂时，可先拿着画在墙上找到合适的高度，再通过直尺测量画框挂件与地面的距离，通常这个距离为160~180 cm。可以根据自己的视觉舒适度灵活调整。

图 5-65 直尺定位（图片来源：羽番绘制）

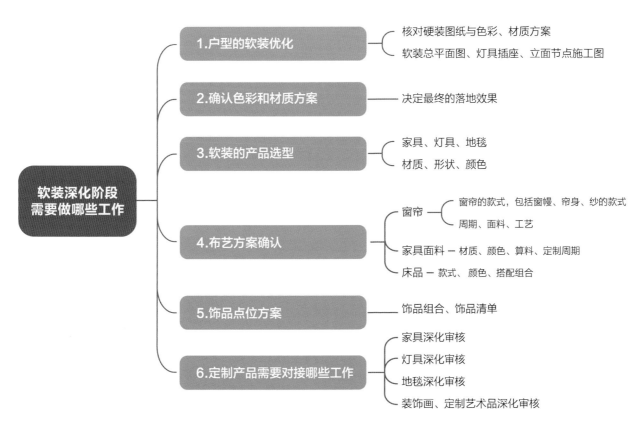

图 5-66 软装深化阶段的具体工作（图片来源：羽番绘制）

三、软装设计师与硬装设计师怎么对接才能减少沟通成本

1. 什么时候开始做软装设计最合适

硬装是骨架，软装是皮肉，两者不可分离。一般是先进行硬装，再做软装，不过市场上也有先软装后硬装、软装前置等提法。最理想的状态是在室内装修开始之前，先确定房间的整体风格，包括灯具、色彩、家具造型、生活习惯的需求等，确定之后再去同硬装设计师协调推进。

如果在硬装完成之后才开始考虑软装，会比较被动。比如房主可能会在软装阶段随意挑选出一些自己喜欢的软装家居品，大到家具、小到沙发上的靠垫，都有可能与整体风格脱节。

2. 软装与硬装的协同方式

软装设计师与硬装设计师在项目中共同服务甲方，如果软装、硬装是由一个单位负责的，内部沟通会比较快捷方便。如果室内设计是一方，施工是一方，还有甲方，那么需要协调多方的关系，沟通协同工作会比较多。

项目中多方协调同步推进工作时，就不能再用情绪化或感性的方式去沟通。高效沟通及协同需要有相同的思维模型和工作方法，需要使用工具、表格、清单等，从而有理有据地预控风险，而非口头表达。比如有些软装设计师到硬装设计的工地，直接吐槽做得不好，硬装人员听到自然会不舒服，这样也不利于后期工作的开展，项目协同中就很难配合工作。

3. 软装设计师需要与硬装设计师提前沟通哪些内容

（1）项目汇总图纸及资料。

①项目所有图纸的原始 CAD 文件、现场图片（如果有需要可以自己去现场采样）。

②硬装施工的每个工作阶段的周期表。

③硬装每个施工阶段的工作内容（表5-18）。

④项目的基本信息。

⑤项目整体的汇报方案、深化方案。

⑥甲方的需求清单。

⑦资金预算配置。

⑧项目各阶段的节点。

（2）安装部分的硬装配合。

在此阶段硬装安装部分的工作见表5-19。

软装需要跟硬装对接的工作如下。

①软装插座的具体位置及设计要求。

②生活场景中灯光的配置、灯光角度调试。

③墙纸或墙漆的色卡样板，提前尝试铺贴观察效果，以免后期出现大面积色差。

（3）定制柜体的对接。

全屋定制这个板块属于硬装的范围，也有的甲方根据设计方出具的图纸，将相关工作分包给柜体定制厂家。

定制的柜子，比如衣柜、橱柜、酒柜、鞋柜、书柜、衣帽间柜子等，商家会根据客户的需要，测量好尺寸，做定制深化，由

设计师及客户确认后下单、排期、生产。

软装设计师需要对接的工作如下。

①根据客户的生活需求，给出柜体软装收纳的专业实施建议。

②卧室柜门的开门方向，避免床头柜影响衣柜门的开合。

③根据定制展示柜区域的空间尺寸（长、宽、高），推算饰品摆件的尺寸。

（4）可移动家具的对接。

可移动家具也称成品家具，一般分为直接购买和个性定制两种，硬装部分已经做好，定制家具已经安装好之后，剩下的空间就是可以摆放可移动家具的区域。

各空间家具的入场顺序是：客厅—餐厅—卧室—书房—衣帽间。各空间需要摆放的可移动家具如下。

①客厅：沙发、电视柜、茶几、边柜。

②餐厅：餐桌、餐边柜、餐椅。

③卧室：床、床垫、梳妆台、床头柜、矮柜、五斗柜。

④书房：书桌、椅子。

注意，尽量大件的家具先进场，然后再安排小件的家具进场，这样可以看到大件家具摆放好以后的剩余尺寸、活动空间，然后进一步考虑小件家具的合理摆放方案。

软装设计师需要对接的工作：注意家具进场要和商家说明楼层、是否有电梯，这样运输家具上楼时可以提前做好准备，以免到楼下后商家不愿意搬上楼或者缺少相关

表 5-18 整体工程施工阶段工作进行统计表

| 工程地址 | | 客户姓名 | | | | | 工程日期 | | |

第一阶段：进场前必定

序号	项目名称	具体项目内容					
		名称	金额	联系人	联系人电话	完成情况	备注
1	土建						
2	工程						
3	成品						
4	设备	空调					
		地暖					
		净水					
		热水					
		酒窖					
		背景音乐					
		家庭影院					
		智能、照明					
		监控、安防					

第二阶段：进场三周内必定（　　月　　日之前）

序号	项目名称	具体项目内容					
		名称	金额	联系人	联系人电话	完成情况	备注
1	工程部分						
2	成品门						
3	成品衣柜						
4	主材	瓷砖					
		地漏					
		换气扇、浴霸					
		地板					
		壁纸					
		洁具					
		橱柜					
		灯具（筒灯）					
		开关					

4	主材	楼梯					
		窗帘					
5	其他	石膏线					
		砂岩					
		园林					
		石材					
		中式花格					
		水景					
		酒窖					
		家庭影院					
		智能、照明					
		监控、安防					
		车边镜					
		活动室镜面					
		桑拿房					
		推拉门、柜门					
		中厨门					

第三阶段：完工前一个半月必须定（　　月　　日之前）

序号	项目名称	具体项目内容					
		名称	金额	联系人	联系人电话	完成情况	备注
1	家居	家具					
		灯具					
		窗帘					

第四阶段：完工前一个月必须定（　　月　　日确定）

序号	项目名称	具体项目内容					
		名称	金额	联系人	联系人电话	完成情况	备注
1	软饰	床品					
		饰品、挂画					
		地毯					

注：标注与软装相关的交叉工期及施工工期。

搬运设施无法搬运。

（5）项目推进中的问题清单对接。

在项目推进过程中，发现问题及时沟通施工方、甲方、硬装设计方，可以提前协商、规避问题，同步制定项目Q&A问题清单（表5-20），预控风险。

（6）相互遵守各自的职责边界。

身为设计师吐槽最多的就是"很累，心累，身体累"，需要跟甲方沟通，跟硬装沟通，跑各个工厂去盯货、验货，协调解决各个阶段出现的大大小小的问题，还要在公司内部周旋各个环节。特别是在工作职责边界不清晰的情况下，问题会更加突显。

那么什么是工作职责边界呢？工作职责边界是指一个人为承担岗位工作所建立的准则、限度，以此来区分什么是合理的，什么是不合理的。当别人越过这些工作边界时，设计师应该清楚知道该如何应对，这样才能简化工作流程，提升工作效率。

将软装与硬装需要对接的工作梳理出来，如图5-67所示。

表5-19 硬装安装部分的工作

硬装安装部分	
水电安装	主要涉及灯具、开关插座、洁具五金、角阀、龙头等
主材安装	主要涉及定制橱柜、衣柜、地板、地砖、卧室门、柜门、淋浴房、集成吊顶、热水器、墙纸、卫浴洁具等

表5-20 软装项目推进中的 Q&A 问题清单（示例）

工程地址				客户姓名		
工程日期				负责人		

序号	项目名称		具体内容		完成情况	需要配合	安装日期	备注
			名称	遇到的问题				
1	外购	定制	家具					
			灯具	基础照明的数据表及配置				
			装饰画	装饰画固定的问题				
			布艺	窗帘杆的固定		需要核实墙面的承重		
			地毯	地毯铺贴对地面的要求				
			艺术涂料	艺术涂料的工期交叉				
2	外购	成品	......					
			......					
			......					
			......					
			......					

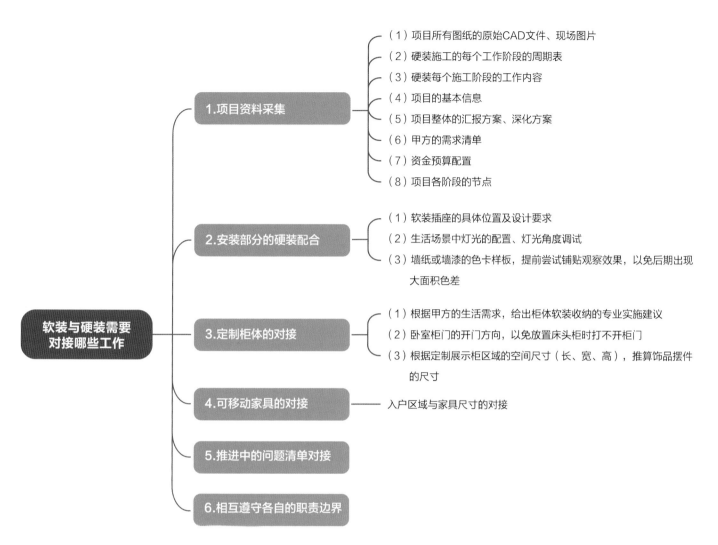

图 5-67 软装与硬装需要对接的工作（图片来源：羽番绘制）

第六讲 软装合同签订、管理及风险防控

很多人在做设计的时候，踩过很多坑，例如朋友介绍的项目，款项、服务没有说清楚，直接打个招呼就开始做了，导致设计费收不回来、尾款收不回来，到最后项目做下来赔进去不少钱。

仅在 2018 年，以"合同纠纷"为关键词，就检索到 170 多万份判决书。合同管理作为公司日常风险防范的重要防线，需引起足够的重视，要建立合同全生命周期的过程化法律服务体系以及完善的合同管理系统，如图 5-68、图 5-69 所示。

一、软装合同签订及管理

所谓合同管理，就是从合同签订前的商务谈判、合同草拟，到合同签订，再到合同的履行、执行，直至合同履行后期，覆盖了合同从萌芽到项目竣工至质保期的整个生命周期（图 5-70）。

1. 软装项目的合同

一般软装项目在执行过程中需要签订三份合同：与客户签订软装配套工程合同，与上游供应商签订供货合同，与客户签订设计合同等。

在合同起草阶段，法务部或者外部律师需要对企业合同库中的样板合同根据交易细节予以调整变更；在商业谈判阶段，业务部门需要与法务部或者外部律师合作，明

图 5-68 合同全生命周期的过程化法律服务体系（图片来源：羽番绘制）

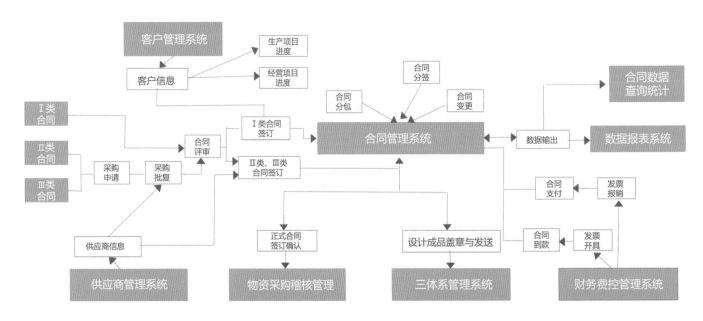

图 5-69 合同管理系统（图片来源：羽番绘制）

确谈判底线及确定合同文本；在签订合同之前，合同要经企业内部流程进入审批程序等。明确企业内部各部门在合同生命周期中的职责分工，有利于明确职责边界，减小合同的风险缺口。例如，如果是软装设计师起草的合同文本，要交部门领导、财务部、行政部、法务部、总经理等各个管理环节签字确认。

图 5-70 合同管理环节（图片来源：羽番绘制）

2. 合同履行监管

应有专人负责监管合同的履行，包括业务部门、法务部门和（或）行政部门，在合同履行的各个时间节点商讨下一步的工作或者及时采取法律行动，有效监管合同的履行。

3. 合同争议处理

在合同履行过程中，若遇到违约的情形，可以通过各部门之间的联动机制来阻止损失进一步扩大，并及时保全与合同争议有关的证据，为合同纠纷的顺利解决提供依据和筹码。

4. 合同的文本管理

在运营过程中需要对所有以企业名义签订的合同原件予以分类存档（图 5-71），包括电子签名版本或纸质版本的合同，以

及合同项下双方的交易记录，防止日后在可能产生的纠纷中因证据缺失而丧失胜机。有需要的可以了解一下相关的合同管理软件，如泛微移动合同管理。

合同一般分为纸质版和电子版合同，当然随着科技的发展也涌现出了很多其他的合同形式，比如基于区块链技术的智能合约（smart contract）。如果相关合同和交易文件保存不当，会面临很大的风险，例如交付凭证找不到、订单变更没有经过对方确认、拖欠款项一直没有催付，会直接导致相关案件错过诉讼时效，损失巨大。

二、软装合同风险及规避

有小伙伴看到密密麻麻的合同文本就头疼，不清楚合同里哪些是核心内容，哪些地方有风险隐患，就会粗枝大叶地写一写，

图 5-71 合同存档管理（图片来源：羽番绘制）

走走形式。要提醒大家的是，我们在设计中一定要按照规范做事，养成签合同的习惯，提前规避法律风险。

合同文本的风险主要体现在内容和形式上。

（1）内容上的风险。

合同主体不适合导致合同无法有效成立，合同表述有歧义，合同缺少关键条款，如服务合同中无服务明细这样的关键条款、合同违约条款过于粗糙、软装订购合同没有产品附件等。

（2）形式上的风险。

合同未签字、未加盖骑缝章、未写明签订日期、在尾页留有大量空白却未标注"以下无正文"等也会增加企业的合同风险。

下面我们以软装配套工程合同为例，讲解有关合同风险的知识。

1. 软装配套工程合同的内容及需要规避的合同风险

（1）合同里提前规避软装产品的调整风险。

在软装方案执行过程中，设计师会发现落地时实际的产品会有调整，如花纹、造型等，合同中就要有关于此类事项的条款，如可以写明：因为饰品摆件多属成品，会存在缺货无库存的现象，在不影响整体效果的情况下，乙方可以做调整，并给出最终的调整后产品清单用于摆场。这是规避甲方在验货时发现与最初的产品不符造成扣款的风险。

（2）合同里涉及的需要签字的文件一个也不能少。

在甲方责任条款里，采购阶段、运输阶段、摆场阶段、交接验收阶段中约定使用的最终采购产品清单、产品验收单、摆场验收合格单、变更联系单、项目交接单、项目竣工验收单等往来文件中一定要有双方确认后签字盖章的纸质单据或单子回执单，这是项目竣工后证明项目合格的凭证，也是结尾款时走各种流程的依据。

2. 合同中关于付款事项的风险规避

（1）甲方的责任权限。

①甲方拖欠工程款的隐患。

在几年前，大家都不重视合同，多以口头承诺为主，甲方在支付工程款时总是拖延很多天，一般为保障项目正常推进，重人情、重关系的乙方会垫付货款，继续推进项目，甲方未按照合同规定的责任进行付款，一拖再拖时，最终项目款越积越多，变成烂尾项目，最终乙方连工资可能都发不出来。

乙方要秉承款项先到位、不垫付、不打白条、职责清晰原则。一旦心软讲人情，吃亏的是自己。一定要在甲方责任条款中列上项目款支付进度，款项到账不及时由甲方为相应后果负责。

②甲方无故拖延验货的时间。

合同中应该规定若所有的软装产品已经到货，摆场完毕，甲方1~3个工作日内未到现场验收，无故拖延时间，合同工期顺延。

③甲方的项目增项责任要写明。

在执行过程中，甲方要求增加除合同以外的产品时，甲方应先支付该产品的额外购买费用，而非到项目结束后再支付。以免甲方后期压工程款时，抹掉总款项的零头，给乙方造成不必要的损失。

如果项目增加部分较多，乙方一定制定增项对接单，避免后期因为款项问题产生纠纷。

（2）乙方的责任权限。

①乙方的增项部分。

乙方在采购阶段，一次性列清整个项目产生的所有费用，因为中途再增项，是最容易扯皮的环节，一般甲方都不会承担增项部分的费用。

②乙方在项目约定周期内完成所有工作。

软装方案执行过程中，因为专业问题、货物定制问题、物流问题造成工程周期延误，甲方是有权力扣除项目款的，所以软装项目进度管控非常重要。

③乙方责任。

现在商业行为是以品质 + 专业 + 服务为主导的，若设计方用劣质的材料、低劣的产品，在采购前期追求过高的利润率目标，忽视项目的效果与品质，不仅要向甲方承担相应的赔偿责任，也会损失合作伙伴，得不偿失。

看到最后你会发现，大部分条款约定的都是双方要承担的责任与义务，这也说明项目到合同阶段是把设计理念变成商业形式的过程。商业是理性的，一位成熟的职业人必须具备规避风险的意识，规避风险并不表示能完全消除风险，这主要取决于事前、事中、事后的严密控制，最终才能最大化地降低损失。

第七讲 软装摆场

一、软装摆场前做哪些准备工作才更专业

项目摆场的整个流程如图5-72所示。

1. 摆场前期的关键环节有哪些

（1）中期款跟进。

临近摆场时需要跟进中期款的支付进度。

在项目中后期就该跟甲方沟通中期款的支付事宜了，摆场阶段与费用紧扣，项目中期款的支付需求需要提前与甲方对接。

（2）甲方验货环节。

在硬装环节结束后，甲方需要事先通知设计方，以便设计方确定摆场的时间及做好相关的准备工作。

设计方提前组织甲方验货，验货行程安排：验货有两种情况，运输前直接去工厂验货或通过物流把大件产品运输到项目地验货，这个环节可以由甲乙双方商议决定采用哪种方式。物品出厂确认是摆场前期很重要的环节。

（3）运输到现场的整个环节。

①计划排期表制定。一定要有一份关于摆场计划的排期表，主要涉及什么时间进场、需要哪些人员提前配合、出差事宜的预定等内容。

②相关人员的安排：设计师，助理，保洁人员，窗帘、画品安装工人，电工，现场家具安装工人等。

③通知所有产品的到场时间。

如果没有中转仓库，几十种软装产品需要同步从全国各地发往项目地，这时就考验设计师的统筹能力了，可以制作一份物流跟踪单，以便于管控进场时间。

④摆场前通知保洁。

一般项目执行过程中，保洁部分归甲方或施工单位负责，在保洁人员完成清洁之后进行软装摆场（图5-73）。

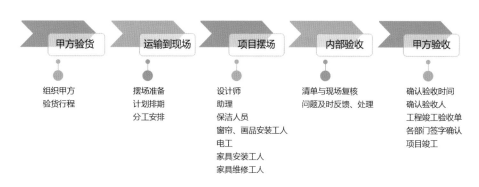

图5-72 项目摆场的整个流程（图片来源：羽番绘制）

图5-73 样板间清洁后的现场（图片来源：康桥样板间，大朴设计）

（4）注意事项。

所有有包装的物品要求厂商贴上标签，如"上海阳光城样板间A户型－床头柜"。

贴标签的目的：防止货物混乱，有助于每件货物准确到达目的地，在目的地拆包装，然后分拣，也有利于核对产品的数量。自购产品也要贴上标签，避免杂乱。

摆场过程中要提供专业、贴心的精细化服务，提前规避风险。摆场是一个考验设计师统筹能力、现场应变能力、沟通协调能力的过程。

2. 摆场前期的关键环节有哪些

（1）提前安排灯具安装。

若是大型的售楼部定制灯具，一定要先安排灯具入场安装，因为灯具安装要搭脚手架（图5-74），会有灰尘，影响地面的保洁。

（2）家具进场须知。

进场流程：大件先入场、拆外包装（保留塑料膜，以免沾染灰尘及手印）、放进分拣区域。

家具一般由厂家直接发货到施工现场，会出现一些意外情况。比如因不可控的自然及人为因素，有可能存在提前或滞后的情况，提前2~3天与甲方沟通产品的暂放地点或场地，这样也可以规避下雨淋湿软装产品的风险。

这种风险在合同中也有相关规定，因不可控的自然因素等造成到货时间延后，设计方不承担相关责任，这样规定可避免因类似问题导致设计方被扣除延期费用。

进场前，找专业的卸货、搬运工人（搬家公司）把大件分拣到各个空间内。

（3）饰品摆件进场。

流程：将饰品摆件聚集在一个区域一分拣每个空间的饰品摆件一拆包一大件物品摆场完成后摆放饰品摆件（图5-75）。

饰品摆件多数比较小，数量比较多，容易混乱。我们可以选择一间合适的房间把所有的饰品摆件集中放在一起，等家具安装好、摆放到位的时候，再拆饰品摆件的包装，一件一件摆放到位，借助样板间的灯光效果，及时做调整，直到合适为止。

（4）窗帘床品后期摆场。

绒面的布艺产品容易沾灰沾毛，在家具、灯具、画品安装完成后，再安装窗帘、铺床品。

3. 摆场前期千万要注意的事情

（1）提供专业的贴心服务：一定要保护

图5-74 灯具安装

图5-75 样板间摆场完成（图片来源：大朴设计）

好现场。

我们要小心，不要损坏硬装部位及物品，尤其是地板，不能磕碰、弄脏墙面壁纸或乳胶漆。

任何大意疏忽都会造成现场的修补返工，不仅延误工期，还会产生经济损失，给客户造成不好的印象。

①入场准备。

穿干净的拖鞋（或戴鞋套）、戴手套进场工作，方便后期的保洁工作，也不会弄脏东西。

②成品保护（图5-76）。

现场的门框边角、定制柜体的边角最好用泡沫保护好，以免磕碰。厨房抽油烟机、定制好的橱柜衣柜、卫生间的洁具全部都要做成品保护。

成品保护的部分是甲方负责的，到软装摆场阶段一般会产生灰尘的工作就全部结束了，设计方对关键的部分进行成品保护即可。

③安装的升降梯腿部用泡沫包好，避免移动时划伤地板或瓷砖。

④最好联系一个家具修补师傅，便于家具有损坏时及时修补，不耽误验收。

⑤拆完包装后的垃圾统一放到一处，集中处理，或找保洁人员包办。

（2）摆场物料清单（表5-21）。

摆场物料清单是设计方要准备的，在现场不要指望工人会带全所有的物料，如果缺

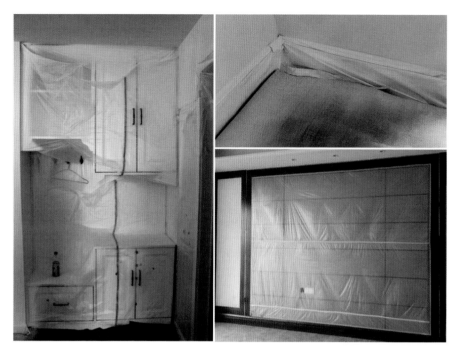

图5-76 成品保护

表5-21 摆场物料清单

摆场物料清单	
工具箱	剪刀：拆包装 美工刀：拆包装 电锤、电钻：挂画 螺丝钉；螺丝刀（十字形、一字形），电动和手动型的 手电筒 螺栓 吊线 锤子
伸缩梯	室内登高作业
办公用品	电脑、U盘、铅笔、粉笔、A4纸
杂物类	手套、口罩、拖鞋、鞋套、胶水、胶带、毛巾、扫把、工作服
纸皮、薄膜	软薄膜或纸皮，用于铺贴地板，保护地板
活性炭包	用于净化空间内的异味
吸尘器	摆场完地毯需要做一次清洁再交付
挂烫机	刚拆包装的窗帘及布艺需要熨烫舒展，交付时呈现完美效果
相机	随手拍照记录摆场过程及细节，便于后期宣传及现场问题记录
工作手机	发现破损物品及时记录并反馈给采购部或厂家，更换新的物品

少一些，临时再去采购就会增加不必要的时间成本。

根据上面的摆场情况分析，合理地安排工作人员。

梳理软装摆场前期准备工作，如图5-77所示。

二、软装项目摆场很凌乱，需要返工，无从下手怎么办

1. 先找产品之间的关系

产品之间要存在一定的内在关联，如下所示。

摆场遵循先整体再局部再整体的原则。

（1）形体上的内在关系。

（2）注重色彩上的搭配。

（3）饰品的摆放不要影响产品的结构，不要挡住亮点，起到点缀的作用，要有主次之分、层次感、韵律感。

（4）饰品起到提升空间、丰富空间的作用，考虑到点缀色和呼应点。

2. 现场摆场前先深入思考

摆场前深入思考：摆在哪儿是先要想清楚的，这个是第一步；和谁搭配在设计之初就已经确定过。下面重点讲解的是设计师进行现场搭配需要哪些能力。

（1）具备摆场的两项现场能力。

软装的现场能力更多地体现为综合设计落地的实战能力，非常考验功底。设计方案需要摆场工作进行最后的华丽展现，一些不美观的地方还可以通过现场摆场补救。

①主题表现能力：画面感（代入感）。

主题表现能力表现为应用花艺、造型、灯光营造主题氛围，用家具围合出沟通场景（图5-78），用陈设品营造主题场景。

主题构建能力就是在做陈设之前先在脑海中进行想象和计划，明确方向。完善的主题决定着设计的方向，而最终是否能呈现

出最佳效果，还要靠其他能力的支撑。

②故事营造能力：让空间会说话。

设计师要具备用陈设来营造故事的能力。一个空间的软装设计应能传达给人一个故事，一种意境。让空间会说话是设计师所追求的目标之一。

每个匠心独运的软装设计（图5-79）都展现着设计师内心所想表达的故事，这是设计真正用心的地方，也是每个作品的灵魂所在。

（2）谨记六大原则。

①拿捏合理的比例。

②稳定与轻巧相结合。

③运用对比与调和。

④把握好节奏和韵律。

⑤确定视觉中心点。

⑥注意统一与变化。

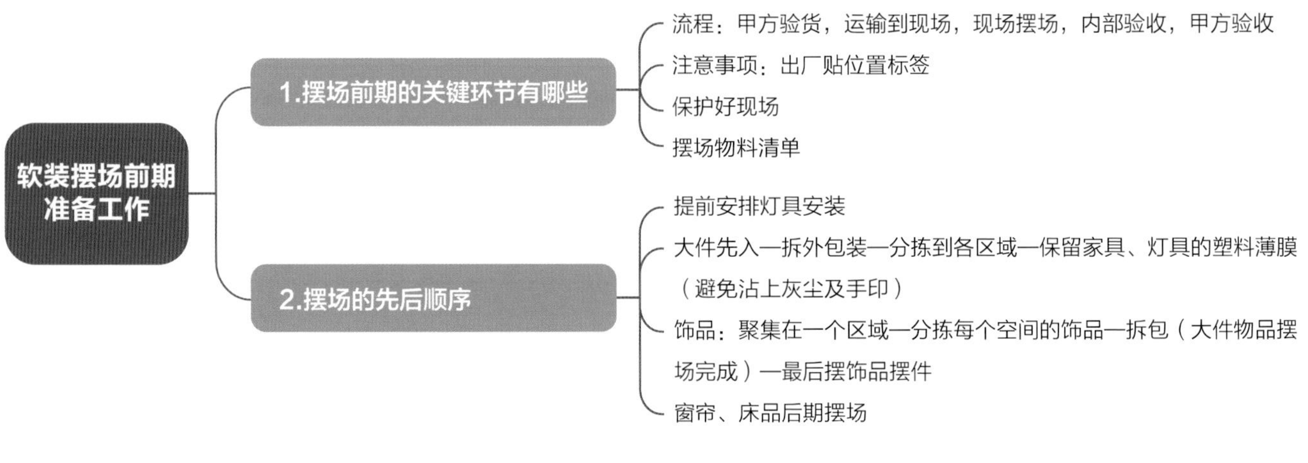

图 5-77 软装摆场前期准备工作（图片来源：羽番绘制）

图 5-78 家具围合的休息聊天空间

图 5-79 软装空间故事营造案例

（3）分清先后顺序、轻重缓急。

软装摆场最忌讳杂乱无章，越乱效率越低，越乱越易出错，有些项目 3 天的摆场工作量可以拖延至 2 个月，事前计划与项目进度的把控决定项目的开展状况。

可以采用现场协调周期表进行各项工作的进度控制，见表 5-22。

想做好一件事情，在各项起促进作用的因素中，事前的策划占据 30%，事中的执行占据 40%，事后的复盘占据 30%。

可以按照如下步骤进行工作安排。

第一步：家具、灯具、装饰画、窗帘、床品等大件物品先分拣入场，零碎的饰品先归置到一个特定的区域，避免安装搬运时产生磕碰。

第二步：灯具安装、家具安装及摆放、垃圾清理完成后，进行窗帘安装、画品安装、饰品摆件摆放。

第三步：调整灯光的角度、陈设品的角度、色彩关系、每个区域的平立面陈设的角度及高度等。

3. 现场摆场怎么开展才能更高效、更节省成本

（1）摆放家具。

①大件家具摆放　少到位。

床、床头柜、衣柜、沙发、餐桌、餐椅等大型家具摆放到设计图纸中设定的位置。

摆放家具时一定要做到一步到位，特别是一些组装家具，重复拆装会对家具造成一定的损坏。

表 5-22 现场协调周期表

收货及搬运	拆包	灯具安装	窗帘安装	家具归位及安装	墙饰安装	保洁	地毯床品归位	手工物品制作（花品等）	饰品陈设	绿植归位
1~3 天										
	1~3 天									
		1~10 天								
			1~5 天							
				1~10 天						
					1~5 天					
						1~2 天				
							1~2 天			
								1~3 天		
									1~3 天	
										1~2 天

②家具与地板、地砖、地毯间的防护。

带金属腿的家具需要加防护脚垫，在铺设地毯或地板的区域，家具腿部也需要加防护垫（图 5-80）。

（2）挂画、灯饰、窗帘布艺摆放。

家具摆好后，就可以确定挂画、灯饰、窗帘等装饰品的准确位置了。

顺序不能颠倒，如果没有摆好家具就挂画或挂灯，很容易把位置弄错，而一旦修改就会对硬装部分造成一定的损坏。

（3）铺设地毯。

这里所说的地毯一般是装饰毯，面积较小，根据家具的摆放位置做适当调整（如果是大面积满铺地毯，则需要将地毯先铺好，然后将保护地毯的纸皮铺到上面，避免弄脏）。

（4）摆设床品、抱枕、饰品、花品等。

一个卧室中非常重要的部分就是床品，如果材质、颜色都非常好，但摆放不好也是非常影响效果的。

摆放床品时，该叠好的叠好，该拉直的拉直，地毯铺平，棉芯整理均匀，抱枕应该饱满，摆放的时候讲究细节，最终作品才会显得非常有生机、有朝气。

（5）细节调整。

饰品部分根据设计的点位图摆设，位置是可以适当调整和互换的，注意整体的把控就可以。

梳理摆场工作要点，如图 5-81 所示。

图 5-80 家具与地毯间的防护

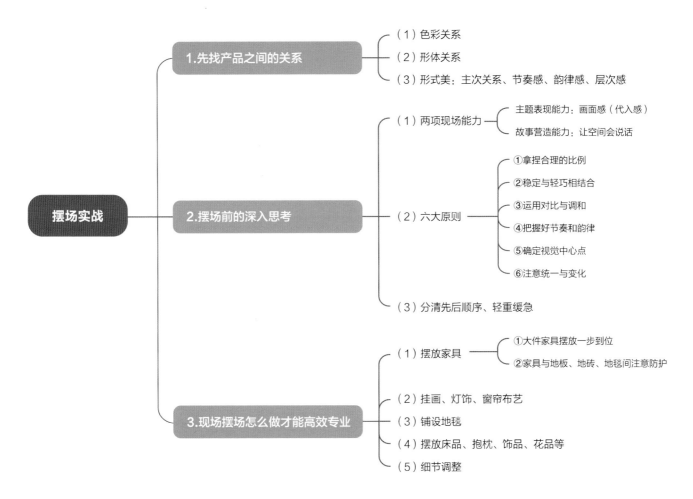

图 5-81 现场摆场工作要点（图片来源：羽番绘制）

第六章

软装项目管控

从平庸到卓越，每天进步一点点

【导读】

软装设计的最后环节是产品落地，深化设计执行方案是保障整个项目完整落地的关键，那如何整合产品渠道？软装采购如何严控预算，不超标？专业设计公司如何制定采购流程，进行产品采购的物流管理？摆场落地中定制产品出现问题应该怎么办？整个项目的进度如何把控？

以下内容将帮助大家梳理解决这些问题的思路和方法，在设计落地过程中少走弯路，保障项目顺利完成。

第一讲 软装设计师如何整合产品渠道

产品资源整合是让所有软装从业者都很头大的事情，因为客户的需求不同，产品的种类成千上万，层次也千差万别，整合符合需求的资源对设计师来说是巨大的挑战，但是也意味着巨大的机会。

一、有关产品资源整合的认识

市场上不缺产品，在设计圈待得久了，就会发现身边不是做设计的就是做产品的。装饰行业从来不缺产品，缺的是对产品的整合能力。有人觉得产品资源很好拿，有了软装资源，就可以开设计工作室，但是往往做的时候很艰难。

1. 不掌握产品资源就无法吸引客户

纵观目前的设计市场，很大一部分硬装设计师由于缺少专业的软装设计技能，不能很好地为客户提供软装的后续配套服务，软装产品一般由客户根据自身喜好自行采购，并自己搭配摆放，这种情况下往往会出现单独看家具、灯具或窗帘都很好看，可是放到同一个空间却格格不入的现象，整个空间没有整体性，自然就没有好的视觉效果。

2. 软装产品整合是必然趋势

软装行业门槛很低、天花板很高，正因如此，软装设计市场需求也呈井喷式发展，家具配饰产品形态越来越丰富，供应商也如雨后春笋般不断涌现，一二线城市逐渐出现国际买手行业，轻装修、重装饰的趋势也愈加明显。

3. 你的产品整合 vs 别人的产品整合（图6-1）

有些设计师每次去看展都兴致勃勃收了一叠展商名片、一堆产品资料和一大堆照片，各种展都不放过，可是回来后根本懒得再看，产品资源整合石沉在加班忙碌的身影中。

软装产品供应链的整合是整个行业的大问题，想要整合自己的资源应先明确自己的需求，自己最擅长服务的客户的需求，分清档次，建立资源库，不建议什么资源都搜集，然后在电脑里封存着占内存。

二、怎么整合适合自己的产品资源

资源整合本身是设计师必备的职场技能之一。先要明确一个观念：整合产品资源不是有产品资源就万事大吉了，产品资源只是整个软装体系的一个环节。

1. 产品资源整合是一套完整的体系

产品资源整合其实就是信息资源整合，指对不同来源（国内外）、不同产品层次、不同结构、不同内容的资源进行识别与选择、汲取与配置，通过设计再组合，使其具有较强的柔性、条理性、系统性和价值性，并创造出自己品牌或公司能用的资源的一个复杂的动态过程。要想做产品资源整合，不是找到一些定制商、产品商就可以具有核心竞争力，你能找到的货源，别人也能找到。

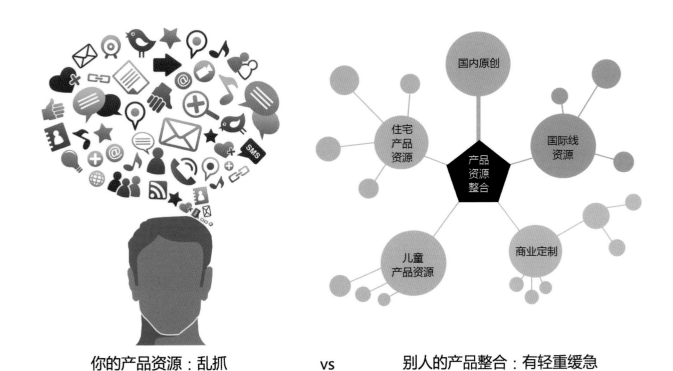

你的产品资源：乱抓   VS   别人的产品整合：有轻重缓急

图6-1 产品资源整合方法（图片来源：羽番绘制）

做软装的项目，甲方本身要求也会比较高，如果把产品整合分四个等级，应该重点关注1级和2级（图6-2）。

2. 找产品渠道

（1）产品渠道目前的形式分为以下三类。

①很多知名设计师、知名国际品牌会主动寻求合作，推广自己的产品。具有产品开发能力的设计师也会设计自己的家居产品，寻找代工厂，一般都会积极拓展职业边界，参与产品研发。

②全案公司、地产类公司、互联网家居平台也会自主整合资源，成立采购部。

③设计公司或独立设计师靠职业实践积攒货源，或通过周围人脉介绍资源等。

（2）产品渠道寻找方式。

产品供应链的搭建是一个逐渐探索、磨合、

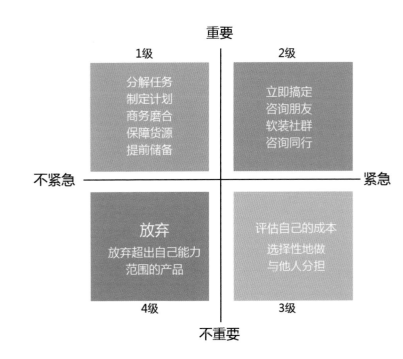

图6-2 产品资源整合四象限法则（图片来源：羽番绘制）

优化的过程，后期《软装严选·成长营》会讲解室内设计领域的EPC系统，即项目的设计、采购、施工、试运行等实施全过程的物料系统。

那我们怎么找到上述渠道资源呢，可以采用以下三种方式。

表 6-1 国内部分家居企业集聚地

序号	分类	地区		品牌	优势
1	家具	珠江三角洲家具产业区	以广州、深圳、东莞、顺德、佛山等广东省地区为中心，是国内最大的家具产业区，这个地区的家具产值占国内家具产值的1/3，比较出名的有广州、东莞的厚街、虎门等地	高端品牌，出口美洲	家具制造业起步早、产业集群多、产业供应链完整
2		长江三角洲家具产业区	以江苏、浙江、上海一带为中心，是家具产值增速最快的地区之一，较为出名的是苏州蠡口家具城等，湖州、嘉兴、杭州以金属家具企业为多	高端品牌，出口欧美	家具市场容量较大，产品质量、档次较高，企业经营管理良好。家具产值占全国的1/3，以外销为主，欧美是其主要出口市场
3		环渤海地区	以北京为中心，以天津、河北、山东等地为依托，在整个环渤海经济圈进行发展 河北香河有"中国北方的家具之都"之称 北京通州的新中式家具较为出名	民用大众品牌较多	香河家具城拥有红木家具、实木家具、套房家具、办公家具、宾馆套房家具、中高档沙发、软床、户外类、藤艺类、工艺品类等家具，是北方最大的家具销售集散地
4		各地品牌店	各地区的红星·美凯龙、居然之家、星月、吉盛伟邦、剪刀·石头·布等头部家居平台以及当地的建材中心等	各大品牌都有	产品全面，服务住宅客户
5	灯具	中山市	中山市是中国灯具之都，拥有全中国最大、最集中的灯具产业集群		全国乃至全球的灯具批发企业集聚地
6	布艺	江苏	江苏盛泽有全国最大的布市，是面料（化纤与交织类）生产基地，全球第一丝绸指数就由这里发布		
7		广州顺德	国内纺织品生产基地		
8		海宁许村镇	全国最大的窗帘生产基地	国内窗帘集聚地	
9	地毯	各地品牌店	生产定制产品的品牌：山花、海马、华德、东升、捷成、格瑞菲斯 青海有国内最大的手工地毯生产基地		
10	家居饰品	深圳	深圳艺展中心是国内最大的家居饰品集散中心，品质高，货品全		
11		广州	广州的万菱广场及美林饰品中心		新开的
12		东莞	东莞厚街的国际会展中心二号馆		独特、个性

①在淘宝、天猫等线上商城快速筛选。

线上商城最大的缺点是样式太多，很多时候无法精准找到想要的产品，要花大量的时间。

②国内外各大家居展会。

参加展会的优点是齐全、迅速，可以看到新款、热款，还可以现场考察商家的产品质量，是不错的选择。

③到产地实地考察。

如广东中山古镇、深圳大芬油画村等都是知名家居产品聚集地，若有机会到这些家居产品原产地走访，也能找到一些不错的供货商，表6-1中列出了国内部分家居企业集聚地，供大家参考。

第二讲 软装采购时超出预算，面对混乱的市场不懂价格辨识怎么办

一、软装设计师严控成本就是扩大利润

原材料价格不断上涨，如何用最经济的方式获得最好的效果是软装设计师越来越重视的事情。只有合理控制成本，才能扩大整体的收入，才能够保证软装公司的顺利发展。

软装陈列涉及软装产品采购、物流、安装、摆场、人工成本等方面的支出，那如何在其中省钱呢？

二、如何严控流程、节约成本

1. 采购流程怎么节省成本

（1）软装产品分类。

软装产品种类繁多，为了避免采购时混乱，要先按照大类对所有涉及的物品进行分类，按照分类进行采购，一般采购的物品分为家具、灯具、窗帘、地毯、床品、花品、画品、饰品摆件等。

（2）制定合理的采购顺序。

常用的采购顺序是家具、灯具和布艺、画品、花品、饰品摆件等。因为家具制作工期较长，布艺、灯具次之，按顺序下单后，利用等待制作的时间去采购饰品摆件、画品等，工作忙而不乱，有条不紊（参考软装项目预算比例，见表5-8）。

（3）利用好展会折扣。

每年都有很多场国内外的展会，有的品牌会有很大力度的促销活动，参加展会的设计师可以按需采购。

（4）同款产品横向比较。

比如某款产品在店面的零售价为6414元，我们可以看一下同一产品在其他渠道的报价，多横向比较，确定报价的合理性。

2. 家具采购、定制下单流程

整个软装项目，花费最高的通常都是家具部分。大家对家具也非常重视，毕竟一套家具要用好多年，不能马马虎虎地选一套，采购家具在整个软装工程中是非常关键的一步。在市场上买到的成品家具适合大众户型，如果户型结构比较独特也可以定制家具，花费可能高一些，但是效果是非常好的。

一般客户都倾向于定制家具，因为定制家具既能符合不同空间的尺寸、风格，又能恰到好处地贴合客户的要求（图6-3）。为满足市场需求，软装设计师必须熟悉家具定制、采购下单流程。

（1）确定尺寸。

根据实际空间核实尺寸。这不仅是在图纸上核对，还需要设计师在下单前和下单后在现场反复进行测量和确认。

（2）描述细节。

家具是有很多细节的，比如金箔该用什么颜色、雕花的线条该多粗多深、木料用哪种、油漆选用封闭漆还是开放漆等，这对于跨行业领域的客户来说是很难知悉的细节问题，但对于设计师来说却是驾轻就熟的职业必备知识。

（3）翻样确定。

一般情况下，软装方案中涉及的家具，都需要供应商进行翻样设计，制作出翻样稿。软装设计师要进行严格的审查，包括尺寸、材质、颜色和造型等。

（4）下单及跟单。

下单给供应商后，要进行核实、跟单，避免出现一些不必要的问题，同时设计师也要在家具制作期间到工厂监督工艺。

（5）家具面料跟单。

如果定制家具，家具供应商的面料无法满足品质要求，可以自行采购家具布艺、皮质面料等。

（6）收货验货。

在发货前，设计师要提前验收软装货品，再送到现场。

3. 灯具采购、定制下单流程

选购灯具一定要注意款式和材质，尤其是定制的灯具，在设计上必须和项目空间非常协调，因为定制灯具具有单一性，只此一件，如果因为款式问题不能使用，就会产生成本损失。

灯具的采购基本有两种方式：一种是按图样定制；另一种是直接选样采购。在整个

图6-3 大华售楼部的家具（图片来源: 大朴设计）

灯具采购过程中，应针对以下几点进行严格控制和选择。

（1）款式。

要选取在设计上与项目空间非常协调的定制灯具，因为定制灯具是专属的，只此一件。

（2）材质。

下单时一定要核实清楚材质，因为有些看上去效果差不多的材料，实际价格相差甚远，比如水晶就有进口、国产 A 级、普通水晶等很多种，在采购过程中一定要向供应商明确用的是哪种材料。

（3）工期。

灯具的制作工期相对较长，在此期间，设计师也要定期监督货品工艺，采购人员要紧盯货期。

4. 布艺产品采购

目前软装公司一般通过自行定制和成品采购两种方式获取布艺产品。窗帘、飘窗垫、地毯、床品采购或定制下单后，要在整个软装工程进展过程中紧跟采购工期、工艺、交货时间以及售后服务等。

5. 画品、饰品摆件、花品等采购

画品、饰品摆件、花品等在软装中是不可缺少的，可以提升空间整体的质感及美观度。如果是商业项目，可直接在阿里巴巴或淘宝上采购，价格便宜，不满意可退换货。

工程类项目应用的家居饰品较多，如样板间、会所、酒店、家具卖场等。采购时设计师会遵循美学原则，从空间需求出发，选择适当的产品，综合考虑数量、尺度、色彩、材质等与其他物品的关系，并不是觉得好看就购买。

第三讲 大公司内部的软装项目采购流程，看完秒懂

一、软装采购流程的八大步骤

软装物品庞杂，在采购的过程中可能会因为供应商来源不同、采购方式不同或采购对象不同存在流程上的差异。不过大体可以将采购流程分为八个步骤（图6-4），下面对其关键环节进行解读。

1. 确定需求：采购计划

采购员应根据请购单、公司生产计划、销售计划制订采购计划。大型的公司还要执行采购招标计划等。

2. 选择供应商

（1）供应商的考察。

要考察供应商是否达到自己的要求，考核的内容除了产品质量，还有配合度、资质、品牌信誉度、性价比等（图6-5）。

供应商考察是个相互选择的过程，确定资源战略、明确资源需求、发掘潜在供应商等，都是为未来铺路。

（2）询价、比价、议价、签订合同。

甲方公司有严格的采购规范标准，设计师在跟甲方公司打交道时会面临各种各样的流程及比价，这是工作所需，也是必须要执行的流程。

①询价的目的和意义。

增加对商品采购价格的了解，充分掌握市场行情。降低采购价格，控制成本。

②执行询价议价记录表制度。

询价议价记录表中的主要信息包括物料名称、采购数量、供应商名称、品牌、原采购单价、议价单价、议价后总价、付款方式、交货日期、交运方式等，见表6-2。

③询价议价技巧。

软装采购清单中的同类产品可以同时发送给2家或3家供应商进行询价，定制类的家具可以同时咨询3家以上，确保工期与定制工艺，商业项目的饰品摆件类产品也可以直接找淘宝店询价。

④合同的签订。

买卖双方经过询价、报价、议价、比价及其他过程，最后签订有关采购合同，合约即告成立。

不同品类的产品可以单独签订合同，如家具采购合同、灯具采购合同、布艺采购合同、定制画品的采购合同等。你是采购方的话，货品供应商都会提供采购合同回函。

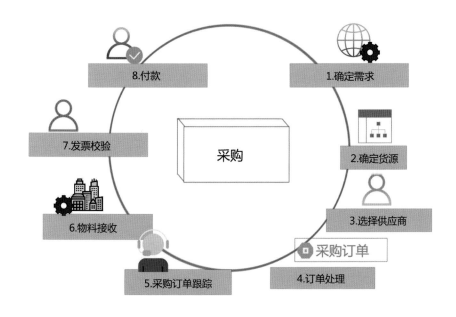

图6-4 采购流程（图片来源：羽番绘制）

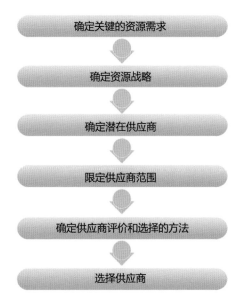

图6-5 供应商评价和选择步骤（图片来源：羽番绘制）

表 6-2 询价议价记录表

序号	物料名称	采购数量	供应商名称	品牌	原采购单价	议价单价	议价后总价	付款方式	交货日期	交运方式	其他	备注

3. 物料接收：交货验收及质检

交货验收时，采购员必须确定货物品种、数量、质量、交货期的正确无误。货物质检合格则入库，不合格的需安排补货和退货。

注意，若是特殊项目，比如幼儿园、医院等，对质检、环保有特定要求，需要产品供应商提供相关的质检报告、防火等级证明、环保资质文件等。

采购员还要能够辨识哪些产品需要哪种等级的资质及要求，针对高要求的大型项目，除了饰品摆件，室内软装、硬装的材料都需要提供质检报告。

4. 付款：财务结算

货物入库后进行财务结算，这一部分工作基本交接给财务部处理。

二、制定软装项目采购分析表

可以提前制作一份软装项目采购分析表，

类似软装方案中的目录，它可以明确地告诉你需要采买的物品有哪些。

可以用 Word 或 Excel 制作软装项目采购分析表（表 6-3），具体内容包括序号、产品名称、产品图、颜色、材质、采购价、数量、报价、采购总价、毛利等，能够明确展示所有产品的细节。利用这张表格，在采购时可以避免忙中出错，浪费时间。

一般这张表格是由直接管控成本的领导确认的，成本管理要在概念设计阶段就开始介入。

三、软装项目的采购审核流程及益处

1. 软装项目的采购审核流程

软装项目的采购审核流程如图 6-6 所示。

这个流程是针对设计公司在分工比较完善的情况下制定的，需要有专业的软装设计组、品控中心（产品中心）、采购下单、

对接合同、物流跟踪等部门。

采购流程管理可以让工作变得更简单、更高效、更可行。

2. 软装项目采购流程管理的三大益处

（1）对组织而言，软装项目采购流程管理的益处。

①由用制度约束变为自觉管控，降低运营成本，推进内部的沟通。

②整个流程的执行，可以预防项目执行过程中的拖延以及相互推脱职责，促进工程进展顺利，公司良性发展。

③高效执行好的流程，可以最大限度地利用好现有的资源。

④通过制度或规范使隐性流程显性化，快速实现管理复制，提升组织竞争力。

（2）对项目负责人而言，软装项目采购流程管理的益处。

表 6-3 软装项目采购分析表

项目地址：上海市静安区南京西路×××　　　　　　　　项目负责人：×××

项目时间节点：×××

负责人：×××　　　　　　　　　　　　　　　　　　　　联系电话：×××

序号	编号	位置	产品名称	产品图	尺寸	颜色	材质	采购价	数量	报价	采购总价	报价总价	毛利	毛利率	备注
1	F001		三人位沙发		×××	米白	头层牛皮	11000	1	16800	11000	16800	5800	34.52%	
2	F002	A户型客厅	茶几		×××	黄铜	黄铜、石材	8800	1	12500	8800	12500	3700	29.60%	
3	F003		边几		×××	黄铜、米白	黄铜、石材	6800	1	9800	6800	9800	3000	30.61%	
4	F004		单椅		×××	黄铜、米白	黄铜、羊毛	9800	1	12000	9800	12000	2200	18.33%	
……	……	……	……	……	……	……	……	……	……	……	……	……	……	……	……

注：本表仅为示意模板，可根据需求自行制作。

①职责划分清晰，各自承担责任，不用担心有令不行、执行不力。

②精简工作节点、提高工作效率。

③降低内耗，开放沟通渠道，解放管理者。

（3）对执行人而言，软装项目采购流程管理的益处。

①不用事事请示，受夹板气。

②掌握了正确的做事方法后权责明晰，不用再因职责不清而"背黑锅"。

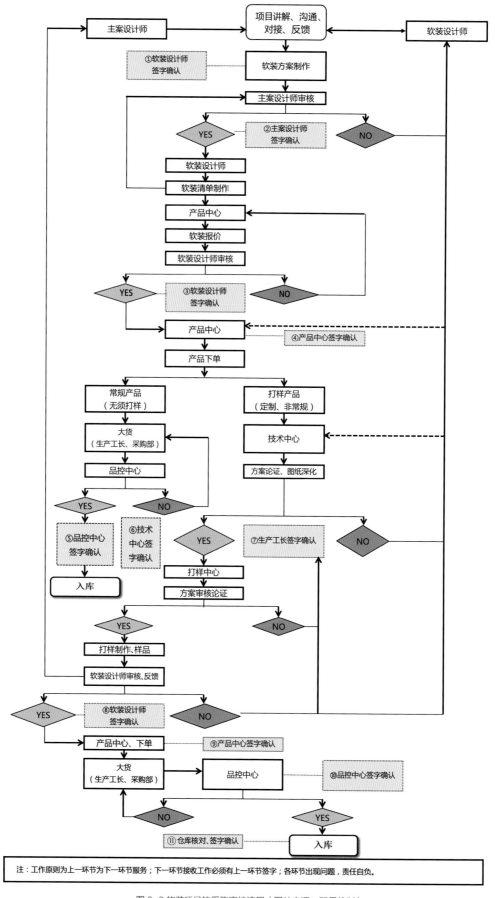

图 6-6 软装项目的采购审核流程（图片来源：羽番绘制）

第四讲 物流管控：在软装项目操作的物流环节如何减少成本

物流运输中产生的费用是软装项目中的一项重要成本，物流成本过高，会拉升整个项目的运营成本。软装项目涉及几十种甚至上百种物品，管控、跟踪稍不到位就会增加隐形的成本。

软装物品种类繁多，分类复杂。庞大的数量将会导致物流信息剧增。下面为大家讲解软装物品的物流信息整理方法，以方便后期收货时开展跟踪和核对工作。

一、用科学的方法进行软装物流环节的实操

1. 软装物流基础知识

物流是指为了满足客户的需要，以最低的成本，通过运输、保管、配送等方式，实现原材料、成品（半成品）及相关信息由商品的产地到商品的消费地所进行的计划、实施和管理的全过程。软装设计师要全面管控从国内外各地采购来的产品，在最大化减少破损的情况下安全、按时运输到项目地的全过程。

物流涉及商品的包装、运输、仓储、搬运装卸，以及相关的物流信息传递等环节（图6-7）。

一般软装行业的物流存在以下两种情况。

一种是大中型专业做家具、灯具、家居饰品的商家或卖场，以产品为主导，会配套提供仓储后勤服务，在出入库的管控上有专人专岗负责，设计师不需要操心太多。

另一种情况是设计公司以实际项目为单位，物流基本上采用外包模式，在全国各地采购商品，需要成立采购部，若没有采购部，需要设计师统筹规划，保障软装产品按时运输到指定项目地点，这个环节极其考验应变能力、管控沟通能力、细节把握能力。

如果是设计公司，项目比较多，人力资源跟不上的话，可以用物流管理系统软件、仓储管理软件等辅助进行管理。

物流管理流程如图6-8所示。

家具　　配送　　买家所在地区物流点　　送货到楼下　　上楼　　安装

图 6-7 物流示意图（图片来源：羽番绘制）

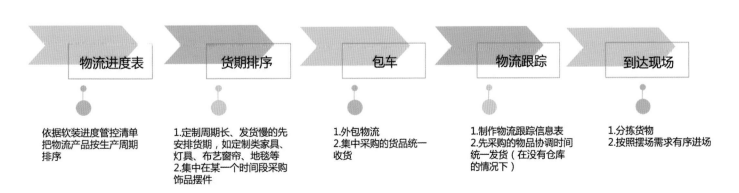

图 6-8 物流管理流程（图片来源：羽番绘制）

2. 物流跟踪信息表

以家具为例，选取一个比较典型的案例来和大家分享。

假设有 80 件家具，我们要如何统计这些家具各以什么样的物流形式到达各个目的地呢？

在陈设的过程中，如果有一个物流跟踪信息表，就可以随时整理家具的物流到货信息。如果中间环节出现了某些问题，可以及时找到对应的商家和联系人并取得沟通和联系，采取有效措施进行处理，避免家具在运输途中遇到突发状况，从而无法按时收货。大家可以参照表 6-4，根据项目实际情况绘制符合自己需求的表格。

3. 物流出入库的注意事项

在软装项目后期要侧重于服务及落地交付，后续物流环节考验设计师的细节把控能力。

（1）货物盘点。

货物入库或运输前，拿上货物清单，清点清楚，不要有遗漏，二次发货的费用是非常高的。

（2）货物装卸。

①按物品重量及抗压程度装车，重的、不怕压的放下面，轻的、怕压的放上面。

②包装仔细，特别是饰品，基本都是怕压的，要用泡沫多包几层，外面还要尽量打木架，防止在运输中因挤压受损。

③大件物品用专车，尽量减少搬运次数才能更好地保护产品。极其昂贵的家具，稍有不慎可能就会摔坏、磨损，造成很大的损失。在装车、卸车前，一定要把搬运工人叫到一起沟通，说清楚搬运的注意事项，避免产生损失。

（3）入库检查及贴标。

①检查所有收到的货品的完整性，如有破损要及时联系供货方替换，因产品多而出现遗漏的情况时有发生，应有专人检查。

②收到货品后要按仓储管理规定摆放好，贵重、易碎品标注清楚。

③型号及户型要标注清楚，最好贴好编码，在外包装上标明具体房型及空间，以免混淆（图 6-9）。

表 6-4 物流跟踪信息表

物品名称	产地	下单日期	生产状态	生产周期	发货日期	件数	品牌商	联系人	联系电话	收货地址	物流状态	物流单号	备注
家具	上海	×××	成品现货	—	×××	15件	×××	×××	180×××	上海	已发货	×××	
	广东	×××	成品生产	30天	×××	12件	×××	×××	178×××	上海	已发货	×××	
	美国	×××	成品现货（海外仓）	40天	×××	10件	×××	×××	138×××	上海	已发货	×××	
灯具	佛山	×××	定制	20天	×××	3件	×××	×××	135×××	上海	已发货	×××	
	北京	×××	成品	7天	×××	15件	×××	×××	177×××	上海	已发货	×××	
……	……	……	……	……	……	……	……	……	……	……	……	……	……
项目地址	上海市静安区南京西路×××												
陈设日期	9月20日—9月25日												

二、严控物流环节，减少运输损失

1. 物流环节的注意事项

（1）包装用白包装，若是以公司品牌为主题的项目，所有采购包装尽量使用白包装，不带明显的商家标识等。

（2）减少仓储，大多数的货物直接送到项目地，省略中间仓储环节，减少搬运及储存费。

（3）减少货物运转次数，委托物流点集中采集货物，统一在一个物流点发送。

（4）如果没有太多精力做物流的管理工作，可以外包给专业的家居物流公司、跨省物流运输公司等第三方平台，减少整体运营及人力成本。

2. 物流外包形式

物流可以外包给家居物流公司等。家居领

图6-9 软装产品贴标

域的专业垂直物流公司有一智通（家居供应链服务）、万师傅（家居物流服务）、红背心等，可以在线跟踪查询物流情况。

梳理物流管控过程中的成本控制措施，如图6-10所示。

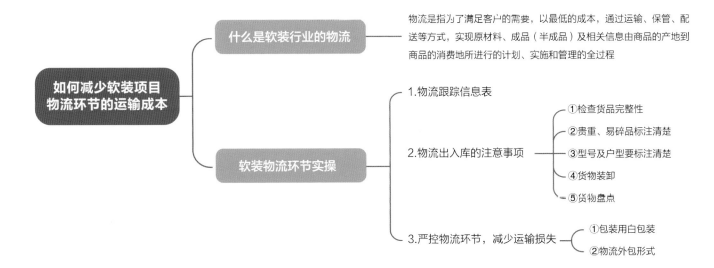

图6-10 物流管控过程中的成本控制措施（图片来源：羽番绘制）

第五讲 软装现场管理：软装现场总出问题怎么办

项目管控分为三个阶段，即项目前期、项目中期、项目后期，现场问题大多发生在项目后期。有因必有果，前期工作出现漏洞时，到现场都会突显出来。

当现场出现问题时，或大或小，都会让人很困扰。现场工作是对前期所有工作的巨大挑战，也是验证前期工作专业度及水准的实践环节。

一、软装现场痛点现状

定制企业和标准化生产企业有着本质区别。定制生产本身是满足客户需求的生产方式，但客户的需求千差万别，导致生产的安排具有不确定性，那么定制生产中出现差错往往就不可避免。另外，导致定制企业出错的原因还有销售接单不遵循规则，审图、下单、排产环节的沟通不足，设计师的专业水平不够，工人的技术水平有差异等。

很多设计师在做公装项目时一到安装环节就开始担心，担心安装能否一次成功、细节是否会出现问题、出了错工厂能否及时解决、客户会不会满意、会不会导致扣款等。

大多数住宅的客户在验收时是不会按国家或行业的质量标准验收的（大型项目除外），客户投诉的主要内容集中在产品的低级错误上。低级错误主要有产品零部件"缺东少西"、颜色出错或者色差明显、板件的孔位出错、柜体门错位等。

哪里有缺口哪里就有需求，为应对这些问题

也衍生出一批勇于推进行业发展的人，他们开始提供家居行业垂直领域的精细服务。

二、软装项目现场会出现哪些问题

1. 现场安全隐患问题

（1）抽屉立柜存在的安全隐患。

对于安全隐患真的不能忽视，特别是儿童空间中的安全隐患。比如家里摆放了立柜或者抽屉柜的，最好在软装现场就把柜子牢牢固定在墙上。对于实在没办法固定在墙上的柜子，一定要给柜子或抽屉上锁，尽量避免儿童因好奇攀爬而引发翻倒事故（图6-11）。还有一些柜子，造型头重脚轻，孩子稍用力就可拉倒，很容易被砸伤。有些危险的发生就在不经意间，无从预测，没有苗头，选购家具时，一定要把确保孩

子等的安全作为首要因素考虑进去。典型的例子就是宜家马尔姆等系列"夺命"抽屉柜（图6-12），因设计缺陷和忽视了安全问题，引发了很多家庭惨剧。

（2）家具边角等位置存在的安全隐患。

在住宅空间中，桌子、柜子、椅子、茶几等，只要是方形的家具都可能有坚硬的棱角。对于成人来说，由于身高原因不容易被磕到，但是对于孩子来说，这些边角都是威胁，如果撞击伤到眼睛等部位的话那就糟糕了。

检查方法：蹲在地上，以孩子的身高和视角，预测他们可能会撞到哪些边角，之后用桌角防撞条、护角（图6-13）等把这些坚硬的角都"隐藏"起来，防止磕伤。

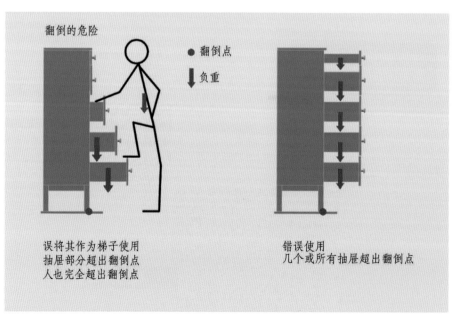

图6-11 抽屉柜的翻倒危险示意

图6-13 使用护角进行防护

图6-12 宜家马尔姆等系列"夺命"抽屉柜

（3）明装插座存在的安全隐患。

插座是我们居家生活离不开的必需品，但它也存在不小的安全隐患。凡是位置比较低，婴幼儿能够到的插座，都要注意防护。例如家中的台灯、落地灯使用的插座，嵌在墙上无法移动不便使用，只能明装五孔插座，但是孩子能接触到；幼儿园等婴幼空间，有些使用了便捷的插线板，小孩子的手指细小，很容易因为好奇把指头插入插座孔，造成中电。在这些地方可以使用插座保护套（图6-14），防止危险发生。

图 6-14 插座保护套

2. 关于使用体验的问题

软装现场不会像硬装现场那样出现大型的"翻车事故"，但每一个细节都关系到客户体验，需要全面考量。

（1）抽屉柜门无减速怎么办？

尤其是住宅中的定制家具，因与定制工厂细节沟通不到位，电视柜的柜门或抽屉处没有做减速处理，开关门或抽屉时会磨损柜体饰面，还会发出砰砰的声音，使用时体验不佳。可以提前沟通好，在柜体门板处加装缓冲器，费用并不高。

抽屉部分也应安装缓冲滑轨，可选择进行侧板式或底板隐藏式安装，功能是在关抽屉时只要稍用力就会自动收回，方便，也不易产生噪声。

（2）地毯翘边问题。

薄质的块毯容易产生翘边问题（图6-15），人走在地毯处会被绊倒。最简单的问题解决方式是用地毯专用双面胶带固定。

3. 关于责任推脱问题

很多软装设计师会遇到这样的问题，项目中产生问题，相关方把自己择干净，并为自己开脱，导致项目进度拖延，产生各种成本浪费。这个时候可以把每一项责任对

图 6-15 地毯翘边

照合同条款——罗列清楚，调取往来备份文件作为证据。这就提醒各位设计师需要在沟通过程中注意文件备份（凭证），并注意将相关条款表现在合同内。

如果问题的责任很清楚，对方还是不承担，按照规则处理就只能扣除对方的款项了，因为在商业项目上因专业问题和管理问题犯的错误，没人能托底。

三、设计师如何在解决问题时让客户满意

1. 首先摆正姿态（心态）

（1）以解决问题为诉求。

客户与设计师是短期的雇用与被雇用的关系，客户出钱买服务，设计师协助满足客户需求。跟我们买东西一样，即使物有所值，也期待能够更好，不过既然前期能签约合作，那就说明已经有初步的信任基础了。

当出现问题时，客户刚刚有情绪，安抚一下可能就没有问题了，你如果先"炸"了，若是计较的客户会维权跟你"撕到底"，到最后也许一个小小的问题就让项目成了"大坑"。

现场出现问题不要轻易透支自己的那点信任基础，还是要老老实实认认真真地解决问题。

（2）积极主动地作为。

出现问题积极去解决，及时沟通，多提建议，分析存在的问题，是自己的责任要勇于承担，有时客户看到低级错误，也许是供应商的问题，但客户也会把矛头指向主要负责人，这个时候一定要倾听，让客户把火发完，在气头上时不要辩解，不要硬碰硬。

往往出现问题不是最可怕的，可怕的是处理问题时的态度不端正。

2. 团队内部复盘，总结经验

（1）建立项目问题清单库。

每一个项目都要建立问题清单（表6-5），这是有关历史信息与经验教训的总结，积累的都是宝贵经验。项目结束后进行复盘、总结，并将相关知识用于指导下一个项目，持续优化迭代。

下面给大家推荐一个实用的复盘模型，如图6-16所示。

（2）建立降错体系。

①利用案例对出错点进行分析，把经常出错的问题点整理出来形成手册，并对相关人员尤其是新员工进行培训。只有不断地总结出错原因，分析出错的问题，总结降低出错率的经验并进行规避才能主动降低出错率。

②在任何环节都要提前检查，问题遗留至验收环节就为时已晚。

梳理软装项目现场易被忽略的问题，如图6-17所示。

表6-5 软装项目问题清单

项目资料存档				附件
缺陷评估				缺陷对应解决方案
解决方案	已解决项：	分析原因	成功： 失败：	用Word及PPT形式写复盘内容
	未解决项：		成功： 失败：	
	遗留项：			
盘点过程	团队协调：			
	个人：			

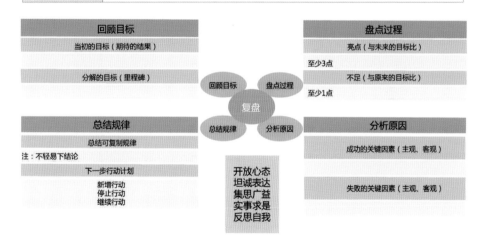

图6-16 复盘模型（图片来源：羽番绘制）

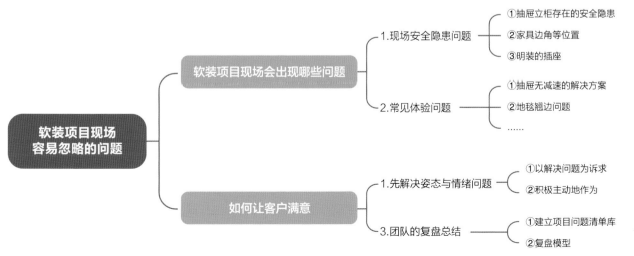

图6-17 软装项目现场易被忽略的问题（图片来源：羽番绘制）

第六讲 软装项目如何才能利润最大化

成本控制是在保证甚至提高服务质量或产品质量的前提下，将每一分钱花得恰到好处，发挥最大的价值。

管理层面的软装成本控制，就不单单是做份软装报价表这么简单了。软装公司和独立设计师是靠项目吃饭的，接手一个项目不仅要保障完美落地，还要了解合同管理、成本管理及项目管理等方面的知识。

只有落地的项目才是成果，利润是企业的生命源。为了能够使利润最大化，势必将成本控制在某个限度之内，花费许多功夫考虑方方面面来用心经营。一个软装项目，在把控好的情况下利润率为30%~50%，做得不好利润很低甚至会赔钱，可见成本管理的重要性。进行成本管理，涉及管理咨询服务、目标预算、漏洞控制、智能应用等各个环节（图6-18），大家可以结合下面的内容及前面所学进行综合应用。

一、软装项目成本超预算的原因分析

1. 对市场行情不了解

同样一件家具，由于不了解木材、布料及生产工艺，你报价8000元，但采购价可能就到8000元了，项目做下来，在这件家具上基本是赔本的。

也可能你看别人定制的家具挺好，你也找了一家进行定制，结果无论是颜色还是款式都不符合你的预想。

解决方案：去工厂实地考察，将每个细节都落实到合同里，到工厂、品牌商店铺实地考察对比，选择能够交付的商家。在二手市场可以淘到充满情怀的各种旧物件，如钟表、相机、瓷器、版画、老式风琴等，从手工制品到二手家居，各种各样的小玩意儿，可以用到适合的软装项目中。

2. 软装需求不明确

提起产品，你可能会想到客厅需要沙发、茶几、电视柜，餐厅需要桌子和椅子，卧室需要床和床头柜，书房需要书桌和椅子，如果仅是这些，产品统计会不完整，也会导致后续增加产品，同时会在后期增加预算，导致成本上升（图6-19）。

3. 做预算分配未从整体效果出发，无法执行

做预算分配的时候只单纯从自己想控制的水平考虑，没有把预算和效果对等起来，这就导致买的时候太随性，实际使用时无法执行。

二、怎么保障一个软装项目的利润最大化

1. 建立完善的预防和监控体制

成本控制应包括事前、事中、事后的全程监控。成立内审部门，加强内部成本审核，对将要发生或已经发生的各项支出进行严格的审核，确定其合理性，并进行反馈。

为防止采购中出现"灰色地带"，要建立完善的预防和监控体制，塑造涉及供应商、公司、采购人员的多方信任业务环境，在有效避免灰色现象的同时，降低采购成本，提高采购效率。

2. 建立完善的成本核算体系

软装项目成本涉及很多方面（图6-20），可以建立完善的成本核算体系，从多个角度进行成本控制，具体如下。

目标预算

管理咨询服务

成本管理

漏洞控制

智能应用

图6-18 成本管理（图片来源：羽番绘制）

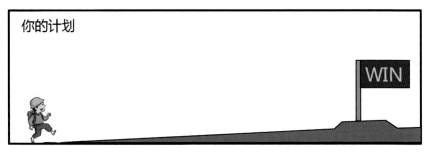

图6-19 需求不明确导致计划无法执行（图片来源：羽番绘制）

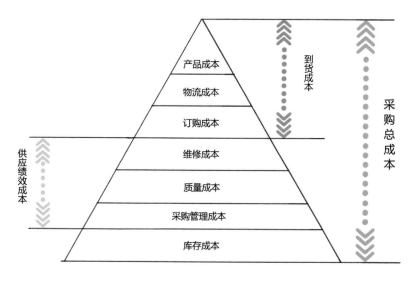

图6-20 采购成本组成系统（图片来源：羽番绘制）

（1）降低产品的采购成本。

影响软装产品价格的因素主要有品牌、材质、做工及设计理念等。同样一款产品，从外形上看可能非常接近，但因材质不同，价格会相差非常大。

比如一件雕塑，如果用树脂材料制作然后电镀，和完全采用不锈钢材质制作的外形基本一样，视觉效果也差别不大，但价格就完全不在一个档次上；一个酒杯，普通玻璃材质

的可能售价几十元，如果采用水晶材料制作可能要卖几千元。

可以根据客户需求及项目实际选用对应的产品。

（2）小件软装产品可以选择多个渠道采购。

我们可以把软装产品分为大件和小件。大件就是日常所用的沙发、餐桌、椅子、床、衣柜等。靠枕、饰品，包括窗帘等，属于小件。

我们做的很多大型的样板间和售楼部项目，小件产品会选择网购，款式齐全，售后有保障。

小件配饰，要靠设计师的审美能力去寻找。小件产品在市场上价格差异很大，只要没有硬性要求，一些网购的渠道、展会，甚至家居生活小店，都很值得淘一淘，比品牌店的价格低很多。

（3）进行产品研发，推动成本控制。

好的软装公司为了把项目效果做到更贴合项目设计定位，都设有研发中心（制作中心），既能保障效果又能严控外部采购成本。虽然从人员到研发材料会产生不小的开支，但是自身拥有了知识产权，这是后期业绩增长的法宝，同时随着业务增长，成本也会逐步降低。

原创组合这一模式在一些高端的设计工作室及一线的设计公司中已经在推进了，主要涉及以下领域。

①窗帘布艺设计制作。

自己合作布艺品牌或工厂，自行设计窗帘

等布艺款式，自行给布艺商下单，交接到制作车间生产加工。

②画品（图 6-21）、装饰品的自主研发。

很多有绘画天赋的软装设计师会自己画插画及装饰画用于民宿等项目中，既有情调又别具一格。

（4）控制成品采购的附加成本。

产品报价时，在核算产品本身的基础成本后，一定不能忽略其中的附加成本，比如税金、物流费、安装费、服务费等。

（5）控制公司管理及运营成本。

软装公司的成本包含公司运营所产生的各种费用，比如人员的差旅费、住宿费等，要以一套完善的制度进行控制。

图 6-21 自主研发的画品

第七讲 项目管理

一、同时推进多个项目，忙得焦头烂额，不懂多项目协同管理的方法怎么办

1. 设计师的职业生涯

设计师的职业生涯大部分是从助理开始的，用2~3年的时间升到主案设计师，从业5年以上可以做到设计总监，7年以上时基本就可以自己管理团队，从一个技术人员转型为管理者或经营者，这是大部分设计人的职业发展历程（图6-22）。

设计师最终或者成为企业内的中层管理者，带领团队，或者自己创业，不过工作内容都绕不开项目管理。

很多设计技术出身的人做了领导很兴奋，终于不用被"压榨"了，却比小萌新时更焦虑了，做了管理才知道：一入管理万年坑。对于设计师出身的管理者来说，很多管理知识都是盲区，管理起来乱七八糟，

有心无力，无从下手。然后开始自我怀疑：自己只会做擅长的工作，待在舒适的领域，不是做管理的料。

为什么会有这种惧怕管理的现象呢？

是因为没有真正系统学习管理、认识管理、运用管理技能。

接下来，通过分析一家设计界的新秀公司，由黄全创办的集艾，来向大家大致讲解有关项目管理的知识。

都说设计师很难管，这家室内设计公司把管理模式变成了一种优势。

（1）将设计产品化。

黄全不认同集艾的管理是一个将设计"标准化"的过程，他喜欢把他的设计称为"产品"。

强调项目的标准化管理，可以保持团队快

速扩张时质量的稳定性。集艾是做地产项目起家的，"做房地产项目，很多事情是来不及思考的，你必须要快"。

2016年12月，浙江省率先发布的《关于加快推进住宅全装修工作的指导意见》中规定："各市县（市、区）中心城范围内，出让或者划拨国有土地上的新建住宅，推行全装修，实现成品交房。"黄全认为现在国内房地产商的拿地成本越来越高，房地产商必须要做出更好的产品，才能提高每平方米的溢价空间。这时候，就必须要有设计师介入。

（2）低项目成本。

低项目成本来自完善的项目管理系统，这在室内设计行业具有可行性。

行业中有规模较大的佼佼者——美国HBA、Gensler，英国Benoy等设计公司，大部分的中国本土设计公司都是从借鉴这

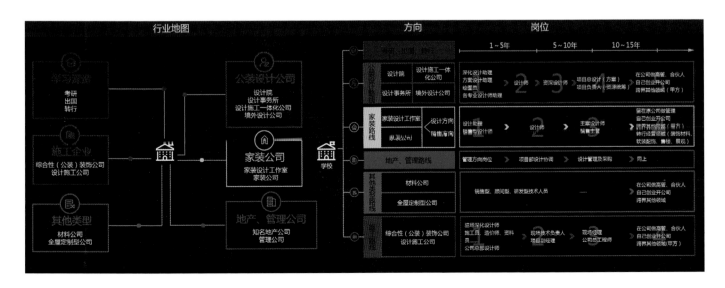

图6-22 设计师发展路径（图片来源：大朴设计）

些国际企业开始的。

拼速度和性价比，而不仅仅是单纯以设计创新作为自己的卖点，这样在中国可能尤其具有吸引力。

2. 什么是项目管理

人类的活动可以分为两大类：一类是重复、连续不断、周而复始的活动，称为运作，如用自动化流水线批量生产某些产品的活动；另一类是独特的、一次性的活动，称为项目，如任何一项开发活动、改造活动、建造活动等。在这个社会上，项目随处可见，小到一次聚会、一次郊游，大到一场文艺演出、一次教育活动、一项建筑工程、一次开发活动等。项目管理同社会的发展息息相关。

比如你为一家人准备火锅，你打算用350元，首先你要征集家人的需求，了解他们喜欢吃什么、不喜欢吃什么。从早上8点开始，中午12点开餐，这4个小时中，你要规划好先做什么后做什么及资金分配，哪些用来买食材，哪些用来买零食，按照烹饪的时间排序，还要考虑人员够不够，谁做主要的事情，谁做辅助的事情，聚餐结束后的后续安排等。从目标确定、时间安排、人力与资金分配直至项目结束的这一系列过程就是项目管理。

（1）项目管理的定义。

项目管理是项目的管理者，在有限的资源约束下，运用系统的观点、方法和理论，对项目涉及的全部工作进行有效的管理。

（2）项目管理的发展历史。

人们通常认为，项目管理是第二次世界大战的产物（如曼哈顿计划），现代用的很多商业管理理念源自军队管理领域。

在建筑设计领域中，没有项目管理的介入项目是无法正常保质保量完成的，目前室内设计行业的项目管理为项目监理，大型的商业公司都需要项目管理的介入，项目管理是一个越老越吃香的行业。

（3）美国项目管理协会（Project Management Institute，PMI）规定的项目管理者的能力。

美国项目管理协会认为有效的专业项目管理者必须具备以下几个方面的基本能力。

①项目集成管理，是指为确保项目各项工作能够有机地协调和配合所展开的综合性和全局性的项目管理工作和过程。它包括项目集成计划的制定、项目集成计划的实施、项目变动的总体控制等。

②项目范围管理，是为了实现项目的目标，对项目的工作内容进行控制的管理过程。它包括范围的界定、范围的规划、范围的调整等。

③项目时间管理，是为了确保项目最终按时完成的一系列管理过程。它包括具体活动界定、活动排序、时间估计、进度安排及时间控制等各项工作。很多人把GTD（getting things done）时间管理引入其中，大幅提高工作效率。

④项目成本管理，是为了保证完成项目的实际成本和费用不超过预算成本和费用的管理过程。它包括资源的配置，成本和费用的预算，以及费用的控制等工作。

⑤项目质量管理，是为了确保项目达到客户所规定的质量要求所实施的一系列管理过程。它包括质量规划、质量控制和质量保证等。

⑥项目人力资源管理，是为了保证所有项目关系人的能力和积极性都得到有效发挥和利用所采取的一系列管理措施。它包括组织的规划、团队的建设、人员的选聘和项目班子的建设等一系列工作。

⑦项目沟通管理，是为了确保项目信息的合理搜集和传输所需要采取的一系列措施。它包括沟通规划、信息传输和进度报告等。

⑧项目风险管理，涉及项目可能遇到的各种不确定因素。它包括风险识别、风险量化、制定对策和风险控制等工作。

⑨项目采购管理，是为了从项目实施组织之外获得所需资源或服务所采取的一系列管理措施。它包括采购计划、采购与征购、资源的选择以及合同管理等方面的工作。

⑩项目干系人管理，是指对项目干系人需要、希望和期望的识别，并通过沟通上的管理来满足其需要、解决其问题的过程。项目干系人管理将会赢得更多人的支持，从而能够推动项目取得成功。

项目管理过程及其中的关键工作见表6-6。

简而言之，项目管理就是从项目的投资决策开始到项目结束的全过程中，进行计划、组织、指挥、协调、控制和评价，以实现项目的目标。

表 6-6 项目管理过程及其中的关键工作

知识领域	启动过程	规划过程	执行过程	监控过程	收尾过程
1. 项目集成管理	1.1 制定项目章程	1.2 制定项目管理计划	1.3 指导与管理项目工作	1.4 监控项目工作 1.5 实施整体变更控制	1.6 结束项目或阶段
2. 项目范围管理		2.1 规划范围管理 2.2 收集需求 2.3 定义范围 2.4 创建工作分解结构		2.5 确认范围 2.6 控制范围	
3. 项目时间管理		3.1 规划进度管理 3.2 定义活动 3.3 排列活动顺序 3.4 估算活动资源 3.5 估算活动持续时间 3.6 制定进度计划		3.7 控制进度	
4. 项目成本管理		4.1 规划成本管理 4.2 估算成本 4.3 制定预算		4.4 控制成本	
5. 项目质量管理		5.1 规划质量管理	5.2 实施质量保证	5.3 控制质量	
6. 项目人力资源管理		6.1 规划人力资源管理	6.2 组建项目团队 6.3 建设项目团队 6.4 管理项目团队		
7. 项目沟通管理		7.1 规划沟通管理	7.2 管理沟通	7.3 控制沟通	
8. 项目风险管理		8.1 规划风险管理 8.2 识别风险 8.3 实施定性风险分析 8.4 实施定量风险分析 8.5 规划风险应对		8.6 控制风险	
9. 项目采购管理		9.1 规划采购管理	9.2 实施采购	9.3 控制采购	9.4 结束采购
10. 项目干系人管理	10.1 识别干系人	10.2 规划干系人管理	10.3 管理干系人参与	10.4 控制干系人参与	

3. 软装领域的项目管理

软装领域的项目管理涉及四大内容：同步工程、目标管理、团队合作、风险管理（图6-23）。

无论是室内设计还是软装设计，50%的工作涉及设计创新研发，室内设计这个行业还处在非标准化定制作业阶段，但是也不同于独立艺术家的艺术品研发，完全植入感性思维即可，设计＝设想＋计划，必须有严密的执行计划。

特别是建筑类空间的设计理念要想完美落地，涉及项目需求、资金、工期、产品制作组合、运输物流、现场安装等，是一个庞大而复杂的商业运作系统。

我们之所以做设计很累，大部分原因是这个行业没有完善的项目管理体系做支撑。

无论是国内设计大咖，还是国外的设计师，在做项目时应介入风险管理，就是说项目开展时要有计划地预防发生风险和产生偏差。风险预防需要有序、有意识地进行，常用的方法和步骤为识别、评估、制定计划、监控。

目标管理就是根据项目的三大目标，即质量、时间、成本目标，制定项目管理计划。强调目标管理就是强调项目的整体计划性管理，以目标管理为导向，将目标作为研发的牵引力，系统地进行项目管理。如果项目没有一个良好的管理系统，研发系统就会表现得涣散、无序。最终只有模仿，从未创造。

二、软装项目的十大过程管控要点，让你做项目不再拖延

承接一个软装项目，会有四项主要的制约因素：各种限定的范围、进度周期、成本水平、质量要求。

没有一个项目能轻而易举地成功。但是我们却可以努力去争取更高的成功率，靠的是精心设计与行之有效的流程管理。

其实，只要清楚了项目的流程，项目进度管理就不再是难事。下面所讲的项目管理的十大过程管控方法，可以帮助大家对项目控制更得心应手，为项目全程保驾护航。

1. 生命周期与方法论

关注项目生命周期，便于协调相关项目，为项目开展划出清晰的界限，以保证项目进展顺利。

学习方法论，可以为项目进展提供持续稳定的方式、方法。

什么是一个项目的生命周期？

一个项目的生命周期通常可以按照项目阶段进行划分，包括启动项目、组织与准备、执行项目工作、结束项目等（图6-24）。

项目生命周期一般都会随具体业务、项目、客户要求而改变，比如住宅类的项目，客户一般不着急入住，可以有四个月、半年甚至一年的工程周期。

2. 项目定义

大型的软装项目，比如星级酒店、建筑改造、乡村民宿群改造等项目，是一定要有项目定义的。

图6-23 软装领域的项目管理内容
（图片来源：羽番绘制）

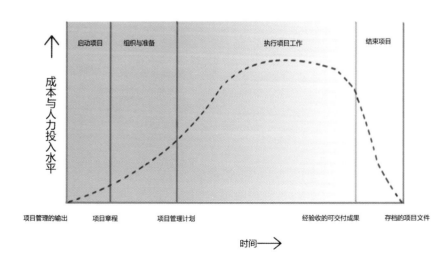

图6-24 项目生命周期示意图（图片来源：羽番绘制）

清晰的项目定义有助于项目控制，因为接下来所有工作都在项目定义的范畴之内，还可以让项目各个参与方随时参考。

项目定义的形式和名称各式各样，包括项目章程、项目提案、工作报告书、项目细则等。

3. 合同与采购管理

在没有自有产品时，软装项目的产品基本都由外部采购，也就是外包给第三方的家具品牌公司、定制厂商等。

建立成功的外包关系需要时间和精力，这些工作要及早着手。为了不耽误项目工期，要及时将所有细节做到位，所有合同及时签订。

计划外包哪部分项目，对这部分工作的细化就是实施项目控制的着手点。要记录这些细化内容、评估和接收标准、所有相关要求、必要的时间规划等。

项目定义信息一定要在合同内注明，以便明确相关责任。设计师要和所有供应商讨论这些要求，这样项目期望才会在各方之间明晰。

4. 项目规划、执行、跟踪

作为项目的管控者，通过制定有力的规划、跟踪、执行流程，可以建立项目控制的扎实基础，并争取各方面的支持，进而在项目内全面推广。

可以让项目组成员参与规划和跟踪活动，这样可以争取大家的支持并提高积极性。睿智的项目领导往往大范围地鼓励参与，并通过流程管理汇聚大家的力量。

当大家看到自己的努力以及对项目的贡献

被肯定的时候，项目很快就从"他们的项目"变成"我们的项目"。

当项目成员视项目工作为己任的时候，项目控制就会简单得多。较之于漠不关心的团队，此时的项目管理成功概率更大。运用项目管理流程也会励项目成员的合作，这也会让项目控制工作更加轻松。

5. 变化管理

技术性项目中出现问题的原因通常是缺少对具体变化的管理控制。要解决这个问题，需要在项目的各方之间启用有效的变化管理流程。

解决方法可以很简单，例如采用被项目团队、甲方等相关方认可的流程图。这可以用于提醒项目人员，在变化被接受之前进行细致的考察，对项目时间、成本等相关

因素所受的影响进行合理的估计。

6. 风险管理

做软装项目，风险随时会有，如设计方案与设计后期落地效果不符合，设计方案中的产品买不到，项目进展不顺利、总是窝工，定制家具出现问题等。工程项目风险如图6-25所示。

要将风险意识前置。当出现问题再解决就晚了，在项目管理前期，就要风险意识前置，找出潜在的隐蔽问题，提前根除风险因素。

风险管理想要做到事半功倍，就要与项目规划同时进行。

分配项目任务和开展评估时要留意寻找风险。资源匮乏，项目资源不足，或项目工作依赖于某一个人时，要看到风险的存在。

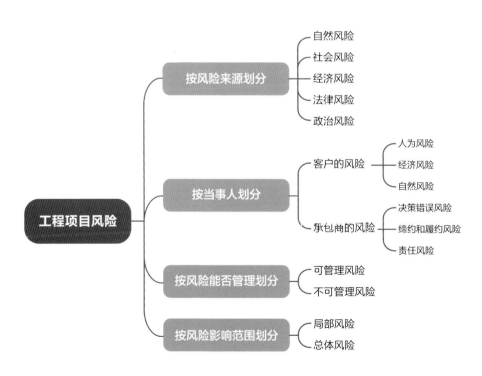

图6-25 工程项目风险（图片来源：羽番绘制）

分析项目可能会遇到的困难，鼓励所有参与规划的人在规划过程中设想最坏的情况和潜在困难，列成清单，预设风险，同时规避风险。

7. 质量管理

项目质量标准主要分两类：行业内实行的全球质量标准（如连锁星级酒店的质量标准）、公司或项目独有的质量标准。

（1）为什么要设立质量管理体系？

不进行质量管控，项目寸步难行。设计公司都有一套自己的质量标准，设计师做设计时一定要有高标准的施工工艺、高品质的审图标准、高品质的产品渠道，以确保自己的设计品牌能够具有市场竞争力。

（2）标准比临时拍脑袋决定更有效。

要制定项目必须遵守的步骤及报告、评估标准，这对团队成员是强劲的推动力，可以让大家步调一致。

8. 问题管理

项目开展过程中出现问题不可避免，项目初期，应在资源、工期、优先事项等方面就项目的问题管理确定流程。争取让团队成员支持及时发现、跟踪、解决问题的流程规定。建立跟踪流程，记录当前问题。问题记录的信息包括问题描述、问题特征或表现（用于沟通）、开始时间、责任人、目前状态、预计结束时间等。

软装项目经常出现各种各样的问题，怎么处理？

列出新问题的内容、需要定期复查待解决的问题、处理老问题的方法。一旦问题责任人承诺了问题解决的时限，管理者可以公布问题解决过程中的变数。不管问题责任人

是本项目的成员，还是其他项目或部门的成员，谁都不乐意随时将自己置于人们质疑的目光中。问题清单的公开可以使掌握该清单的人获得一定的影响力和控制力。

9. 决策管理

在软装项目执行的过程中，假如你作为领导，需要对项目拍板确定时，你就要承担相应的责任。大到合同的总金额，小到软装布艺陈设的面料用什么颜色、什么面料，处处都要决策，决策正确皆大欢喜，决策有偏差可能导致全盘皆输。那么怎么合理做决策呢？见表6-7。

10. 信息管理

信息是非常关键的资源，无论是对设计公司还是对设计师个人而言，信息管理都值得仔细思考。有的项目使用网络服务器或信息管理系统，并用云盘、硬盘进行项目重要信息的存储。

我们在前面系统地讲过怎么搜产品品牌、高清的设计素材等内容，这是对外信息搜索，管理搜索到的信息也属于信息管理的

表6-7 合理做决策的方法

序号	步骤方法	内容描述
1	清楚地描述必须解决的问题	问题不应该是感觉这个颜色不对、灯光不对、这个颜色不舒服、视觉没有平衡点、灯光比较散等，应该提出具体问题并给出解决方案，描述具体的事情，问题不能太宽泛
2	吸纳所有需要参与项目的人员	人人参与，而非束之高阁，采用5W1H的分析法。5W1H即what（何事）、why（何故）、who（何人）、when（何时）、where（何地）、how（如何做）
3	与项目组一起重审项目过程，必要时进行修正，让每位成员达成一致意见	
4	针对决策制定标准，涉及成本、时间、有效性、完整性、可行性等方面	开展头脑风暴或进行讨论，选择那些与计划目标关联、可执行、可供项目各方参考供决策之用的标准
5	与项目组一起确定各标准的权重（所有标准的权重总和为100%）	每件事情的轻重缓急及权重要罗列清晰
6	设定决策的时限，规定用于调查、分析、讨论、最终决策的时间	设置deadline
7	开展头脑风暴，在规定时间内尽可能多地产生决策想法	多维思考
8	通过集体投票的方法进行筛选，确定六个考虑项进行具体分析，将这些选项进行排序	确定A、B、C级别
9	理性对待讨论中出现的异议	杜绝一言堂，允许别人质疑，听取不同角度的发声
10	将决策写入文件，并与团队成员及项目相关方沟通决策结果	决策后梳理会议纪要

范畴，其中的知识在前面的内容中也有讲解。

进行对内信息管理时，不管采用何种方式存储项目数据，要保证所有项目成员能随时获得所需信息。将最新的项目文件存储在方便查找的位置，进行清楚标记，及时删除过时信息。

三、项目管理模型

为便于大家理解所学知识，并在实际工作中应用，笔者总结了通用性较强的项目管理模型供大家参考，如图6-26所示。

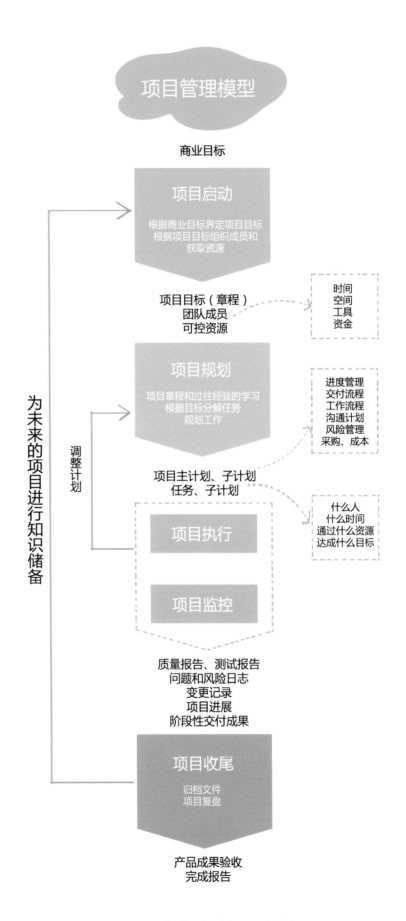

图 6-26 项目管理模型（图片来源：羽番绘制）

第八讲 软装进度管控：如何制作软装项目进度管控表，提高工作效率

一说起做设计，大家都有各种辛酸与无奈，有时候除了抱怨似乎想不出更好的解决方案。

你知道吗？高效的软装公司、设计师，20天可以落地3套软装项目，这是怎么做到的呢？

有时候，靠嘴巴、靠拍脑袋做事，不如科学地管控，一份有效的软装项目进度管控表可以帮你解决80%的问题。

接下来我们直奔主题，讲解如何高效地利用软装项目进度管控表做软装的项目管控。

1. 针对整个项目的流程制定进度计划

先对软装项目各个关键阶段进行分类，每个分类罗列关键的2级分类，每个分类里要做的事项描述清楚（图6-27）。

2. 每件具体的事落实到具体的人

各个事项列好之后，将事项落实到具体的人，一般分两类人，即负责人与实施人。

一个项目没有负责人，则群龙无首。一般实施人有好几位，若是大型项目，设计组可包含1~3人，分别负责跟单与执行等工作，让团队中的每个人都能实际参与项目，利用项目管理流程进行统一协调。

如果多个项目同时进行，可进行小组式分工，这样效率会提高。

3. 关键节点控制

如图6-27所示是一种简单的进度计划安排，它只列出了一些关键活动和实施日期。在实际项目实施过程中，进度计划表中每一天、每个人要做的事情需要一清二楚地展示出来，要能够反映事情进展到什么程度，可以利用每天的碰头会、阶段汇报会，及时反馈并发现问题，团队一起商议问题解决方案。

4. 使用甘特图进行进度管控

甘特图也称条状图或横道图，以横线来表示每项活动的起止时间。甘特图的优点是简单、明了、直观、易于编制，是小型项目中常用的工具。即使在大型工程项目中，它也是高级管理层了解全局、基层安排进度时有用的工具。

在甘特图上，可以看出各项活动的开始和终止时间。在绘制各项活动的起止时间时，要考虑它们的先后顺序。

5. 统一标识

有些事项不便用文字清楚描述，可用图标代替，如图6-28所示。

（1）绿色色块代表与工厂的对接时间，南方的很多工厂，在休息日时回复比较慢，或者不上班，进度管控表中要把这段时间标记出来。

（2）黑色菱形色块代表主材最晚到场时间，知道这个时间点，可以提前安排相关流程的前期关键工作。

（3）有阴影的色块表示需要联系沟通的阶段。什么时候需要申请款项、什么时候需要甲方签字、什么时候需要与甲方汇报调整的内容等都需要罗列清楚。

（4）三角形符号表示去外地时间。要将去工厂验货、去甲方摆场等有可能出差的时间罗列出来，以便提前安排工作，不至于因出差耽误进度。

（5）红色色块表示不确定因素。整个项目在实施过程中有很多不可控因素，比如因甲方货款拖欠延误工期等，哪些环节是薄弱环节、哪些环节最容易出问题需要提前考虑，并思考解决方案。

（6）黄色色块表示当前施工项。软装与硬装的进度是密切配合的，什么时候壁纸入场、什么时候铺装地毯、什么时间复尺，都需要与硬装施工方提前沟通。

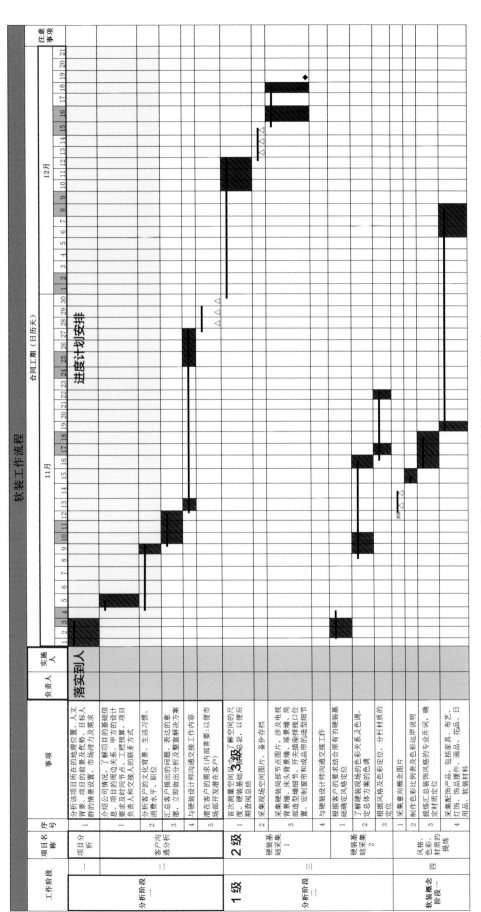

图6-27 关键阶段分类（图片来源：羽番绘制）

表示周六、周日厂家不上班	◆ 表示主材最晚到场时间	表示需要联系沟通的阶段	△ 表示去外地时间	表示不确定因素
		表示主材最晚到场时间	表示去外地时间	表示当前施工项

图6-28 统一标识（图片来源：羽番绘制）

第七章

个人知识管理

从平庸到卓越，每天进步一点点

【导读】

想必每一位做设计师的伙伴，都有一个"大师梦"。总觉得只要努力学习设计，努力做设计，总有一天就会像"某某大师"一样，被人排着队邀约，能够随口开价，别人绝不还价地愿意为自己的设计买单。那么在行业里如何成为高人，具有权威性和话语权，实现自我价值呢？

在本章中我们主要解决以下问题：在信息化时代，想变得优秀，我们拼什么？报很多学习班，囤很多设计资料，依然学不好，怎么办？我们与优秀的人的差距在哪里？

第一讲 为什么你总在学习，但是层次总是提不上去

一、建立个人知识管理体系是头等大事

现在是信息大爆炸的时代，各类知识更新迭代极其迅速，我们可以通过各种渠道获取想要的知识，快速学习、应对变化，逼着自己成长。

但同时，面临信息轰炸，可能困惑也会越积越多，让你越来越迷茫，无力感、焦虑感逐渐积累。

试着回想一下：你电脑里有多少资料没有整理过，你真正研读过的有多少呢？你进行过分类的都是有用的知识吗？

反思后，你可能会发现自己的知识管理已经松懈了。

下面笔者将带着大家学习一下如何进行个人知识管理，画出属于自己的知识地图。

我们从小到大学了很多年知识，可什么是知识，似乎一下子说不清楚，经常在微信公众号里看的爆品文章是知识吗？听的音频课程是知识吗？看的书是知识吗？

可能你有些疑惑了，我们天天说知识改变命运，那什么是知识呢？

1. 真正有用的知识是什么

衡量你是否学到知识的一个有效的标准是：学习之后，你解决问题的思路和方法是否得到改变。如果你听了很多、看了很多，但是思考和行动都在原地踏步，那你学到的知识是无效的。知识是否有用，取决于你是否使用。

2. 为什么要做知识管理

先给大家分享一下我闺蜜的逆袭史。我闺蜜是一位家居设计行业的女汉子，家里整墙整柜的书籍，有专业书，有兴趣拓展方面的书，还有外文书。每次见她，畅快淋漓地聊完天都会有新的认知，最近得知她辞职创业，做起了外贸，年收入近百万，各国到处飞。我就问她："前几年听你说在学英语，现在都发展自由职业了，真是佩服呀，你学这么多知识，是怎么驾驭的呢？"她跟我说了一句话，一直让我记忆深刻，她说："深度学习知识管理，投资未来的自己，让自己未来变得更值钱，我现在做到了。"

原来，知识管理，把有限的时间资源置换为溢价更高的其他资源，可以让自己的未来更值钱（现在什么样都不怕，重在投资未来的自己）（图7-1）。

二、个人知识管理体系建设的方法

管理学家彼得·杜拉克1965年就曾预言：知识将取代土地、劳动、资本和机器设备，成为最重要的资本。

个人知识管理是形成有关知识管理的认知，形成自己的经验，降低试错成本，提高个人竞争力，缩短自然成长的路径。

建立个人知识管理体系有哪些作用？具体如下。

①提高工作效率。

②整合属于自己的信息资源库、智囊库。

③个人可以在短时间内处理大量的信息。

④快速有效地获取所需的知识，准确表达，节省时间。

⑤提高个人核心竞争力，构建能力护城河。

具体怎么实践呢？我们可以总结出如图7-2所示的个人知识管理体系构建思路。

1. 对知识进行分类

如图7-2所示，PKM（personal knowledge management，个人知识管理）中P代表个人角色，构建个人知识管理体系要先明确个人需求，明确短期和长期目标，比如你想成为软装设计师，要先了解这个行业的专业知识，先把基础课程学完，可以专注并聚焦其中一项进行深度学习。

知识积累不等于简单的知识堆砌，永远不要无穷无尽地搜罗素材，不要寻求无边的博学，而要把知识有效整理和利用起来，这才是获得新知识的最佳路径。

2. 搭建知识架构

如图7-2所示，K代表知识目标。知识目标涉及的知识类别很多，设计师成长过程里需要的核心知识就是专业知识，假如你对现代设计史或色彩搭配感兴趣，这方面的知识就是周边知识，如果你想了解互联网发展趋势，当下的市场动态就属于社会知识。

对知识进行分类，便于用一个同心圆知识圈搭建你的竞争力护城河（图7-3），核心部分是专业知识与理论知识，没有理论知识，你对专业知识的理解是单薄的，中间层是周边知识和方法知识，最外层是社会知识与工具知识。专业知识、周边知识、社会知识具体包含的内容如图7-4所示。

知识架构是储藏知识的架构，核心是分类管理，有助于搜集及有效储存信息，方便未来快速检索，避免反复找素材资料，浪费时间。

图 7-1 进行知识管理的原因（图片来源：羽番绘制）

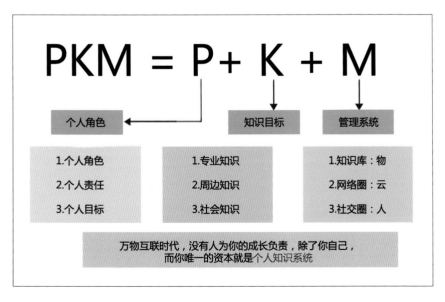

图 7-2 个人知识管理体系构建思路（图片来源：羽番绘制）

图 7-3 同心圆知识圈（图片来源：羽番绘制）

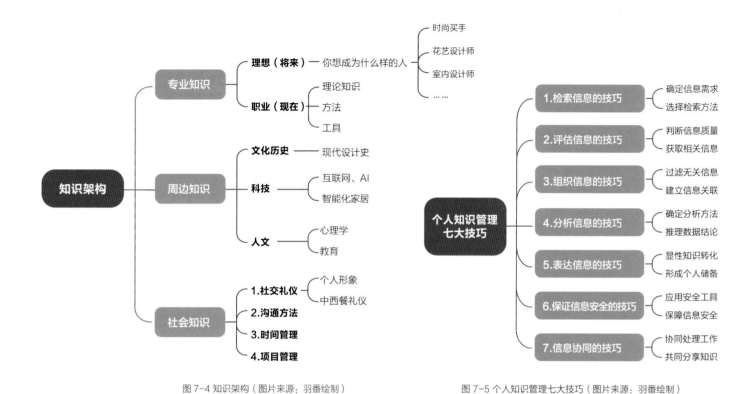

图 7-4 知识架构（图片来源：羽番绘制）　　　　图 7-5 个人知识管理七大技巧（图片来源：羽番绘制）

3. 进行知识管理

笔者总结出个人知识管理七大技巧，如图 7-5 所示。

4. 到底哪些知识值得学

知识不是学得越多越好，学习贴合自己工作和生活实际的知识，才能快速成长。专业知识让你快速成长，周边知识辅助你的生活社交。可以按照如图 7-6 所示的学习技巧，进行学习框架搭建。一般来说，先确定学习的方法和计划，聚焦小目标进行学习，会比较高效。

5. 怎么高效建立知识管理库

方法是形成学习习惯、抽出学习时间、形成适合自己的学习方法，具体如图 7-7 所示。

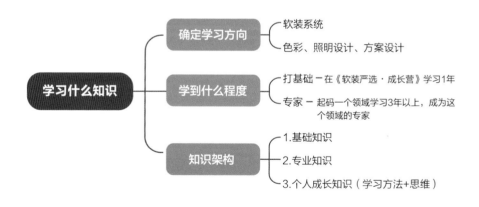

图 7-6 学习目标和方向（图片来源：羽番绘制）

6. 选择知识管理工具，让学习事半功倍

让学习事半功倍的方法是摒弃恶习 + 工具管理 + 个人管理。

工欲善其事，必先利其器，建立知识库还要使用高效的管理工具（图 7-8），将有效知识分门别类地有序放入知识库，并不断地更新优化、维护、管理、整合。不会系统地管理知识，学再多，知识都是零碎的（图 7-9）。

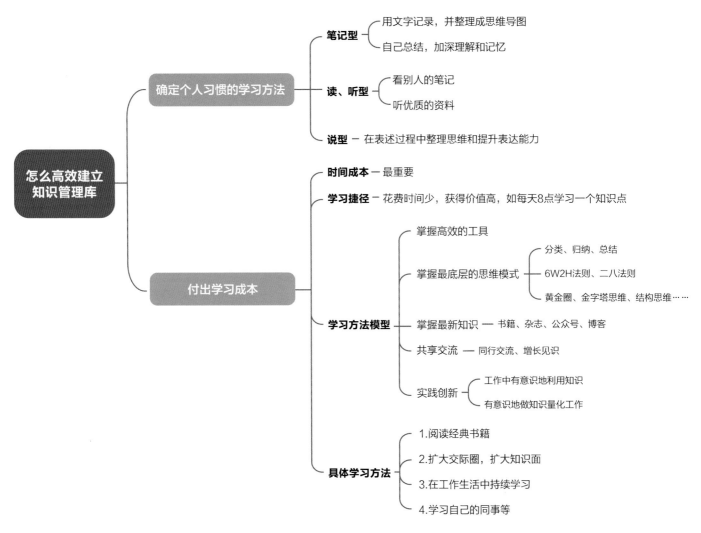

图 7-7 高效建立知识管理库（图片来源：羽番绘制）

7. 怎么练习应用知识

应用知识的方法是共享知识 + 刻意输出。

共享出来的知识才是被你真正掌握的知识，通过共享这一行为还有可能为你带来更多的合作，可能是生活上的，也有可能是事业上的，并且可以结交志趣相投的朋友，而且这也是建立个人品牌的重要方式。可以刻意练习，通过强化知识共享这一行为，获取更大提升。共享知识的好处及路径如图 7-10 所示。

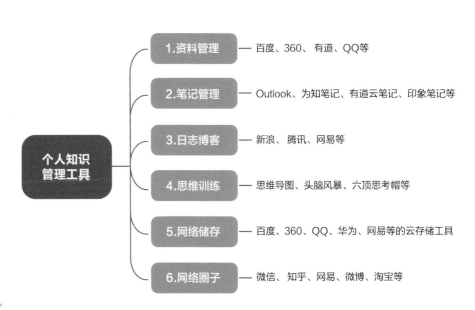

图 7-8 个人知识管理工具（图片来源：羽番绘制）

碎片化知识　　　　　　　　　　　　体系化知识

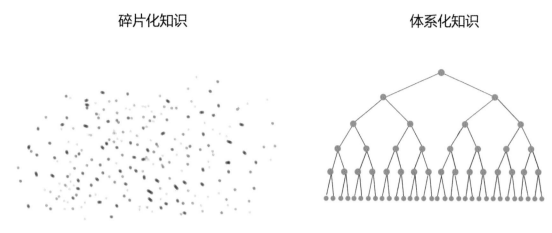

图 7-9 整理知识体系（图片来源：羽番绘制）

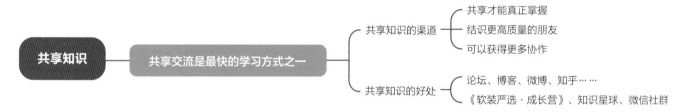

图 7-10 共享知识的好处及路径（图片来源：羽番绘制）

三、怎么利用知识成为厉害的职业人

你是不是有时候感觉无论自己怎么努力，都还是在原地踏步，工作几年还是一个职场小白？其实我们大部分人的智商都差不多，人与人真正的差距在于对时间 + 复利效应的应用（图 7-11）。

复利效应的本质是：做事情 A，会导致结果 B，而结果 B 又会加强 A，不断循环（图 7-12）。

比如你想设计 A，你每天阅读一篇文章，学习一个知识点，即 B，每天坚持转化复利到 A 中，A 这件事就会逐渐接近你的想法，越来越强大。

前两年电视剧《欢乐颂 2》大火，安迪作为职业精英的形象深入人心。她最突出的

复利是人类发现的第八大奇迹，它的威力远大于原子弹。

—— 爱因斯坦

图 7-11 复利效应

一个特征就是，无论多忙，每天都要看
2小时书。越是身在高位的职场精英越会
严格控制时间，保持持久的学习力。

那怎么实现复利效应呢？

假设你的能力现在是1，每天的进步节奏
为1%，1年时间你会成长多少呢？

来看一组惊人的复利效应计算式，如图
7-13所示。

每天进步0.01，一年之后相比原来的自己
成长37.8倍，每天进步0.02，相比原来
的自己成长1377.4倍，这就是时间+复
利双重效应叠加产生的惊人差距，时间越
长，平均的投资回报率越高。人与人之间
也是这样产生差距的。

实际上你真的坚持去做的话，日拱一卒，
效果是惊人的，你自己都会被震惊到（图
7-14）。

这也是我们设立软装体系成长学习计划的
初衷，每天进步一点点，从平庸到卓越，
你每天成长的每一步都可以看得到。你积
攒得越来越多，由量变到质变，也许有一
天你自己都惊讶自己的成长。

随着技术不断发展，世界的变化越来越快，
新知识、新经验、新专业层出不穷。身处
这样的时代，比知识本身更重要的是获得
学习方法，我们拥有学习的能力，在面对
变化的世界时，只有及时跟进、及时学习，
才不惧怕不可控的未来。一句话总结就是：
改变人生，只有一个捷径，那就是学会学
习+做好现在。

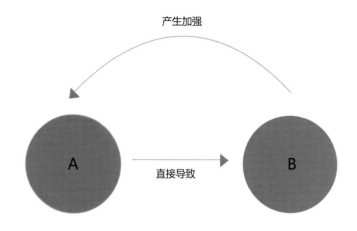

图 7-12 复利效应逻辑（图片来源：羽番绘制）

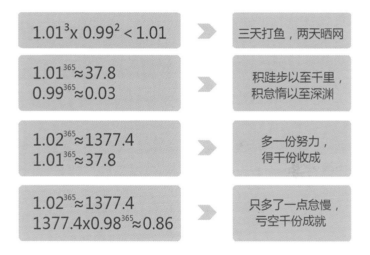

图 7-13 复利效应计算式（图片来源：羽番绘制）

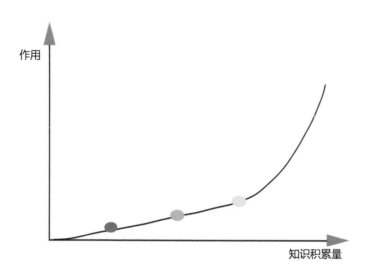

图 7-14 知识积累过程（图片来源：羽番绘制）

第二讲 买手逐渐成为软装界新秀，高年薪的买手型设计师是如何养成的

你有没有想过做软装未来工作和生活的样子？有自己的软装工作室，做自己喜欢的事，成为精致优雅的职业人……今天带大家一起进入软装界的另一个精彩领域，了解软装界的全能手：家居买手。

一、为你揭开买手型设计师的神秘面纱

1. 听起来"不明觉厉"的时尚买手，究竟是什么角色

你可能对买手有些印象，也许你会认为："什么买手，说得好听，还不就是代购！赚取产品差价。"

这种认知是错误的，买手≠代购。

代购是倒货赚取差价，而买手熟悉整个行业的商业模式，从基础的设计理论到复杂的计算，再到产品投入市场等每个环节，需要提供大量精细化的服务，进行产品精选、组合、搭配，买手需要不停地在各大都市奔波往返，穿梭于理性与感性、数字与时尚之间，总之可以说是最具时尚感和理性的商人。那什么是家居买手呢？

买手起源于20世纪60年代的欧洲，从事时装、鞋帽、化妆品等女性用品的采购，在有限的预算内，买到最多最受消费者欢迎的东西。

为企业或品牌采买合适的设计，并交由工厂生产成商品，或直接采买合适的商品，然后放到企业销售渠道中进行销售，从而获得利润，从事这类工作的就是职业买手。如果涉足的产品领域是家居，那么就称他们为家居买手。

2. 什么是买手型设计师

设计师买手化，是身兼设计师与职业买手双重身份。其实现在的设计师都在做买手的工作，在这个行业当中，设计师的工作除了设计，还涉及签订合同、掌握市场的供应渠道、整合产品大数据等工作，包括精选采购渠道、定制、生产、材料、安装、制作、摆场等环节，最终解决家居软装问题。

买手型设计师通常站在家居时尚潮流前沿，既懂时尚又会装饰，有很高的审美水平。

二、买手在行业内的巨大发展潜力与存在形式

1. 市场孵化中的行业

随着人们生活水平的提高，互联网的渗透，家居行业的发展呈现新的趋势，消费群体多是青年（图7-15），他们受过良好的教育，个性化需求多，追求时尚，对品质要求高，追求超值的服务体验，对待消费更趋于理性。

因部分传统家居产品同质化严重，简单粗暴的销售服务模式已经无法满足这类群体的需求，由此衍生大批设计师原创家居品牌、买手型设计师、买手集合店等新兴行业和职业，有巨大的市场前景及需求。

2. 买手家居店都有哪些形式

大多数买手家居店有展厅或临街店面（商场店中店），也有一些服务于高精尖群体的设计公司。

国内的买手店主要聚集在首都北京、时尚都市上海、开放型城市深圳等，在大都市生活的人们有足够强的消费能力，对品牌的认可度高。

自2012年起，其他城市也开始出现买手店，如杭州、苏州、成都、武汉等。

在欧美，这种店铺以临街店面为主要形式（图7-16），已经有近百年的历史。大约在1852年，世界上第一家百货商店在巴黎诞生，叫Bon Marche，是历史上第一位"百货公司买手"（图7-17）。

（1）品牌集合店。

品牌集合店，也被称为品牌概念店，通常

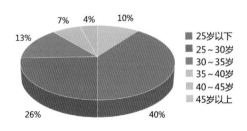

图 7-15 家居行业的消费群体分布

（图片来源：羽番绘制）

图 7-16 国外创意家居买手店

图 7-17 Bon Marche

图 7-18 元禾大千生活方式买手店

图 7-19 Platane Cuero 蝴蝶椅

汇集几个甚至几十个品牌的家居产品，涉及灯饰、布艺、艺术品、饰品等，产品来自全国甚至世界各地，如元禾大千生活方式买手店（图 7-18）。店里的每一件产品都有温度和故事，为现代消费人群带来更大的惊喜，必然会发展成为一种新的商业模式。

Platane 是一家有温情故事的家居生活概念店（图 7-19），2006 年来自法国的前律师 Laotitia 在寂静的富有风情的上海永福路上开了第一家店，现在店面位于上海武康大楼（上海市徐汇区淮海中路 1850 号）。

通过家居产品讲述故事，一家有故事的买手店可以温暖和引领一个城市，如同一家书店一般。引领无论是对时尚有兴趣或者自身也从事家居这一行业的人们在某一领域开拓出属于这个城市的价值，走向一条自创的时尚买手之路。

（2）自主原创整合品牌。

OIAM 时尚买手店（图 7-20）坐落于上海武康路旧租界中心地段，梧桐婆娑之下是静谧优雅的法式生活气息。

3. 网红买手店的城市分布

去网红买手店体验感受是很好的学习方式，表 4-17 中列出了部分网红买手店的地址信息供大家参考。

除了表中所列店铺，还有很多时尚家居店，都很有逛一逛的价值，如造作新家也是集合式家居店，签约设计师包括青山周平等。

如果想了解更多的时尚家居买手店，可以在小红书里自行查找。

三、成为出色的软装家居买手，需要具备哪些条件

家居买手目前在市场上还是比较紧缺的全能型人才，据从业的朋友透露预估年薪为18万~50万，高薪资也令很多人对这个职业怀有极大兴趣，想放手一搏挑战一下，积累一定工作经验后还可能成为合伙人或自主创业。

买手工作的专业能力、发展潜力、薪资水平吸引着更多人加入职业买手团队。

这么诱人的职业前景，你心动了吗？先别激动，一般高薪也意味着高付出，具有高竞争壁垒的职业门槛，那么成为家居买手需要具备哪些条件呢？

1. 要有职业操守

若打着家居买手或者设计师名义，推销家居产品，拿回扣，那不是买手，也不是设计师，只是在做倒货的事情。这不是一个靠老天爷赏饭吃的行当，不靠颜值，全靠打拼。有巨大的市场需求，就看你会不会创造用户的需求。没有真本事，不仅很难做下去，还可能被同行鄙夷。

要想成为职业家居买手，必须有职业操守，立志成为这个行业小有名气的职业人，着眼于长远发展。

2. 成为行走的软装百科全书

买手型设计师，是软装设计师的另一面，不仅要懂软装设计系统知识、懂历史人文，还要是职场沟通交际小能手，如果软装设计师的工作是操刀主内，那么买手则需内外全能。

3. 投入大量时间和精力

职业买手是一个越老越吃香的行业，高投资、高回报率，需要你在这个行业长时间

图 7-20 OIAM 时尚买手店外景

浸润，成为行业专家，才能有更高的回报率。

4. 体格强健

一个优秀的设计师不仅要有扎实的设计功底，还要有强健的体格，不用多说，作为设计师你要懂得：世上所有的工作，到最后都得拼体力。

5. 时尚买手要有品牌

时尚买手要具备较强的审美品鉴力，并能准确分析市场需求。买手需要对消费者的生活方式和文化背景有全面的了解，要对家居产品有犀利独特的眼光，了解不同阶层的人的审美需求，才能圈定各类人群所需要的产品。

6. 了解核心供货渠道，掌握上游资源

家居买手需要知道哪些地方生产什么品类的家居、哪些产品的货源最齐全、国内知名品牌有哪些、家居定制工厂在哪里、哪里的产品好等，并要了解国际品牌的购货渠道，最好会点商务口语。

7. 具备熟悉生产工艺及流程并掌握核心技术的能力

家居买手要有火眼金睛，无论是什么样的家居产品，要能准确辨识正品与高仿品，知道哪些地方有高精尖的资源、在哪里可以低价买到优质的产品。

还要具备统筹全局和充分沟通协调的能力，项目策划、设计能力，具备互联网思维及大数据应用能力。

第三讲 知识焦虑时代，别让碎片化毁了你的深度思考能力

一、为什么要了解信息碎片化

在这个信息纷杂的时代，当提起碎片化，你会想起什么？

你会不由地想起信息杂、知识碎、时间短……自己控制不了时间，被无形的碎片化时间架空，有心无力，每一天都被撕得七零八碎。

那么问题来了？

互联网时代信息爆炸是无法改变的事实，我们无法控制时代发展迭代的车轮，作为一位生活在信息化时代的人，需要思考的不是对抗信息碎片化的时代，而是思考如何了解信息时代的碎片化，控制碎片化，在信息化时代成就自己。

碎片化的不是知识，不是信息，更不是时代，而是我们自身。

二、别让碎片化毁掉你的深度思考能力

1. 信息碎片化形成的原因

每当拿起手机，总能收到微博、头条、微信等各种平台的信息推送，互联网使我们获取信息的途径更加高效便捷，同时也让我们的生活工作严重碎片化。

新的商业环境源于新的社会形态，互联网时代人们通过快餐式媒体理解世事，通过消费抚慰心灵，通过无所不在的视频娱乐释放压力，通过虚拟的网络建立与世界的联系，全球信息化碰撞，使整个社会环境的一切都变得碎片化。

2. 长期遭受碎片化的侵蚀，我们会受到哪些影响

你可能会说，面对碎片化的侵蚀，总不能关掉手机与世隔绝吧？不不不，这不是解决问题的正确思维。

我们先来看一下，碎片化信息除了干扰你的工作生活外，对人自身还会造成哪些影响？

碎片化信息的危害：注意力分散、无法建立知识体系、效率低下、大脑记忆力下降。

技术简化了我们获得信息的步骤，降低了认知成本，却也让人容易沉溺于一种自我满足的假象之中，认为什么都懂，高估自己的知识储备。

三、如何控制碎片化时间

1. 碎片化时代，注意力是最昂贵的

你应该把注意力集中在自己的成长上。碎片化时代，注意力才是你最宝贵的财富。正确的碎片化学习姿势，是将注意力投射到自身成长上，提升自己的能量密度，逐渐加强自己的能量池，比如每天看一小时书，来拓展自己的知识面；每天写一篇笔记，记录每一天的总结与反思；每天写一篇分享，把自己的所学分享出来，帮助别人的同时，巩固自己的学识……

2. 运用碎片化整合能力，建立知识体系

在第六章中我们具体讲解过如何建立知识体系。碎片化学习重点就是建立个人知识体系（图 7-21），有了知识体系后，无论学习时间多么短、学习内容怎么碎片化，

你都可以根据需要，将碎片化的内容系统地填充在知识体系中。

比如，本书构建了一个完整的软装设计知识体系，当你学习到色彩的内容时，觉得仍有不足，就可以集中学习搜集到的关于色彩的知识，并填充进你的软装设计知识体系。

在进行碎片化学习之前，应有一个明确的知识架构，再把碎片分散到时间轴上，通过从时间轴上一片一片拾取知识、一步一步积累，才能构成系统的认知。

3. 定期闭关，屏蔽外界纷扰，清空大脑

当你高压工作很长时间，回到大自然中的时候，你会瞬间觉得神清气爽，浑身是劲，这是让大脑彻底放松后的结果。大脑长时间进行信息堆积，如同计算机运行时间长了，垃圾太多，占据内存，最终导致运行速度慢、反应慢，影响记忆力和深度思考能力。

4. 保持深度工作

很多人在工作中，80% 的时间是用来上网的，其中又有 50% 的时间是浏览没有营养的垃圾信息，这些行为日复一日地侵蚀着你的大量时间。

优化工作的做法是深度工作。

在无干扰的状态下专注进行职业活动，将个人认知能力发挥到极限，将工作中的每一分钟都计划好，创造核心价值，提升技能，而且深度工作状态下产生的价值是难以复制的，能够帮助你迅速掌握困难事务的处理方式。

当你深度工作时会获得前所未有的满足感，并获得因深度工作而产生的幸福感。

心流在心理学中是指一种人们在专注进行某行为时所表现的心理状态。当人们全神贯注心流较强时会减轻脑力负担，并隔断其他资讯通道的干扰，只把专注力集中到一件事情上，完全沉浸其中，人与人拉开差距的核心因素，就是这种心流的专注力（图7-22）。

5. 筛选优质的信息

互联网时代，对信息的甄别、质疑、批判能力，决定了信息食谱的质量。从海量信息中识别出真正有价值的、自己需要的信息，并将其纳入自己的知识体系，才能够实现自我价值的提升。

6. 利用工具帮助自己高效学习

在哪些地方学习呢？当然是完成《软装严选·成长营》的课程，本课程从设计之初就是为了方便大家利用碎片化时间系统地学习而设置的，另外在设计得到平台也有大量设计课程供你参考。可以在上下班的路上，或者利用睡前的十几分钟刷刷手机进行学习。

我们还可以利用一些工具将碎片化的知识进行存储、整理、完善，并填充到知识体系当中。

（1）结构梳理工具：思维导图。

碎片化学习的最大问题是内容背后没有逻辑支撑，没有信息之间的串联，仅仅只是碎片，我们可以借用一些思维导图工具理清思路。

笔者一直鼓励大家用思维导图工具梳理和搭建知识框架，方便大家更有逻辑性地把散乱的知识点串联起来，进行结构化以及

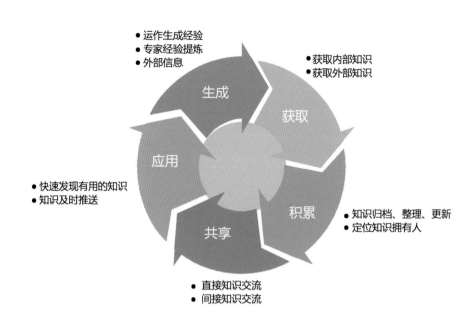

图 7-21 知识积累框架（图片来源：羽番绘制）

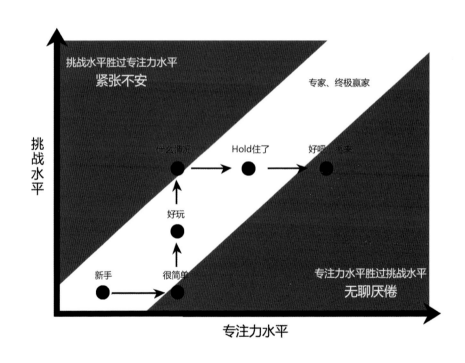

图 7-22 专注力水平与挑战水平示意（图片来源：羽番绘制）

进一步的细化。常用的结构梳理工具有思维导图、幕布、百度脑图、清单管理等。

（2）分类整理工具：云笔记本。

当我们有明确的学习目标和知识系统以后，就可以变被动为主动，针对某个板块的内容集中学习，这时候可以借助一些云笔记工具进行分类整理，比如印象笔记、为知笔记、有道云笔记、石墨文档等。

第四讲 品牌 IP 打造：身在职场，如何打造个人品牌，让自己不可替代

美国学者彼得斯说过一句很著名的话："21世纪的工作生存法则就是建立个人品牌。"为什么个人品牌对于职场人这么重要呢？因为利用个人品牌可以让你无可替代。

一、为什么要建立个人品牌

2020 年受到疫情的影响，很多行业的发展脚步都放缓了，室内设计就是其中之一。一些大咖设计师纷纷在抖音上直播，引起业内人士广泛的关注和讨论，有人认为抖音是个碎片化的娱乐平台，与设计师提供的产品属性毫不相关，这种宣传显得浮躁而无用。

设计师的商业模式是出售自己的时间，提供智力型的服务，换取商业费用。

从收入 = 单价 × 数量这个公式可以看出，设计师要提高收入，要么提高单价，要么增加承接项目的数量。室内设计这个市场的单价是有天花板的，而且每个人的时间有限，也注定了项目数量会饱和，不可能无限多。于是我们就可以看到，一些成名已久的设计师纷纷谋求其他出路，比如投资其他产业，如做家居产品，通过复利效应谋求发展。

抖音这个拥有庞大用户流量的平台，是个非常适合展示个人品牌的地方。在这种新时代新机遇之下，有没有可能出现一些新的商业模式呢？比如设计师借助互联网平台，先获取大众流量注意力，反过来开发商需要时就会来找你，你就拥有了更多主动权和话语权；再比如可以接广告代言，

或者建立网络供应链。

像戴昆这种成名已久的设计师，能在 5G 时代来临之时，拥抱大时代，积极摸索新出路，是非常令人敬服的。

你可能认为个人品牌只是像他这样的"大V"的事，与自己无关。事实上，不管你想不想做一个公众人物，你都是有个人品牌的。只要你处在这个社会里，在工作环境中，你的同事、上级、客户就会建立对你的印象。别人认识你的方式，给你贴的标签，就是你的个人品牌。

再小的个体都有自己的品牌，只是有大小、好坏的区别而已。如果你想管理别人对你的印象，那你就要运营和管理你的个人品牌。

而且现在市场变化这么快，你很可能要换工作，甚至开工作室，要是你有一个清晰、明确的个人品牌，其价值是会跟着你走的。运营好你的个人品牌，良好的个人品牌才是属于你自己的长期的、移动的铁饭碗。

二、什么是个人品牌

1. 品牌的本质

品牌的概念最早是在市场营销学中提出的，品牌的本质就是对认知的管理。

华杉老师提过品牌存在的三大因素：降低客户的选择成本、降低企业的营销成本、降低社会的监督成本。

归结为一句话就是：品牌存在的本质就是

降低交易成本。

2. 品牌的回报

对于个体来说，品牌除了存在溢价价值，还可以让个人变得更值钱，同时也代表了信用。信用是别人对自己的认可程度及信任程度。我们可以总结出这样的关系式：

品牌回报 = 溢价 + 信用 + 流量。

相信大家都有这种经历，新客户由于对你不熟悉和不信任，可能存在毁约的情况，你设计全做好了，但是拿不到回报，这些都是由于信任不够增加的交易成本。

因此，建立个人品牌的过程，也是将自己的价值可视化的过程。

三、如何建立个人品牌

1. 明确"人设"

打造个人品牌的第一步，是给自己一个明确的定位：你想要在你的关系圈内，塑造怎样的个人标签？你需要做的，是按照定位理论的指导，找到自己的优势和位置。

（1）两条路线。

有的人喜欢社交、追求效率，同时暂时拿不出什么代表性的作品，擅长在人际当中打造自身的影响力，继而建立自己的个人品牌，也就是从人脉节点的价值上去建立自己的价值印象。

而另一些人，不喜欢社交，更喜欢埋头做事情，打磨自己的作品，以作品立足，建立自己的价值印象。

这其实是人们打造个人品牌的两条路线，由于后者看起来抗风险能力更强，因此人们往往更称颂后者。其实这两种都是可行的，最好合并，彼此合作。

（2）标签传播。

建立个人品牌最好的切入点是浓缩出个人标签，然后进行传播。

在注意力稀缺的时代，如果不给自己贴标签，对方根本没有"义务"记得你，回忆起你时也只是面目模糊的"陌生人"，同时注意力也更容易被有标签的人吸引。虽然标签会片面化你这个人，但是要知道建立关系是从认识开始的。

2. 输出内容

你需要对你想影响的人进行认知建设，让人们接受你的定位。你的表达和宣传要恰到好处、切中要害。这就是在做认知建设，也就是对他人进行正向的、符合定位逻辑的、有目的的一系列增强感知的工作，来加深他人对你的印象。无论是传播作品、案例还是观点都是内容输出。

内容输出有以下四个步骤。

（1）根据你对自己的定位，通过不同展示渠道去设计、建立别人对你的认知，比如朋友圈、公众号、微博、抖音等。

（2）在这些渠道中划分你所要展示的内容，以及内容所面对的对象。

比如朋友圈面对的是家人和工作伙伴，你展示的内容除了工作还要有生活的一面，这样内容才更丰富和立体；而微博等平台需要更多专业性内容，让你自己对别人有用。

（3）看看别人是否接收到了这些内容，对待你的态度是否有变化。

（4）复盘强化那些带来正向变化的内容。

3. 反复强调

一种价值的确认要经过反复的强调。仅说一次、看一次，别人很难记住，那么你需要用统一的表述、统一的图形或者是连续的作品进行表达，反复强调自己的价值，比如"波点女王"草间弥生（图 7-23）、"太阳花"村上隆（图 7-24）。

梳理建立个人品牌的要点，如图 7-25 所示。

图 7-23 "波点女王"草间弥生

图 7-24 "太阳花"村上隆

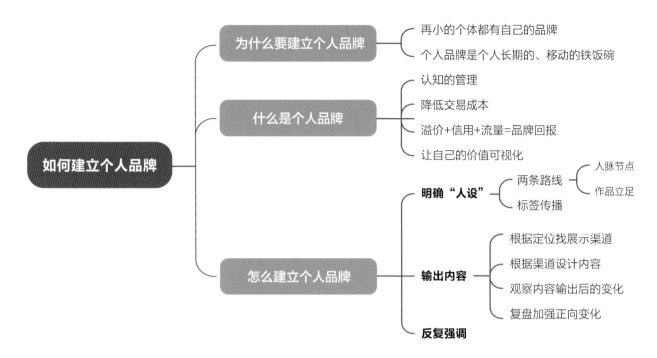

图 7-25 建立个人品牌的要点（图片来源：羽番绘制）

第五讲 领导说你写的会议纪要如流水账毫无价值，怎么办

一、会议纪要为什么这么重要

1. 为什么会议纪要不同于会议记录

（1）什么是会议记录？

在会议过程中，由记录人员把会议的组织情况和具体内容记录下来，就形成了会议记录。

"记"分详记与略记。略记是记会议概要及会议上的重要或主要言论。详记则要求所记的会议内容必须完整。"录"有笔录、音录和影像录几种，最终还要将录下的内容还原成文档。

（2）什么是会议纪要？

很多人常常把会议纪要与会议记录混淆，会议记录只需完整、真实地记载会议全过程即可，而会议纪要是在会议记录的基础上加工、整理出来的一种记叙性和介绍性的文件。会议纪要是精练、准确的文字归纳，概括并总结会议内容，是一种正式的公文。

会议纪要包括会议的基本情况、主要精神及中心内容，便于向上级汇报或向有关人员传达及分发。

2. 写会议纪要便于在项目汇报中输出内容

每次向甲方汇报项目时除了正常的汇报流程，设计总监一般都会要求设计助理做会议纪要，记录项目需要改进的地方有哪些，有哪些变更、要求、建议等，这是项目推进中的重要依据。

没有会议纪要作为项目推进过程中的核心记录与依据，仅靠个人记忆，很可能因琐事太多或者忙碌而忘记。

3. 会议纪要的特点

（1）基于事实，具有即时性。

会议纪要是根据会议主题、会议过程、会议结果等概括、整理成文的，记录的会议基本情况是即时性的。

会议纪要如实地反映会议内容，不能离开会议实际进行再创作，不能人为地拔高、深化和填平补齐，随意更改会议内容。否则，就会失去其内容的客观真实性，违反纪实的要求。会议纪要是依据会议情况综合而成的。

（2）会议纪要不必有言必录，应具有提要性。

会议纪要不必与会议记录一样，不必有言必录，把会议中的重要情况、重大问题的决定和决策、各方的意见简明扼要地陈述出来即可。

二、在实际工作中，如何写一份让人满意的会议纪要

会议纪要不是简单记录会议内容，写会议纪要的目的，是既要让参会的人知道会议的结果，可以明确指导下一步的工作方向，又要让没有参会的人知道会议的主要内容。

1. 一份好的会议纪要具备哪些特质

（1）逻辑清晰、要点突出、内容全面。

讨论和交流是一场会议的关键组成部分，交流时你一言我一语，如果只是如实进行记录，会如流水账般混乱。因此，要抓住发言人表述中的关键信息，将逻辑理顺，有条理地进行呈现。如在项目会议中，可以按照 6W2H 法则做会议纪要，如图 7-26 所示。

（2）结论先行，有指导意义。

一场成功的会议，可以为下一步计划的执行提供参考依据，因而结论是非常重要的。如果实在没有结论，也应该记录下关键议题的讨论进度，以方便开启下一场讨论。

2. 如何记录才能更高效

（1）会前：做好充足准备。

①明确会议的背景和目的。

一场高效的会议通常都有特定的主题和讨论任务，不管是跨部门的大会，还是向甲方汇报的工作会议，都需要一个会议主题。因而在开会前，明确会议的主题和任务可以让你对会议的主要内容有更强的把控力。而且在开会过程中，当团队脱离议题讨论方向，开始闲聊时也可以及时将大家引回正轨。

②了解参会人员信息。

对于特别重要的会议，除了了解会议的议题，提前掌握参会人员信息也是做好会议准

备的一个重要环节。了解参会人员信息，在会议过程中，可以准确捕捉发言人的信息，也方便在会议进行时对号入座地做好相应的记录。

③整理好会议资料。

对于重要会议，可预先整理会议的资料。如果能要到发言者相关的 PPT 或者会议资料，可以做好充分的预习，也方便及时核对及补缺。

（2）会中：用思维导图工具做会议纪要（图7-27、图7-28）。

用思维导图有利于抓住关键点、快速理清逻辑。

当你熟悉了思维导图的使用方式，你会发现做会议记录时并不需要逐字逐句进行记录。你可以将时间和精力更多地用于理解和思考，快速地理清发言人的思路和逻辑，掌握中心思想并简要地进行关键点的记录。

用思维导图可以把会议内容全部同步记录下来，而且可以罗列清楚。边听、边整理、边记的效果很棒，会议结束后可以直接发给团队，非常高效。

（3）会后：资料整理、输出。

①按照会议事项、任务进行梳理。

通常的会议都有主要的议题，以项目、任务为讨论的核心。可以将议题拆分为主要的任务方向，并进行整理和记录，按照相关的会议内容进行分类，而不是实际的发言顺序，不然就很可能写成流水账。可以突出的内容有会议的主要任务和初步结论、相关工作执行人、汇报人阶段性成果

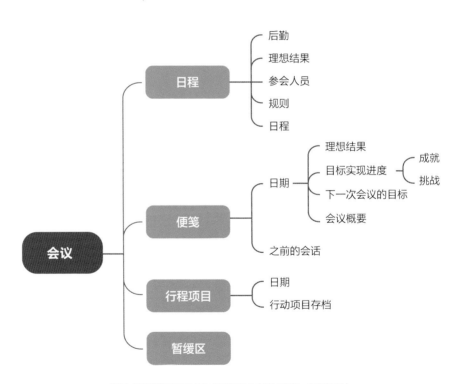

图 7-26 6W2H 法则（图片来源：羽番绘制）

图 7-27 思维导图形式的会议纪要 1（图片来源：羽番绘制）

的反馈日期。可以采用如表 7-1 所示的会议纪要模板进行记录，效率更高。

②以发言人为序进行梳理。

如果会议只有一个主要的任务，可以发言人为序来进行内容的分类。将发言内容对应到人，并进行相应的整理和概括，让整体内容更有条理、重点突出。

③根据场合进行整理和输出。

内部会议用思维导图：不同场合的会议纪要形式是不同的，如果只是内部的沟通会议，可以直接将整理好的思维导图文件分享给大家。

正式、重要的会议用文本：可在思维导图形式的会议纪要的基础上，进行一定的整理和补充，形成完整、规范的正式文本。

正式的会议纪要需要有标题、会议议题、时间、地点、参会人员及主要的会议内容等，见表7-2。

④及时发送会议纪要。

公司的项目会议通常很多，没有记录文档，事后无法落地成对应的工作流程，比如会议确定的分工是什么、每个人最后定下来的角色是什么、项目的时间表是什么、会议最后的结论是什么、需要谁来承担什么工作等，这些都需要通过会议纪要来落实和贯彻。

项目的会议纪要应及时发送。会议纪要是一种对时效要求很高的管理文档，如果不能及时发送，过了几天情况变化了就没有价值了。会议结束后的半小时是记忆的黄金时期，可以趁还有记忆的时候及时整理，并发给参会人员；重要会议的会议纪要，可以发给参会人员或领导确认后发出。

最后和大家分享四个会议纪要记录的小技巧。

①在进行关键内容记录时，可以重视动词和关键名词。

②多注意"首先""其次""最后"等关键词，避免遗漏要点。

③在会议前可以提前列好时间、地点、参会人员、会议议题等。

④如果是刚入职的小伙伴，可以找前辈要一下以前的会议纪要进行学习和模仿。

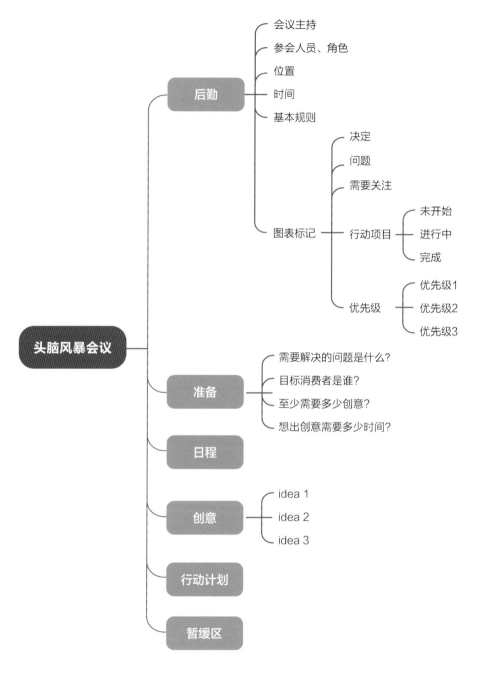

图7-28 思维导图形式的会议纪要2（图片来源：羽番绘制）

表 7-1 会议纪要模板

××× 会议纪要		
会议召集者		
会议类型		
主持人		
记录者		
计时员		
参会人员		
会议主题		
讨论		
结论		

交办事项	负责人	截止日期

讨论		
结论		

交办事项	负责人	截止日期

讨论		
结论		

交办事项	负责人	截止日期

观察员		
资料提供者		
特别备注		

表 7-2 正式的会议纪要

文件名称		×××会议纪要		文件编号				
时间		地点		应到　人 实到　人			迟到　人 缺席　人	
主持人：			参会人员：			缺席：		
列席：			记录人：					
会议主题						决议项数：　项		
决议项	会议安排 工作内容	目标	要求完成时间	责任人	连带责任人	未完成项的下一步行动计划	时间节点	备注
本次会议创新事项								
上次会议奖罚情况								

附录 1 客户需求问卷

愉快的软装体验来自精益求精的态度与颇为深刻的感悟， 愿我们共同开启美好软装之旅！

Part 1 基础信息

客户姓名		联系方式		楼盘名称		房屋户型	
建筑面积		装修状况		楼盘地址			
交房时间		预计入住时间		预计方案沟通时间		特殊要求	
过往装修次数		过往家具风格		合作或了解过的公司			
过往对软装印象深刻的事情							

Q1：您的住宅使用倾向是什么？

○提升生活品质　　○度假　　○养老　　○会所

○投资　　○婚房　　○其他 ＿＿＿＿＿＿

Q2：哪些词可以用来形容您的梦想之家？

○奢华　　○时尚　　○文艺　　○温馨舒适　　○轻松浪漫　　○乡村质朴

○异国风情　　○怀旧　　○禅意　　○雅致　　○与众不同

○其他 ＿＿＿＿＿＿

Q3：您对陈设的特殊要求是什么？

Q4：居住成员基本情况如何？

Q4.1 居住成员基本信息及常喝饮品是什么？

序号	成员	年龄	居住地、海外留学地	职业	常喝饮品				
a					○茶	○酒	○咖啡	○果汁	○水
b					○茶	○酒	○咖啡	○果汁	○水
c					○茶	○酒	○咖啡	○果汁	○水
d					○茶	○酒	○咖啡	○果汁	○水
e					○茶	○酒	○咖啡	○果汁	○水
f					○茶	○酒	○咖啡	○果汁	○水
g					○茶	○酒	○咖啡	○果汁	○水

Q4.2 各位居住成员的爱好是什么？

序号	爱好	序号	爱好	序号	爱好	序号	爱好
	阅读		旅游		香水		户外运动
	书画		收藏		购物		护肤美容
	品茶		舞蹈		手工		烹饪美食
	红酒		瑜伽		戏剧		其他
	雪茄		园艺		电影		
	健身		宠物		音乐		
	摄影		棋牌		高尔夫		

Part 2 风格定向及材质定向

Q1：您想用哪种风格来装饰新屋？

○现代简约　　　○现代奢华　　　○简欧简美　　　○传统中式　　　○中西混搭　　　○欧式古典

○古典奢华　　　○新中式　　　　○新古典　　　　○美式　　　　　○法式　　　　　○英式　　○北欧

Q2：您想用哪些软装造型、材质来装饰新屋？

造型：　　○直线　　　　○曲线　　　　○纤细　　　　○厚重

皮革：　　○亚光　　　　○高光

布艺：　　○丝　　　　　○棉　　　　　○绒　　　　　○麻

木料等：　○藤　　　　　○竹　　　　　○开放漆饰面　○封闭漆饰面

金属：　　○铜质　　　　○铁艺　　　　○不锈钢　　　○铝合金

其他：　　○玻璃　　　　○水晶　　　　○亚克力　　　○石材　　　　○＿＿＿＿＿＿＿

饰品：　　○陶瓷、玉器　○玻璃、水晶　○木制品　　　○不锈钢　　　○金属类　　　○树脂

　　　　　○收藏品　　　○古玩　　　　○其他 ＿＿＿＿＿＿＿

画品：　　○风景　　　　○静物　　　　○人物　　　　○抽象　　　　○禅意

　　　　　○其他 ＿＿＿＿＿＿＿

Q3：您想用哪些色系来装饰新屋？

色系：　　○深冷　　　　○浅冷　　　　○深暖　　　　○浅暖

色彩：　　○灰色系　　　○绿色系　　　○蓝色系　　　○紫色系　　　○橙色系

　　　　　○粉色系　　　○红色系　　　○黄色系　　　○棕色系

对比：　　○柔和　　　　○点缀　　　　○强烈

互补色：　○冷暖对比　　○强色调对比　○弱色调对比

Part 3 空间功能需求定向

· 玄关空间 ·

Q：玄关柜的功能需求是什么？

○装饰柜　　　　○鞋柜　　　　○储物

· 客厅空间 ·

主要功能	○商务洽谈	○家人交流	○看电视	○收藏展示	○其他 _____		
其他功能	○阅读	○品茶	○听音乐	○用餐	○吸烟	○游戏	○其他 _____

Q1：在沙发上的活动通常是什么？

○坐着看电视、看书　　　　○躺着休息、睡觉　　　　○休闲、亲子互动

Q2：茶几是否要求有储物功能？

○是　　　　　　　　○否

Q3：角几是否要求有储物功能？

○是　　　　　　　　○否

Q4：客厅常活动的人数？

Q5：是否喜欢听音乐？是否需要背景音乐？

○是　　　　　　　　○否　　　／　　　○是　　　　　　　　○否

Q6：是否会在客厅看书？

○是　　　　　　　　○否

· 餐厨空间 ·

Q1：您和家人的用餐习惯是怎样的？

○经常在家用餐　　　　　○偶尔在家用餐　　　　　○几乎不在家用餐

Q2：您和家人用餐的主题都有哪些？

○居住人员日常用餐　　　○家族聚餐　　　　　○商务会餐　　　　　○烛光晚餐

○其他 ＿＿＿＿＿＿＿＿

Q3：是否需要延伸式餐桌？

○需要　　　　　　　　　○不需要

Q4：普遍用餐时长是多久？

○1小时（简单用餐）　　○2小时（日常用餐）　　○3小时以上（除吃饭外，兼顾办公、休闲）

Q5：是否有藏酒的爱好？是否每天都喝酒？

○是　　　　　　　　　　○否

Q6：是否在餐厅看电视？

○是　　　　　　　　　　○否

Q7：是否常吃西餐？是否需要独立吧台？

○吃西餐　　　　　　　　○ 不经常吃

○需要独立吧台　　　　　○ 不需要独立吧台

Q8：您对餐椅材质的要求是什么？

○纯木　　　　○布　　　　　○皮　　　　○皮、布结合

· 卧室空间 ·

	电视	书桌	梳妆台	衣帽间	衣柜	斗柜	保险箱	软包	硬包
主卧									
老人房									
男孩房									
女孩房									
客卧									

Q1：您家中大致的物品数量有多少？

大衣（   件）　裤子（   条）　男鞋（   双）　女鞋（   双）　行李箱（   个）

男鞋尺码 _____　　　　其他 _____

Q2：您和家人对床的材质有什么要求？

○皮软包　　　　○布软包　　　　○纯木

Q3：居住成员睡眠习惯是怎样的？应酬情况如何？

○侧睡　　　　○卧睡　　　/　○应酬多　　　　○应酬少

Q4：床具是否需要加大，是否需要梳妆台？

○加大　　　　○不加大　　　　○需要梳妆台　　○不需要梳妆台

Q5：是否常在卧室看书？是否需要按摩椅？

○经常看书　　○不经常看书　　○需要按摩椅　　○不需要按摩椅

· 儿童房 ·

Q1：除床具、衣柜、书柜等基础家具外，是否留出玩耍区？

○是　　　　　○否　　　　　○可根据年龄进行多功能组合

Q2：玩具数量是否很多？

○非常多　　　○不多　　　　○一般

Q3：房间的规划有没有考虑不同时间段（年龄、今后的变更）的需要？

○考虑　　　　○不考虑

· 书房空间 ·

功能	○办公	○写作	○阅读	○辅导孩子	○偶尔会客	○游戏	○其他 _____
设施	○打印机	○传真机	○扫描仪	○台式电脑 ____ 台		○笔记本电脑 ____ 台	
	○大量书籍	○收藏展示柜	○电视	○其他 _____			

Q1：平时是否会在书房休憩？

○会　　　　　　　　　○不会

Q2：平均每天在书房的工作时间有多久？

○每天 2 小时　　　　○周六周日会待 1~2 小时　　　　○每天 3~6 小时

· 人文空间 ·

Q：新屋中需要哪些精神颐养空间？

○冥想　　　　○品茶　　　　○棋牌　　　　○练琴

○绘画　　　　○瑜伽　　　　○运动　　　　○其他

Part 4 设备系统需求定向

Q1：新屋中需要哪些舒适系统？

○中央空调　　　　○新风系统　　　　○地暖　　　　○中央水处理

○中央除尘　　　　○污水提升泵　　　○雪茄吧　　　○全屋智能家居系统

○电梯　　　　　　○地源热泵　　　　○光伏发电　　○SPA

○淋浴房　　　　　○酒窖　　　　　　○其他 _____

Q2：新屋中需要哪些全屋智能家居系统？

○智能灯光　　　　○电动窗帘　　　　○背景音乐　　○可视对讲

○弱电机柜　　　　○监控系统　　　　○报警系统　　○智能门锁

○红外安防　　　　○影音系统　　　　○网络安全　　○全屋网络覆盖

○整体场景模式　　○其他 _____

Part 5 其他需求定向

Q1：您的庭院要具备哪些功能？

○花草种植　　　○菜园　　　○凉亭　　　　○池塘

○桥　　　○烧烤　　　○其他 _____

Q2：您的家中是否有宠物？

○有　　　　　　○无

若有，请说明。_____

Q3：您是否有家具或其他物品需从老屋搬至新屋？

○有　　　　　　○无

若有，请说明。_____

Part 6 价格需求定向

Q：您装饰计划中的预期投资为多少？

预算总价 _____ 万元

备注：

_____软装设计 _____分公司　第_____设计中心

设计师签字：　　　　　　中心经理签字：　　　　　　客户签字：